VDE-Schriftenreihe **71**

Diesen Titel zusätzlich als E-Book erwerben und 60 % sparen!

Als Käufer dieses Buchs haben Sie Anspruch auf ein besonderes Angebot. Sie können zusätzlich zum gedruckten Werk das E-Book zu 40 % des Normalpreises erwerben.

Zusatznutzen:
- Vollständige Durchsuchbarkeit des Inhalts zur schnellen Recherche.
- Mit Lesezeichen und Links direkt zur gewünschten Information.
- Im PDF-Format überall einsetzbar.

Laden Sie jetzt Ihr persönliches E-Book herunter:
- **www.vde-verlag.de/ebook** aufrufen.
- **Persönlichen, nur einmal verwendbaren E-Book-Code** eingeben:

403619NM7Y1YHGGX

- E-Book zum Warenkorb hinzufügen und zum Vorzugspreis bestellen.

Hinweis: Der E-Book-Code wurde für Sie individuell erzeugt und darf nicht an Dritte weitergegeben werden. Mit Zurückziehung des Buchs wird auch der damit verbundene E-Book-Code ungültig.

Der Autor

Dipl.-Ing. **Hartmut Berndt**, Jahrgang 1955, studierte Physik an der damaligen TH Karl-Marx-Stadt (heutige TU Chemnitz) mit dem Schwerpunkt: Halbleitertechnologie. Er war mehrere Jahre in Unternehmen tätig, die elektronische Bauelemente entwickeln und fertigen. 1994 gründete Hartmut Berndt das B.E.STAT European ESD competence centre. Bereits seit 1981 beschäftigt sich der Autor mit dem Thema „Beeinflussung elektronischer Bauelemente und Baugruppen durch elektrostatische Phänomene und ESD-Schutzmaßnahmen". Hierzu gehören auch Untersuchungen von ESD-Materialien. Der anerkannte Fachmann leitet seit mehreren Jahren im VDE den GMM-Fachausschuss „ESD" und ist darüber hinaus in zahlreichen nationalen und internationalen Normungsgremien aktiv tätig.

VDE-Schriftenreihe Normen verständlich **71**

Elektrostatik

Ursachen, Wirkungen,
Schutzmaßnahmen, Messungen,
Prüfungen, Normung

4., neu bearbeitete Auflage

Dipl.-Ing. Hartmut Berndt

VDE VERLAG GMBH

ICS 17.220.20; 29.020; 31.020

Auszüge aus DIN-Normen mit VDE-Klassifikation sind für die angemeldete limitierte Auflage wiedergegeben mit Genehmigung 272.017 des DIN Deutsches Institut für Normung e. V. und des VDE Verband der Elektrotechnik Elektronik Informationstechnik e. V. Für weitere Wiedergaben oder Auflagen ist eine gesonderte Genehmigung erforderlich.

Die zusätzlichen Erläuterungen geben die Auffassung der Autoren wieder. Maßgebend für das Anwenden der Normen sind deren Fassungen mit dem neuesten Ausgabedatum, die bei der VDE VERLAG GMBH, Bismarckstr. 33, 10625 Berlin, www.vde-verlag.de, erhältlich sind.

Das Werk ist urheberrechtlich geschützt. Jede Verwertung außerhalb der engen Grenzen des Urheberrechtsgesetzes ist ohne Zustimmung des Verlags unzulässig und strafbar. Die Wiedergabe von Gebrauchsnamen, Handelsnamen, Warenbeschreibungen etc. berechtigt auch ohne besondere Kennzeichnung nicht zu der Annahme, dass solche Namen im Sinne der Markenschutz-Gesetzgebung als frei zu betrachten wären und von jedermann benutzt werden dürfen. Aus der Veröffentlichung kann nicht geschlossen werden, dass die beschriebenen Lösungen frei von gewerblichen Schutzrechten (z. B. Patente, Gebrauchsmuster) sind. Eine Haftung des Verlags für die Richtigkeit und Brauchbarkeit der veröffentlichten Programme, Schaltungen und sonstigen Anordnungen oder Anleitungen sowie für die Richtigkeit des technischen Inhalts des Werks ist ausgeschlossen. Die gesetzlichen und behördlichen Vorschriften sowie die technischen Regeln (z. B. das VDE-Vorschriftenwerk) in ihren jeweils geltenden Fassungen sind unbedingt zu beachten.

Bibliografische Information der Deutschen Nationalbibliothek
Die Deutsche Nationalbibliothek verzeichnet diese Publikation in der Deutschen Nationalbibliografie; detaillierte bibliografische Daten sind im Internet über http://dnb.dnb.de abrufbar.

ISBN 978-3-8007-3619-5 (Buch)
ISBN 978-3-8007-4436-7 (E-Book)
ISSN 0506-6719

© 2017 VDE VERLAG GMBH · Berlin · Offenbach
Bismarckstr. 33, 10625 Berlin

Alle Rechte vorbehalten.

Druck: Medienhaus Plump GmbH, Rheinbreitbach
Printed in Germany

2017-07

Inhalt

0 Einleitung – Vorbemerkungen ... 11

Vorwort zur 4. Auflage ... 15

1 Grundbegriffe ... 17

2 Physikalische Grundlagen ... 27
2.1 Grundgrößen des elektrostatischen Felds ... 27
2.1.1 Elektrische Ladung Q ... 27
2.1.2 Elektrischer Strom I ... 31
2.1.3 Stromdichte S ... 31
2.1.4 Potential φ ... 33
2.1.5 Elektrische Spannung U ... 34
2.1.6 Elektrischer Widerstand R ... 35
2.1.7 Elektrische Energie W ... 36
2.1.8 Elektrische Leistung P ... 37
2.2 Elektrostatisches Feld ... 38
2.2.1 Leiter im elektrostatischen Feld ... 40
2.2.2 Verschiebungsflussdichte Ψ ... 41
2.3 Beziehung zwischen Kapazität, Ladung, Spannung (Kondensator) ... 44
2.4 Energie im elektrostatischen Feld ... 47
2.5 Bewegung freier Ladungen im elektrostatischen Feld ... 48
2.6 Reibungselektrizität und Kontaktspannung ... 48
2.6.1 Reibungselektrizität ... 49
2.6.2 Kontaktspannung ... 49

3 Entstehen von elektrostatischen Aufladungen ... 53
3.1 Allgemeine Entstehungsmechanismen ... 53
3.2 Allgemeine Entladungsmechanismen ... 60
3.2.1 Typische Personenentladung ... 60
3.2.2 Allgemeine Entladungsarten ... 62

4 Einflussmechanismen elektrostatischer Entladungsvorgänge auf elektronische Bauelemente 67
4.1 Human Body Model – Körper-Entladungsmodell 68
4.2 Charged Device Model – Modell vom geladenen Objekt 73
4.3 Machine Model (MM) 81
4.4 Field Induced Model – Entstehung elektrostatischer Ladungen durch ein elektrisches Feld 85
4.5 Weitere Entladungsmodelle – Einzelbauelemente 86
4.6 Weitere Entladungsmodelle – Geräte 88
4.7 Zusammenfassung 89

5 Wirkungen von ESD auf elektronische Bauelemente 91
5.1 Aufbau und Wirkungsweise elektronischer Bauelemente 91
5.1.1 Halbleiter allgemein 91
5.1.2 Leiter 92
5.1.3 Halbleiter 92
5.1.4 Isolator 93
5.1.5 Halbleiter – Aufbau und Wirkungsweise 93
5.1.6 PN-Übergang – Diode 95
5.1.7 NPN- bzw. PNP-Übergang – Transistor 96
5.1.8 Feldeffekttransistor 97
5.2 Entladung an einem MOS-Transistor 100
5.2.1 Praktische MOS-Anordnungen 100
5.2.2 Entladung an einem MOS-Transistor 101
5.2.3 Entladung an einem Leistungs-MOS-Transistor 102
5.3 Latente Fehler oder Degradation 104
5.4 Wirkungen von ESD auf bipolare Bauelemente 107
5.4.1 *Wunsch-Bell*-Modell zum Bestimmen von ESD-Fehlern 107
5.4.2 Berechnen der ESD-Spannungsschwelle von PN-Übergängen 108

6 Fehlermodelle elektronischer Bauelemente 113
6.1 Thermischer Durchbruch 114
6.2 Dielektrischer Durchbruch 115
6.3 Aufschmelzen der Metallisierung 116

7 Schutzmaßnahmen 119
7.1. Integrierte Schutzschaltungen 119
7.1.1 Widerstandsnetzwerk 120
7.1.2 Diodenkombination 121
7.1.3 Widerstands-Dioden-Kombination 121

7.1.4 Feldplattenelektrode . . . 122
7.1.5 Punch-through-Transistor mit dünnem Gate-Oxid . . . 123
7.1.6 Punch-through-Transistor mit dickem Gate-Oxid (dicker Oxid-Anreicherungssperrschicht-Transistor) . . . 125
7.1.7 Praktische Schutzschaltungsanordnungen . . . 125
7.2 Technologische Schutzmaßnahmen . . . 126
7.3 Organisatorische Schutzmaßnahmen . . . 128
7.3.1 Gestalten der Arbeitsplätze, Arbeitsräume und Arbeitsbereiche . . . 130
7.3.2 Anforderungen an einen ableitfähigen Arbeitstisch . . . 133
7.3.3 Anforderungen an einen ableitfähigen Arbeitsstuhl . . . 134
7.3.4 Anforderungen an den ableitfähigen Fußboden . . . 135
7.3.5 Anforderungen an die Handgelenkerdung . . . 140
7.3.6 Anforderungen an die Erdungseinrichtung . . . 141
7.3.7 Anforderungen an die Personenausrüstung – ESD-gerechte Bekleidung und ableitfähige Schuhe . . . 143
7.3.8 Anforderungen an Lagereinrichtungen . . . 145
7.3.9 Anforderungen an die Abgrenzung und Kennzeichnung . . . 146
7.3.10 Kontrolle der Luftfeuchtigkeit . . . 148
7.3.11 Ionisation . . . 148
7.4 ESD-gerechte Ausführung von Maschinen und Anlagen . . . 154
7.5 Verhalten der Arbeitskräfte . . . 156
7.6 Leitfähige und ableitfähige Verpackungen . . . 158
7.6.1 Allgemeines . . . 158
7.6.2 Folien . . . 159
7.6.2.1 Anforderungen und Eigenschaften von Folien . . . 159
7.6.2.2 Nicht aufladbare Folien . . . 160
7.6.2.3 Leitfähige Folien . . . 161
7.6.2.4 Elektrostatisch abschirmende Folien . . . 161
7.6.3 Versandstangen, Trays, Reels . . . 163
7.6.4 Wirkung von Antistatika . . . 164
7.7 Aufgaben und Kontrollfunktionen eines ESD-Koordinators – Überprüfungsrichtlinien . . . 166
7.8 ESD-Kontrollsystem (ECS) – 5-Stufen-Plan . . . 169

8 Technische Merkblätter für den ESD-Komplex . . . 175

9 Messverfahren . . . 195
9.1 Messen der elektrostatischen Ladung . . . 195
9.2 Messen der elektrischen Feldstärke in einem elektrostatischen Feld . . . 199

9.3 Messen von Oberflächen- und Ableitwiderständen 206
9.3.1 Anwendungshinweise für den Einsatz der im Folgenden beschriebenen Messverfahren und Messprinzipien 209
9.3.2 Messen von Oberflächenwiderständen 211
9.3.3 Messen von Ableitwiderständen 218
9.3.4 Messen von Volumenwiderständen 224
9.3.5 Sonstige Messverfahren 227
9.4 Praktische Messungen und Messvorschriften für Ableit- und Oberflächenwiderstände zum Ermitteln der Wirksamkeit der ESD-Kontrollmaßnahmen 229
9.4.1 ESD-gerechte Fußböden 230
9.4.1.1 Ableitwiderstand von Fußböden 230
9.4.1.2 Oberflächenwiderstand von Fußböden und Materialien für Fußböden 232
9.4.2 ESD-gerechte Arbeitsoberflächen 233
9.4.2.1 Ableitwiderstand von Arbeitsoberflächen 233
9.4.2.2 Oberflächenwiderstand von Arbeitsoberflächen und Materialien für Arbeitsoberflächen 235
9.4.2.3 Regaloberflächen 235
9.4.3 Prüfen von Transportwagen 237
9.4.4 Prüfen von ESD-gerechten Stühlen 237
9.4.5 Prüfen ESD-gerechter Bekleidung 239
9.4.5.1 Schuhwerk 239
9.4.5.2 Arbeitsbekleidung 241
9.4.5.3 Handschuhe und Fingerlinge 244
9.4.6 Werkzeuge 246
9.4.7 Verpackungsmaterialien 247
9.4.7.1 ESD-gerechte Folien 247
9.4.7.2 Wellpappe, leitfähig beschichtet 248
9.4.7.3 IC-Versandstangen, Rollen, Gurte usw. 249
9.5 Messen der Aufladbarkeit von Materialien 249
9.5.1 Aufladbarkeit von Bodenbelägen 249
9.5.2 Aufladung von Personen beim Gehen über einen Fußboden 250
9.5.3 Aufladbarkeit von Arbeitsplatzoberflächen 252
9.6 Bestimmen der Materialeigenschaften von Verpackungsmaterialien 253
9.6.1 Oberflächenwiderstand 254
9.6.2 Volumenwiderstand 255
9.6.3 Abschirmverhalten 257

9.6.4 Ableitzeitmessung – Static decay time . . . 257
9.7 Entladezeit-Ionisatoren . . . 260
9.8 Luftfeuchtigkeit und Temperatur . . . 263
9.9 Einige Probleme beim Messen elektrostatischer Kenngrößen . . . 264

10 ESD-Normung . . . 265
10.1 Stand und Tendenzen bei der ESD-Normung . . . 265
10.2 ESD-Normung DIN EN 61340-5-1 (**VDE 0300-5-1**) und DIN EN 61340-5-1 Beiblatt 1 (**VDE 0300-5-1 Beiblatt 1**) . . . 270
10.2.1 Anwendungsbereich . . . 270
10.2.2 Grundspezifikation – Allgemeine Anforderungen – Allgemeines . . . 271
10.2.3 Definitionen . . . 272
10.2.4 ESD-Kontrollprogramm . . . 275
10.2.4.1 Anforderungen an ein ESD-Kontrollprogramm . . . 275
10.2.4.2 ESD-Koordinator . . . 276
10.2.4.3 Anpassung . . . 276
10.2.4.4 ESD-Kontrollprogramm . . . 277
10.2.4.5 Anforderungen an die ESD-Schutzzone (EPA) . . . 282
10.2.4.6 Kennzeichnung von ESDS-, ESD-gerechten Materialien und Ausrüstungen sowie ESD-Arbeitsplätzen und -Bereichen . . . 302
10.3 Anforderungen an ESD-gerechte Transportmittel und Verpackungen . . . 306
10.4 ESD-Kontrollmaßnahmen bei Einkauf, Wareneingang, Lagerung . . . 309
10.5 Schulung des Personals . . . 310
10.6 Qualitätsverantwortung . . . 311
10.7 Normgerechte Mess- und Prüfverfahren für ESD-Kontrollmaßnahmen und Materialien, die in einer EPA eingesetzt werden sollen . . . 316
10.7.1 Widerstandsmessungen . . . 316
10.7.1.1 Oberflächenwiderstand . . . 317
10.7.1.2 Ableitwiderstand . . . 318
10.7.1.3 Vergleich und Beurteilung der Messverfahren für Ableit- und Oberflächenwiderstände . . . 318
10.7.2 Tägliche Kontrolle von Handgelenk-Erdungsarmbändern und Schuhen . . . 318
10.7.3 Normgerechtes Prüfen von Materialien und Ausrüstungen . . . 320
10.8 Besondere Anforderungen . . . 320
10.8.1 Anforderungen bei niedriger Luftfeuchtigkeit . . . 320
10.8.2 Anforderungen an ESD-gerechte Reinraumbereiche . . . 321

10.8.3 Anforderungen an Bereiche, in denen mit offenen Spannungen gearbeitet wird 321
10.9 Muster für ein ESD-Kontrollprogramm 322

11 Praktische Messungen und Erfahrungen 335
11.1 Erfahrungen bei der Messung von Fußböden sowie Arbeitsplatzoberflächen nach der aktuellen ESD-Norm DIN EN 61340-5-1 (**VDE 0300-5-1**) 335
11.2 Erfahrungen bei der Messung von Verpackungsmaterialien für elektronische Bauelemente und Baugruppen nach der aktuellen ESD-Norm DIN EN 61340-5-1 (**VDE 0300-5-1**) und der DIN EN 61340-5-3 (**VDE 0300-5-3**) 349

12 Literatur 357

Stichwortverzeichnis 365

0 Einleitung – Vorbemerkungen

Alle elektronischen Bauelemente sind besonders sensibel gegenüber elektrostatischen Auf- und Entladevorgängen. Die nach MOS- und CMOS-Technologien hergestellten Schaltkreise weisen extrem niedrigen Energiebedarf auf, zeichnen sich durch hohe Störsicherheit aus und lassen relativ einfache Schaltungsausführungen zu. Die CMOS-Technik baut auf der schon viele Jahre bekannten MOS-Technik auf. Bedingt durch den prinzipiellen Aufbau des MOS-Transistors, ist die kritische Stelle das Gate-Oxid. Durch die Strukturverkleinerung (**Bild 0.1**) sind auch alle anderen elektronischen Bauelemente gegenüber elektrostatischen Ladungen gefährdet. Bipolare Transistoren und Strukturen bestehen aus PN-Übergängen. Durch die immer kleiner werdenden Flächen werden auch die PN-Übergänge immer kleiner. Wie in Kapitel 5 gezeigt wird, sind diese Übergänge durch ESD gefährdet. Die Fehlermechanismen unterscheiden sich jedoch von denen der typischen MOS-Strukturen.

Unter anderem werden elektronische Bauelemente gegenüber elektrostatischen Entladungen auch immer empfindlicher, weil die bisher typischen Gehäuseformen (DIL usw.) bei der heutigen SMD-Fertigung nicht mehr eingesetzt werden, sondern wesentlich kleinere Gehäuse. Die Entfernung zwischen Bond-Anschluss auf dem

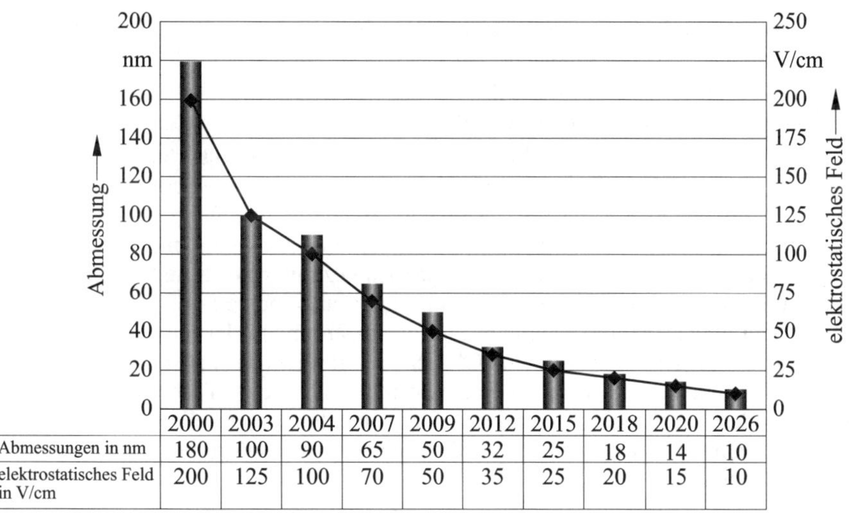

	2000	2003	2004	2007	2009	2012	2015	2018	2020	2026
Abmessungen in nm	180	100	90	65	50	32	25	18	14	10
elektrostatisches Feld in V/cm	200	125	100	70	50	35	25	20	15	10

Bild 0.1 Entwicklung der ESD-Empfindlichkeit elektronischer Bauelemente in den Jahren bis 2026

Chip und äußerem Gehäuseanschluss ist sehr klein. Die Zunahme der Flip-Chip-Technik bedeutet zukünftig auch die Montage von Nackt-Chips auf Leiterplatten. Elektronische Bauelemente sind überhaupt nicht mehr mechanisch bzw. elektrostatisch geschützt. Elektrostatische Entladungen können direkt auf die Bauelementestrukturen einwirken. Es kann nur immer wieder betont werden: Alle aktiven elektronischen Bauelemente und Baugruppen sind gegenüber elektrostatischen Entladungen gefährdet.

Neben den üblichen Ausfallmechanismen bei Transistoren und Dioden werden Leistungstransistoren ebenfalls vorgeschädigt [9]. Untersuchungen haben gezeigt, dass SMD-Widerstände und SMD-Kondensatoren ebenfalls ESD-gefährdet sind [11].

Kapitel 2 und 3 befassen sich mit den theoretischen Grundlagen und klassischen Entstehungsmechanismen für elektrostatische Ladungen. Die Schwerpunkte liegen dabei auf der Beschreibung des elektrostatischen Felds und dessen Parametern sowie auf den Entstehungsmechanismen – Reibung und Influenz.

In **Bild 0.1** ist auch die zunehmende Empfindlichkeit der elektronischen Bauelemente mit Abnahme der Abmessungen in den nächsten Jahren dargestellt.

Durch die messtechnischen Möglichkeiten zur Untersuchung elektrostatischer Ladungen ergeben sich ständig neue Erkenntnisse. Daraus werden grundlegende Zusammenhänge besonders hinsichtlich der Entstehung elektrostatischer Ladungen und der Beeinflussungsmöglichkeiten für elektronische Bauelemente abgeleitet. Aus den daraus entwickelten Fehlermodellen werden die drei Entstehungsmechanismen beschrieben. Ein Schwerpunkt liegt dabei auf der Darstellung der Effekte bei bipolaren und MOS-Bauelementen. Durch theoretische Betrachtungen sowie mathematische und physikalische Analysen wird anhand von Beispielen gezeigt, dass alle Bauelemente, sowohl bipolare als auch MOS-Typen, anfällig gegenüber elektrostatischen Entladungsvorgängen sind.

Ausgehend vom Aufbau eines MOS-Transistors, wird in Kapitel 5 der Unterschied von MOS- und CMOS-Transistoren erklärt. Daraus werden die Schwachstellen und Angriffspunkte für ESD abgeleitet. Durch die Hersteller von integrierten Schaltkreisen werden im Allgemeinen Schutzschaltungen eingebaut bzw. mit in den Schaltkreis integriert. Die Erfahrungen haben jedoch gezeigt, dass diese Schaltungen für eine umfassende Sicherheit der elektronischen Bauelemente vor ESD nicht ausreichen. Umfassende Untersuchungen und die Erfahrungen der letzten Jahre haben bewiesen, dass nicht nur MOS- und CMOS-Schaltkreise sensibel sind, sondern auch bipolare Bauelemente [1]. In der Regel befinden sich beide Technologien auf den Chips, sodass nicht mehr von „reinen“ Bauelementen, hergestellt nach einer Technologie, gesprochen werden kann. Schließlich werden die Vorteile beider Technologien ausgenutzt.

Die Fehlermechanismen der Gefährdung elektronischer Bauelemente durch ESD werden aufgezeigt.

Die Schwerpunkte von Kapitel 7 bilden die Maßnahmen zum Schutz elektronischer Bauelemente vor elektrostatischen Ladungen.

Einen breiten Raum nehmen Beispiele für Schutzschaltungen und deren Schaltungsanordnungen ein.

Für die praktische Arbeit in den einzelnen Fertigungsbereichen zur Vermeidung von Schäden durch ESD wird ein Konzept vorgestellt. Die Grundlage dafür bildet ein ESD-Kontrollplan. Die ESD-Kontrollmaßnahmen werden anhand der gültigen und zukünftigen Normen und Normenentwürfe bewertet.

In Kapitel 9 (Messverfahren) werden verschiedene gültige und zum Teil nicht mehr gültige Normen, die aber oft falsch angewandt werden, beschrieben und verglichen. Ein praktisch sinnvolles Prüfkonzept für die regelmäßige Überwachung der ESD-Kontrollmaßnahmen wird vorgestellt.

Die derzeit gültigen Prüfverfahren für elektronische Bauelemente, Baugruppen und Geräte unter dem gegenwärtigen Normungsstand werden in einem eigenen Abschnitt dargestellt.

Der zweite Hauptkomplex (Abschnitt 10) diskutiert die gültigen Normen für die Einrichtung von ESD-geschützten Bereichen (EPA) unter den gültigen Normen DIN EN 61340-5-1 (**VDE 0300-5-1**) und DIN EN 61340-5-1 Beiblatt 1 (**VDE 0300-5-1 Beiblatt 1**). Als Abschluss wird ein Muster-ESD-Kontrollprogramm präsentiert.

Der Abschnitt 11 wurde ergänzt. Er beschreibt praktische Erfahrungen bei der Messung von Fußböden und Arbeitsplatzoberflächen sowie Verpackungsmaterialien. Beide Komplexe dienen als Anregung für weitere Untersuchungen.

Vorwort zur 4. Auflage

Seit vielen Jahren werden nun die ESD-Normen DIN EN 61340-5-1 (**VDE 0300-5-1**):2008-07 und DIN EN 61340-5-2 (**VDE 0300-5-2**):2002-01 in vielen Elektronikfirmen angewendet. Gleichzeitig wurden Erfahrungen bei der Umsetzung der Normen gesammelt. Bis zum Jahr 2007 gab es aber weltweit zwei parallel existierende Vorschriften für den ESD-Schutz in Elektronikfirmen: die oben genannten und die amerikanische ANSI/ESD S20.20. Der Unterschied ist der, dass die DIN-Normen technische Details für ESD-Kontrollmaßnahmen enthalten, die amerikanische ANSI-Norm aber nur ein Konzept zur Erstellung eines ESD-Kontrollprogramms. Da viele Elektronikfirmen weltweit agieren, war immer die Situation zu klären, welche Norm eingesetzt werden muss. Das zuständige Komitee beim IEC (International Electrotechnical Committee), das TC 101 (Technical Committee), bemühte sich mehrere Jahre, beide Normen zusammenzuführen. Im Jahr 2007 erschienen die weltweit gültigen Standards IEC 61340-5-1 und IEC 61340-5-2. Im Teil 1 sind jetzt der Inhalt der amerikanischen Norm und die technischen ESD-Anforderungen enthalten. Der Teil 2 enthält weitere Hinweise zur Einführung und Umsetzung des ESD-Kontrollprogramms. Obwohl inzwischen die neue Ausgabe der IEC 61340-5-1 im Jahr 2016 (deutsche Fassung erscheint im Juli 2017) erschienen ist, sind die vorherigen Ausgaben der DIN EN 61340-5-1 (**VDE 0300-5-1**) sehr hilfreich. Besonders bei der Beschreibung der einzelnen ESD-Maßnahmen. Die technischen Anforderungen haben sich im Wesentlichen nicht geändert.

Durch die Neuerscheinung der IEC 61340-5-1 und der DIN EN 61340-5-1 (**VDE 0300-5-1**) (2016 und 2017) wurde die 3. Auflage des Handbuchs überarbeitet. Besonders die Kapitel 7 und 10 wurden an die neuen Anforderungen angepasst. Im Abschnitt 10.9 werden erstmals Hinweise für die Erstellung eines ESD-Kontrollprogramms gegeben. Das Musterprogramm ist ein erster Ansatz.

Alle anderen Abschnitte des Handbuchs wurden ergänzt und aktualisiert. Leider konnten im Kapitel 4 noch nicht die neuen Fehlermodelle CBM (Charged Board Model) und FICBM (Field Induced Charged Board Model) vorgestellt werden. Für beide Modelle gibt es erste Überlegungen, aber noch keine reproduzierbaren Ergebnisse. Bei diesen Modellen wird die Leiterplatte (PWB) näher betrachtet.

Die physikalischen Grundsätze zur Elektrostatik und die grundlegenden ESD-Anforderungen werden sich nicht ändern, auch wenn neue Fassungen der ESD Normen erscheinen.

1 Grundbegriffe

Für die Betrachtung der physikalischen Grundlagen und die ESD-gerechte Ausrüstung von Fertigungsstätten werden verschiedene Begriffe und Erklärungen für elektrostatische Auf- und Entladevorgänge definiert [2, 3, 4, 6]. Einbezogen sind elektrostatische Entladungen, die durch den Menschen, durch Einrichtungen und Gegenstände oder durch elektronische Bauelemente selbst hervorgerufen werden. Die am meisten gebrauchten Definitionen sind:

ESD

1. Electrostatic discharge

Übergang von Ladung zwischen Körpern mit verschiedenen elektrostatischen Potentialen, verursacht durch direkten Kontakt oder influenziert durch ein elektrostatisches Feld [7].

2. Electrostatic sensitive device

Das ist ein Halbleiterbauelement oder ein integrierter Schaltkreis, der durch ein elektrostatisches Potential permanent geschädigt werden kann. Das Potential kann während der Handhabung, beim Test oder beim Transport auftreten.

ESDS

Electrostatic discharge sensitive device

Das ist „ein elektronisches Bauelement, eine integrierte Schaltung oder eine Baugruppe, die durch elektrostatische Felder oder elektrostatische Entladung, die bei routinemäßiger Handhabung, bei der Prüfung und beim Transport auftreten, beschädigt werden können“ [4].

Anmerkung: Früher wurde oft die Abkürzung **EGB** verwendet: Elektrostatisch gefährdetes Bauelement oder auch Elektrostatisch gefährdeter Bereich. Durch die neuen Normen [7, 8] wird ausschließlich die Abkürzung ESDS genutzt.

Einige grundlegende Begriffe für die Erklärung des physikalischen Vorgangs der Auf- und Entladung:

ESD-Ereignis

Ein ESD-Ereignis umfasst den ESD-Strom, die elektromagnetische Feldstärke und Korona-Effekte vor und während einer elektrostatischen Entladung (ESD).

Intruder – Verursacher

Ein Intruder oder Verursacher ist der Körper, der ein ESD-Ereignis hervorruft. Der Verursacher ist üblicherweise, aber nicht unbedingt, relativ zu seiner Umgebung geladen. Es besteht immer eine Potentialdifferenz zwischen ihm und dem Geschädigten.

Rezeptor – Geschädigter

Ein Rezeptor oder Geschädigter ist der Körper, der beim ESD-Ereignis in Ruhe ist. Der Geschädigte ist üblicherweise, aber nicht unbedingt, auf demselben Potential wie seine Umgebung. Es besteht immer eine Potentialdifferenz zwischen ihm und dem Verursacher.

Ladungsspannung

Die Ladungsspannung (elektrostatische Spannung) ist die vor einer elektrostatischen Entladung herrschende Spannungsdifferenz zwischen dem Verursacher und dem Geschädigten.

Geschädigte elektronische Einrichtung

Geschädigt ist eine elektronische Einrichtung oder ein elektronisches Bauelement, das einem ESD-Ereignis ausgesetzt ist. Sie/es kann Verursacher oder Geschädigter sein oder den Anstoß für eine Entladung zwischen diesen geben. Sie/es ist folglich dem ESD-bezogenen elektromagnetischen Feld ausgesetzt.

Initialstromimpuls

Der Initialstromimpuls kann zu Beginn einer ESD-Stromkurve erscheinen. Er wird auch als Initial-Impuls, Initialspitze und schnelle Entladungsart (*fast discharge mode*) bezeichnet. Die Anstiegszeit dieses Stromimpulses liegt unterhalb 1 ns und reicht bis zu einem Dauerimpuls von 3 ns.

Hauptentladungsstromkurve

Die Hauptentladungsstromkurve ist der Teil der Kurve, der dem Initialstromimpuls folgt, wenn dieser vorhanden ist. Sie dauert relativ lange und hat eine geringe Amplitude. Die Hauptentladungsstromkurve kann auch ohne Initialstromimpuls vorkommen.

Direktes ESD-Ereignis

Als direktes ESD-Ereignis wird ein Ereignis zwischen einem Verursacher und einem Geschädigten bezeichnet, wobei sowohl der Verursacher den Platz des Geschädigten einnehmen kann als auch umgekehrt, oder beide können den Platz des geschädigten Gegenstands einnehmen.

Indirektes ESD-Ereignis

Als indirektes ESD-Ereignis wird ein Ereignis zwischen einem Verursacher und einem Geschädigten in der Nähe eines elektronischen Geräts bezeichnet. Bei diesem Ereignis wird das elektronische Gerät geschädigt.

Mehrfaches ESD-Ereignis

Als mehrfaches ESD-Ereignis wird ein Ereignis bezeichnet, bei dem die Entladung mehr als einmal vorkommt. Die Zeitdauer zwischen den aufeinander folgenden Entladungen kann dabei zwischen wenigen und einigen zehn Mikrosekunden liegen.

Anstieg

Als Anstieg wird die Neigung der ESD-Stromkurve bezeichnet. Er wird in A/ns angegeben.

Normierter Anstieg

Als normierter Anstieg wird das Verhältnis von Anstieg und Ladungsspannung bezeichnet, gemessen in A/(ns · kV).

Normierter ESD-Spitzenstrom

Als normierter ESD-Spitzenstrom wird das Verhältnis von Spitzenstrom und Ladungsspannung bezeichnet. Er wird in A/kV angegeben.

EPA

Electrostatic protected area (ESD protected area)

Dies ist ein Arbeitsgebiet, in dem elektrostatisch empfindliche Bauelemente gehandhabt werden, ohne dass diese durch die Entladung statischer Elektrizität geschädigt werden.

Anmerkung: Früher wurde auch EGB verwendet: Elektrostatisch gefährdeter Bereich, durch die neuen Normen [7, 8] wird dafür ausschließlich EPA genutzt.

Leitfähiges Material (oberflächen- und volumenleitend)

Ein Material ist oberflächenleitend, wenn der Oberflächenwiderstand $< 1 \cdot 10^4\ \Omega$ ist.

Partiell leitfähig (halbleitend)

Ein Material, das z. B. aus drei Schichten besteht, ist so aufgebaut, dass seine elektrischen Eigenschaften prinzipiell dieselben sind wie die der folgenden Schichten. Die oberste Schicht hat einen Volumenwiderstand zwischen $10^6\ \Omega$cm und $10^9\ \Omega$cm. Die mittlere Schicht, die den Kontakt zwischen oberster und unterster Schicht herstellt, sollte die höchste Leitfähigkeit aufweisen und den Weg zum Erd-

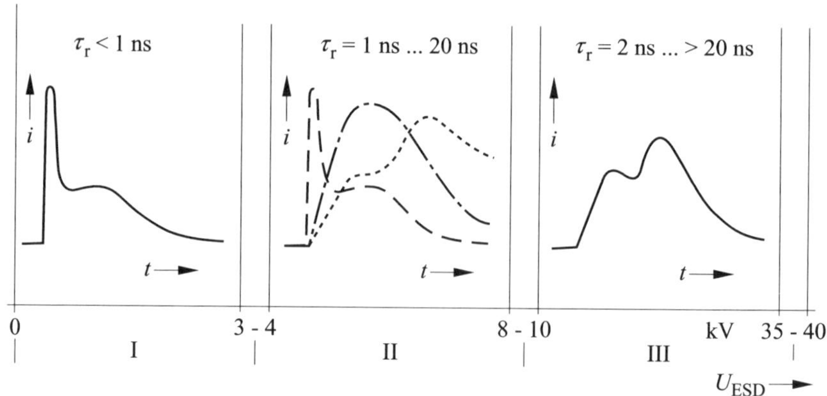

Bild 1.1 Typische Verlaufsformen des Entladungsstroms in den Spannungsbereichen I, II, III nach [10], gültig für Kugelelektroden mit 3 mm bis 10 mm Durchmesser und Elektrodenannäherungsgeschwindigkeiten von 0,02 m/s bis 0,2 m/s; τ_r Anstiegszeit

potential erzeugen. Die unterste Schicht sollte aus einem Material mit einem Volumenwiderstand von mehr als 10^9 Ωcm bestehen.

Erdpotential

a: Erdpotential wird durch eine mechanische Erdspitze hergestellt, die völlig unabhängig vom Erdungsmaterial ist;

b: Ein gleichförmiges Potential, anders als das Erdpotential, eingeschlossen die Erde, ist eine sogenannte schwimmende Sicherheitserde.

Vergleichspunkt

Der Vergleichspunkt ist ein vergleichbarer Punkt, an den alle leitfähigen Oberflächen und Einrichtungen eines SHA angeschlossen sind, die selbst über einen Widerstand von 1 MΩ geerdet sind.

Neben der Definition von Begriffen werden noch zwei **Spannungsklassen** und drei **Spannungsbereiche** unterschieden (vgl. **Bild 1.1**) [10].

Spannungsklassen

1 mit Initialstromimpuls

2 ohne Initialstromimpuls

Spannungsbereich I

0 V bis 3 kV... 4 kV

Die ESD-Stromkurve wird charakterisiert durch die Existenz einer typischen, wiederholbaren, schnellen Anstiegszeit mit einem Initialstromimpuls.

Spannungsbereich II

3 kV ... 4 kV bis unter 10 kV

Der Initialstromimpuls kann von einer zur nächsten ESD, unter gleichen Testbedingungen, erscheinen oder nicht erscheinen. Der Spannungsbereich II beginnt dort, wo der Initialstromimpuls nicht erscheinen kann, und endet dort, wo er niemals erscheint.

Spannungsbereich III

8 kV ... 10 kV und darüber

Die ESD-Stromkurve wird charakterisiert durch das Fernbleiben des Initialstromimpulses. Die Hauptentladungskurve kommt immer ohne Impuls vor. Der niedrigste Spannungsbereich beginnt, wo Bereich II endet. Er ist nicht genau abgegrenzt.

Definitionen [6] aus der chemischen Industrie, Richtlinie TRGS 727 (ehemals BGR 132)

Zum Vergleich werden Begriffsdefinitionen angeführt, die in der Elektronik oft verwendet werden, obwohl sie im Zusammenhang mit Zündgefahren durch elektrostatische Aufladungen in der chemischen Industrie entstanden sind. Die Berufsgenossenschaft der chemischen Industrie hat die Richtlinie [6] erstellt. Prinzipiell gibt es grundlegende Übereinstimmungen in den physikalischen Vorgängen, nur der Anwendungsbereich ist anders definiert. Die Richtlinie bezieht sich auf verschiedene Normen und Richtlinien, die zum Teil bereits durch neue ersetzt worden (vgl. Abschnitt „Normen") oder in Vorbereitung sind.

Anwendungsbereich der Richtlinie TRGS 727

Die vorliegende Richtlinie findet „Anwendung für die Beurteilung und die Vermeidung von Zündgefahren infolge elektrostatischer Aufladungen in explosionsgefährdeten Bereichen und beim Umgang mit explosionsgefährlichen Arbeitsstoffen. Sie lässt sich sinngemäß auch anwenden auf die Beurteilung und die Vermeidung von Zündgefahren unter anderen als atmosphärischen Bedingungen ... oder mit anderen Reaktionspartnern als Luft sowie in anderen reaktionsfähigen Systemen (z. B. chemisch instabile Stoffe ...)".

Der Anwendungsbereich sagt eindeutig aus, dass die als TRGS 727 vorliegende Richtlinie für explosionsgefährdete Stoffe und Gemische gilt. Sie definiert unter anderem folgende Begriffe:

Elektrostatische Aufladungen

Dies sind elektrische Ladungen, die durch mechanische Trennung gleichartiger oder verschiedenartiger Materialien entstehen oder infolge von Influenz auf leitfähigen Körpern auftreten. Grundsätzlich gibt es hier Übereinstimmung mit den Entstehungsmechanismen von elektrostatischen Aufladungen in Elektronik-Fertigungsstätten. Die Vorgänge unterscheiden sich aber wesentlich. Angeführt sind z. B. Versprühen von Flüssigkeiten, Strömen von Gasen und Dämpfen, Ausschütten von festen Stoffen. Der grundlegende Vorgang der Reibung ist die Basis.

Gefährliche Aufladung

Das ist eine elektrostatische Aufladung, die bei Entladung innerhalb explosionsgefährdeter Atmosphäre diese entzünden kann. Es geht also um Zündenergien.

Spezifischer elektrischer Widerstand

Der spezifische elektrische Widerstand eines Materials ist der elektrische Widerstand eines Probekörpers von 1 m Länge und 1 m^2 Querschnitt (Maßeinheit: Ωm).

Elektrische Leitfähigkeit

Als elektrische Leitfähigkeit wird der reziproke Wert des spezifischen elektrischen Widerstands eines Materials definiert, Maßeinheit S/m, d. h. 1/(Ωm).

In dieser Richtlinie wird nur zwischen leitfähigen und nicht leitfähigen Materialien unterschieden:

Leitfähige Stoffe

Dies sind feste oder flüssige Materialien, deren spezifischer Widerstand weniger als 10^4 Ωm beträgt.

Nicht leitfähige Stoffe

Dies sind Materialien, deren spezifischer Widerstand mehr als 10^4 Ωm beträgt.

Oberflächenwiderstand

Der Oberflächenwiderstand eines Materials ist der elektrische Widerstand zwischen zwei auf der Oberfläche aufgesetzten Elektroden. Er wird entscheidend vom Messverfahren beeinflusst. Nicht leitfähige feste Stoffe werden nach DIN EN 62631-3-2 (**VDE 0307-3-2**) gemessen. Bei Textilien erfolgt die Messung nach DIN 54345 (Textilien) oder DIN EN 1149 (Schutzkleidung).

Ableitwiderstand

Der Ableitwiderstand eines Gegenstands ist der elektrische Widerstand zwischen einer an den Gegenstand angelegten Elektrode und Erde.

Anmerkung: Die genannten DIN-Normen für die Messung der verschiedenen Widerstände werden oder wurden überarbeitet. Für die einzelnen Richtlinien werden in Kapitel 10 (Normung) einige neue Verfahren vorgestellt. Die inhaltlichen Definitionen haben sich für den genannten Anwendungsbereich aber nicht wesentlich geändert.

Elektrostatische Erdung

Elektrostatisch geerdet sind Gegenstände aus leitfähigen Materialien, deren Ableitwiderstand gegen Erde nicht größer als $10^6\ \Omega$ ist, sowie Personen und Gegenstände mit Kapazitäten, wenn ihre Entladezeitkonstante kleiner als etwa 10^{-2} s ist.

Anmerkung: Gegenüber den ESD-Kontrollmaßnahmen, speziell der Erdung einer Person in einer EPA, gibt es hier einen entscheidenden Unterschied. Für eine EPA wird ein Mindestwiderstand von $10^6\ \Omega$ gefordert, damit die elektrostatischen Ladungsansammlungen langsam abfließen. Für explosionsgefährdete Räume ist es uninteressant, wie schnell die Ladungen abfließen. Hier ist eine schlagartige Entladung zulässig.

Isolierung

Gegenstände sind isoliert, wenn sie im Allgemeinen nicht (elektrostatisch) geerdet sind.

Aufladbar sind:

1. feste Stoffe, deren Oberflächenwiderstand größer als $10^9\ \Omega$ ist
2. Flüssigkeiten, deren Leitfähigkeit kleiner als 10^{-8} S/m bzw. deren spezifischer Widerstand größer als $10^8\ \Omega$m ist
3. nicht geerdete Gegenstände aus leitfähigen Materialien

Nicht aufladbar sind:

1. feste und flüssige Stoffe, deren Oberflächenwiderstand kleiner als $10^9\ \Omega$ bzw. deren spezifischer Widerstand kleiner als $10^8\ \Omega$m ist
2. geerdete Gegenstände aus leitfähigen Materialien

Nach der Vorstellung allgemeiner Definitionen sowie der aus dem Bereich der chemischen Industrie oder explosionsgefährdeten Bereichen sollen nochmals die verbindlichen Definitionen für den Schutz elektronischer Bauelemente und Baugruppen beschrieben werden. Diese Definitionen charakterisieren EPAs und Materialien, die in EPAs verwendet werden dürfen. Sie gelten in Übereinstimmung mit den Normen DIN EN 61340-5-1 (**VDE 0300-5-1**) und DIN EN 61340-5-1 Beiblatt 1 (**VDE 0300-5-1 Beiblatt 1**) [2, 7, 8].

ESD-Erdungseinrichtung

Dazu zählen alle technischen Einrichtungen zur gezielten Ladungsableitung, die somit eine Gefährdung durch elektrostatische Ladungen vermeiden. Die EPA-Erdungseinrichtung ist die gemeinsame Einrichtung, an die alle Elemente in der ESD-Schutzzone elektrisch leitend angeschlossen sind [7].

Erdungspunkt

Der Erdungspunkt (EBP) ist der Punkt, an dem alle zu erdenden Teile über eine entsprechende Erdungsleitung an die ESD-Erdungseinrichtung angeschlossen werden.

Erdungskabel

Das Erdungskabel ist eine elektrisch leitende Verbindung, die einen Erdungspunkt mit der ESD-Erdungseinrichtung verbindet. Das Erdungskabel muss mindestens einen Widerstand für die Strombegrenzung enthalten und isolierend ummantelt sein.

Elektrostatisch abschirmend

Elektrostatisch abschirmend ist eine Schutzeinrichtung aus geeignetem Material, die, entweder als offene Trennschicht oder als geschlossene Kapselung, das zu schützende Teil vor Eindringen und Wirkung äußerer elektrostatischer Felder oder elektrostatischer Entladung weitgehend bewahrt. Schirmwirkung gegen elektrostatische Entladung ist gleichzeitig eine Sperre oder eine Einhüllung, die den Stromdurchgang begrenzt und die Energie einer elektrostatischen Entladung derart dämpft, dass die maximale Energie einer HBM(Human-Body-Modell)-Entladung von 1 000 V höchstens 50 nJ beträgt [7].

Elektrostatisch leitfähig

Materialien sind elektrostatisch leitfähig, wenn der Oberflächenwiderstand im Bereich von von $\geq 1 \cdot 10^2\ \Omega$ und $< 1 \cdot 10^4\ \Omega$ liegt.

Elektrostatisch ableitfähig

Materialien, die Potentialdifferenzen in einer definierten Zeit weitgehend ausgleichen, sind elektrostatisch ableitfähig/dissipativ. Dazu zählen Materialien mit einem Oberflächenwiderstand zwischen $\geq 1 \cdot 10^4\ \Omega$ und $< 1 \cdot 10^{11}\ \Omega$. Die maximale Ableitzeit von 1 000 V auf 100 V darf 2 s nicht übersteigen.

Isolierend

Materialien sind isolierend, wenn der Oberflächenwiderstand $\geq 10^{11}\ \Omega$ ist.

Ableitzeit

Der Zeitraum, der verstreicht, bis sich das Potential eines aufgeladenen Körpers auf einen definierten Endwert verringert, wird als Ableitzeit bezeichnet. Bezugspotential ist das Erdpotential. In der Norm wird ein Endwert von 100 V definiert [7].

Entladezeit

Als Entladezeit wird der Zeitraum definiert, in dem mit einer Ionisierungseinrichtung ein aufgeladenes Material durch Rekombination entladen wird. Anfangs- und Endwerte sind in verschiedenen Normen definiert [6, 7].

Oberflächenwiderstand

Der Oberflächenwiderstand ist der Widerstandswert zwischen zwei in definiertem Abstand auf der Probenoberfläche angeordnete Elektroden. Bei der Messung wird gleichzeitig ein nicht bekannter Teil des Volumens der Probe erfasst.

Der *spezifische* Oberflächenwiderstand ist der auf ein definiertes Oberflächenquadrat bezogene Widerstandswert, wobei die Elektroden an den zwei gegenüberliegenden Seiten des Quadrats angebracht sein müssen. Der Widerstand ist unabhängig von der Fläche bzw. von der Seitenlänge des Quadrats. Aus Gründen der Vergleichbarkeit der Messergebnisse sollten diese Größen definiert werden.

Anmerkung: In der Literatur wird oft der spezifische Oberflächenwiderstand mit der „Maßeinheit“ Ω/ angegeben. Das zusätzliche Zeichen weist jedoch nur auf die flächenbezogene Größe hin.

Durchgangswiderstand

Als Durchgangswiderstand wird der Widerstandswert definiert, der zwischen zwei Elektroden gemessen wird, die die Probe auf der Ober- und Unterseite kontaktieren, sodass im Wesentlichen der Strom durch das Volumen der Probe fließt. Der Stromfluss an der Oberfläche der Probe entlang wird vernachlässigt.

Als *spezifischer* Durchgangswiderstand wird der auf ein Würfelvolumen bezogene Widerstandswert zwischen zwei Elektroden angegeben. Die Elektroden sind dabei an den gegenüberliegenden Flächen des Würfels angebracht.

Ableitwiderstand

Der Ableitwiderstand ist der Widerstand, der zwischen einer Elektrode auf der Oberfläche einer Probe und z. B. dem Erdungsanschluss oder an einer Kupferleitbahn eines leitfähig verlegten Fußbodens gemessen wird. Der Widerstand, der zwischen Oberfläche und Erdpotential gemessen wird, kann auch als Erdableitwiderstand bezeichnet werden.

Verpackung

Verpackung ist das Material oder die Einrichtung, das/die für Transport oder Lagerung von ESDS verwendet wird. Man unterscheidet drei Formen:

- direkt anliegende Verpackung
- lose umhüllende Verpackung
- äußere Verpackung

Die direkt anliegende Verpackung befindet sich im direkten Kontakt mit dem elektronischen Bauelement. Die lose umhüllende Verpackung hat keinen direkten Kontakt mit dem elektronischen Bauelement, sie wirkt als Transportschutz außerhalb einer EPA.

Für die äußere Verpackung bestehen keine besonderen Anforderungen bezüglich des ESD-Schutzes, außer sie wird in die EPA gebracht.

Lagerzeit

Als Lagerzeit wird die Zeit bezeichnet, in der ein elektronisches Bauelement oder eine Baugruppe unter bestimmten klimatischen Bedingungen gelagert wird, ohne dass sich die im Produktstandard definierten Eigenschaften innerhalb der Toleranz ändern.

Früher wurden folgende sinnvolle Zeitabschnitte definiert, da nicht alle ESD Eigenschaften als dauerhaft betrachtet werden können (vgl. Abschnitt 7.6):

- kurze Lagerzeit bis 6 Monate
- mittlere Lagerzeit 6 Monate bis 5 Jahre
- lange Lagerzeit länger als 5 Jahre

2 Physikalische Grundlagen

Elektrostatische Entladungsvorgänge sind aus der Natur schon seit vielen Jahrtausenden bekannt. Der typische Entladungsvorgang in der Natur ist der Blitz. Elektrostatische Entladungsvorgänge kommen außer bei festen Stoffen auch bei flüssigen und gasförmigen Medien vor. Es handelt sich immer um den Ausgleich ungleicher Potentiale. Unterschieden werden Gleit-, Büschel-, Funken- und blitzähnliche Entladungen (vgl. Kapitel 3). Bei der Funkenentladung können brennbare Gase oder Dämpfe oder ähnliche Gemische gezündet werden. Bereits sehr kleine Entladungsvorgänge führen zur Vorschädigung von elektronischen Bauelementen.

Ein wesentlicher Unterschied ist die frei werdende Energie bzw. die elektrostatische Spannung, die beim Entladevorgang auf das Objekt wirken. Bei einem Blitz treten mehrere Megavolt auf; bereits weniger als 10 V genügen, um elektronische Bauelemente zu beeinflussen.

2.1 Grundgrößen des elektrostatischen Felds

Zum Verständnis der Beschreibung der Auf- und Entladevorgänge werden zuerst die variablen und die konstanten Größen definiert, die ein elektrostatisches Feld beschreiben.

2.1.1 Elektrische Ladung Q

Die elektrische Ladung ist die Grundeinheit der Elektrizität. Die einfachste Ladungsmenge ist ein Elektron. Die Ladung selbst kann positiv oder negativ sein. Jede Ladung erzeugt ein elektrisches Feld, und damit steht diese Ladung in Beziehung zu einer anderen Ladung, gleich welcher Polarität.

Grundgröße	Maßeinheit	Grundwert
Q	1 As = 1 C C ≙ Coulomb	$e = 1{,}6 \cdot 10^{-19}$ C e ist der Wert für eine Elektronenladung

Bekannt ist, dass sich gleichnamige Ladungen abstoßen und ungleichnamige Ladungen anziehen. Das Feld, das die elektrische Ladung umgibt, kann experimentell ermittelt werden. **Bild 2.1** und **Bild 2.2** zeigen das elektrische Feld einer positiven bzw. einer negativen Ladung.

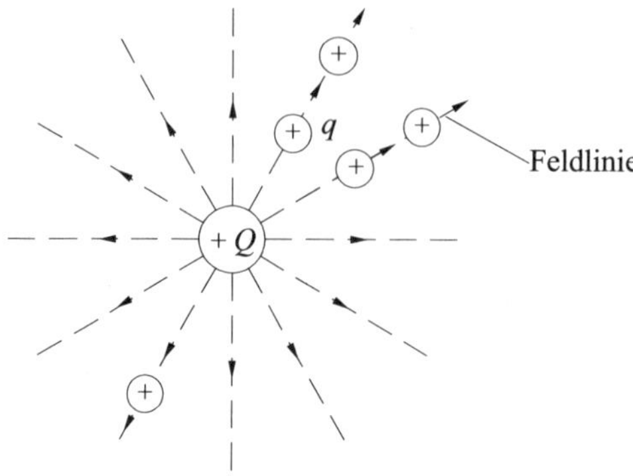

Bild 2.1 Elektrisches Feld einer positiven Ladung

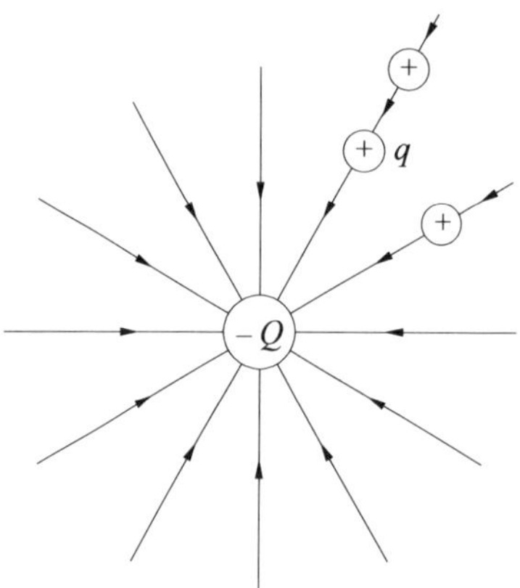

Bild 2.2 Elektrisches Feld einer negativen Ladung

Kraft auf eine Punktladung

Das elektrische Feld bewirkt wiederum eine Kraft auf die Punktladung q. Die Feldlinien zeigen die Richtung der Kraftwirkung auf die Punktladung ($+q$ bzw. $-q$). Aus der Proportionalität zwischen der Kraft F auf eine Punktladung q und der Ladung Q im elektrostatischen Feld ergibt sich die elektrostatische Feldstärke

$$\vec{F} = q\vec{E} \tag{2.1}$$

$\vec{E}$ ist dabei die Feldstärke an dem Punkt, an dem sich die Ladung q befindet, ohne Berücksichtigung des eigenen Felds. Für die Berechnung der Feldstärke geht man von der Punktladung q_1 aus und berücksichtigt den Verschiebungsfluss Ψ_{ges}. Auf einer kugelförmigen Hüllfläche mit dem Abstand r ist der Verschiebungsfluss gleich der Ladungsdichte

$$D_1 = \frac{\Psi_{ges}}{4\pi r^2} = \frac{Q_1}{4\pi r^2} \tag{2.2}$$

Unter Berücksichtigung von $D = \varepsilon E$ errechnet sich dann die Feldstärke aus

$$E_1 = \frac{q_1}{4\pi \varepsilon a^2} \tag{2.3}$$

Die Kraft zwischen zwei Punktladungen Q_1 und Q_2 ergibt sich aus

$$\vec{F} = \frac{1}{4\pi\varepsilon_0} \frac{Q_1 \cdot Q_2}{\left|\vec{r}\right|^2} \frac{\vec{r}}{\left|\vec{r}\right|} \tag{2.4}$$

Für lineare Verhältnisse kann die Vektorschreibweise vereinfacht werden zu

$$\vec{F} = \frac{1}{4\pi\varepsilon_0} \frac{Q_1 \cdot Q_2}{r^2} \tag{2.5}$$

Gl. (2.5) ist das grundlegende *Coulomb'sche Gesetz*. Für Kugelladungen geht der Radius r ein.

Kraft auf Trennflächen – Kraft zwischen zwei planparallelen Platten

Zwei geladene Platten eines Kondensators wirken genauso wie zwei Punktladungen mit einer Kraft aufeinander (**Bild 2.3**).

Vorausgesetzt, dass die Ladungsmenge konstant ist, d. h. dass keine Ladungen zu- oder abfließen, errechnet sich der Energieinhalt aus der Beziehung

$$W = \frac{Q^2}{2C}$$

Mit

$$C = \varepsilon \frac{A}{d}$$

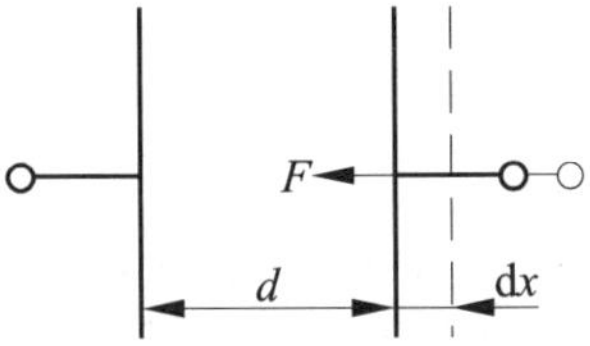

Bild 2.3 Kräfte zwischen parallelen Platten

wird daraus

$$W = \frac{Q^2 d}{2\varepsilon A} \qquad (2.6)$$

Eine Vergrößerung des Abstands der parallelen Platten um dx bei einer konstanten Ladungsmenge Q bewirkt eine Erhöhung des Energieinhalts. Die Erhöhung der Energie errechnet sich zu

$$\mathrm{d}W = \frac{Q^2}{2\varepsilon A}\mathrm{d}x \qquad (2.7)$$

Dieser Energiezuwachs entspricht der mechanischen Arbeit $F \cdot \mathrm{d}x$, die beim Entfernen der Platten voneinander notwendig ist. Setzt man beide Energieänderungen gleich, d. h.

$$F\mathrm{d}x = \frac{Q^2}{2\varepsilon A}\mathrm{d}x \qquad (2.8)$$

erhält man daraus

$$F = \frac{Q^2}{2\varepsilon A} \qquad (2.9)$$

Die Kraft zwischen beiden Platten, die von den Ladungen überwunden werden muss, errechnet sich mit

$$D = \frac{Q}{A} = \varepsilon E$$

zu

$$F = \frac{D^2}{2\varepsilon}A = \frac{DE}{2}A = \frac{\varepsilon E^2}{2}A \qquad (2.10)$$

Definition: An Trennflächen wirken im elektrostatischen Feld senkrechte Kräfte in Richtung zum Medium mit der kleineren Dielektrizitätskonstante: Der Stoff mit der größeren relativen Dielektrizitätskonstante wird auf Zug und der mit der kleineren auf Druck beansprucht [11].

Gl. (2.9) sagt weiterhin aus, dass die Kraft mit der Feldstärke an der Trennfläche wächst. Wird ein neutraler Leiter in das elektrische Feld gebracht, verändert die Influenzladung das Feld. Die Feldstärke wird auf der einen Seite größer als auf der anderen Seite. Der Körper wird also in den stationären Feldteil (**Bild 2.4**) gezogen. Im homogenen Feld sind die Kräfte gleich groß (**Bild 2.5**), die Feldkräfte versuchen den Leiter auszudehnen.

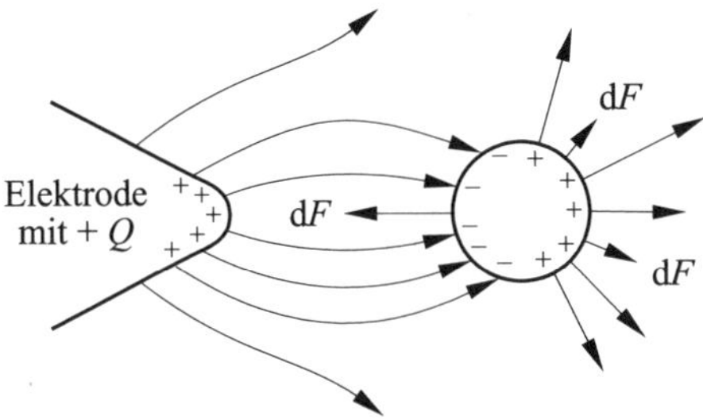

Bild 2.4 Ein neutraler Leiter wird in ein inhomogenes Feld gebracht

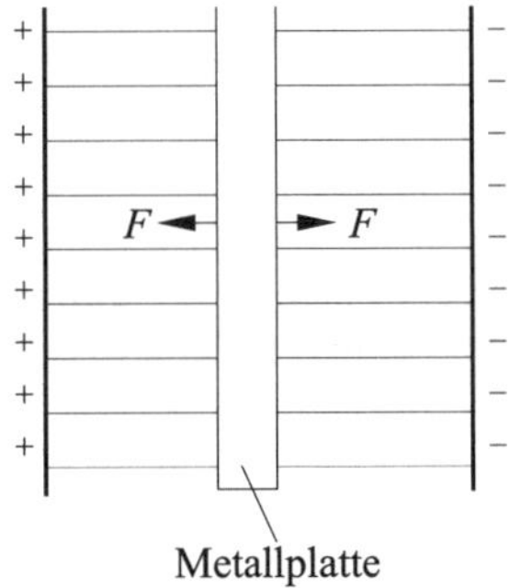

Bild 2.5 Im homogenen Feld dehnt sich der Leiter aus

2.1.2 Elektrischer Strom I

Die Bewegung einer elektrischen Ladung wird allgemein als elektrischer Strom bezeichnet. Der Strom wird definiert als die in einer bestimmten Zeit Δt durch einen Querschnitt bewegte Ladungsmenge, dividiert durch diese Zeit

$$I = \frac{\Delta Q}{\Delta t} \tag{2.11}$$

Vorausgesetzt wurde, dass Zeitintervall Δt und Ladungsänderung ΔQ differenziell klein sind.

2.1.3 Stromdichte S

Bei der Erklärung des elektrostatischen Felds wird von Feldlinien und deren Verlauf, wie sie bereits beim elektrischen Strömungsfeld verwendet wurden, ausgegangen. Im homogenen Feld verlaufen die Feldlinien parallel zur Strömung. An den Stromzu- und -abführungen (Anschlüssen) sind Verengungen der Feldlinien vorhanden. Im homogenen Feld ist die Stromdichte an allen Stellen konstant. Im inhomo-

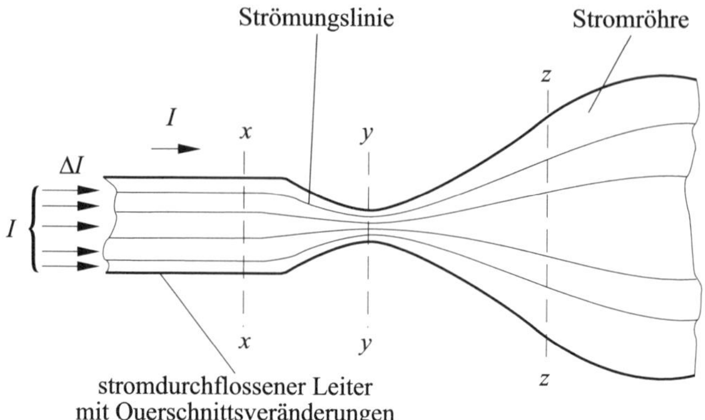

Bild 2.6 Allgemeines Strömungsfeld

genen Feld ist die Stromdichte an den Stellen kleiner, an denen sich die Feldlinien annähern oder verengen bzw. an denen sich der Querschnitt ändert (**Bild 2.6**). Für die Stromdichte S gilt

$$S = \frac{\mathrm{d}I}{\mathrm{d}A} \tag{2.12}$$

Dabei ist A die Fläche, die von den Feldlinien senkrecht durchstoßen wird. In allen anderen Fällen ist die durchstoßene Fläche schräg, d. h., es geht zusätzlich der Winkel β in die Fläche ein (**Bild 2.7**)

$$A_{\perp} = A \cos\beta \tag{2.13}$$

Die Stromdichte ist im inhomogenen Feld abhängig vom Feldlinienverlauf und von der Richtung. Sie wird außerdem von der Spannung U bestimmt. Somit ist die

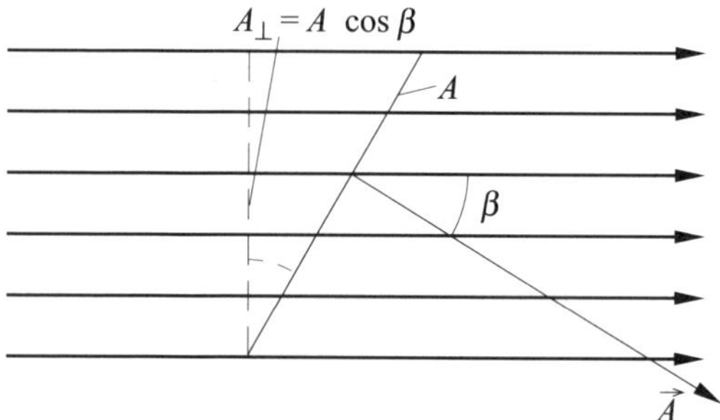

Bild 2.7 Definition der Fläche, die von den Feldlinien durchstoßen wird

Stromstärke im elektrischen Leiter von der Spannung abhängig, die an den Enden des Leiters anliegt.

2.1.4 Potential φ

Das Potential eines Punkts im Raum ist gegeben durch die Arbeit W, die verrichtet werden muss, um die Ladung Q von einem Punkt zu einem anderen Punkt zu bewegen. Das Potential im Punkt P_1 des elektrischen Felds ist eine skalare Feldgröße. Das Potential bringt zum Ausdruck, welche Arbeit erforderlich ist, um die Ladung von P_1 zu P_2 zu bewegen. Die Arbeit ist proportional der Änderung der potenziellen Energie der Ladung. Das Potential ist gegeben durch

$$\varphi = \frac{\mathrm{d}\,W}{\mathrm{d}\,Q} \tag{2.14}$$

Das Potential ist abhängig vom Weg der Ladung vom Ausgangspunkt P_2 zum Bezugspunkt P_1. Liegt der Bezugspunkt P_1 im Unendlichen, dann ist die Änderung der Arbeit gleich der potenziellen Energie. In einem Raum gibt es viele Punkte gleichen Potentials. Alle diese Punkte liegen auf derselben Äquipotentialfläche. Die Verbindung dieser Punkte wird als Äquipotentiallinie bezeichnet (**Bild 2.8**, **Bild 2.9**).

Definition: Ein Punkt im Feld hat positives Potential, wenn an diesem Punkt die potenzielle Energie einer positiven Ladung höher ist als im Bezugspunkt P_1, d. h., wenn man vom Punkt P_1 zum Punkt P_2 entgegengesetzt zur $\vec{E}$-Richtung läuft. Schlussfolgernd ergibt sich, dass alle Linien gleichen Potentials senkrecht zu den $\vec{E}$-Linien verlaufen [11].

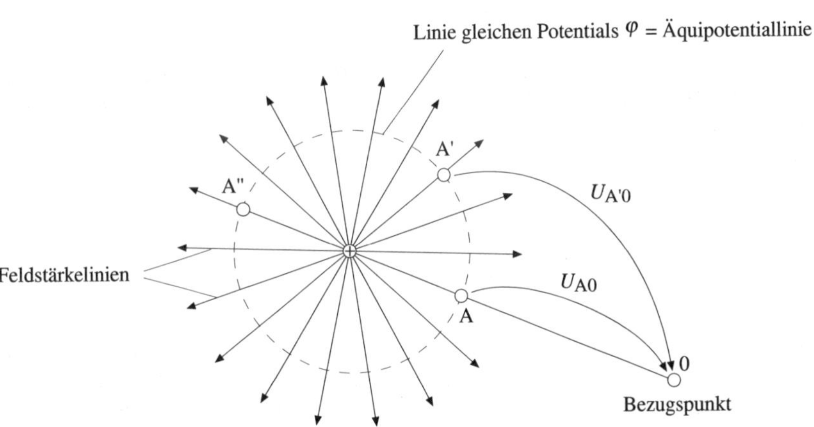

Bild 2.8 Feldlinienverlauf: Um eine Ladung $+q$ von einem Punkt 0 an die Stellen A, A', A'' zu bewegen, muss die gleiche Energie zugeführt werden. Die Punkte haben dasselbe Potential, sie liegen auf einer Äquipotentiallinie

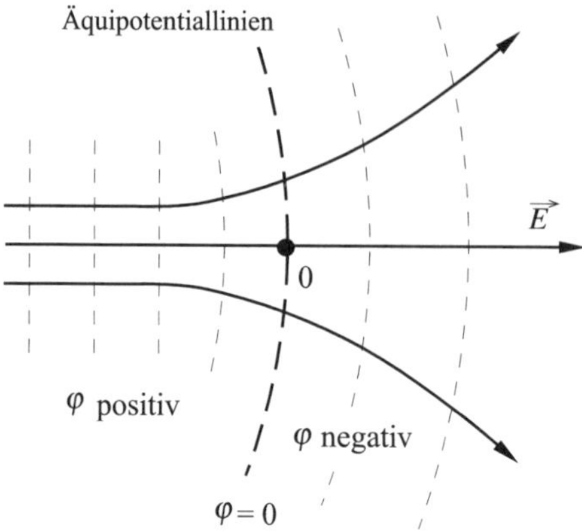

Bild 2.9 Positives und negatives Potential, Äquipotentiallinien

Im elektrischen Leiter ist das Potential konstant. Befindet sich die Gegenladung in sehr großer Entfernung vom Erdpotential, kann das Potential wie folgt ermittelt werden

$$\varphi = \frac{1}{4\pi\varepsilon}\frac{Q}{r} \tag{2.15}$$

2.1.5 Elektrische Spannung *U*

Die elektrische Spannung ergibt sich durch den Potentialunterschied einer Ladung zwischen Punkt P_1 und Punkt P_2, vorausgesetzt, die Ladung ist in den Punkten P_1 und P_2 gleich groß

$$U = \varphi_2 - \varphi_1 = \frac{W_2}{Q} - \frac{W_1}{Q} = \frac{\Delta W}{Q} \tag{2.16}$$

mit $\Delta W = W_2 - W_1$

Ausgehend von der Beziehung zwischen Feldstärke und Spannung kann man die Spannung auch definieren als Unterschied der potenziellen Energie W_{AB} einer Ladung q zwischen den Punkten A und B, dividiert durch diese Ladung

$$U_{AB} = \frac{\Delta W_{AB}}{q} \tag{2.17}$$

2.1.6 Elektrischer Widerstand *R*

Um einen Strom durch einen Leiter zu treiben, ist Energie notwendig, da die bewegten Ladungen ständig mit den Metallionen zusammenstoßen und ihre kinetische Energie auf diese übertragen. Die freien Ladungen werden abgebremst. Sie müssen also immer wieder neue Energie aufnehmen, um ihre Bewegung fortzusetzen. Durch den Zusammenstoß wird Wärmeenergie frei. Man kann auch sagen, der Leiter setzt den Ladungen einen Widerstand entgegen. Diese Eigenschaft des Leiters wird als *elektrischer Widerstand R* bezeichnet. Er errechnet sich aus dem Spannungsfall U_{AB} zwischen den Punkten A und B des Leiters und einem definierten Strom

$$R_{AB} = \frac{U_{AB}}{I} \tag{2.18}$$

Den reziproken Wert des Widerstands bezeichnet man als *Leitwert G*

$$G = \frac{1}{R} \tag{2.19}$$

Der Widerstand wird von den geometrischen Abmessungen des durchflossenen Leiters bestimmt. Ist der Querschnitt größer, ändert sich auch der elektrische Widerstand. Dieser ist von Länge, Querschnitt und Materialkonstante des durchflossenen Leiters abhängig. Bei der folgenden Betrachtung wird vorausgesetzt, dass es sich um ein homogenes Material handelt

$$R_{AB} = \rho\frac{l_{AB}}{A} = \frac{l_{AB}}{\kappa A} \tag{2.20}$$

mit

ρ spezifischer Widerstand des Leitermaterials

κ Leitfähigkeit (reziproker Wert des spezifischen Widerstands)

Der spezifische Widerstand ist temperaturabhängig. Physikalisch ist der Vorgang so zu erklären: Mit steigender Temperatur bewegen sich die Metallatome schneller, die Wahrscheinlichkeit eines Zusammenstoßes mit den freien Elektronen steigt an, d. h., der Widerstand des Leiters steigt mit zunehmender Temperatur. Die Temperaturabhängigkeit wird durch den *Temperaturkoeffizienten* (TK) α beschrieben.

Zur Berechnung des Temperaturkoeffizienten wird der Widerstand in Abhängigkeit von der Temperatur betrachtet. In einem definierten Punkt *A* ergibt sich der Widerstand R_0 bei einer Temperatur T_0. Zu einem nicht definierten Wert R_v ändert sich bei einer Änderung von Δv der Widerstand ΔR. Daraus ergibt sich

$$R_\delta = R_0 + \Delta R \tag{2.21}$$

Wird die Änderung ΔR sehr klein, kann man den Kurvenverlauf einer Geraden anpassen. Für diesen Fall gilt die allgemeine Geradengleichung

$$\Delta R = \frac{\mathrm{d}R}{\mathrm{d}\delta}\,\Delta\delta \tag{2.22}$$

Damit wird

$$R_\delta = R_0\,\frac{\mathrm{d}R}{\mathrm{d}\delta}\,\Delta\delta = R_0\left(1 + \frac{\mathrm{d}R/R_0}{\mathrm{d}\delta}\,\Delta\delta\right) \tag{2.23}$$

Der zweite Teil der Gleichung (Klammerwert) gibt die Temperaturabhängigkeit des Widerstands an. Wird der Temperaturkoeffizient α des Widerstands durch

$$R_\delta = R_0(1 + \alpha\,\Delta\delta) \tag{2.24}$$

definiert, kann man ihn mit Gl. (2.23) berechnen

$$\alpha = \frac{\mathrm{d}R/R_0}{\mathrm{d}\delta} \tag{2.25}$$

Der Temperaturkoeffizient α gibt gleichfalls die Temperaturabhängigkeit des spezifischen Widerstands ρ an. Geht man davon aus, dass l und A temperaturunabhängig sind, folgt daraus:

Definition: Der Temperaturkoeffzient α ist die prozentuale Änderung des Widerstands je Grad Temperaturänderung; er wird als 1/K oder in ‰/K angegeben.

Im Allgemeinen ist α aber doch von der Temperatur abhängig. Spezielle Werte kann man entsprechenden Tabellen [12] entnehmen. Richtgrößen sind:

- reine Metalle $\alpha \approx +4$ (‰/K)
- spezielle Legierungen $\alpha \approx 0$
- Elektrolyte, Halbleiter α negativ

Steigt der Strom an, wächst auch die Temperatur des Widerstands.

Bezeichnung	**Definition**	**Maßeinheit**
Widerstand	$R = U/I$	V/A = Ω
Dimensionierungsgleichung: Widerstand	$R = \rho(l/A)$	$\Omega\mathrm{m}(\mathrm{mm}/\mathrm{mm}^2) = \Omega$

2.1.7 Elektrische Energie *W*

Beim Durchfluss einer Ladung durch einen passiven Zweipol (elektrischer Leiter) wird in diesem Energie dW umgesetzt. Diese Energie beträgt bei einer Spannung U_{AB}

$$dW = dQ \cdot U_{AB} \tag{2.26}$$

Mit $Q = I \cdot dt$ kann man diese Energie durch den Strom ausdrücken. Während des differenziellen Zeitintervalls dt errechnet sich die Energieänderung zu

$$dW = U \cdot I \cdot dt \tag{2.27}$$

Für ein Zeitintervall von t_0 bis t ergibt sich folgende Energieänderung

$$\Delta W = W(t) - W(t_0) = \int_{t_0}^{t} U \cdot I \cdot dt \tag{2.28}$$

Unter Einbeziehung des elektrischen Widerstands mit Gl. (2.18) und mit den Randbedingungen $W(t_0) = 0$ und $t_0 = 0$ wird aus Gl. (2.28)

$$W = \int_{0}^{t} I^2 \cdot R \cdot dt = \int_{0}^{t} \frac{U^2}{R} \cdot dt \tag{2.29}$$

Sind U und I unabhängig von der Zeit (Gleichstrom), vereinfacht sich Gl. (2.29)

$$W = \int_{0}^{t} U \cdot I \cdot t = \frac{U^2}{R} \cdot t = I^2 \cdot R \cdot t \tag{2.30}$$

Bezeichnung	**Definition**	**Maßeinheit**
Energie	$W = U \cdot I \cdot t$	VA s = Ws

2.1.8 Elektrische Leistung *P*

Aus der folgenden Definition ergibt sich die Leistung als Energieänderung in einem definierten Zeitintervall

$$P = \frac{dW}{dt} \tag{2.31}$$

Mit dem elektrischen Widerstand nach Gl. (2.18) ergibt sich die Leistung P mit einem Widerstand R

$$P = U \cdot I = I^2 \cdot R = \frac{U^2}{R} \tag{2.32}$$

Bezeichnung	**Definition**	**Maßeinheit**
Leistung	$P = U \cdot I$	VA = W

2.2 Elektrostatisches Feld

Im Vergleich zum elektrischen Strömungsfeld gilt im elektrostatischen Feld für die Ladung Q = konst. und damit für den Strom konstant $I = 0$. Man spricht auch von einer ruhenden bzw. stationären Ladung. Die Krafteinwirkung der Ladung Q auf eine punktförmige Ladung q führt zum Begriff der Feldstärke E. Im elektrostatischen Feld wird zwischen einem Feldstärkefeld und einem Ladungsfeld, der sogenannten Verschiebung, unterschieden. Zuerst sollen zwei Grundgesetze des elektrostatischen Felds beschrieben werden:

1. Eine Ladung ist die Quelle eines elektrostatischen Felds. Ein solches äußert sich in Kraftwirkungen auf elektrische Ladungen.
2. Die elektrische Feldstärke E im Punkt eines elektrostatischen Felds ist proportional der felderzeugenden Ladung Q:

$$E = K_2 Q \tag{2.33}$$

K_2 ist der Proportionalitätsfaktor.

Wird die Leitfähigkeit zwischen zwei Elektroden (z. B. zwei parallelen Platten) geändert, ändert sich bei konstanter Gesamtspannung das Potentialfeld nicht. Die Spannungsverteilung im leitenden Medium bleibt konstant. Das orthogonale Feldstärkefeld ändert sich auch nicht. Wird die Gesamtspannung geändert, erhalten die Potentialflächen andere Werte, aber die Form des Potentialfelds bleibt erhalten. Wird die Leitfähigkeit κ reduziert, wird auch der Strom bei konstanter Spannung kleiner. Beim Übergang zum Nichtleiter ($\kappa = 0$) bleiben Potential- und Feldstärkefeld erhalten. Das vom elektrischen Feld her bekannte Strömungsfeld entfällt beim elektrostatischen Feld. Auf der einen Elektrode befinden sich positive Ladungen und auf der anderen dieselbe Menge negativer Ladungen. Wird das nicht leitende Medium ohne Änderung der räumlichen Ausdehnung durch ein Dielektrikum ersetzt, bleiben bei gleichen Elektrodenanordnungen Feldstärke- und Potentialfeld gleich. Bei konstanter Elektrodenladung ändert sich das Feldstärkefeld mit dem Dielektrikum. Daraus folgt:

Definition: Das Feldstärkefeld einer Ladung ist abhängig von der Art des Dielektrikums. Die Feldstärke, durch die Ladung Q erzeugt, ist in jedem Dielektrikum kleiner als im Vakuum.

Daraus resultiert die Definition der Dielektrizitätskonstante

$$\varepsilon_r = \left(\frac{E_0}{E}\right)_{Q = \text{konst.}} \tag{2.34}$$

Das Produkt $\varepsilon_r \cdot E$ ist bei konstanter Ladung unabhängig vom Dielektrikum. Bei einer „Reihenschaltung“ verschiedener Dielektrika in Richtung der Feldstärke ist in jedem Abschnitt das Produkt gleich groß (**Bild 2.10**).

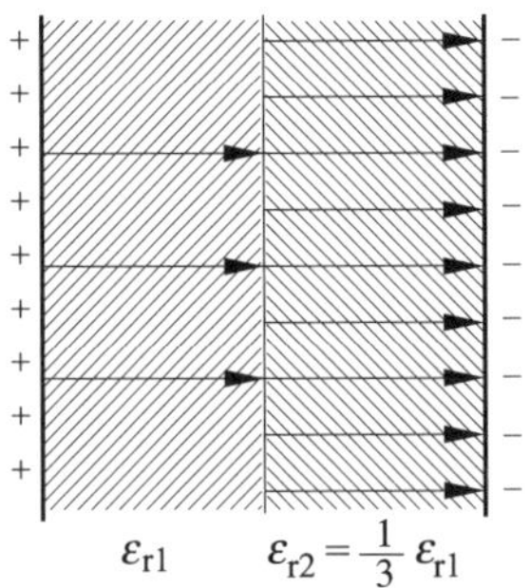

Bild 2.10 Feldstärkefeld in verschiedenen Dielektrika

Grundgröße	Formelzeichen	Grundwert
absolute Dielektrizitätskonstante	ε_0	$8{,}85 \cdot 10^{-12}$ As/(Vm)

Die elektrostatische Feldstärke an einem definierten Punkt im Raum ist gleich der Kraft F, die die Ladung Q_2 auf die Ladung Q_1 ausübt. Allgemein kann deshalb definiert werden

$$\vec{E} = \frac{\vec{F}}{q} \tag{2.35}$$

Die Feldstärke in einem Abstand r von einer Ladung Q wird bestimmt durch das *Coulomb'sche Gesetz*

$$\vec{E} = \frac{1}{4\pi\varepsilon_0}\frac{Q}{|\vec{r}|^2}\frac{\vec{r}}{|\vec{r}|} \tag{2.36}$$

Daraus ergibt sich die vereinfachte Form

$$E = \frac{Q}{4\pi\varepsilon_0 r^2} \tag{2.37}$$

Wird Gl. (2.37) weiter vereinfacht, z. B. für einen Plattenkondensator, dann kann die elektrische Feldstärke nach Gl. (2.35) berechnet werden

$$E = \frac{U}{l} \tag{2.38}$$

Vorausgesetzt wird, dass es sich um zwei parallele Platten handelt, die sich in einem Abstand l voneinander befinden, und dass die Spannung U homogen ist.

Bezeichnung	Definition	Maßeinheit
elektrische Feldstärke	$E = Q/(4\pi\varepsilon_0 r^2)$	V/m

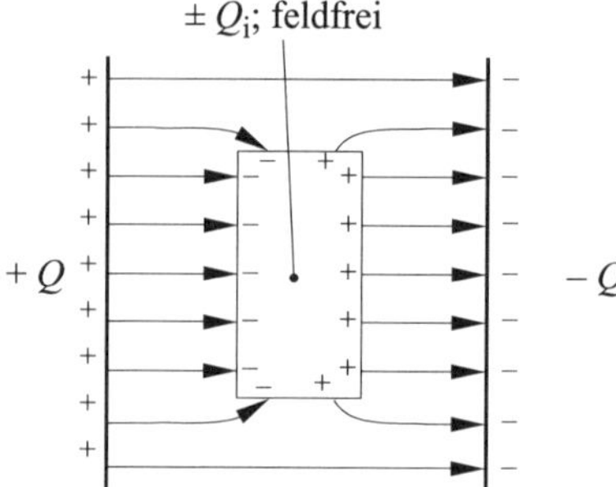

Bild 2.11 Leiter im elektrostatischen Feld

2.2.1 Leiter im elektrostatischen Feld

Bringt man einen isolierten Leiter in ein elektrostatisches Feld, werden die beweglichen Ladungen im Leiter durch die Feldkräfte bis an die Leiteroberfläche verschoben (**Bild 2.11**). Dieser Vorgang der Ladungsverschiebung wird als *Influenz* bezeichnet.

Definition: Befindet sich ein isolierter Leiter in einem elektrischen Feld, so entstehen Ladungen an der Oberfläche des Leiters durch Ladungstrennung (Influenz). Das Leiterinnere ist feldfrei (Faraday'scher Käfig).

An der Oberfläche wird die Ladung so verteilt, dass die Feldstärke senkrecht zur Oberfläche gerichtet ist. Erst dann existiert keine Kraftkomponente längs der Oberfläche mehr, die die Ladung verschieben kann.

Definition: Ein Leiter erzwingt in einem elektrostatischen Feld immer eine Äquipotentialfläche; die Feldstärkelinien stehen senkrecht zur Oberfläche.

Zur Beschreibung der Ladungsverteilung auf der Oberfläche A_O eines Leiters wird die Flächenladungsdichte σ eingeführt

$$\sigma = \frac{dQ}{dA_O} \tag{2.39}$$

Tatsache ist, dass eine Ladung $+Q$ immer mit einer gleich großen Ladung $-Q$ über ein elektrostatisches Feld durch Feldlinien in Verbindung steht. Die eine Ladung kann sehr weit weg von der anderen Ladung im Raum existieren. Befinden sich nun Leiter zwischen den Ladungen, so entstehen immer Influenzladungen in diesem Leiter als unmittelbare Gegenladungen. Legt man also um eine Ladung $+Q$ eine ungeladene Metallhülle, so ist die gesamte Ladung, die in dieser Hülle influenziert wird, gleich der von der Hülle eingeschlossenen Ladung

$$Q_{i\,ges} = Q \tag{2.40}$$

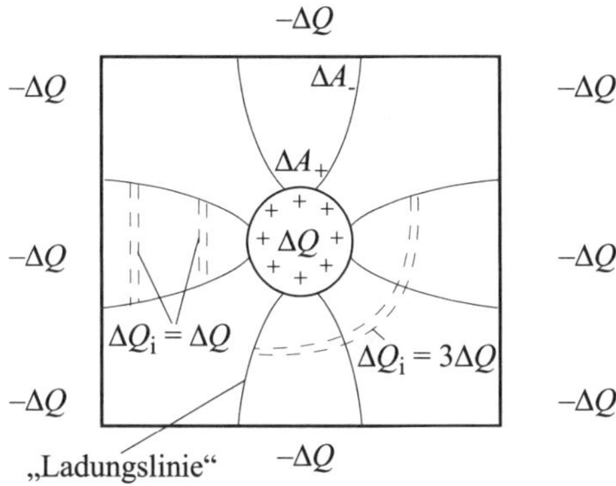

Bild 2.12 Ladungsverschiebung in einer Metallhülle

Diese durch Ladungsverschiebung im Metall auftretende Influenzladung ist unabhängig vom Dielektrikum zwischen der Ladung Q und der Metallhülle (**Bild 2.12**).

Definition: In jeder geschlossenen Metallhülle wird unabhängig von deren Größe und Gestalt und unabhängig vom Dielektrikum eine Ladung verschoben, die gleich der umhüllten Überschussladung ist.

2.2.2 Verschiebungsflussdichte Ψ

Ausgehend von mehreren Metallhüllen, wird die Verschiebungsflussdichte Ψ, die Fähigkeit eines Felds, in jedem Querschnitt gleich große Teilladungen zu verschieben, eingeführt.

Definition: Der Verschiebungsfluss ist eine Größe des elektrostatischen Felds, die bei homogenem Dielektrikum nur von der Ladung und im Gegensatz zur Feldstärke nicht vom Dielektrikum abhängt. Quantitativ ist der Verschiebungsfluss $\Delta\Psi$ in einem Verschiebungsflussgebiet (-röhre) gleich der vom Gebiet (Röhre) auf der Elektrode abgegrenzten Teilladung ΔQ. Der gesamte Verschiebungsfluss einer Ladung ist gleich dieser Ladung (**Bild 2.13**).

Dividiert man den Verschiebungsflussteil einer Flussröhre $\Delta\Psi$ durch den senkrecht durchsetzten Querschnitt $\Delta A_\perp$, so erhält man – einen differenziell kleinen Querschnitt vorausgesetzt (**Bild 2.14**) – die Verschiebungsflussdichte

$$\vec{D} = \frac{\mathrm{d}\Psi}{\mathrm{d}A_\perp} \tag{2.41}$$

An der Elektrodenoberfläche A_O ist die Ladungsdichte im Metall gleich der Verschiebungsflussdichte im Nichtleiter. Somit ergibt sich:

$$D_{A_\mathrm{O}} = \sigma$$

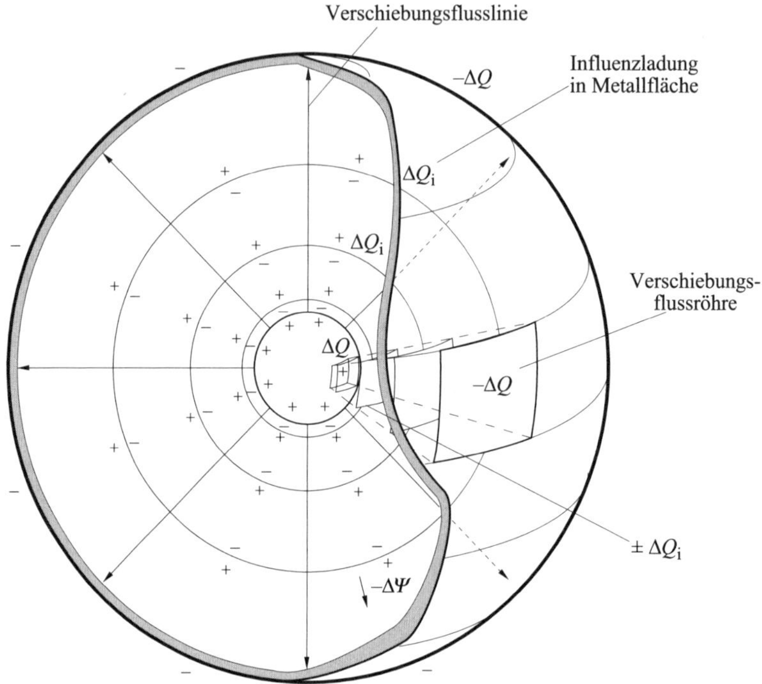

Bild 2.13 Feld des Verschiebungsflusses einer geladenen Kugel

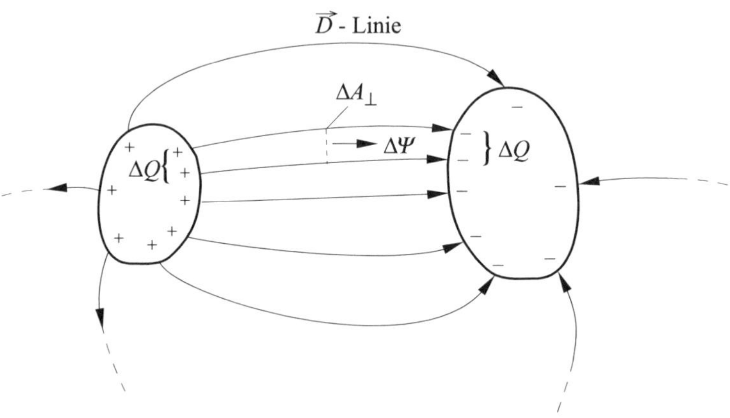

Bild 2.14 $\vec{D}$-Feld zwischen zwei Ladungen $+Q$ und $-Q$

Definition: Die Verschiebungsflussdichte an der Elektrodenoberfläche ist gleich der Ladungsdichte.

Steht die Fläche A nicht senkrecht zu den $\vec{D}$-Linien, so schließtVektor $\vec{D}$ einen Winkel α mit Vektor $\mathrm{d}\vec{A}$ ein. Bildet man nun das Integral über eine geschlossene Hülle, so ergibt sich

$$\int_{\text{Hülle}} \vec{D}\,\mathrm{d}\vec{A} = Q \tag{2.42}$$

Definition: Das Hüllenintegral der Verschiebungsflussdichte ist gleich den von der Hülle eingeschlossenen Überschussladungen.

Ein praktisches Beispiel:

Eine geladene Kugel ($+Q$) befindet sich in einem definierten Raum, wobei die Gegenladung auf der Erdoberfläche angenommen wird (**Bild 2.15**). Bringt man diese Kugel in eine Metallhülle, entstehen in dieser Influenzladungen. Verbindet man nun diese geladene Hülle kurzzeitig mit der Gegenelektrode, gleichen sich die positiven Influenzladungen der Hülle und die negativen Gegenladungen der Erde aus. Das Feld ver-

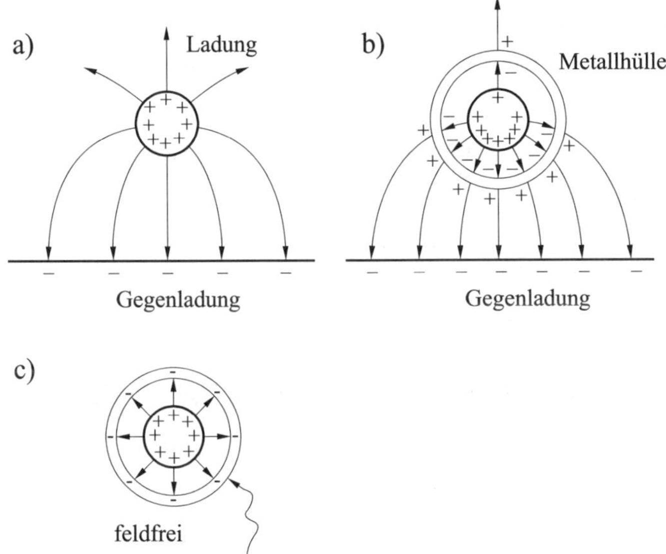

Bild 2.15 Abschirmung einer Ladung durch kurzzeitig geerdete Metallhülle: a) $\vec{D}$-Feld einer Kugel mit der Ladungsmenge Q, der eine gleich große Ladung $-Q$ auf der Erdoberfläche gegenübersteht; b) Eine Metallhülle verhindert die Ladungsinfluenz; c) Die Metallhülle wird kurzzeitig geerdet

schwindet zwischen diesem Ladungspaar, der Außenraum wird feldfrei. Die Erde, mit unendlichem Radius, umschließt keine Überschussladungen mehr.

Ist die Ladung im Raum verteilt, wird für ein Volumenelement dV um einen Raumpunkt die räumliche Ladungsdichte definiert durch die Raumladungdichte

$$\rho = \frac{\mathrm{d}Q}{\mathrm{d}V} \tag{2.43}$$

Dabei ist dQ die Teilladung im Volumenelement dV. Die Raumladungsdichte kann sich von Volumenelement zu Volumenelement ändern. Die Ladung in einem Volumen erhält man durch Integration über die Raumladungsdichte

$$Q = \int \rho \cdot \mathrm{d}V \tag{2.44}$$

Der gesamte Verschiebungsfluss durch eine Hülle um eine räumlich verteilte Ladung wird berechnet aus

$$\int_{\text{Hülle}} D \cdot \mathrm{d}A = \int_{\text{Volumen}} \rho \cdot \mathrm{dd}V \tag{2.45}$$

Gl. (2.41) und Gl. (2.44) sind die wichtigsten Beziehungen des *ersten Grundgesetzes des elektrostatischen Felds.*

Aus diesen Werten werden Oberflächenladungsdichte und Raumladungsdichte abgeleitet.

Bezeichnung	Definition	Maßeinheit
Oberflächenladungsdichte ρ	$\rho = \frac{\mathrm{d}Q}{\mathrm{d}A}$	$\frac{\text{As}}{\text{m}^2}$
Raumladungsdichte σ	$\sigma = \frac{\mathrm{d}Q}{\mathrm{d}V}$	$\frac{\text{As}}{\text{m}^3}$

2.3 Beziehung zwischen Kapazität, Ladung, Spannung (Kondensator)

Die Betrachtung geht von zwei Metallplatten aus, zwischen denen sich ein nicht leitendes Material befindet. An die Anschlüsse der Metallplatten wird eine definierte Spannung angelegt, sodass ein Spannungsfall U entsteht. Die Ladung $+Q$ bzw. $-Q$ auf den Metallplatten ist abhängig von der konstruktiven Anordnung und vom Material (Dielektrikum) zwischen den Platten. Allgemein gilt:

$$Q = C \cdot U \tag{2.46}$$

Dabei ist C eine Kapazität, die die konstruktiven und die Material-Eigenschaften enthält. Aus Gl. (2.45) ergibt sich für die Kapazität

$$C = \frac{Q}{U} \tag{2.47}$$

Gl. (2.47) entspricht im Strömungsfeld der Definition für den Leitwert $I = G \cdot U$ nach Gl. (2.19), und die Kapazität C ist – wie der Leitwert G – nur von Elektrodenkonstruktion und Material zwischen den Platten abhängig. Die Anordnung aus zwei Elektroden und einem nicht leitenden Dielektrikum zwischen den Elektroden, über denen bei einer Ladung $\pm Q$ die Spannung U steht, nennt man Kondensator. Werden die Feldgrößen berücksichtigt, ergibt sich

$$C = \frac{Q}{U} = \frac{\int_A \vec{D} \cdot \mathrm{d}\vec{A}}{\int_d \vec{E} \cdot \mathrm{d}\vec{s}} \tag{2.48}$$

Wird ein homogenes Feld angenommen, kann Gl. (2.48) vereinfacht werden zu

$$C = \frac{D \cdot A}{E \cdot d} \tag{2.49}$$

Mit dem Verschiebungsfluss $D = \varepsilon \cdot E$ ergibt sich dann für einen Kondensator bei homogenem Feldverlauf

$$C = \frac{\varepsilon \cdot A}{d} \tag{2.50}$$

Die Dielektrizitätskonstante ε charakterisiert die Materialeigenschaften zwischen den Elektrodenflächen des Kondensators (**Tabelle 2.1**).

Material	ε_r	Material	ε_r
Bernstein	2,8	Holz	3 ... 3,5
Eis	2 ... 3	Luft	1,0006
Glas	5 ... 10	Marmor	8,3
Glimmer	5 ... 10	Papier	1,8 ... 2,6
Gummi	2,7	Porzellan	4,5 ... 5
Hartgewebe	5 ... 6	Vakuum	1
Hartpapier	5 ... 6	Wasser	80

Tabelle 2.1 Relative Dielektrizitätskonstanten einiger ausgewählter Materialien

Kapazität bei mehreren Leitern im elektrostatischen Feld

Beim Übergang zum allgemeinen elektrostatischen Feld können nicht nur zwei Leiter betrachtet werden, sondern es müssen mehrere, vor allem ungleiche Leiter ein-

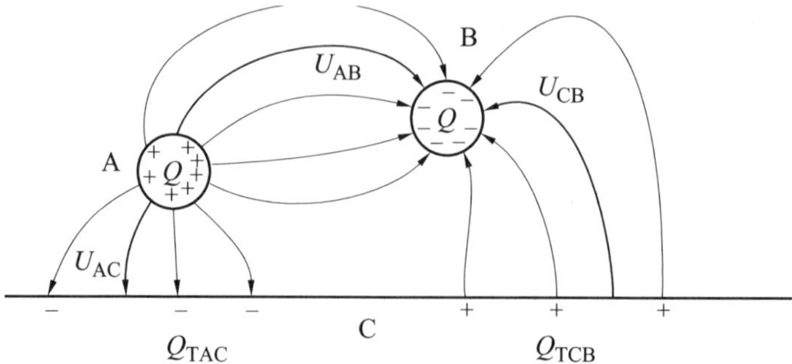

Bild 2.16 Elektrostatisches Feld zweier geladener Kugeln in der Nähe einer leitenden Platte

bezogen werden. Prinzipiell gilt, dass alle Feldlinien von einem zum anderen Leiter übergehen, unabhängig von der Entfernung der Leiter (**Bild 2.16**).

Oft sind mehrere Leiter an dieser Beziehung beteiligt. Zwischen zwei Leitern wird die Kapazität als Quotient von Ladung und Spannung definiert

$$C_{AB} = \frac{Q}{U_{AB}} \tag{2.51}$$

Die Ladung ist mit einem Verschiebungsfluss verkoppelt. Befindet sich ein dritter Leiter in der Umgebung der Leiter A und B, so fließen die Ladungen über C ab. Die Ladungsverteilung hat entsprechend einen anderen Wert. Man kann dann nur noch von Teilkapazitäten zwischen den einzelnen Leitern sprechen

$$C_{TAB} = \frac{Q_{TAB}}{U_{AB}} \tag{2.52}$$

Aus den verschiedenen Teilkapazitäten einer Anordnung kann die gesamte Kapazität und damit die Ladungsverteilung ermittelt werden.

Bezeichnung	**Definition**	**Maßeinheit**
Kapazität C	$C = \frac{Q}{U}$	$\frac{\text{As}}{\text{V}} = \text{F}$
Dimensionierungsgleichung: Kapazität C	$C = \varepsilon \frac{A}{l}$	$\frac{\text{As}}{\text{Vm}} \frac{\text{mm}^2}{\text{mm}} = \text{F}$

2.4 Energie im elektrostatischen Feld

Die allgemeine Beziehung für die Energiedichte in einem elektrischen Feld lautet

$$W_E = \int_0^D \vec{E} \cdot d\vec{D} \tag{2.53}$$

Damit und mit der Voraussetzung, dass es sich um lineare isotrope Stoffe handelt, kann Gl. (2.53) vereinfacht werden zu

$$W_E = \varepsilon \int_0^E \vec{E} \cdot d\vec{E} = \frac{\varepsilon}{2} \vec{E}^2 \tag{2.54}$$

Die Energiedichte berechnet sich nach Gl. (2.53) unter der Voraussetzung von Stoffen mit konstantem ε aus

$$W_E = \frac{1}{2} \vec{D} \vec{E} = \frac{\varepsilon}{2} \vec{E}^2 \tag{2.55}$$

Unter Einbeziehung des *Gauß'schen Satzes* über die Oberfläche des Volumens V, kann die Energie des von einer Raumladung erzeugten elektrischen Felds durch die Ladungsdichte und das Potential im unendlich ausgedehnten Raum ausgedrückt werden

$$W = \frac{1}{2} \int_V \varphi \rho \, dV \tag{2.56}$$

Aus der Energie in einem N-Leiter-System und den Teilkapazitäten kann die gespeicherte Energie ermittelt werden

$$W = -\frac{1}{2} \sum_{\mu=1}^{n} \sum_{\nu=1}^{n} \varphi_\mu \varphi_\nu q_{\mu\nu} \tag{2.57}$$

Dabei werden die Teilladungen $q_{\mu\nu}$ gegeben durch

$$Q_\mu = \sum_{\nu=1}^{n} C_{\mu\nu} U_{\mu\nu} \tag{2.58}$$

Durch Einsetzen von Gl. (2.58) in Gl. (2.57) ergibt sich

$$W = -\frac{1}{2} \sum_{\mu=1}^{n} \sum_{\nu=1}^{n} C_\mu U_\nu^2 \tag{2.59}$$

Im Folgenden wird die Kraftwirkung im elektrostatischen Feld definiert. In einem elektrostatischen Feld werden nicht nur auf Ladungen Kräfte ausgeübt, sondern auch auf leitende und nicht leitende Stoffe. Zur Vereinfachung werden wieder lineare und isotrope Körper angenommen, die in einem Medium mit konstantem ε eine kleine Ortsverschiebung erfahren. Aus Raumladungsdichte und Verschiebungsdichte, erzeugt von einer beliebigen Ladungsverteilung, kann die Energieänderung eines elektrostatischen Felds ermittelt werden. Nach Auflösung der Integrale und der entsprechenden Vereinfachungen für lineare Felder erhält man das Integral für die Kraftdichte

$$f = \frac{d\vec{F}}{dV} = \rho\vec{E} = -\frac{1}{2}\vec{E}^2 \text{grad}\,\varepsilon \tag{2.60}$$

Daraus ergibt sich nun die Kraft

$$\vec{F} = \int_V f \cdot dV \tag{2.61}$$

2.5 Bewegung freier Ladungen im elektrostatischen Feld

Werden freie Ladungen in ein elektrisches Feld gebracht, wirkt eine Kraft auf diese Ladungen. Positive Ladungen werden in Feldrichtung, negative entgegen der Feldrichtung beschleunigt. Zwischen der Beschleunigung a einer Punktmasse m und der wirkenden Kraft gilt die Newton'sche Bewegungsgleichung $F = m \cdot a$. Mit der Beziehung $F = Q \cdot E$ ergibt sich

$$a = \frac{Q}{m}E = \frac{Q}{m}\frac{dU}{dl} \tag{2.62}$$

Das elektrische Feld beschleunigt die Ladung Q auf die folgende Geschwindigkeit:

$$v = \sqrt{\frac{2Q}{m}U} \tag{2.63}$$

In Gl. (2.63) ist die Spannung U die von der Ladung Q durchlaufene Potentialdifferenz. Die Geschwindigkeit v wird erreicht unter der Voraussetzung, dass keine Zusammenstöße mit anderen Teilchen stattfinden.

2.6 Reibungselektrizität und Kontaktspannung

Reibungselektrizität und Kontaktspannung sind Begriffe, die zur Erklärung der elektrostatischen Auf- und Entladevorgänge verwendet werden. Elektrostatische Aufladungen kommen nicht durch Reibung allein zustande, sondern erst durch die

Trennung der Reibpartner. Die hohen elektrostatischen Spannungen entstehen durch Vergrößern des Abstands zwischen den Probekörpern. Die Kontaktspannung ist die eigentliche Erklärung für die hohen Spannungen im Kilovolt-Bereich.

2.6.1 Reibungselektrizität

Der klassische Vorgang des Reibens einer Siegellackstange oder eines Hartgummistabs mit einem Stück Fell oder einem seidenen Lappen ist hinreichend bekannt. Entfernt man das Reibmittel, zieht die Stange leichte Teilchen oder Papierschnipsel an. Gleiches Verhalten zeigen Bernstein mit Wolle oder Glas mit Wolle oder Leder. Diese Art der Ladungserzeugung ist die älteste bekannte Möglichkeit, elektrostatische Ladungen zu erzeugen. Dazu einige geschichtliche Etappen: Bereits um 600 v. u. Z. erkannte *Thales von Milet* die Eigenschaft des Bernsteins, leichte Teilchen anzuziehen. Erst 2 000 Jahre später wies der Leibarzt der Königin Elizabeth von England *Gilbert* (1540–1603) nach, dass viele andere Materialien ein ähnliches Verhalten aufweisen. Er führte die Bezeichnung „elektrisch“ ein. *W. Charleton* verwendete als erster die Bezeichnung „Elektrizität“ (um 1650). Zum Nachweis der Ladungen dienten Elektroskope und Elektrometer (vgl. Kapitel 9, Messverfahren). Am bekanntesten ist dabei das Blättchenelektroskop. Für quantitative Messungen wurde das Braun'sche Elektrometer genutzt.

Etwa 100 Jahre später erkannte *Alfred Coehn* (1863–1938), dass die Reibung beider Körper aneinander nicht unbedingt erforderlich ist. Er wies nach, dass die Berührung und nachfolgende Trennung zweier stofflich unterschiedlicher Körper ausreichend ist, sie elektrostatisch aufzuladen. Als Versuchsobjekt diente *Coehn* eine Paraffinkugel. Taucht man sie in Wasser und nimmt sie wieder heraus, ist die Kugel negativ und das Wasser positiv geladen.

2.6.2 Kontaktspannung

Bereits bei der Erklärung der Reibungselektrizität wurde darauf hingewiesen, dass nicht nur die Reibung entscheidend ist für die elektrostatische Aufladung und die damit verbundene Spannung, sondern der Abstand, d. h. die Trennung der an der Reibung beteiligten Körper. Berühren sich zwei feste Körper, nähern sie sich bis auf molekularen Abstand (etwa 10^{-9} m bis 10^{-10} m). Dabei kommt es zur Wechselwirkung der Atome an den Grenzschichten, d. h., die Atome des einen Körpers können auf die Elektronen des anderen einwirken. Entsprechend der Größe des Energieinhalts (Elektronenaffinität) kann es dabei vorkommen, dass der eine Körper Elektronen abgibt und der andere diese in seine Oberfläche aufnimmt. Es bildet sich eine elektrische Doppelschicht. Zwischen beiden Schichten besteht aufgrund der Elektronenverteilung eine Kontaktspannung.

Werden nun die beiden Körper getrennt, vergrößert sich der Abstand der geladenen Flächen zueinander. Man kann diese Flächen wie einen Plattenkondensator betrachten, d. h., bei Vergrößerung des Abstands der Flächen des Kondensators sinkt die

Kapazität, die Spannung steigt jedoch an, da die Ladung des gesamten Systems konstant bleibt (vgl. Gln. (2.41) bis (2.45)).

Dieser Vorgang führt zu den typisch hohen Spannungen, wie sie für elektrostatische Aufladungen charakteristisch sind.

Die daran beteiligten Körper können aus den unterschiedlichsten Materialien bestehen. Typische Doppelschichten sollen näher betrachtet werden.

Doppelschicht an Isolatoren

Vom Aufbau der Atome eines Körpers hängt es ab, ob ein Körper Elektronen aufnimmt oder abgibt. Prinzipiell geben Isolatoren nur sehr schwer Elektronen ab, da sie fast keine freien Elektronen haben und da die Bindung zwischen Elektron und Atomkern sehr stabil ist. Im Gegensatz dazu wurde nachgewiesen, dass es praktisch keinen Nichtleiter gibt. Auch Isolatoren weisen eine elektrische Leitfähigkeit auf. Im Vergleich zu den Metallen ist sie viel kleiner. Die wenigen freien Ladungsträger von Isolatoren können Ladungen aufnehmen bzw. abgeben. Infolge ihrer geringen Oberflächenleitfähigkeit bleiben die Ladungen sehr lange erhalten und können mit dem Körper sehr weit transportiert werden. Nur entsprechende äußere Umstände führen zum Entladen. Zur Bestimmung der Polarität der Aufladungen an Isolatoren gibt es zwei klassische Untersuchungsmöglichkeiten:

- ein Hartgummistab wird mit einem Seidenlappen gerieben
- ein Glasstab wird mit einem Seidenlappen gerieben

Die nachfolgende Untersuchung des Glas- und des Hartgummistabs ergab, dass der Hartgummistab positiv und der Glasstab negativ geladen war. Im Ergebnis solcher Untersuchungen wurden verschiedene Spannungsreihen aufgestellt (**Tabelle 2.2**). Jeder Körper der Reihe lädt sich im Kontakt mit einem nachfolgenden positiv auf, bei Berührung mit einem vorangehenden negativ.

+	Haare (Katzenfell, Fuchsschwanz)
	Glas
	Wolle
	Papier
	Seide
	Kautschuk
	Harze (Siegellack, Hartgummi)
	Bernstein
–	Schwefel

Tabelle 2.2 Spannungsreihe für Isolatoren

Alfred Coehn hat für Isolatoren allgemein definiert:

Bei Berührung lädt sich der Stoff mit der größeren Dielektrizitätskonstante positiv auf.

Doppelschicht Metall – Isolator

Beim Kontakt eines metallischen Körpers mit einem Isolator sind die Verhältnisse nach der Trennung leicht zu erklären. Da die Metalle ständig über freie Elektronen an der Oberfläche verfügen, die sie leicht abgeben können, sind die Isolatoren negativ und die Metalle stets positiv geladen. Ein klassisches Experiment zum Nachweis ist das Eintauchen einer Schwefelkugel in flüssiges Quecksilber. Das Quecksilber gibt Ladungen ab und ist positiv geladen, die Schwefelkugel negativ.

Doppelschicht an Metallen

Im Jahr 1794 entdeckte *Volta*, dass zwei verschiedene Metalle ungleich elektrisch geladen sind, wenn sie nach der Berührung wieder voneinander getrennt werden. Die Potentialdifferenz zwischen zwei Metallen, auch Volta'sche Kontaktspannung genannt, ist unabhängig vom absoluten Wert des Potentials, von der Ladung sowie von Größe und Form der Berührungsfläche.

Die Kontaktspannung ist bedingt abhängig vom ungeladenen Isolator Luft, der die Gegenstände umgibt, sowie der Oberflächenbeschaffenheit und der chemischen Zusammensetzung beider Metalle. Volta stellte eine Spannungsreihe für metallische Leiter auf (**Tabelle 2.3**).

+	Zink
	Blei
	Zinn
	Messing
	Eisen
	Kupfer
	Gold
	Silber
	Platin
	Kohle
	Graphit
–	Bernstein

Tabelle 2.3 Spannungsreihe für metallische Leiter

Die nach der Trennung zweier Metalle bzw. Metallplatten vorhandene Spannung liegt weit unter den Spannungen, die bei Isolatoren auftreten. Zwei Gründe erklären diese niedrige Spannung: Erstens ist die Oberfläche uneben, so dass sich der molekulare Kontakt auf wenige Stellen beschränkt, und zweitens werden die Platten nicht an allen Stellen gleichzeitig getrennt. Durch die Leitfähigkeit des Metalls selbst fließen die Ladungen bereits über die letzten vorhandenen Kontaktstellen wieder ab, d. h., nach der Trennung ist nicht mehr die vollständige Ladung vorhanden. Die äußere Kontaktspannung, auch Volta'sche Spannung genannt, ist gleich der Differenz der Austrittsarbeit beider Metalle.

3 Entstehen von elektrostatischen Aufladungen

3.1 Allgemeine Entstehungsmechanismen

Definition: Elektrostatische Aufladungen sind Ansammlungen von positiven und negativen Ladungsträgern auf Leitern und Nichtleitern, die durch Reibung oder Influenz entstehen.

Aus dieser Definition gehen die grundlegenden Entstehungsmechanismen hervor. Die häufigste Art des Entstehens elektrostatischer Ladungen ist die Reibung. Darunter versteht man das Gleiten und Berühren zweier zuerst neutraler Körper aus gleichen oder unterschiedlichen Materialien. Der mechanische Vorgang bewirkt eine Veränderung der Ladungskonzentration an der Oberfläche beider Körper. Einige Körper können elektrische Ladungen aufnehmen, andere geben Ladungen ab (**Bild 3.1**). Für das Entstehen von Ansammlungen elektrostatischer Ladungen reicht die Reibung allein nicht aus. Erst nachfolgendes Trennen der an der Reibung beteiligten Körper führt zu elektrostatischen Aufladungen und messbaren Ladungsträgern. Polarität und Höhe der elektrostatischen Ladungen hängen von den spezifischen Stoffeigenschaften der beteiligten Körper ab. Wichtige Parameter sind Oberflächenrauigkeit, Oberflächenstruktur, Dielektrizitätskonstante, elektrische Volumen- und Oberflächenleitfähigkeit und äußere Faktoren.

Untersuchungen haben gezeigt, dass bereits kurzzeitiges Berühren zweier Körper ausreicht, elektrostatische Ladungen zu erzeugen.

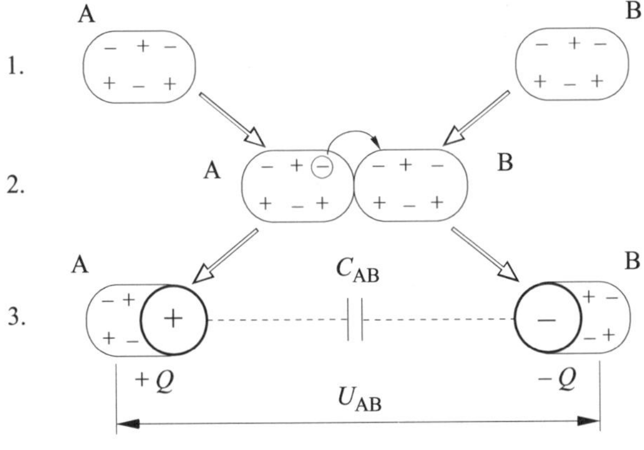

1. Zwei Substanzen A, B befinden sich in neutralem Zustand

2. Berührungs- und Reibungsphase: A lädt sich positiv auf B lädt sich negativ auf

3. A ist positiv, B ist negativ aufgeladen

Bild 3.1 Prinzip der Aufladung durch Reibung [10]

Man kann prinzipiell davon ausgehen, dass bei jedem mechanischen Vorgang, bei dem Körper in Kontakt kommen, elektrostatische Ladungen entstehen. Sind an diesem mechanischen Vorgang gut leitfähige Stoffe beteiligt, kann es nach der Trennung der beiden Körper zum sofortigen Ladungsausgleich kommen, d. h., die auftretende Kontaktspannung ist sehr gering bzw. null. Besteht ein Körper aus schlecht leitendem Material oder einem Isolierstoff, kann die Ladung nicht abfließen. Führt man diese Ladung vom Reibpartner weg und kommt es zu keiner Erdung der geladenen Oberfläche, steigt die Kontaktspannung mit zunehmendem Abstand an. Sie ist abhängig von der eigentlichen Ladungsmenge und von der Kapazität des Körpers, auf dem sie sich befindet.

Ein typischer Aufladevorgang ist das Laufen einer Person über einen synthetischen Fußbodenbelag. Bei jedem Schritt kommt es zu Reibungsaufladungen an der Schuhsohle. Die Person gibt einen Teil der Ladungen wieder ab. Die restlichen Ladungen akkumuliert die Person: Sie speichert Ladungen. **Bild 3.2a** zeigt den Aufladevorgang einer Person beim Gehen. Das Diagramm in **Bild 3.2b** lässt die hohen Aufladungen erkennen.

Der Reibung analoge Vorgänge sind Zerreißen, Deformieren, Verspritzen, Versprühen, Vermischen, Verdampfen, Kristallisieren usw. Allgemein kann man sagen, dass bei der Relativbewegung zweier im Kontakt befindlicher Stoffe aus gleichen oder unterschiedlichen Materialien elektrostatische Aufladungen entstehen.

Die Polarität der auftretenden Spannung bzw. Ladung lässt sich schwer voraussagen. Aus der Literatur sind viele Methoden bekannt, die alle zu unterschiedlichen

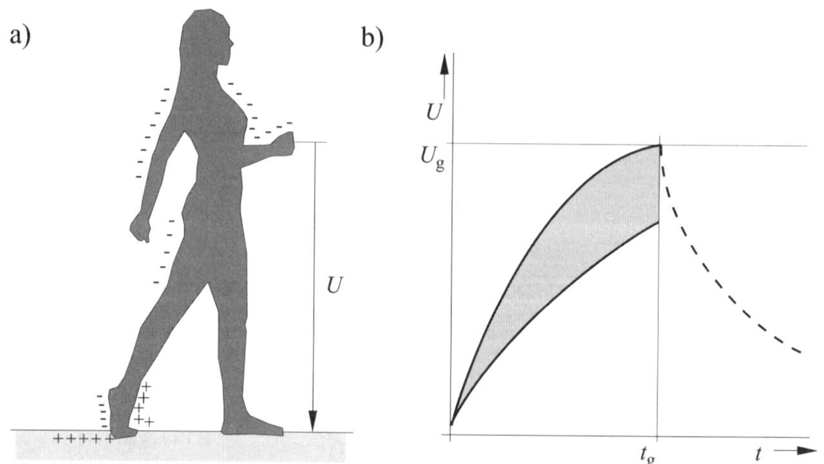

Bild 3.2 Aufladung einer Person beim Gehen über einen Fußboden (z. B. synthetischer Teppich):
a) Prinzip der Aufladung,
b) Verlauf der elektrostatischen Spannung auf der Person

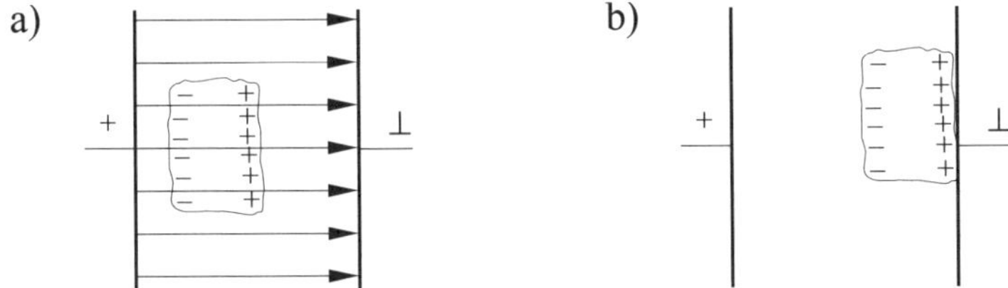

Bild 3.3 Aufladevorgang durch Influenz:
a) Ladungstrennung auf einem Körper durch Einwirken eines elektrischen Felds,
b) Abfluss der positiven Ladungen durch kurzzeitiges Berühren mit dem Erdpotential

Ergebnissen führen. Eine weit verbreitete Methode ist die nach Coehn. *Alfred Coehn* hat für Isolatoren allgemein definiert:

Bei Berührung lädt sich der Stoff mit der größeren Dielektrizitätskonstante positiv auf.

Für die Betrachtung der Gefahren, die durch elektrostatische Aufladungen entstehen, und die Möglichkeit, diese abzuleiten oder zu vermeiden, spielt die Polarität eine untergeordnete Rolle.

Das zweite Grundprinzip zur Bildung elektrostatischer Aufladungen ist die Influenz (**Bild 3.3**). Elektrostatische Aufladungen entstehen, wenn ein gut isolierter, neutraler Körper in ein elektrisches Feld gebracht wird. Die Ladungen auf diesem Körper sind ausgeglichen, wenn das Feld noch nicht anliegt. Ist die elektrische Feldstärke genügend groß, kommt es zur Ladungsverschiebung auf dem vorher neutralen Körper. Es bilden sich je nach Polarität des äußeren elektrischen Felds positive oder negative Ladungsansammlungen. Je nach elektrischer Leitfähigkeit des Körpers bleiben Ladungsansammlungen zurück, oder es kommt zum sofortigen Ausgleich der Ladungen. Handelt es sich um einen Isolator, dann bleiben die Ladungsansammlungen am Entstehungsort zurück.

Wird dieser Körper aus isolierendem Material nun kurzzeitig auf einer Seite geerdet, können die dort befindlichen positiven Ladungen zum Erdpotential abfließen. Nimmt man nunmehr den Körper aus dem elektrischen Feld bzw. schaltet das Feld ab, ist er elektrisch geladen.

Das quantitative Ermitteln der elektrostatischen Aufladungen hängt von den Eigenschaften des Gegenstands ab, d. h. von Dielektrizitätskonstante und Oberflächeneigenschaften (**Tabelle 3.1**). Einen wesentlichen Einfluss auf die Messergebnisse haben die Umweltparameter Luftfeuchtigkeit und Temperatur (**Bild 3.4**).

Alle Materialien zeigen unterschiedliche elektrische Eigenschaften. Die elektrische Leitfähigkeit bestimmt im Wesentlichen die Aufladbarkeit eines Materials. Elektrische Leiter enthalten sehr viele freie Elektronen, die an keinen Atomkern fest gebunden sind. Elektrische Leiter sind also sehr gut leitfähig, der elektrische Widerstand ist sehr gering. Mit abnehmender Beweglichkeit der Elektronen nimmt die Leitfähigkeit ab, und der elektrische Widerstand steigt an. Gute Leiter sind Metalle,

	Material	Dielektrizitätszahl ε_r
+	Luft	1,00055
	menschliche Hände	
	Asbest	
	Katzenfell	
	Glas	2 ... 12
	Glimmer	4 ... 8
	Menschenhaar	
	Nylon	
	Wolle	
	Pelz	
	Blei	
	Seide	
	Aluminium	
	Papier	2 ... 2,5
	Baumwolle	
	Stahl	
	Holz	
	Bernstein	
	Siegellack	
	Hartgummi	3 ... 4
	Nickel, Kupfer	
	Silber, Messing	
	Gold, Platin	
	Schwefel	
	Acetat (Essigsäureverbindung), Kunstseide	
	Polyethylen (PE)	
	Polypropylen (PP)	
	Polyvinylchlorid (PVC)	
	Silizium	
–	Teflon	

Tabelle 3.1 Triboelektrische Reihe mit Angaben zur Dielektrizitätskonstanten

schlechte Leiter sind Isolatoren. Bei einem Isolatormaterial existieren fast überhaupt keine freien Elektronen, alle sind fest an die Atome gebunden. Der elektrische Widerstand ist sehr hoch.

Die auf einem Körper gespeicherten Ladungen können unter folgenden Voraussetzungen ermittelt werden:

Zwei Körper haben einen definierten Abstand d zueinander. Nimmt man an, dass die sich berührenden Flächen A wie zwei Kondensatorplatten parallel zueinander stehen, dann gilt (**Bild 3.5**)

$$C = \varepsilon_0 \, \varepsilon_r \, \frac{A}{d} \tag{3.1}$$

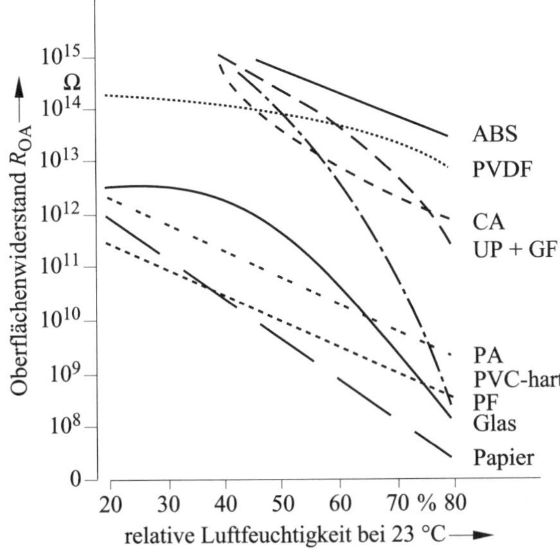

Bild 3.4 Abhängigkeit des Widerstands von der Luftfeuchtigkeit

ABS	Acrylnitril-Butadien-Styrol (Gehäuse)
PVDF	Polyvinylidenfluorid (Kabelmantel, Bauelemente)
CA	Celluloseacetat (Telefonhörer, Tonabnehmergehäuse)
UP + GF	ungesättigte Polyester und Glasfaser (Platinen)
PA	Polyamid (Folien, Außenmantel von Energiekabeln)
PVC	Polyvinylchlorid (Gehäuse, Kabelrohre)
PF	Phenolformaldehyd (Gießharz, Platinengrundstoff)

ε_0 und ε_r sind absolute und relative Dielektrizitätskonstante des Mediums zwischen den sich berührenden Flächen.

Die Ladung errechnet sich nach

$$Q = C \cdot U \tag{3.2}$$

Mit Gl. (3.1) ergibt sich die Ladungsmenge Q zu

$$Q = \frac{\varepsilon_0 \varepsilon_r A}{d} U \tag{3.3}$$

Mit

$\varepsilon_0 \varepsilon_r A = K_M$ (Materialkonstante) gilt Q = konstant, da es sich um einen Isolator handelt und die Ladungen auf der Oberfläche nicht abfließen können.

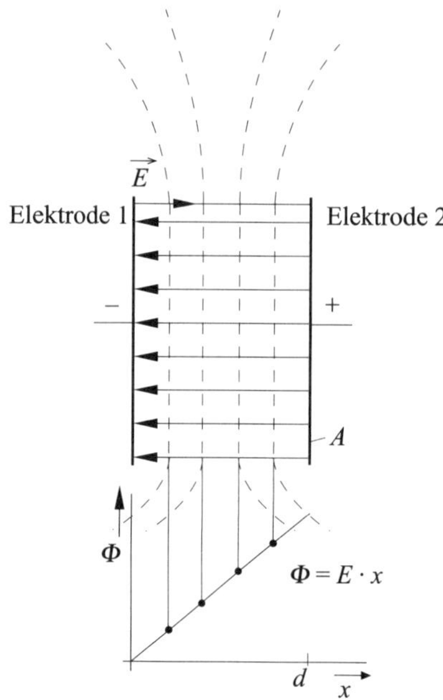

Bild 3.5 Typische Kondensatoranordnung

Ist die Spannung, mit der der Körper geladen wurde, bekannt, gilt für die Ladung

$$Q = K_M \frac{U_K}{d} \tag{3.4}$$

Zur Erklärung der Abhängigkeit von U und d wird Gl. (3.4) nach U umgestellt. Es ergibt sich die Kontaktspannung

$$U_K = \frac{Q}{K_M} d \tag{3.5}$$

Aus Gl. (3.5) ist zu ersehen, dass mit steigendem Abstand d der Flächen auch die Kontaktspannung U_K steigt.

Elektrostatische Ladungen können nur auf schlecht leitenden Stoffen längere Zeit bestehen. Bei ihnen und bei Isolatoren wird die Oberflächenleitfähigkeit und damit die Lebensdauer der Ladungen nur von der Umgebung bestimmt, also von Luftfeuchtigkeit und Umgebungstemperatur.

Auf leitenden Materialien ist die Lebensdauer der elektrostatischen Ladungen infolge der großen elektrischen Leitfähigkeit gering. Isolatoren weisen eine schlechte elektrische Leitfähigkeit auf und sind demzufolge gute Generatoren für elektrostatische Ladungen.

Grundsätzlich ist festzustellen, dass elektrostatische Ladungen durch die Relativbewegung zweier Körper oder Gegenstände, die sich in Kontakt miteinander befinden, entstehen können. Für das Entstehen elektrostatischer Ladungen ist mechanische Arbeit notwendig. Unter Kontakt zweier Körper versteht man den molekularen Abstand beider Oberflächen. Ein Körper kann an den anderen Körper Elektronen abgeben bzw. von diesem aufnehmen.

Betrachtet man das Entstehen elektrostatischer Ladungen durch Influenz, ist elektrische Arbeit der Grund für die Ladungsansammlungen. Das Entstehen von Ladungen wird beeinflusst durch die Umgebungsbedingungen (Luftfeuchtigkeit und Temperatur). Je niedriger die relative Luftfeuchtigkeit ist, umso größer ist die Wahrscheinlichkeit, dass gefährliche elektrostatische Aufladungen entstehen.

Oberflächenrauigkeit, Oberflächenbeschaffenheit

Einen begrenzten Einfluss auf die Höhe der elektrostatischen Aufladung hat die mechanische Oberflächenbeschaffenheit. Besonders die Oberflächenrauigkeit, d. h. die Anzahl der Berührungspunkte, bestimmt die Aufladungsspannung mit. Eine raue Oberfläche hat wenig Kontaktpunkte; es können nur wenige Atome am Reibungsvorgang teilnehmen, die elektrostatische Aufladung ist geringer. Sehr glatte Oberflächen haben wesentlich mehr Kontaktmöglichkeiten und neigen daher zu höherer elektrostatischer Aufladung. Ein weiteres Kriterium ist die Oberflächenverschmutzung. Je nach Art des Stoffs, der die Oberfläche bedeckt, kann es zu höheren und niedrigeren Aufladungen kommen.

Oberflächenwiderstand und Entstehen von Ladungen

Die Leitfähigkeit auf der Oberfläche eines Materials hat ebenfalls Einfluss auf das Entstehen elektrostatischer Ladungsansammlungen. Ist die Oberflächenleitfähigkeit sehr gering, d. h. ist der Oberflächenwiderstand sehr hoch, können erstens elektrostatische Ladungen entstehen, aber sie können zweitens nicht schnell genug abfließen. Ist der Oberflächenwiderstand ausreichend gering, können weniger Ladungen entstehen bzw. die Ladungen, die durch Reibung oder Kontakt auftreten, fließen ausreichend schnell wieder ab.

Der Oberflächenwiderstand wird auch durch Oberflächenbeschaffenheit und Oberflächenverunreinigung bestimmt. Sind die Verunreinigungen z. B. sehr gut leitfähig, dann ist der Oberflächenwiderstand niedrig, handelt es sich aber um ein sehr gut isolierendes Material, ist der Widerstand sehr hoch. Bei Fußböden werden oft Wachse eingesetzt. Dies sind meist Isolatoren, und sie erhöhen den Oberflächenwiderstand. Das Material neigt zu höheren elektrostatischen Aufladungen.

Der Oberflächenwiderstand hängt nicht nur von den eigentlichen Materialeigenschaften des Körpers ab, sondern auch von den Umgebungsbedingungen, also von relativer Luftfeuchtigkeit und Temperatur. Steigt die relative Luftfeuchtigkeit an, sinkt der Oberflächenwiderstand, und die elektrostatischen Ladungen fließen ebenfalls ab.

Trenngeschwindigkeit

Die Trenngeschwindigkeit bestimmt ebenfalls die Höhe der elektrostatischen Aufladung. Bei einem sehr schnellen Trennvorgang kann kein oder nur ein sehr kleiner Rückstrom der Elektronen fließen. Bei sehr langsamer Trennung können bei einer sehr guten Oberflächenleitfähigkeit die Ladungen zurückfließen und sich noch ausgleichen. Bei sehr schneller Trennbewegung neigen Materialien mit einem relativ geringen Oberflächenwiderstand zu sehr hohen Aufladungen. Dagegen kann es bei einer sehr langsamen Trennbewegung bei sehr hochohmigem Material zum Ladungsausgleich kommen.

3.2 Allgemeine Entladungsmechanismen

Das Entstehen elektrostatischer Aufladungen ist im ersten Schritt für elektronische Bauelemente und Baugruppen ungefährlich. Erst die Entladung führt zur Beeinflussung und Zerstörung elektronischer Bauelemente und Baugruppen.

3.2.1 Typische Personenentladung

Der Verlauf der Entladung elektrostatischer Ladungsansammlungen hängt von verschiedenen Faktoren ab:

- Umweltparameter (Luftfeuchtigkeit, Temperatur)
- Gestaltung und geometrische Abmessungen der Entladungsgegenstände
- Annäherungsgeschwindigkeit z. B. der Hand einer geladenen Person an das Bauelement
- Entladung direkt über die Hand (Finger) oder über einen metallischen Gegenstand (z. B. Werkzeuge)

Durch die verfügbare Messtechnik ist es möglich, Entladungsvorgänge wesentlich genauer zu untersuchen [15, 16]. Voraussetzungen sind dabei Oszilloskope mit einer Bandbreite von mindestens 1 GHz (z. B. Tektronix Modell 7104) und entsprechende Dämpfungsglieder (Tektronix CT-1, Stromumformer; Bandbreite 1 GHz). In **Bild 3.6** wird eine annähernd realistische Entladungskurve einer menschlichen Körperentladung dargestellt, die mit dieser Technik aufgenommen wurde. Dieser Kurvenverlauf tritt besonders im Spannungsbereich von 0 V bis 3 kV (4 kV) auf, der für elektronische Bauelemente interessant ist [17]. Der steile Anstieg des Stroms zu Beginn der Entladung war mit der früheren Messtechnik nicht nachweisbar. Die Anstiegszeiten liegen im Bereich von 300 ps bis 350 ps, mit schnelleren Geräten können noch Werte im Bereich von 50 ps bis 100 ps nachgewiesen werden. Dieser steile Anstieg des Entladestroms einer Körperentladung zerstört alle elektronischen

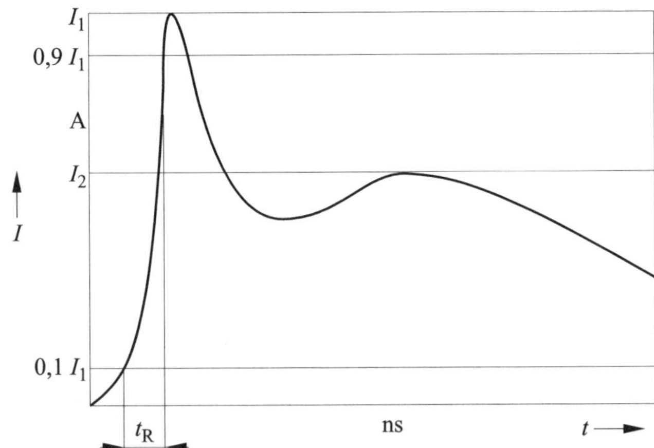

Bild 3.6 Typische Entladekurve für eine menschliche Körperentladung; $t_R > 1$ ns; $I_1 > 10$ A für direkte Körperentladung; $I_2 > 70$ A für Körperentladung über einen Metallgegenstand

Bauelemente. Mit größter Wahrscheinlichkeit und guter Reproduzierbarkeit lässt sich dieser Impulsverlauf bei der Entladung eines Menschen über einen metallischen Gegenstand nachweisen.

Physikalisch ist der Effekt so zu erklären: Beim Entladevorgang kommt es an der Metallspitze zu einer Konzentration des elektrischen Felds, grafisch veranschaulicht bedeutet dies, die Abstände der Feldlinien werden immer geringer. Die elektrische Feldstärke wird an der Spitze sehr groß. So entstehen bei Entladung über einen spitzen und elektrisch leitenden Gegenstand enorm hohe Stromstärken. In der Literatur [15, 16] werden Werte von 60 A (Spitzenwerte liegen bei 160 A) eines Entladestromimpulses angegeben. Analog sieht der Entladevorgang einer Person über einen Finger aus, da dieser als elektrisch leitend angesehen werden kann. Die hohen Stromstärken äußern sich beim Menschen nur durch einen kurzzeitigen Schmerz. Für elektronische Bauelemente kommt danach jede Hilfe zu spät.

Der zweite Anstieg kann dadurch erklärt werden, dass jeder elektrische Leiter eine Induktivität aufweist. Auch der Finger eines Menschen ist ein Leiter mit einer definierten induktiven Komponente. Die Induktivität speichert Energie, die im Wechselfeld wieder abgegeben wird. Besonders beim Charged Device Model (CDM) gewinnt die Induktivität an Bedeutung.

Ein Problem bei der Untersuchung von ESD-Ereignissen und der Anwendung von ESD-Simulationsverfahren ist die Reproduzierbarkeit der Messergebnisse. Beim Entladevorgang selbst kann ein Funken entstehen und Korona-Entladung auftreten. Der Funke ist ein Phänomen mit komplexem Charakter, der beeinflusst wird von den

Umweltbedingungen, den Rückentladungen, hervorgerufen durch Korona-Effekte, ungleichmäßige Annäherungsgeschwindigkeit des Simulators und verschiedene andere Effekte [17].

3.2.2 Allgemeine Entladungsarten

In der klassischen Elektrostatik werden die folgenden Entladungsarten [6] unterschieden:

Funken-Entladung

Funk-Entladungen (**Bild 3.7**) entstehen bei der Annäherung von aufgeladenen leitfähigen Gegenständen an geerdete oder isolierte leitfähige Gegenstände. Erreicht die Energie des Entladungsfunkens die erforderliche Zündenergie (bei explosionsgefährdeten Gemischen oder Stoffen), dann kann es eine Entzündung geben. Die Zündfähigkeit des Funkens lässt sich abschätzen, wenn die Kapazität des Leitersystems und die Spannung oder die Ladung bekannt sind. Aus diesen Größen kann die im System gespeicherte Energie berechnet werden. Allgemein „springt" beim Entladevorgang ein Funke von einem zum anderen Körper direkt über.

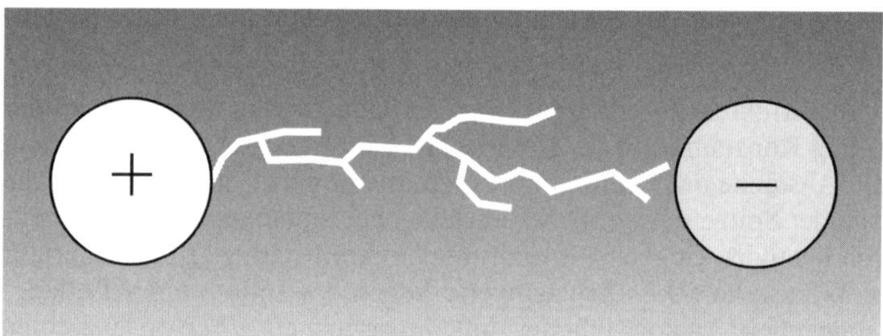

Bild 3.7 Funkenentladung

Büschelentladung

Eine Büschelentladung (**Bild 3.8**) ist eine besondere Form der Korona-Entladung. Sie tritt vorzugsweise beim Entladen von aufladbaren nicht leitfähigen Stoffen auf. Eine Büschelentladung kann wiederum explosionsgefährdete Gas-Luft- oder Dampf-Luft-Gemische entzünden. Die Entzündung ist abhängig vom Krümmungsradius der Spitzen, an denen die Büschelentladung auftritt. Verallgemeinert kann man Folgendes feststellen: Im inhomogenen Feld entsteht an einem Körper eine Entladung, die in den Raum hineinreicht, aber nicht bis zum anderen Körper gelangt.

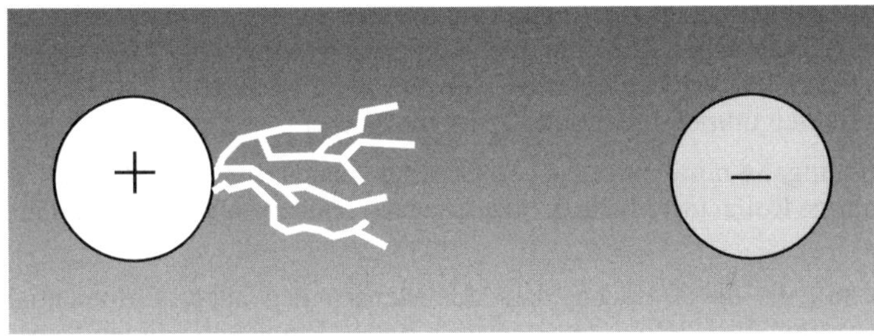

Bild 3.8 Büschelentladung

Gleitstiel-Büschelentladung

Diese Entladungsart ist sehr selten. Voraussetzungen sind:

- Aufladung eines aufladbaren Stoffs geringer Schichtdicke auf einer Unterlage ausreichender Leitfähigkeit
- eine Flächenladungsdichte von mindestens $2{,}5 \cdot 10^{-4}$ C/m^2

Bei der einfachen mechanischen Reibung, hervorgerufen durch Personen, kann nach den vorliegenden Erfahrungen keine ausreichend hohe Flächenladungsdichte erzielt werden, damit es zu einer Gleitstiel-Büschelentladung kommt (**Bild 3.9**). Typisch tritt diese Sonderform der Entladung bei aufladbaren Folien auf, wenn sie abgewickelt werden, oder beim pneumatischen Fördern von Staub durch isolierend ausgekleidete Metallrohre.

Die Gleitstiel-Büschelentladung kann sich aus einer Büschelentladung entwickeln. Wie bei jener entsteht zuerst an einem Körper eine Entladung, die aber im Verlauf des Entladevorgangs den anderen Körper erreicht. Die Energie einer Gleitstiel-Büschelentladung ist sehr hoch, sodass es leicht zum Entzünden brennbarer Stoffe im gesamten Explosionsbereich kommen kann.

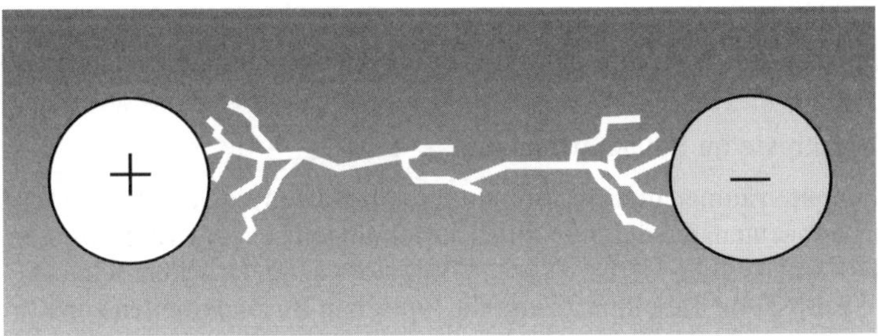

Bild 3.9 Gleitstiel-Büschelentladung

Für die weiteren Betrachtungen zur Beeinflussung und Zerstörung elektronischer Bauelemente und Baugruppen sind nur die Körperentladungen von Bedeutung. Körperentladungen treten, zeitlich gesehen, vor den oben genannten Entladungsarten auf. Sie verlaufen immer direkt von Körper zu Körper.

Besonders beim Umgang mit elektronischen Geräten spielen diese direkten Entladungen eine wichtige Rolle. In **Tabelle 3.2** sind die physikalischen Verhältnisse dargestellt.

Grundvoraussetzung ist die Tatsache, dass der Mensch gegenüber Erdpotential einen Kondensator mit einer definierten Kapazität bildet. Empirisch wurden Kapazitätswerte zwischen 100 pF und 300 pF ermittelt. Geht eine Person z. B. über einen synthetischen Fußbodenbelag, kann sie sich auf Werte bis 15 000 V aufladen. Die Person speichert dabei eine Energie von

$$W = \frac{1}{2} C_K U^2 = \frac{1}{2}(100 \ldots 300)\,\text{pF} \cdot (15\,000\ \text{V})^2 \approx (10 \ldots 35)\,\text{mJ} \tag{3.6}$$

Bei der Annäherung an ein geerdetes Elektronikgehäuse findet ein Funkenüberschlag statt, da die Bedingung $R < 2\sqrt{L/C_K}$ in der Regel erfüllt ist.

Die Entladung ist ein überaperiodischer gedämpfter Vorgang. In Spalte 1 von Tabelle 3.2 sind der Zeitverlauf des Entladestromimpulses und sein Amplitudenspektrum dargestellt. Der Strom folgt einer Doppelexponentialfunktion. Der Anstieg ist durch die Zeitkonstante $\tau_1 = L/R$ und der abfallende Zweig durch die Zeitkonstante $\tau_2 = RC_g$ geprägt. In der Praxis sind verschiedene abweichende Stromverlaufsformen zu beobachten, vgl. Bild 3.9. Einige Einflussfaktoren sind

- die Höhe der eigentlichen elektrostatischen Spannung und der damit verbundene Zusammenhang zur Korona-Entladung
- die Annäherungsgeschwindigkeit des geladenen Objekts an das leitfähige oder geerdete Gerät
- die Anwesenheit metallischer Gegenstände
- Geometrie und Oberflächenbeschaffenheit der Objekte, zwischen denen die Entladung stattfindet
- Umgebungsbedingungen (Temperatur, Luftdruck, Luftfeuchtigkeit, Staubpartikel)
- Impedanzverhältnisse im Entladestromkreis

Besonders in Computerräumen und an Computerarbeitsplätzen sind elektrostatische Entladungen zu beobachten, die durch mobile Einrichtungen hervorgerufen werden. Mögliche Quellen sind Stühle, Gerätewagen, Computerwagen, Druckertische, Reinigungsgeräte. Spalte 2 von Tabelle 3.2 zeigt die typischen Besonderheiten zur Körperentladung. Aufgrund der Entladungsbedingung $R < 2\sqrt{L/C_K}$ hat die Entladekurve die Form einer gedämpften Schwingung.

Entladungsform	Elektrostatische Körperentladung	Elektrostatische mobile Entladung
Besonderheiten	Entladung der menschlichen Körperkapazität auf Bauelemente, Leiterplatten, Bedienelemente, und Gerätegehäuse bei der Herstellung, Montage, Prüfung, Bedienung, Wartung und Reparatur elektronischer Baugruppen und Geräte	Entladung von mobilen Büro- und Laboreinrichtungen (Sessel, Wagen u. Ä.) bei zufälliger Berührung mit Elektronikschränken in Computerräumen, Leitständen und Prüffeldern
prinzipielle physikalische Anordnung und Ersatzstromkreis 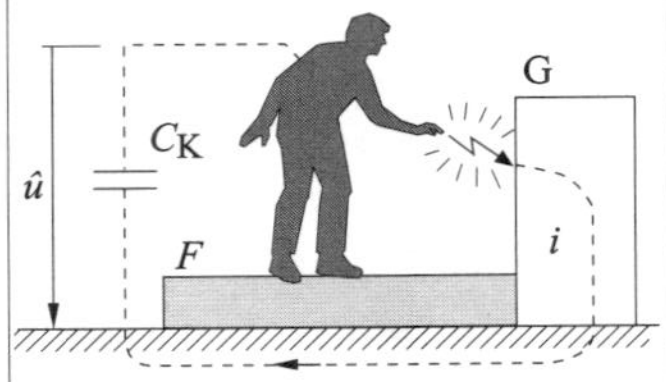 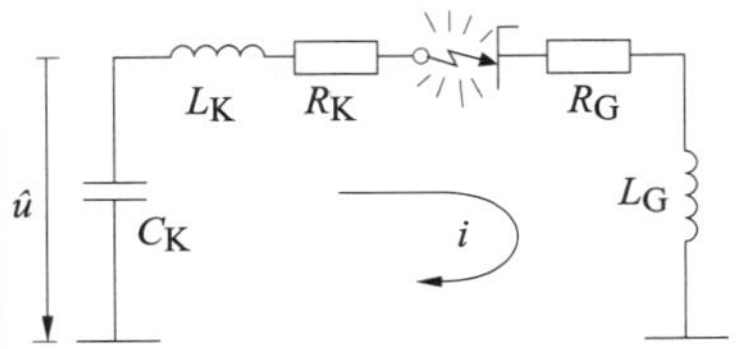 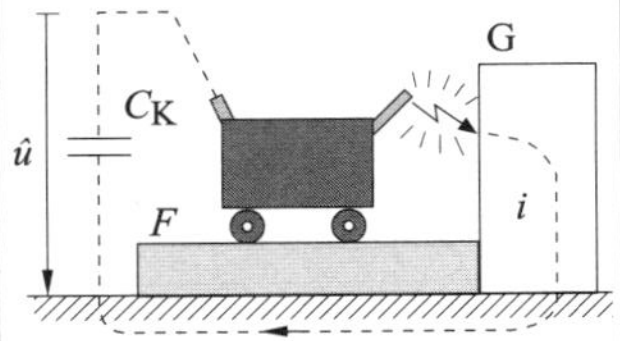	$\hat{u}$, C_K, F, G, i — Ersatzstromkreis: $\hat{u}$, C_K, L_K, R_K, R_G, L_G, i	$\hat{u}$, C_K, F, G, i
Parameterrichtwerte	$R = R_K + R_G = 1\ \text{k}\Omega \ldots 30\ \text{k}\Omega$ $L = L_K + L_G = 0{,}3\ \mu\text{H} \ldots 1{,}5\ \mu\text{H}$ $C_K = 100\ \text{pF} \ldots 300\ \text{pF}$ $R > 2\sqrt{L/C_K}$ $\hat{u} = 2\ \text{kV} \ldots 15\ \text{kV}$ $\hat{i} = 5\ \text{A} \ldots 30\ \text{A}$ $\frac{di}{dt} = 2\ \text{A/ns} \ldots 35\ \text{A/ns}$	$R = R_K + R_G = 10\ \Omega \ldots 20\ \Omega$ $L = L_K + L_G = 0{,}03\ \mu\text{H} \ldots 1\ \mu\text{H}$ $C_K = 30\ \text{pF} \ldots 500\ \text{pF}$ $R < 2\sqrt{L/C_K}$ $\hat{u} = 1\ \text{kV} \ldots 3\ \text{kV}$ $\hat{i} = 25\ \text{A} \ldots 60\ \text{A}$ $\frac{di}{dt} = \ldots 5\ \text{A/ns}$
zeitlicher Verlauf	$R = 1\ \text{k}\Omega$, $L = 0{,}7\ \mu\text{H}$, $C_K = 150\ \text{pF}$, $\hat{u} = 10\ \text{kV}$ 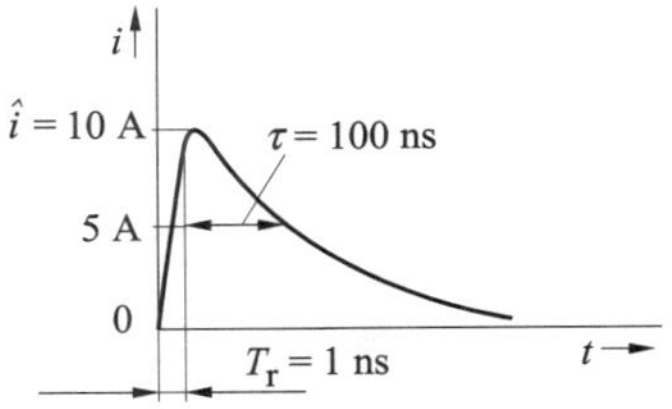 i; $\hat{i} = 10\ \text{A}$; $5\ \text{A}$; 0; $\tau = 100\ \text{ns}$; $T_r = 1\ \text{ns}$; t	$R = 15\ \Omega$, $L = 0{,}3\ \mu\text{H}$, $C_K = 200\ \text{pF}$, $\hat{u} = 2\ \text{kV}$ 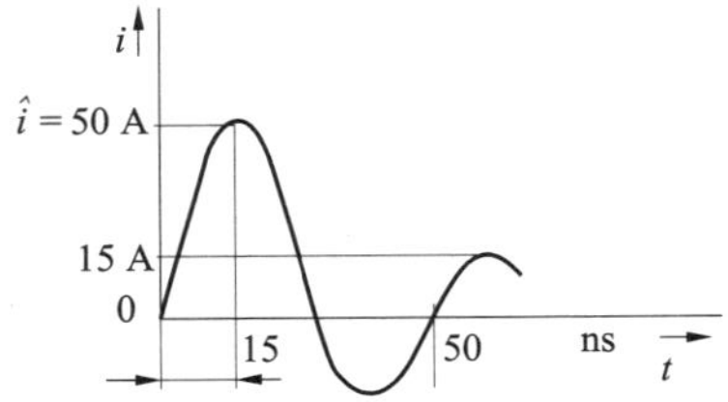 i; $\hat{i} = 50\ \text{A}$; $15\ \text{A}$; 0; 15; 50; ns; t

Tabelle 3.2 Elektrostatische Entladungen, Parameterrichtwerte und Wirkungen [10]

Jede elektrostatische Entladung ist von elektrischen und magnetischen Feldern umgeben. Richtwerte sind zum Vergleich in **Tabelle 3.3** angegeben.

Störquelle	**LEMP**		**ESD**		**SEMP**	**NEMP**	
Abstand Parameter	10 m	100 m	10 cm	20 cm	10 m	Detonation (Bodennähe) (LEMP)	Detonation (große Höhe) (HA-NEMP)
E_{max} kV/m	einige 100	40	4	1	1 … 100	100	30 … 60
H_{max} A/m	einige 1000	160	15	4	… 300	… 1000	… 130
T_r ns	einige 10 … 1000		0,2 … 20		10 … 50	5 … 8	
Frequenzspektrum MHz	0,001 … 5		bis 1000		1 … 100	0,1 … 100	
Wirkungsbereich	einige Kilometer, lokal		einige Zentimeter, punktuell		einige 10 m, lokal	einige 100 km, regional bzw. kontinental	

Tabelle 3.3 Parameter pulsförmiger elektrischer und magnetischer Felder bei Blitzentladungen (LEMP), elektrostatischen Entladungen (ESD), Schaltvorgängen in Elektroenergieanlagen (SEMP) und Nuklearexplosionen (NEMP) [10]
(HA-NEMP: High Altitude EMP)

4 Einflussmechanismen elektrostatischer Entladungsvorgänge auf elektronische Bauelemente

Ausfallanalysen an elektronischen Bauelementen haben gezeigt, dass nicht nur MOS- und CMOS-Bauelemente, sondern vorrangig auch bipolare Bauelemente gefährdet sind. Besonders betroffen sind dabei solche Schaltkreise, die Eingangsschaltungen mit SFET zur Erhöhung der Eingangsempfindlichkeit und zur Steigerung des Eingangswiderstands aufweisen. Das betrifft im Einzelnen die gesamten BiFET-Operationsverstärker und Analog-Digital-Wandler. Die dünnen Gate-Oxidschichten bei MOS-Bauelementen und die schmalen PN-Übergänge der bipolaren Bauelemente schlagen schon bei niedrigen elektrostatischen Entladungen durch. Das Gate-Oxid z. B. ist ein hochaufladbarer Isolator mit begrenzter Kapazität. Bei den angewendeten Gate-Oxid-Dicken von 10 nm bis 180 nm beträgt die Kapazität nur etwa 1 pF bis 5 pF. Die PN-Übergänge der bipolaren Anordnungen werden vor allem durch zu hohe Ströme, die beim Abfluss der elektrostatischen Ladungen zu niedrigeren Potentialgebieten hin auftreten, zerstört. Weitere Untersuchungen haben gezeigt, dass auch Leistungstransistoren und andere Leistungsbauelemente Veränderungen durch die Belastung durch elektrostatische Entladungen und Felder zeigen. Wie bereits in Kapitel 1 beschrieben, werden alle aktiven Bauelemente als elektrostatisch empfindlich betrachtet. Durch elektrostatische Belastungen fallen auch SMD-Kondensatoren und -Widerstände aus.

Bei der Untersuchung der Wirkung elektrostatischer Ladungen auf elektronische Bauelemente, Baugruppen und Geräte kann man von drei prinzipiellen Ladungsquellen ausgehen:

1. Eine Person berührt ein Bauelement und gibt die gespeicherten Ladungen an dieses ab. Die Ladungen fließen über das Bauelement zum Erdpotential.
2. Ein elektronisches Bauelement oder Gerät wirkt selbst als Kondensatorplatte und speichert Ladungen. Beim Kontakt mit Erdpotential wird durch den Entladungsimpuls eine Schädigung hervorgerufen.
3. Ein geladenes Objekt befindet sich in einem elektrischen Feld. Durch das elektrische Feld wird eine Ladungsverschiebung über dem Gate-Oxid bzw. dem PN-Übergang erzeugt. Die entstehenden Potentialdifferenzen können durch außergewöhnliche Umstände ausgeglichen oder abgeführt werden. Dabei kommt es zur Schädigung der Bauelemente.

Aus diesen drei Ladungsquellen leiten sich die drei bzw. vier folgenden Modelle für die Entstehung elektrostatischer Entladevorgänge ab:

	Modell	Beschreibung	Normen
1	Human Body Model (HBM)	Modell unter Einbeziehung des menschlichen Körpers, Körperentladung	DIN EN 61340-3-1 (**VDE 0300-3-1**) ANSI/ESDA/JEDEC JS-001-2014
2	Charged Device Model (CDM)	Modell vom geladenen Objekt, Geräte-Entladungsmodell	ANSI/ESDA/JEDEC JS-002-2014
3	Machine Model (MM)	Maschinenmodell	DIN EN 61340-3-2 (**VDE 0300-3-2**) ANSI/ESD STM5.2-2012
4	Field Induced Model (FIM)	Modell, bei dem die Ladung durch ein elektrisches Feld hervorgerufen wird	noch keine Norm oder Entwurf vorhanden

Tabelle 4.1 Entladungsmodelle

Das zusätzlich angeführte Machine Modell (MM) entstand in Japan und wird sehr oft in der Industrie benutzt. Es handelt sich dabei um ein verschärftes HBM.

Früher wurde nur das Körper-Entladungsmodell für die Untersuchung der ESD-Empfindlichkeit von elektronischen Bauelementen eingesetzt. Inzwischen werden vorrangig CDM und MM verwendet.

4.1 Human Body Model – Körper-Entladungsmodell

Zum Vergleich mit den anderen Entstehungsmechanismen wird zuerst das HBM oder Körper-Entladungsmodell betrachtet. Eine Person kann durch eine einfache Bewegung eine bedeutende Ladungsmenge erzeugen. Allein durch das Laufen auf einem synthetischen Teppich werden Spannungen von mindestens 5 kV erzeugt. Berührt eine geladene Person ein elektronisches Bauelement oder ein elektronisches Gerät, so überträgt sie einen Teil der Ladungen, die sie gespeichert hatte, auf das Bauelement. Das Bauelement speichert die Ladungen oder führt sie direkt zum Erdpotential ab. Der Entladeimpuls enthält genügend Energie, um Veränderungen der Bauelementeparameter hervorzurufen.

Typisch für das HBM sind die Kapazität C_K der Person (100 pF) und der Serienwiderstand R_K (1,5 kΩ). Die elektrostatischen Aufladungen werden über Körperteile (z. B. Finger) abgeleitet. Der zusätzliche Serienwiderstand begrenzt die Entladungsgeschwindigkeit. Die Aufladung selbst wird durch die Kapazität der Person begrenzt. Die Anstiegszeiten des Entladeimpulses liegen bei 5 ns bis 10 ns, die Entladezeit beträgt etwa 150 ns. Die Entladungsgeschwindigkeit wird erhöht, wenn die

Person z. B. eine Pinzette in der Hand hält und über dieses Metallwerkzeug entladen wird. Gleichzeitig verringert sich damit der Serienwiderstand.

Bild 4.1 zeigt das für die Entladung einer Person bekannte Ersatzschaltbild. Der Körperwiderstand R_K liegt im Bereich von 1 000 Ω bis 2 000 Ω und die Körperkapazität C_K zwischen 100 pF und 250 pF. Für den Fall, dass eine Person auf 2 000 V geladen war, errechnet sich die gespeicherte Energie W_{el} des Körpers nach Gl. (4.1) zu 0,2 mJ (C_K = 100 pF, R_K = 1 500 Ω):

$$W_{el} = \frac{1}{2} C U^2 \tag{4.1}$$

Bei einem Innenwiderstand R_G von 10 Ω ergeben sich bei einer Impulsdauer von einigen zehntel Mikrosekunden Leistungen von einigen Kilowatt. Solche extrem kurzen Entladungszeiten und die damit verbundenen hohen Leistungen führen zum Aufschmelzen der Siliziumgebiete. Es finden förmlich Explosionen an der Siliziumoberfläche statt, die man anhand von Kraterbildungen gut im Elektronenmikroskop sehen kann. Der Kraterdurchmesser beträgt dabei üblicherweise etwa 6 µm bis 8 µm.

Zum Vergleich erfordert eine Aufschmelzung von Silizium (Krater in der Größenordnung von 1 µm) eine Mindestenergie von etwa 1 µJ. Die in Bild 4.1 gezeigte Schaltung wurde bisher zur Bestimmung der Schädigungsschwelle elektronischer Bauelemente in Form des sogenannten Kondensatortests verwendet. Aus diesem Schaltungsaufbau resultiert die genormte Ersatzschaltung für das HBM, der soge-

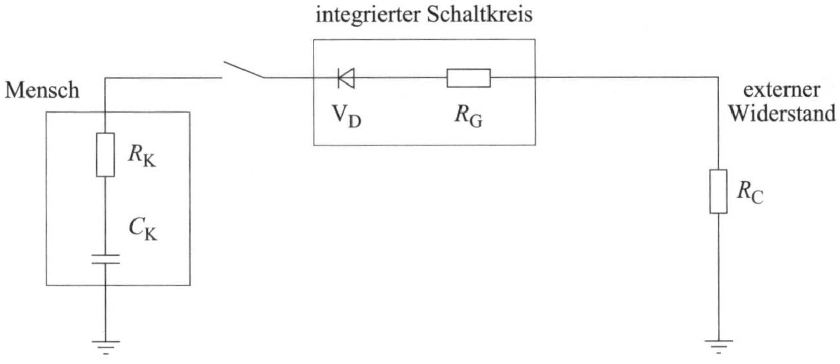

Bild 4.1 Ersatzschaltung für eine Körperentladung

R_K Körperwiderstand
C_K Körperkapazität
R_G Innenwiderstand des bipolaren Bauelements
V_D parasitärer PN-Übergang
R_C Kontaktwiderstand zur Erde

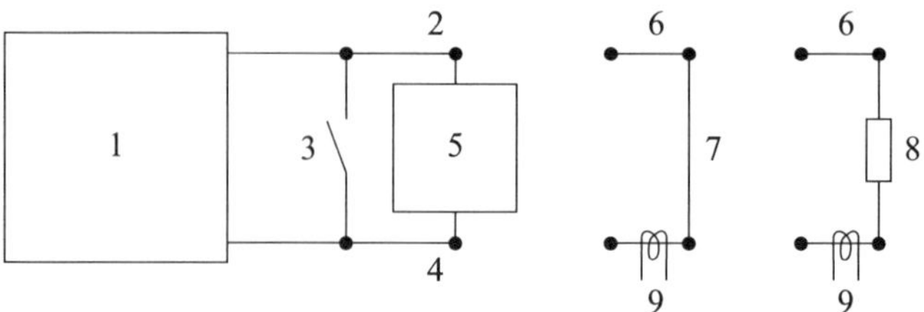

Bild 4.2 Generatorschaltung für den HBM-ESD-Impuls
(DIN EN 61340-3-1 (**VDE 0300-3-1**):2008-03, Bild 1 [23])

1 HBM-ESD-Impulsgenerator
2 Anschlussklemme A
3 Schalter
4 Anschlussklemme B
5 zu prüfendes Bauelement (DUT)
6 Lastwiderstand
7 Kurzschlussbrücke
8 Widerstand, $R = 500\ \Omega$
9 Strommesswandler

nannte HBM-ESD-Generator, **Bild 4.2**. Diese Ersatzschaltung muss die Verhältnisse bei der Entladung eines Menschen widerspiegeln. Zwei Grenzfälle werden simuliert, einmal durch einen Widerstand (8) und zum anderen der Kurzschlussfall (7). Dabei werden die Anforderungen an die Stromkurven für verschiedene Spannungen überprüft. Die **Bilder 4.3a** und **4.3b** zeigen die geforderten Stromkurven bei verschiedenen Anstiegs- bzw. Abfallzeiten des Entladeimpulses.

Die Generatorschaltung ist nach langen Prüfungsmethoden festgelegt worden. Die Entladevorrichtung beinhaltet selbst ein Impulserfassungssystem, einen Hochspan-

Level	I_{ps} Spitzenstrom über der Kurzschlussbrücke in A	I_{pr} Spitzenstrom durch den Widerstand (8) in A	Spannungsäquivalent in V
1	0,17 (± 10 %)	0,375 bis 0,550	250
2	0,33 (± 10 %)		500
3	0,67 (± 10 %)		1000
4	1,33 (± 10 %)		2000
5	2,67 (± 10 %)		4000
6	5,33 (± 10 %)		8000

Tabelle 4.2 Spezifikation der Impulsform

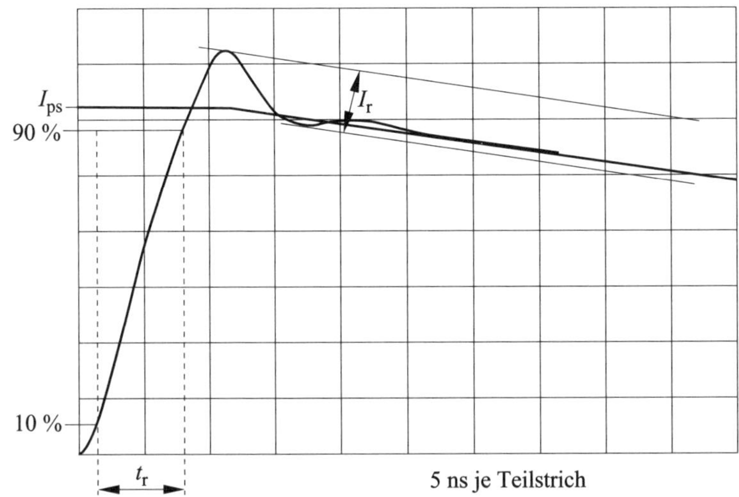

Bild 4.3a Typische Stromkurve über die Kurzschlussbrücke bei einer Impulsanstiegszeit von t_r von 2 ns bis 10 ns
(DIN EN 61340-3-1 (**VDE 0300-3-1**):2008-03, Bild 2a [23])

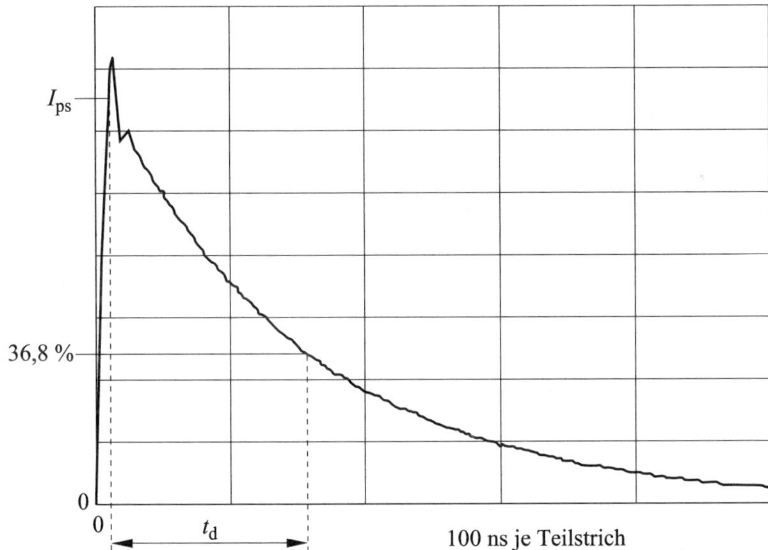

Bild 4.3b Typische Stromkurve über die Kurzschlussbrücke bei einer Impulsabfallzeit von t_d von 130 ns bis 170 ns
(DIN EN 61340-3-1 (**VDE 0300-3-1**):2008-03, Bild 2b [23])

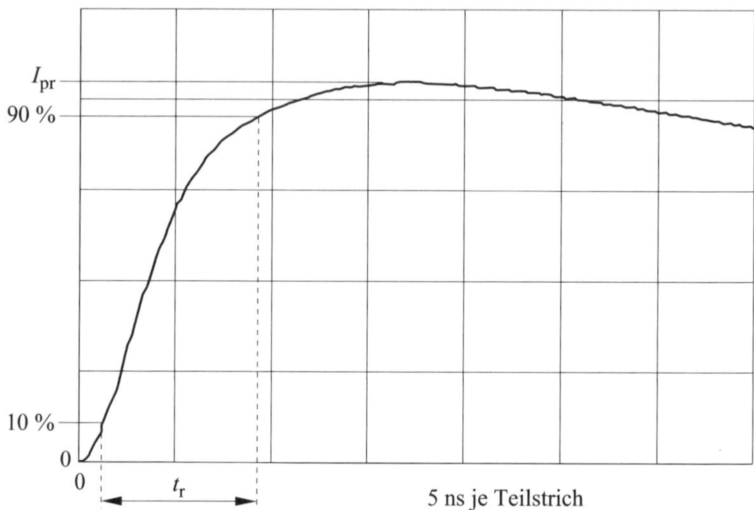

Bild 4.4 Typische Stromkurve über den Widerstand (8), die Impulsanstiegszeit t_r liegt zwischen 5 ns und 25 ns
(DIN EN 61340-3-1 (**VDE 0300-3-1**):2008-03, Bild 3 [23])

nungswiderstand und einen Strommesswandler. Die Prüfung erfolgt als Einzelimpuls bis zu einer Grenzfrequenz von 350 MHz. Die Lastwiderstände (6) sind notwendig für die Überprüfung der Funktionstüchtigkeit des Prüfsystems. Es kann Probleme mit parasitären Kapazitäten und Induktivitäten geben. Außerdem müssen Doppel- oder Mehrfachimpulse vermieden werden. Die Prüfvorrichtung muss aus diesem Grund sehr häufig überprüft werden. Nach Änderungen oder Reparaturen sind Abnahmeprüfungen notwendig.

Die Prüfparameter selbst sind in der angegebenen Norm [23] festgelegt. Integrierte Schaltkreise werden nach bestimmten Anschlusskombinationen geprüft, Einzelbauelemente nach allen möglichen Anschlusskombinationen.

Grundsätzlich ist diese Prüfung zerstörend für die elektronischen Bauelemente. Es werden nur Stichprobenprüfungen, mindestens drei Prüfelemente, durchgeführt.

Nach der Prüfung, dem Prüfungsergebnis werden die elektronischen Bauelemente in sogenannte ESD-Spannungsfestigkeitsbereiche klassifiziert, **Tabelle 4.3**.

Zum Vergleich werden weitere Prüfnormen angeführt. Grundsätzlich identisch sind die Normen des DIN EN 61340-3-1 (**VDE 0300-3-1**), IEC 61340-3-1 mit dem Joint Working Standard JS-001-2014. Grundsätzlich betrifft dies alle Parameter. Als Vergleich ist nur der Spitzenstrom I_{ps} in der **Tabelle 4.4** angeführt worden.

Klasse	Spannungsbereich in V
0Z	< 50
0A	50 bis < 125
0B	125 bis < 250
1A	250 bis < 500
1B	500 bis < 1 000
1C	1 000 bis < 2 000
2	2 000 bis < 4 000
3	≥ 4 000

Tabelle 4.3 HBM-ESD-Empfindlichkeitsklassen

Parameter Spannungsbereich in V	DIN EN 61340-3-1 (VDE 0300-3-1)	DIN EN 60749-26 (VDE 0884-749-26) [30]	ANSI/ESDA/JEDEC JS-001-2014
250	0,17 (± 10 %)	0,15 … 0,19 (15 % von I_{ps})	0,15 – 0,18
500	0,33 (± 10 %)	0,30 … 0,37 (15 % von I_{ps})	0,30 – 0,37
1 000	0,67 (± 10 %)	0,60 … 0,74 (15 % von I_{ps})	0,60 – 0,73
2 000	1,33 (± 10 %)	1,20 … 1,48 (15 % von I_{ps})	1,20 – 1,47
4 000	2,67 (± 10 %)	2,40 … 2,96 (15 % von I_{ps})	2,40 – 2,93
8 000	5,33 (± 10 %)	4,80 … 5,86 (15 % von I_{ps})	4,80 – 5,87

Tabelle 4.4 Vergleich der Prüfnormen für das HBM
(I_{ps} Spitzenstrom über der Kurzschlussbrücke in A)

4.2 Charged Device Model – Modell vom geladenen Objekt

Bei diesem Entladungsmodell geht man davon aus, dass das Bauelement selbst der Verursacher von elektrostatischen Entladungen ist. In der Literatur wird diese Art der Entstehung von Ladungen auch als „furniture ESD“ bezeichnet [18].

Das elektronische Bauelement wirkt in diesem Fall selbst als Kondensatorplatte. Es sammelt Ladungen auf, z. B. beim Gleiten durch ein Stangenmagazin oder beim

Kontakt mit einem anderen geladenen Gegenstand. Durch äußere Umstände, d. h. durch eine indirekte Entladung, kann es zum Entladen des Bauelements kommen. Durch den Entladeimpuls und den damit verbundenen Entladestrom – je nachdem, ob die Ladung über das Gehäuse des Bauelements direkt zur Erde oder über den Chip zur Erde abfließen kann, kommt es zu Schäden an PN-Übergängen, Dielektrika oder anderen Bauelementekomponenten. **Bild 4.5** und **Bild 4.6** repräsentieren die Ersatzschaltbilder für die Entladung elektrostatischer Ladungen an bipolaren

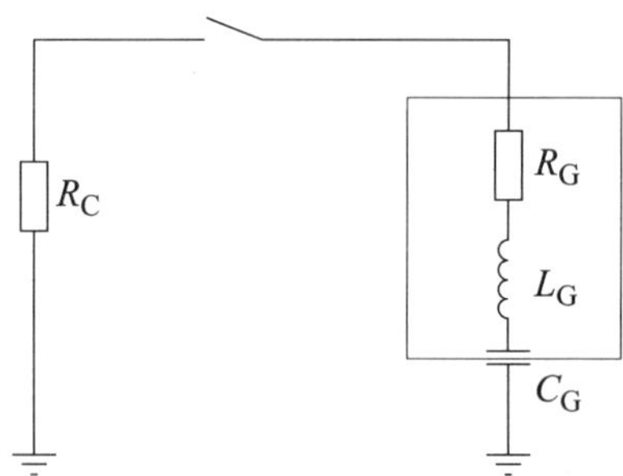

Bild 4.5 Ersatzschaltbild für ein bipolares Bauelement

R_G Widerstand im Gerät
L_G Induktivität des Geräts
C_G Kapazität des Geräts
R_C Kontaktwiderstand zur Erde

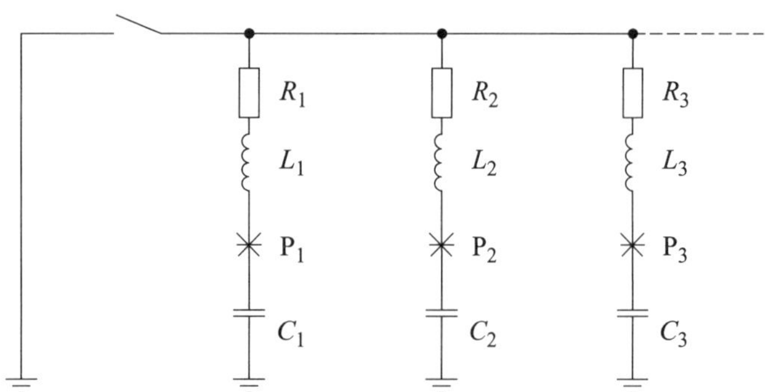

Bild 4.6 Ersatzschaltung für ein MOS-typisches Bauelement

R_i Widerstand im i-ten Entladungspfad
L_i Induktivität im i-ten Entladungspfad
C_i Kapazität des i-ten Entladungspfads
Zwischen den Punkten P_i und P_{i+1} tritt das Potential als Funktion der Zeit auf

und MOS-typischen Bauelementestrukturen. Als Schaltungselemente werden dabei wirksam die Bauelementekapazität C_b, die Leitungsinduktivitäten L_d und die Bahnwiderstände r_d. Zuerst werden die bipolaren Bauelementestrukturen betrachtet (Bild 4.5). Die parasitären Kapazitäten am Eingang (Basis) liegen im Bereich von 1 pF bis 20 pF. Mit diesen kann das Bauelement Energien bis zu 100 µJ speichern. Bei einem sehr niedrigen Kontaktwiderstand R_C von wenigen mΩ und einer Leitungsinduktivität L_d von etwa 10 nH kann diese Energie eine Verbindung zum Erdpotential realisieren. Bei einer Anstiegszeit des Entladeimpulses von einigen Nanosekunden wird eine Leistung pro Impuls von einigen 100 W bis zu 1 000 W erreicht. Derartige Leistungen genügen, um die Bauelementeparameter entscheidend zu verändern bzw. die Bauelemente ganz zu zerstören. *Wunsch* und *Bell* [20] beschrieben anhand eines einfachen Modells die Berechnung der Schwellenspannung, die für die Zerstörung von Dioden und Transistoren durch ESD-Impulse notwendig ist.

In Bild 4.6 wird das Modell eines typischen MOS-Bauelements dargestellt. R_1, L_1 und C_1 repräsentieren den Widerstand, die Induktivität und die Kapazität der einzelnen Entladungswege. Die Punkte P_i und P_{i+1} sind Punkte, zwischen denen Potentialdifferenzen als Funktion der Zeit auftreten.

Wird ein Pin geerdet, steht jeder Pfad des Bauelements in Beziehung mit einem anderen und charakterisiert den Entladungsweg in Abhängigkeit von der Zeitkonstanten, die durch den Anstieg der Potentialdifferenz zwischen den Pfaden gegeben ist. Ist die Potentialdifferenz genügend groß, kann es zum thermischen Durchbruch bzw. zum Aufschmelzen der metallischen Leitbahnen kommen. Das Potential auf dem Bauelement ergibt sich aus der Differenz des Potentials der einzelnen Entladungspfade:

$$U = U_i - U_{i+1} = \frac{Q_i - Q_{i+1}}{C_i - C_{i+1}} \tag{4.2}$$

Die gespeicherte elektrische Energie berechnet sich aus

$$W_{\mathrm{el}} = \frac{1}{2} \frac{(Q_i - Q_{i+1})^2}{C_i - C_{i+1}} \tag{4.3}$$

Bei der Betrachtung des Modells vom geladenen Objekt wird die Ladung Q triboelektrisch erzeugt, d. h. durch mechanische Bewegungen. Für diese Betrachtungsweise gilt die Annahme, dass das Bauelement die eine Platte des Kondensators darstellt und dass die andere geerdet ist. Als Dielektrikum wird Luft vorausgesetzt.

Im Realfall ist die Kapazität des Bauelements eine Variable. Sie hängt ab von der Bauelemente- bzw. Gerätegröße, der Konstruktion und der Orientierung des Bauelements zur Erde. Bei einer Änderung der Bauelementeposition ändert sich die effektive dielektrische Dicke und demzufolge die Kapazität. Bei einem bekannten Potential variiert die gespeicherte Energie umgekehrt zur Bauelementekapazität. Bei einer

	1	2	3
Gehäusetyp	C_{AB} **in pF (1)**	C_{AB} **in pF (2)**	C_{AB} **in pF (3)**
16 pin DIP Plast	2,9	2,0	1,4
18 pin DIP Plast	3,6	2,3	1,6
24 pin DIP Plast	7,1	3,9	2,0
24 pin DIP Keramik	28,0	3,6	2,0
40 pin DIP Keramik	52,0	6,6	2,8

Tabelle 4.5 Kapazität eines Bauelements in Abhängigkeit von seiner Lage zur Erde

bekannten und konstanten Ladung Q kann eine Umorientierung des Bauelements eine Zu- oder Abnahme des Potentials und seiner gespeicherten Energie hervorrufen [19]. **Tabelle 4.5** zeigt die Abhängigkeit der Kapazität eines Bauelements von seiner Lage zum Erdpotential.

Weitere Untersuchungen führten dazu, dass zwischen einem „contact, socketed"-CDM-Test und einem „non socketed"-CDM-Test unterschieden wird. Beim ersten Testsystem oder Modell geht man davon aus, dass sich die gesamten elektrostatischen Ladungen im Sockel oder in den entsprechenden Zuleitungen befinden. Dem entgegen geht man beim „non socketed"-Test von einer Einspeisung elektrostatischer Ladungen über die Anschlüsse aus, wobei das Bauelement z. B. frei auf einem Arbeitsplatz liegt [21].

Das normgerechte Messverfahren für das Charge Device Model (CDM) ist nicht einfach zu beschreiben. Wie bereits die Tabelle 4.5 zeigt, gibt es sehr verschiedene Varianten für den Auf- und Entlademechanismus von elektronischen Bauelementen, je nach Lage zum Erdpotential und damit den kapazitiven Verhältnissen. Daraus resultieren verschiedene Modelle, z. B. das Charge Device Model (CDM) und das Socket Device Model (SDM). Bereits bei diesen zwei Modellen werden zwei grundsätzlich verschiedene Ausgangssituationen, Lage zum Erdpotential, angenommen. Zum einen liegt das Bauelement auf einer isolierten Unterlage mit den Anschlüssen nach oben, vgl. **Bild 4.7**, zum anderen befindet sich das Bauelement in einer Messfassung (Bild 4.9). Wie die Tabelle 4.5 zeigt, sind die kapazitiven Verhältnisse völlig anders, damit auch die Auf- und Entlademechanismen. Der Testaufbau ist sehr aufwendig und gleichfalls sehr kritisch. Die geladenen Teile müssen auf der einen Seite sehr isoliert und zum anderen im Entladungsvorgang sehr gut leitend sein. Alle vorhandenen Kontakte und Metallteile müssen die Kalibriervorschriften der entspre-

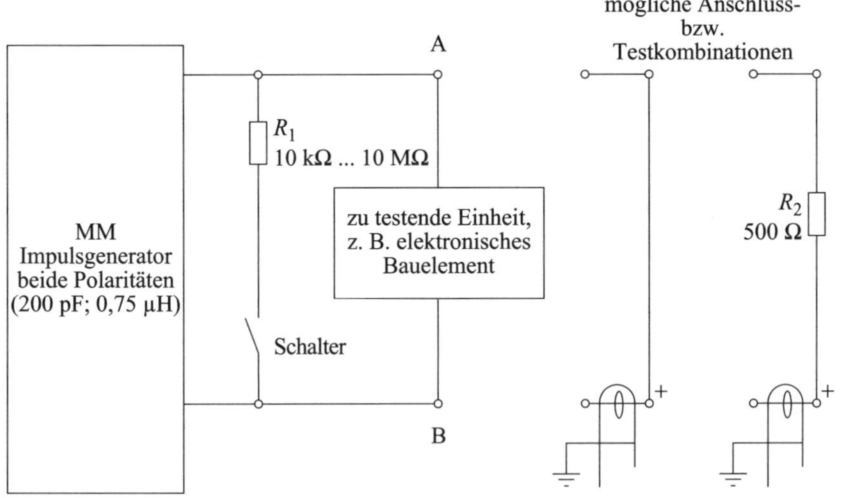

Bild 4.7 Maschinen-Modell (Entwurf) – Testaufbau

chenden Norm erfüllen. Vor jedem Messvorgang muss die Anordnung neu kalibriert werden.

Die **Bilder 4.7a, 4.7.b** und **4.8** zeigen mögliche Entladungsschaltungen für ein CDM, das **Bild 4.9** eine Entladungsschaltung für ein SDM.

Die Prüfung nach diesem Modell muss die Empfindlichkeit von elektronischen Bauelementen gegenüber elektrostatischen Entladungen festlegen. Dieses Verfahren ist, wie schon erwähnt, sehr kritisch. Die Schädigung von elektronischen Bauelementen erfolgt heute immer mehr durch Maschinen und Anlagen. Der Mensch wird inzwischen durch die ESD-Kontrollmaßnahmen so ausgerüstet, dass er nicht aufgeladen ist oder die elektrostatischen Ladungen gefahrlos abgeleitet werden. Die Maschinen und Anlagen können nach heutigen Erkenntnissen nicht so einfach „ESD-gerecht" gestaltet werden. Unterschieden werden muss zwischen dem Aufbau der Maschine und dem eigentlichen Bearbeitungsvorgang, denn erst bei diesen Vorgängen treten elektrostatische Aufladungen und Potentialdifferenzen auf, die die Bauelemente schädigen. Dabei ist das elektronische Bauelement genauso eine Ladungsquelle wie die zu bestückende Leiterplatte.

Aus diesem Grund liefert nur die Prüfung nach CDM oder SDM für diesen Vorgang Aussagen zur Empfindlichkeit elektronischer Bauelemente.

Die Prüfverfahren selbst sind schwer zu beschreiben, da die Verhältnisse in den Maschinen noch nicht ausreichend untersucht sind. Zum einen fehlen einfach geeig-

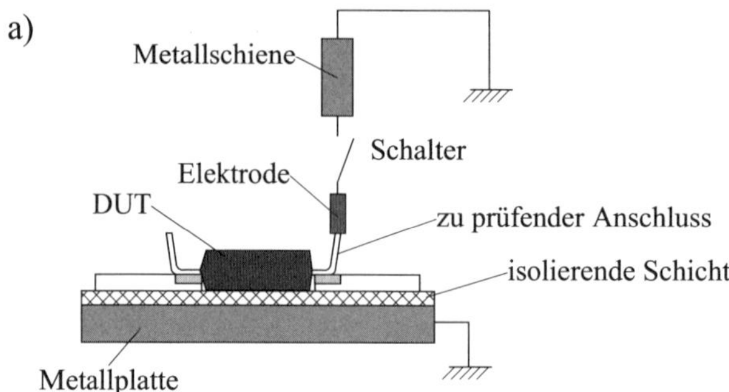

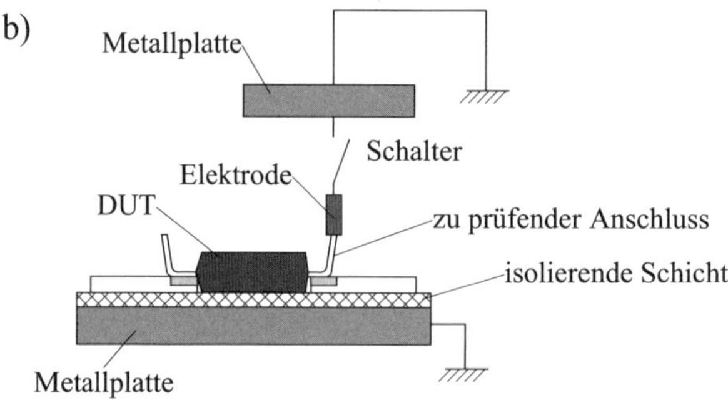

Bild 4.7a und b Entladungsschaltungen für ein CDM

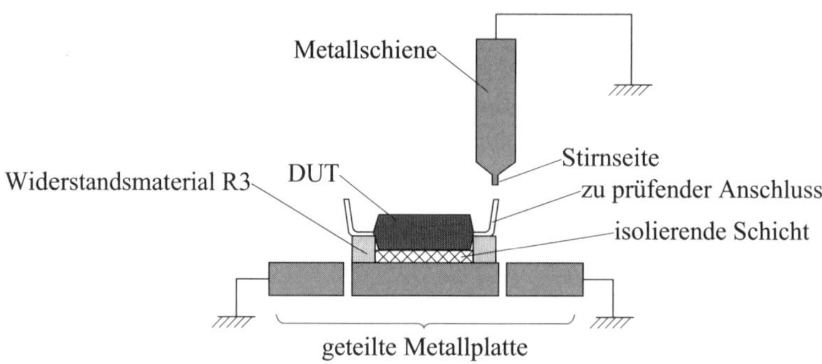

Bild 4.8 Entladungsschaltung für ein CDM

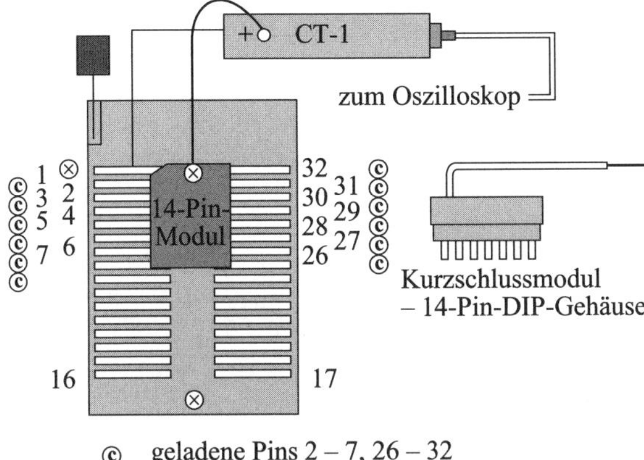

Bild 4.9 Entladungsschaltung für ein SDM

nete Sensoren, um die Quellen zu finden, und zum anderen ist der Vorgang damit schwer zu beschreiben.

Der Messaufbau muss die realistischen Umstände darstellen. Die Vorgänge müssen nachvollziehbar und reproduzierbar sein. Das ist heute sehr schwierig, wie dem Messaufbau und vor allem dem Kalibriervorgang zu entnehmen ist. **Bild 4.10** zeigt die Kalibriervorrichtung, d. h. die Messschaltung für den Entladestrom.

Im **Bild 4.11** ist der Verlauf des Entladestroms dargestellt. Die Festlegungen dazu sind in der **Tabelle 4.6** aufgelistet.

Die Prüfdurchführung ist im Normenentwurf [25] ausführlich beschrieben.

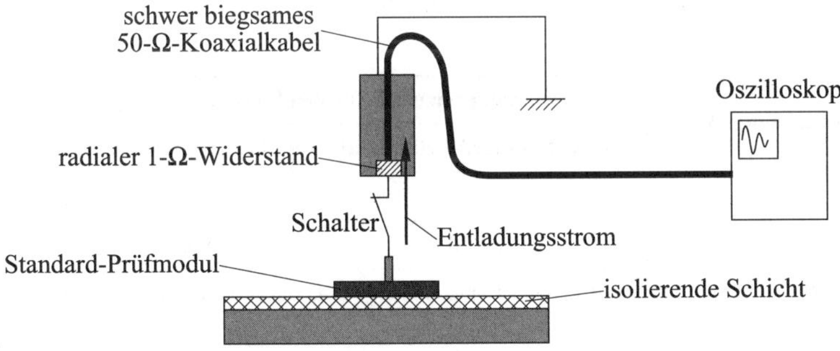

Bild 4.10 Messschaltung für den Entladestrom

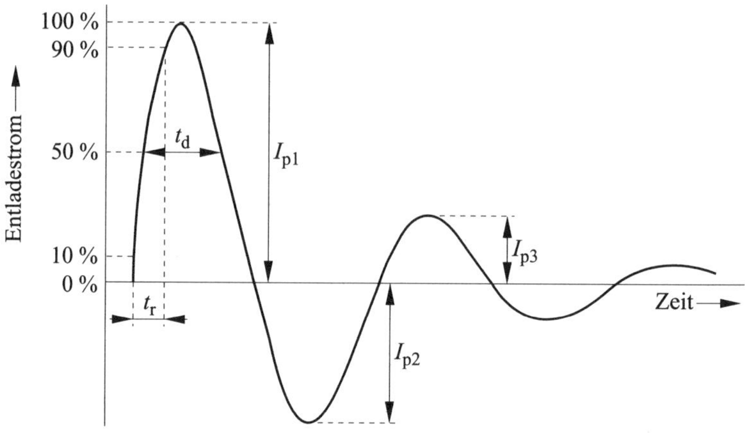

Bild 4.11 Verlauf des Entladestroms am Messaufbau

Kenngröße (Einheit)		Prüfgrenzwerte	
		kleines Standard-Prüfmodul	großes Standard-Prüfmodul
Anstiegszeit (ps)	t_r	≤ 200	≤ 250
Impulsbreite (ps)	t_d	≤ 400	≤ 700
Strom-Spitzenwert (A)	I_{p1}	siehe Tabelle 4.7	siehe Tabelle 4.7
Strom-Unterschwingwert (A)	I_{p2}	$< 0{,}5 \cdot I_{p1}$	$< 0{,}5 \cdot I_{p1}$
Strom-Überschwingwert (A)	I_{p3}	$< 0{,}25 \cdot I_{p1}$	$< 0{,}25 \cdot I_{p1}$

Tabelle 4.6 Definition des Verlaufs für den Entladestrom [32]

Kalibrierspannung (V)	Prüfgrenzwerte für den Spitzenstrom I_{p1}	
	kleines Standard-Prüfmodul	großes Standard-Prüfmodul
500	2,5 A ± 10 %	5,0 A ± 10 %
1000	5,0 A ± 10 %	10,0 A ± 10 %
Anmerkung: Entwürfe zum Zeitpunkt der Manuskripterstellung, d. h., die Grenzwerte wurden noch nicht endgültig festgelegt		

Tabelle 4.7 Bereich des Strom-Spitzenwerts I_{p1} für bisherige Prüfeinrichtungen

4.3 Machine Model (MM)

In Anlehnung an das HBM wurde in den 70er-Jahren in Japan ein verschärftes Entladungsmodell entworfen. Ausgangspunkt war, dass das normale HBM nicht den Worst case repräsentiert, also den schlechtesten Fall.

Aus diesem Grund entstand ein weiteres Modell mit einer Kapazität von 200 pF und einer direkten Entladung auf das Bauelement ohne Serienwiderstand. Das Modell wurde als „Maschinen-Modell“ (MM) bekannt. Die Japaner benutzten es vor allem für automatische Bestückungssysteme und Fertigungslinien. Das Machine Model ist also das Worst-case-HBM. Es bildet reale Situationen in der Fertigung nach, z. B. die schnelle Entladung bei der Leiterplattenbestückung oder an einer Fassung auf einem automatischen Tester. An diesen Stellen ist kein Serienwiderstand vorhanden. Die Entladung verläuft direkt vom geladenen Bauelement oder von der geladenen und bestückten Leiterplatte zum Metall. Bei diesem Modell wirken allerdings andere parasitäre Elemente, z. B. Induktivitäten. In Bild 4.7 ist ein Machine Model mit einer Induktivität im Entladestromkreis dargestellt.

Aus den praktischen Erfahrungen entstand ein Prüfmodell für die Simulation des Maschinenmodells (MM). Die dazugehörige Norm DIN EN 61340-3-2 (**VDE 0300-3-2**) basiert auf dem folgenden Generator, dieser simuliert immer einen gleich bleibenden MM-Entladeimpuls. Damit wird der sogenannte MM-Fehler immer gleich nachgebildet. Das **Bild 4.12a** ist das Ersatzschaltbild für den MM-ESD-Generator nach der gültigen Norm und im Bild 4.12b wird das MM mit den entsprechenden Schaltungselementen und Parameter gezeigt.

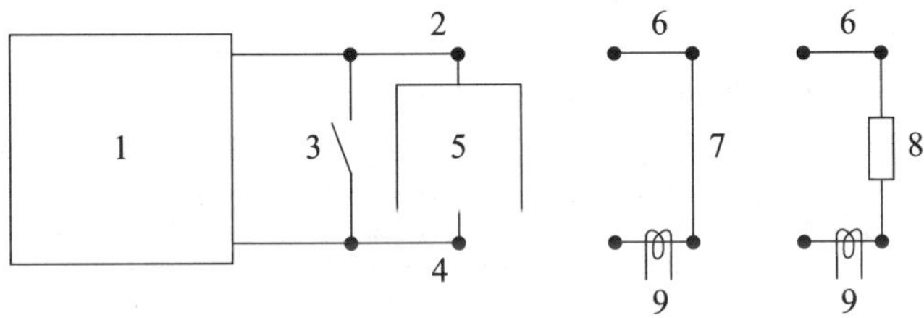

Bild 4.12a Generatorschaltung für den MM-ESD-Impuls (DIN EN 61340-3-2 (**VDE 0300-3-2**):2007-11, Bild 1 [24])

1 MM-ESD-Impulsgenerator
2 Anschlussklemme A
3 Schalter
4 Anschlussklemme B
5 zu prüfendes Bauelement (DUT)
6 Lastwiderstand
7 Kurzschlussbrücke
8 Widerstand, $R = 500\ \Omega$
9 Strommesswandler

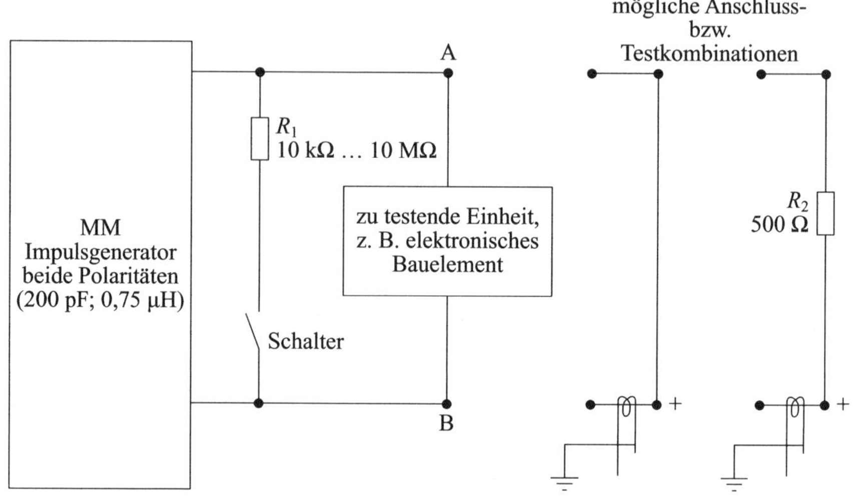

Bild 4.12b Maschinen-Modell (Entwurf) – Testaufbau

Das Verhalten des Impulsgenerators hängt ebenfalls sehr stark von den parasitären Kapazitäten ab. Gleichzeitig gilt auch hier, dass Doppel- bzw. Mehrfachentladungen vermieden werden müssen. Diese verfälschen das Messergebnis.

Anmerkung: Die Periodendauer des Hauptimpulses ist festgelegt und muss zwischen 63 ns und 91 ns liegen.

Der maximale Spitzenstrom ist in **Tabelle 4.8** festgelegt.

Level	Spannungs-Äquivalent in V	Spitzenstrom I_{p1} über der Kurzschlussbrücke in A	Spitzenstrom I_{pr} durch den Widerstand (8) in A	Strom I_{100} durch einen Widerstand (8) bei 100 ns in A
1	100	1,7 (± 15 %)		
2	200	3,5 (± 15 %)		
3	400	7,0 (± 15 %)	$< I_{100} \cdot 4{,}5$	0,29 (± 15 %)
4	800	14,0 (± 15 %)		

Tabelle 4.8 Spezifikation des Impulsstroms

Der Stromimpuls durch den Widerstand (8) muss innerhalb des festgelegten Bereichs nach Tabelle 4.8 liegen.

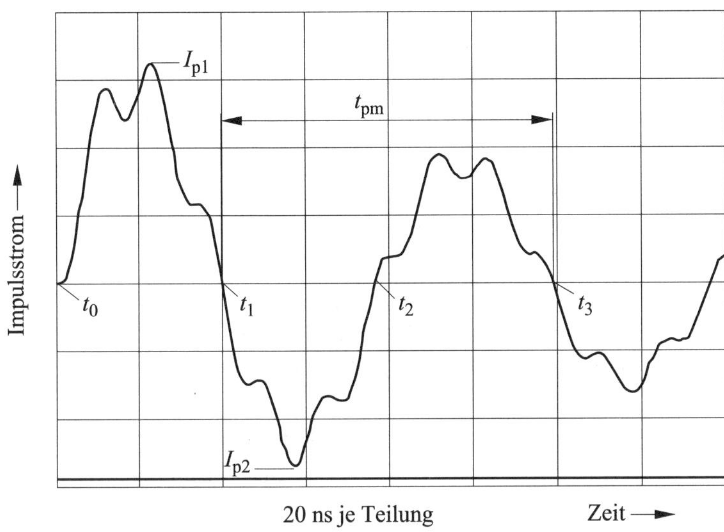

Bild 4.13 Typische Stromkurve über die Kurzschlussbrücke
(DIN EN 61340-3-2 (**VDE 0300-3-2**):2007-11, Bild 2 [24])

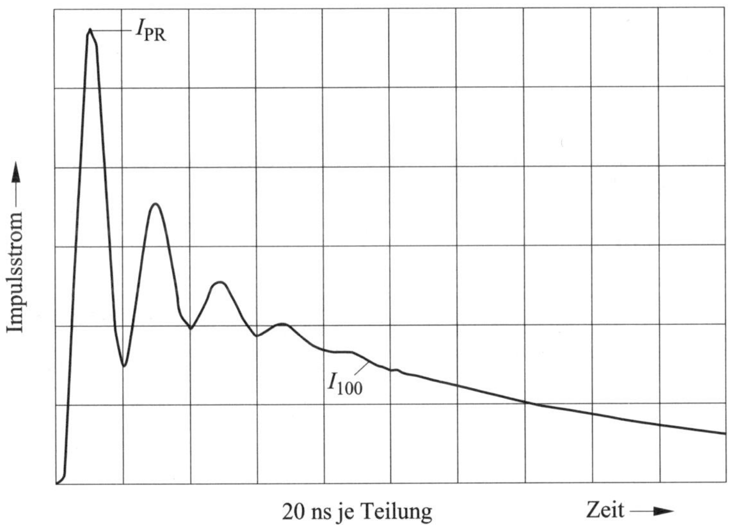

Bild 4.14 Typische Stromkurve durch einen Widerstand
(DIN EN 61340-3-2 (**VDE 0300-3-2**):2007-11, Bild 3 [24])

Auch hier werden Integrierte Schaltkreise mit mehreren Anschlüssen nach festgelegten Kriterien [24] überprüft. Die tatsächliche Anzahl der Anschlusskombinationen hängt von der Anzahl der Stromversorgungs- und Erdungsanschlüsse ab.

Bei diskreten Bauelementen (aktive und passive) müssen alle Kombinationen vollständig überprüft werden.

Grundsätzlich wird immer eine Stichprobenprüfung durchgeführt. Die geprüften Bauelemente dürfen nicht weiterverwendet werden, weil es sich um zerstörende Prüfung handelt.

Nachdem die Bauelemente die Prüfung bestanden haben, werden sie in Empfindlichkeitsklassen eingeteilt, siehe **Tabelle 4.9**. Die Prüfung muss ordnungsgemäß durchgeführt werden, damit alle Parameter reproduzierbar sind.

Klasse	Spannungsbereich in V
1	0 bis < 100
2	100 bis < 200
3	200 bis < 400
4	≥ 400

Tabelle 4.9 MM-ESD-Empfindlichkeitsklassen

Schon allein die Einteilung der Empfindlichkeitsklassen weist darauf hin, dass elektronische Bauelemente wesentlich sensibler auf Vorgänge nach dem MM reagieren.

Auch bei diesem Fehlermodell gibt es zwei weitere Normen, der amerikanische ESD-Association-Standard ESD STM5.2-2012 und die DIN EN 60749-27 Ed. 1 des IEC-Komitees TC 47. Zum Vergleich auch hier nur ein Parameter: der Impulsstrom I_{P1}, siehe **Tabelle 4.10**.

Parameter Spannungsbereich in V	DIN EN 61340-3-2 (VDE 0300-3-2)	DIN EN 60749-27 [31]	ESD STM5.2-2012 [27] (für 1 ... 40 pins)
100	1,7 (± 15 %)	1,5 ... 2,0	1,75 (± 15 %)
200	3,5 (± 15 %)	2,9 ... 4,0	3,5 (± 15 %)
400	7,0 (± 15 %)	5,8 ... 8,0	7,0 (± 15 %)
800	14,0 (± 15 %)	n.a.	n.a.

Tabelle 4.10 Spezifikation des Impulsstroms

Zum Vergleich werden die Kurvenformen gegenübergestellt. Die DIN EN 61340-3-2 (**VDE 0300-3-2**) und der Standard ESD STM5.2 stimmen weitestgehend überein. Die DIN EN 60749-27 weicht dagegen ab.

4.4 Field Induced Model – Entstehung elektrostatischer Ladungen durch ein elektrisches Feld

Bei diesem Modell steht das elektronische Bauelement in Beziehung zu einem elektrostatischen Feld, das durch ein geladenes Objekt hervorgerufen wird. Es ist allgemein bekannt, dass alle geladenen Objekte von einem elektrostatischen Feld umgeben sind. Damit existiert ein Potentialgradient zwischen geladenem Objekt und Erdpotential. MOS-Strukturen reagieren anders als bipolare, wenn sie in ein stationäres elektrisches Feld gebracht werden. Der Grund ist die unterschiedliche Kondensatorstruktur. Daher werden zwei unterschiedliche Fehlermodelle und Ersatzschaltbilder verwendet. Die Ersatzschaltungen entsprechen grundsätzlich den Bildern 4.5 und 4.6 des Abschnitts 4.2. Wird eine MOS-Kondensatorstruktur in ein elektrostatisches Feld gebracht, baut sich ein Potential über dem Gate-Oxid auf. Dieses liegt normalerweise unter der Durchbruchspannung des Gate-Oxids. Die Ursache ist die gegenüber der Luft höhere dielektrische Kraft des Halbleiterdielektrikums. Bei Zunahme der elektrischen Feldstärke würde demzufolge zuerst die Luft durchbrechen und damit zu einer Reduzierung der elektrischen Feldstärke führen. Das Halbleiterdielektrikum würde nicht geschädigt. Da jedoch die Zuleitungen zu den Halbleitergebieten nicht zu vernachlässigen sind, ergibt sich das Potential über dem Gate-Oxid als Produkt aus dem Potentialgradienten und der Länge oder der Dimension, die aus der Geometrie der Zuleitungen folgt. Die Zuleitungen verformen das elektrische Feld und erzeugen ein Gesamtfeld. Der Abstand zwischen den angenommenen Feldelektroden ist damit größer als die Dicke des Dielektrikums. Die resultierende Feldstärke wirkt über dem Gate-Oxid. Übersteigt die auf dem Gate-Oxid induzierte Spannung die Durchbruchfeldstärke des Halbleiterdielektrikums, kann es zur Zerstörung des Dielektrikums kommen. Ein verschlossenes MOS-Bauelement ist durch einen dielektrischen Durchbruch zerstörbar, wenn es in ein gleichmäßiges, stationäres elektrisches Feld mit einer Feldstärke von etwa 7 000 V/cm gebracht wird. Bei einem thermisch gewachsenen Siliziumoxid von 100 nm als Gate-Oxid ist eine Spannung über dem Gate von 80 V erforderlich, um das Bauelement zu zerstören. Die Durchbruchfeldstärke von Siliziumdioxid beträgt $E_{\mathrm{BR}} = 8 \cdot 10^6$ V/cm. Elektronische Bauelemente haben sehr kleine Abmessungen. Auf ihnen kann sich kaum ein Potentialgradient aufbauen, auch nicht bei einem großen elektrostatischen Feld. Wird ein derartiges Bauelement in ein elektrostatisch geladenes Transportmagazin oder in einen elektrostatisch geladenen Lagerbehälter gelegt und hat das dort vorhandene elektrostatische Feld eine ausreichende Intensität, können Ladungen auf die Bauelementeanschlüsse gelangen. Wird ein auf diese Weise geladenes Bauelement beim Herausnehmen mit der Hand berührt, entsteht ein Entladestromimpuls, der eine Schädigung des Bauelements bewirken kann. Die induzierten Ladungen werden in diesem Fall vor den triboelektrischen Ladungen abgebaut, die im Bauelement vorhanden sein können.

4.5 Weitere Entladungsmodelle – Einzelbauelemente

In der Zwischenzeit gibt es weitere Vorschläge für sogenannte Entladungsmodelle. Die bisher klassischen Modelle HBM, MM, CDM reichen nicht mehr aus, um Fehlerbilder zu erklären. Ein bisher genormtes Modell ist das TLP, das Transmission-Line-Pulse-Modell. In dem Standard ANSI/ESD STM 5.5.1-2016 [29] wird diese Testmethode für Halbleiterbauelemente erstmals beschrieben. Die Messmethode ist eine Weiterentwicklung der bisher bekannten Methoden, soll aber besser die Verhältnisse bei der Entladung elektrostatischer Ladungen simulieren. Der besondere Vorteil ist, dass sowohl im Waferstadium als auch am endgültigen elektronischen Bauelement die Tests durchgeführt werden können. Die Messmethode wird heute zur ESD-Charakterisierung des Spannung-Strom-Impulses, des Fehlerpegels und der ESD-Parameter verwendet.

Es werden sowohl Einzelbauelemente (Dioden, Transistoren, Widerstände, Kondensatoren usw.) sowie integrierte Schaltkreise (MOSFET-ICs, bipolare ICs usw.) getestet.

Die **Tabelle 4.11** zeigt die Parameter des Generators, und die **Bilder 4.15, 4.16, 4.17** veranschaulichen die Spannung-Strom-Verhältnisse.

Parameter	Typischer Wert	Ladebedingungen
Stromimpulsbreite	100 ns	Kurzschluss
Anstiegszeit der Spannung	0,2 ns … 10 ns	offen
Anstiegszeit des Stroms	0,2 ns … 10 ns	Kurzschluss
Abfallzeit	größer als die gleiche Anstiegszeit	keine Angabe
Maximale Spitzenspannungs-überschreitung	20 %	offen
Maximale Spitzenstrom-überschreitung	20 %	Kurzschluss

Tabelle 4.11 TLP-Strom- und -Spannung-Impulsparameter [29]

Das angegebene Beispiel zeigt, dass die klassischen Fehlermodelle grundsätzlich gültig sind, diese aber für bestimmte Anwendungen nicht mehr ausreichen. Die Modelle werden ständig weiterentwickelt und verbessert.

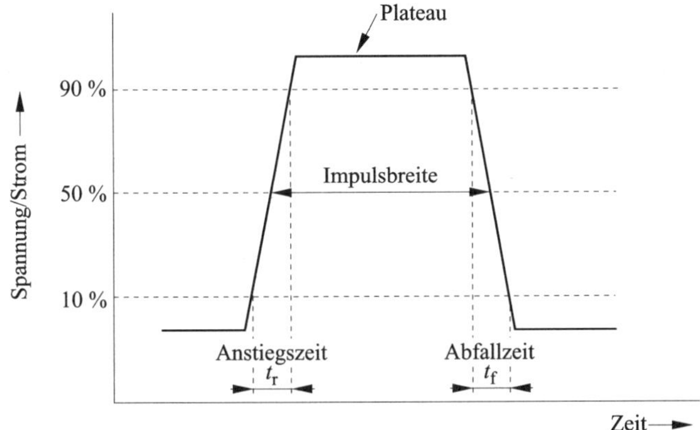

Bild 4.15 TLP-Kurvenform für die Impulsbreite, Anstiegszeit und Abfallzeit

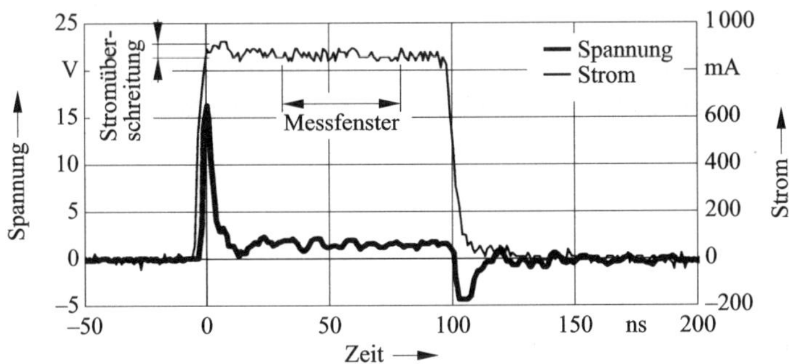

Bild 4.16 Maximale Spitzenstromüberschreitung

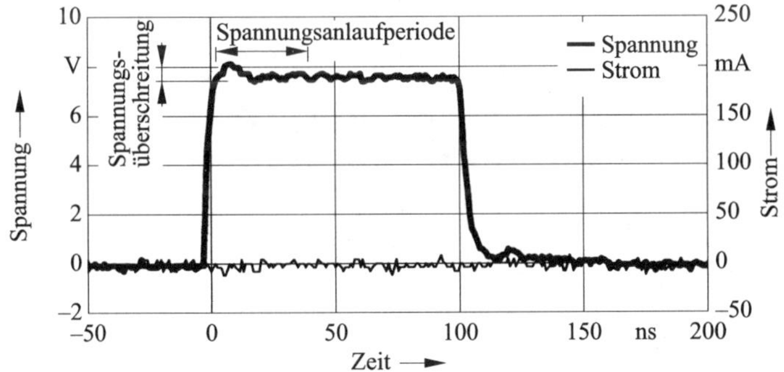

Bild 4.17 Maximale Spitzenspannungsüberschreitung

4.6 Weitere Entladungsmodelle – Geräte

Die bisher betrachteten Entladungsmodelle beziehen sich auf einzelne elektronische Bauelemente. Sie dienen der Prüfung dieser Einzelbauelemente. Oft wird das folgende Modell angewandt. Dieses Modell dient aber der Überprüfung kompletter fertiger Geräte. Die Norm DIN EN 61000-4-2 (**VDE 0847-4-2**) beschreibt ein Entladungsmodell für die Geräteprüfung. Der Ausgangspunkt ist wieder die klassische elektrostatische Entladung, aber hier erfolgt die Entladung nicht direkt über die Bauelemente, sondern über das fertige und geschlossene Gerät. Außerdem wird das Gerät im Betriebszustand geprüft. Hintergrund ist, dass elektrostatische Entladungen das Gerät während der normalen Funktion nicht stören. Das Entlademodell zeigt das **Bild 4.18**. Die Schaltungselemente entsprechen weitestgehend dem vorher beschriebenem HBM. Die Werte der Schaltungselemente weichen etwas ab. Damit ist der Entladestrom größer. Die Entladung erfolgt grundsätzlich durch eine Entladungspistole, die Einzelimpulse auf das Gehäuse abgibt. Es wird unterschieden zwischen direkter und indirekter Entladung sowie zwischen geerdetem und ungeerdetem Prüfling. Der geforderte Entladeimpuls ist im **Bild 4.19** dargestellt.

Die Entladespannungen sind wesentlich höher als bei Einzelbauelementen. Dementsprechend wird auch in anderen Pegeln klassifiziert, vgl. **Tabelle 4.12**.

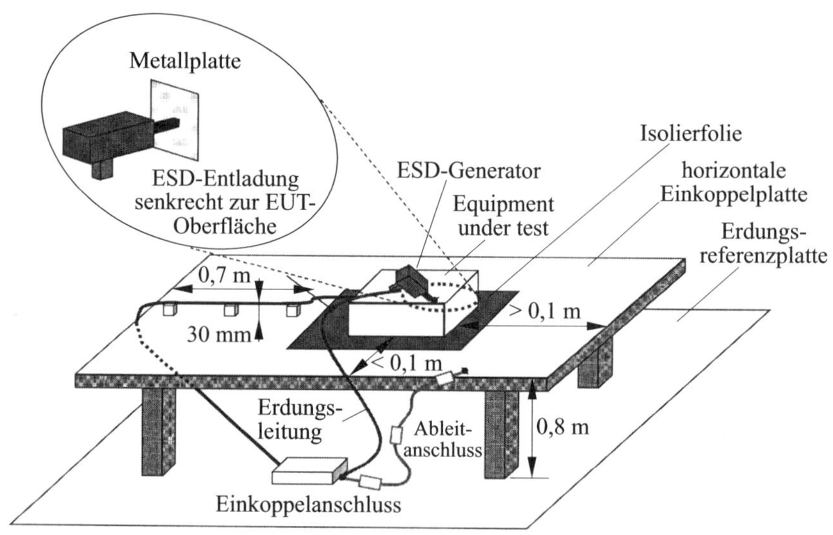

Bild 4.18 Entlademodell

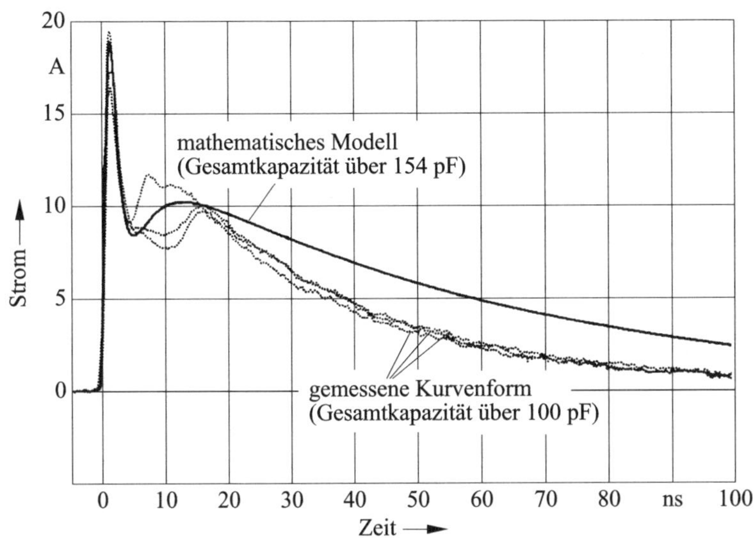

Bild 4.19 Entladeimpuls

Kontaktentladung		**Luftentladung**	
Pegel	**Testspannung in kV**	**Pegel**	**Testspannung in kV**
1	2	1	2
2	4	2	4
3	6	3	8
4	8	4	15
×	Spezial	×	Spezial
Anmerkung: Der Pegel „×" ist ein Pegel, der zwischen Hersteller und Kunde festgelegt wird. Die Testpegel werden in der Tabelle 4.12 festgelegt. Kontakt- und Luftentladung werden nicht durch unterschiedliche Pegel festgelegt, sondern in Abhängigkeit vom Testobjekt (DUT).			

Tabelle 4.12 Spannung des ESD-Generators am Prüfling (DUT)

4.7 Zusammenfassung

Die klassischen Fehlermodelle HBM und MM sind definiert und genormt. Es gibt normgerechte Entladungsmodelle, sodass elektronische Bauelemente entsprechend diesen Normen geprüft und klassifiziert werden können. Beachtet werden muss, ob es sich um elektronische Bauelemente und Baugruppen oder Geräte handelt (vgl. Abschnitt 4.6). Das Fehlermodell MM soll in Zukunft durch das Fehlermodell vom „Isolierten Leiter“ abgelöst werden. Die weiteren und wesentlich kritischeren Entlademodelle, CDM und SDM, sind in Bearbeitung, und es wird noch eine gewisse Zeit vergehen, bis endgültige Modelle und die dazugehörigen Standards vorliegen werden. Für das Entlademodell FIM gibt es bisher keine Vorschläge oder Entwürfe. Die elektrostatischen Felder selbst sind bekannt, aber eine Vorstellung für ein Modell gibt es nicht.

Grundsätzlich gibt es Fehlermodelle für Einzelbauelemente und für fertige Geräte. Es fehlen aber immer noch die Fehlermodelle für Baugruppen, z.B. bestückte Leiterplatten. Vor einigen Jahren gab es hier einen ersten Ansatz: das CBM (Charged Board Model) und das FICBM (Field Charged Board Model). Bisher wurden diese Modelle nicht weiterentwickelt.

5 Wirkungen von ESD auf elektronische Bauelemente

5.1 Aufbau und Wirkungsweise elektronischer Bauelemente

5.1.1 Halbleiter allgemein

Für die grundlegenden Betrachtungen an einem PN-Übergang muss man zuerst das Bändermodell und die Leitfähigkeit von Halbleitern beschreiben. Ausgehend von der Kristallstruktur wird die Leitfähigkeit betrachtet. An die metallischen Elektroden eines Kristalls wird eine definierte Spannung angelegt (**Bild 5.1**).

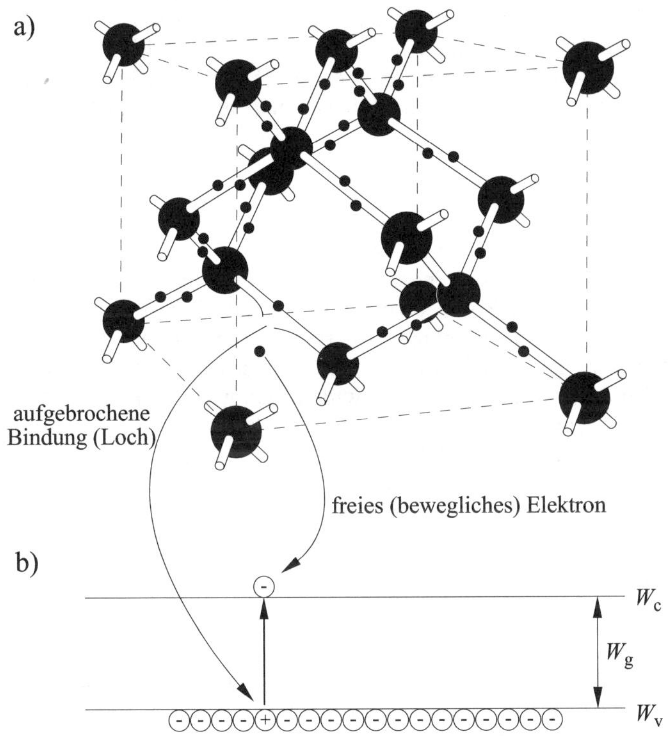

Bild 5.1 Kristallstruktur und Bändermodell eines Halbleiters zur Darstellung der Erzeugung eines Elektronen-Loch-Paars durch einen thermischen Vorgang: a) Kristallstruktur, b) Bändermodell

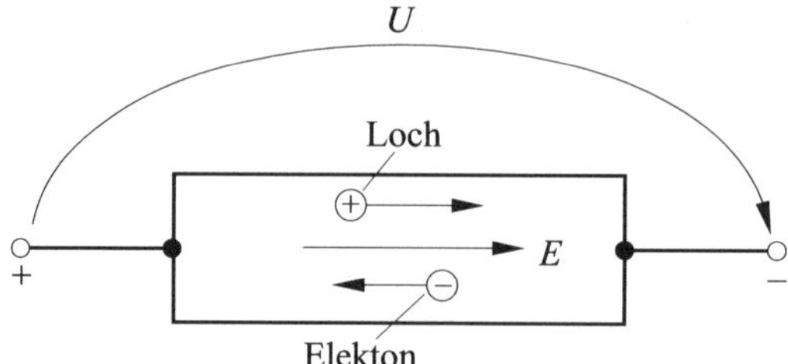

Bild 5.2 Bewegung von Elektronen und Löcher im elektrischen Feld

Durch das elektrische Feld wirken Kräfte auf die Elektronen und beschleunigen ihre Bewegung (**Bild 5.2**). Die Energie der Elektronen nimmt zu, und sie steigen in ihrem Energieband auf ein höheres Niveau. Sie können sich aber nur in ein höheres Energieband bewegen, wenn dieses nicht voll besetzt ist. Voraussetzung für die Energiezustände der Elektronen ist also die Belegung der Energiebänder. Im Grundzustand ist das höchste Energieniveau eines Atoms mit einem Elektron (halb besetzt) oder mit zwei Elektronen (voll besetzt) besetzt. Dementsprechend sind die Energiebänder eines Kristalls im Grundzustand (bei einer Temperatur von 0 K) leer, halbvoll oder voll besetzt.

5.1.2 Leiter

In einem Leiter ist das obere Energieband bzw. -niveau nur mit einem Elektron besetzt, also halbvoll. Das obere Energieniveau kann also ein Elektron aufnehmen. Durch diese Bewegung wird ein Strom erzeugt. Bevor die obere Energiegrenze erreicht wird, geben die Elektronen spontan Energie an die Gitterstrukturen ab. Diese Energieabgabe führt zu einer Wärmeentwicklung des Kristalls. Die freien Elektronen können Energie aufnehmen und bewirken damit die elektrische Leitfähigkeit der Metalle. Es gibt weiterhin Metalle, deren oberes Energieniveau voll besetzt ist. Hier überlappen das letzte voll besetzte und das nächsthöhere Niveau, so dass es dann in der Summe wieder freie Kapazitäten im oberen Band gibt; Elektronen können also wieder Energie aufnehmen.

5.1.3 Halbleiter

Ist das höchste Energieniveau mit Elektronen besetzt (Valenzband) und existiert zwischen diesem und dem nächsthöheren, leeren Energieniveau eine verbotene Zone, kann der Kristall den elektrischen Strom nicht leiten. Ist die verbotene Zone relativ schmal, kann man bei Raumtemperatur eine geringe Leitfähigkeit feststellen. Durch die thermische Energie des Kristalls können einige Elektronen die verbotene Zone überspringen und sich dann im Leitungsband frei bewegen. Diese sogenannte Eigenleitung ist beim absoluten Nullpunkt (0 K) nicht mehr vorhanden. Halb-

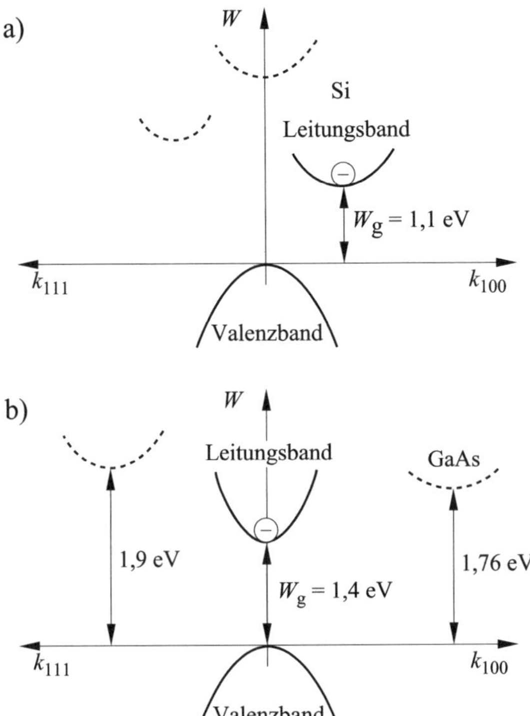

Bild 5.3 Vereinfachte Struktur der Bänder von typischen Halbleitern: a) Silizium, b) Ga, As

leitende Materialien sind Silizium (Si), Germanium (Ge), Bor (B), Schwefel (S), Selen (Se) und Tellur (Te) und außerdem einige chemische Verbindungen der III. und V. Gruppe (Ga, As, In, Sb) sowie der II. und IV. Gruppe (Cd, S) (**Bild 5.3**).

5.1.4 Isolator

Gegenüber dem Halbleiter ist hier die verbotene Zone viel breiter. Elektronen können sie nicht mehr überspringen. Die Eigenleitung bei sehr hohen Temperaturen ist gering. Isolatoren sind z. B. Bernstein und Diamant.

5.1.5 Halbleiter – Aufbau und Wirkungsweise

Die geringe Leitfähigkeit des idealen Halbleiterkristalls, ohne Einfluss von Verunreinigungen durch Fremdatome oder Gitterfehler, bezeichnet man als Eigenleitung des Halbleiters. Beim Ermitteln des spezifischen Widerstands von Silizium oder Germanium wird man feststellen, dass die Leitfähigkeit ähnlich der von

Metallen ist. Der spezifische Widerstand wird aber sehr stark differieren, da dieser von der Reinheit des Halbleiters abhängt. Erst extrem reine Halbleiter mit sehr wenig Gitterstrukturfehlern werden äußerst hohe spezifische Widerstände aufweisen. Für das Herstellen sehr reiner Halbleiter mit sehr wenig Gitterstrukturfehlern sind besondere Herstellungsverfahren notwendig. Bei einem im Zonenschmelzverfahren produzierten Einkristall kann die Eigenleitung ermittelt werden. Sie entsteht durch Sprünge von Elektronen aus dem voll besetzten Valenzband in das Leitungsband. Dort können sich die Elektronen frei bewegen. Im Valenzband werden Plätze frei, sogenannte Löcher. Ein solcher Platz kann wiederum von einem Elektron belegt werden. Kommt das Elektron aus dem Valenzband, entsteht dadurch wieder ein Loch. Löcher verhalten sich wie positive Ladungen. Man spricht auch von Löcherleitung. Elektronen im Leitungsband und Löcher im Valenzband wandern unter Einfluss eines elektrischen Felds in entgegengesetzte Richtungen und erzeugen so einen elektrischen Strom. Die für den Sprung in das Leitungsband notwendige Energie kann nicht nur durch Zuführen von Wärmeenergie, sondern z. B. auch durch Absorption eines Photons aufgenommen werden.

Für die technische Anwendung des Halbleiters sind reine Halbleiterkristalle mit ihrer sehr geringen Eigenleitung wenig interessant. Es werden Bauelemente benötigt, die eine wesentlich höhere Leitfähigkeit aufweisen und durch Spannung oder Strom steuerbar sind. Die höhere Leitfähigkeit wird durch den gezielten Einbau von Fremdatomen (Dotieren) erreicht. Das Halbleiterelement Silizium hat vier Elektronen auf der äußeren Schale (vgl. Gruppe IV des Periodensystems). Im Halbleiterkristall bilden zwei Elektronen eines benachbarten Atoms eine Elektronenverbindung. Wird im Gitter eines Halbleiters ein Atom durch ein Phosphor- oder Arsen-Atom der Gruppe V ersetzt, werden vier der fünf Valenzelektronen für die Valenzbindung benötigt. Das fünfte Valenzelektron ist nur schwach an das Atom gebunden, weil es keine Valenzbindung eingeht. Im Bändermodell gehört zu diesem Elektron ein Energiezustand knapp unter dem Leitungsband. Damit wird es sehr viel wahrscheinlicher in das Leitungsband gehoben als ein anderes Elektron, da die dazu benötigte Energie viel geringer sein kann. Ein so dotierter Halbleiter ist ein n-dotierter oder n-leitender Halbleiter, da die negativ geladenen Elektronen die Leitungsfunktion übernehmen. Fremdatome, die dem Halbleiter Elektronen für die elektrische Leitung liefern, werden Donatoren genannt (**Bild 5.4**).

Dagegen liegen p-dotierte oder p-leitende Halbleiter vor, wenn dreiwertige Atome (z. B. Bor, Indium) eingebaut werden. Zum Herstellen der benachbarten Bindung fehlt dann ein Elektron. Im Bändermodell entspricht das einem Energiezustand knapp oberhalb des Valenzbands. Dieser ortsfeste Energiezustand kann durch Energiezufuhr mit einem Elektron aus dem Valenzband besetzt werden, so dass im Valenzband ein freier Zustand entsteht, der die Leitung ermöglicht. Diese Fremdatome werden Akzeptoren genannt (**Bild 5.5**). Überwiegt die Löcherleitung durch eine entsprechend hohe Dotierung, wird von P-Leitung gesprochen.

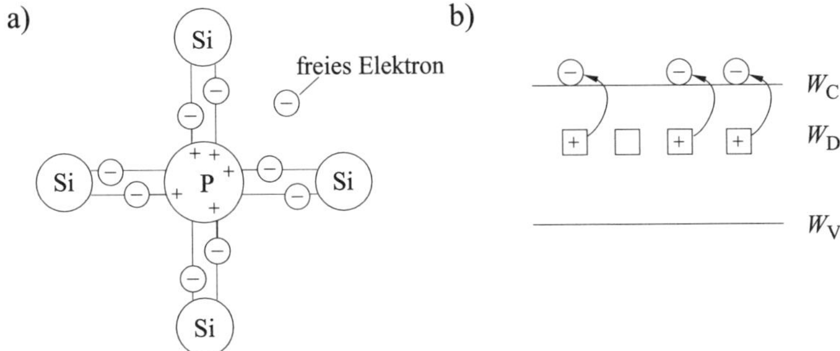

Bild 5.4 Halbleiter mit Störstellen (Donatoren, z. B. Phosphor):
a) flächenhaftes Bindungsmodell, b) Bändermodell

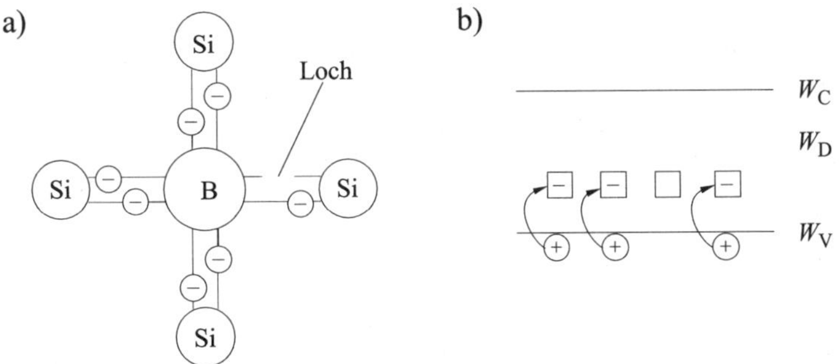

Bild 5.5 Halbleiter mit Störstellen (Akzeptoren, z. B. Bor):
a) flächenhaftes Bindungsmodell, b) Bändermodell

5.1.6 PN-Übergang – Diode

Berühren sich N- und P-Leiter, spricht man von einem PN-Übergang (**Bild 5.6**). An der Grenzschicht tritt ein Gleichrichtereffekt auf. Der Strom wird nur in einer Richtung durchgelassen. Der gesamte Halbleiterkristall sowie der n- und der p-dotierte Bereich sind nach außen elektrisch neutral, da gleich viele positive und negative Ladungen vorhanden sind. An der Grenze zwischen N- und P-Leiter vereinigen sich die freien Elektronen mit den freien Löchern aufgrund des Konzentrationsgefälles. Es entsteht eine Grenzschicht ohne freie Ladungsträger. Beide Bereiche sind voneinander isoliert. Der N-Leiter hat an die Grenzschicht Elektronen abgegeben und ist somit positiver geworden. Der P-Leiter hat Elektronen aufgenommen und ist demgegenüber negativer. Der n-dotierte Bereich führt also eine positive Spannung gegenüber dem p-dotierten. Im Bändermodell bedeutet das, dass sich beide Teile auf unterschiedlichen Potentialen befinden. Im P-Leiter haben Elektronen gegenüber den positiven Raumladungen eine höhere potenzielle Energie. Wird eine höhere

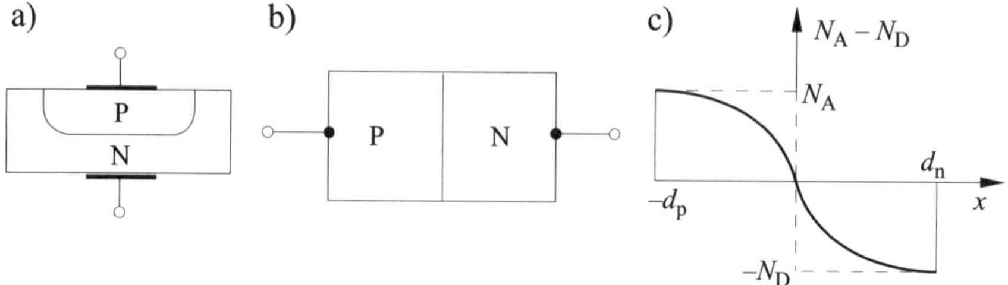

Bild 5.6 PN-Übergang – Diode:
a) Querschnitt, b) eindimensionales Modell, c) Störstellenprofil

Spannung mit gleicher Polarität an den PN-Übergang angelegt, werden die freien Ladungsträger von der Grenzschicht „weggezogen", und der isolierte Bereich zwischen den Gebieten wird breiter. Zwischen den freien Elektronen im Leitungsband des n-dotierten Bereichs und den Löchern im Valenzband des p-dotierten Bereichs wird die Energiedifferenz erhöht, eine Rekombination ist nicht mehr möglich. Die Diode ist gesperrt. Wird eine umgekehrte Spannung angelegt, lässt das angelegte elektrische Feld die freien Elektronen und die freien Löcher zur Grenzschicht wandern, und sie können rekombinieren. Die Diode ist in Durchlassrichtung gepolt.

5.1.7 NPN- bzw. PNP-Übergang – Transistor

Wird eine weitere N-P-Schichtfolge der Diode hinzugefügt, erhält man einen NPN- oder in umgekehrter Reihenfolge einen PNP-Transistor. Die drei Bereiche eines Transistors haben jeweils einen Anschluss (**Bild 5.7**, **Bild 5.8**).

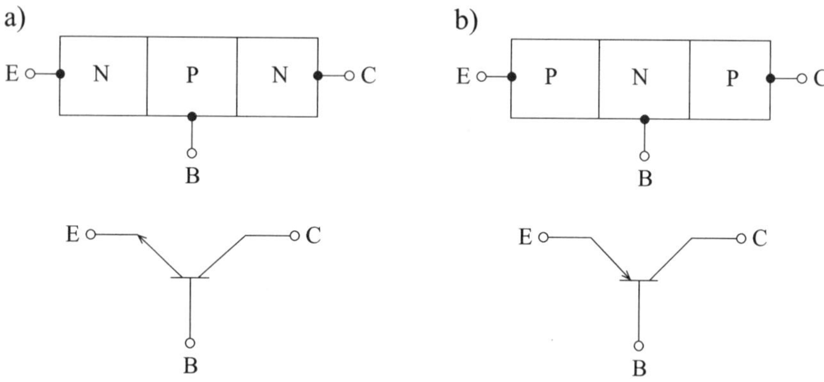

Bild 5.7 NPN- und PNP-Transistor:
Struktur und Schaltsymbole

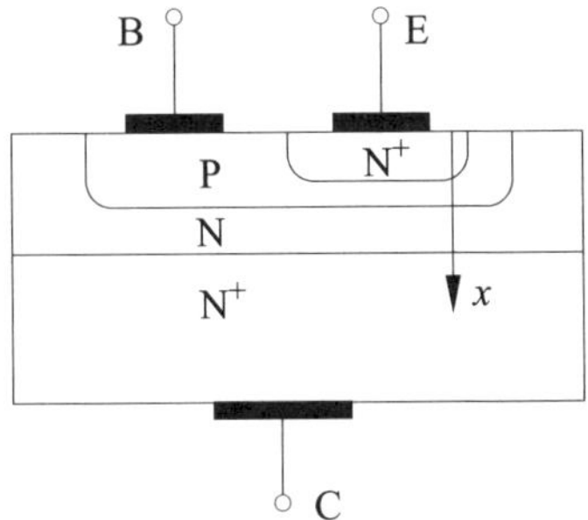

Bild 5.8 NPN-Transistor (Epitaxie-Planar-Transistor)

Die Grenzschichten stellen, schematisch dargestellt, zwei hintereinander geschaltete gegenpolige Dioden dar. Der Transistor hat einen sehr dünnen Basisbereich, der zum N-Leiter relativ niedrig dotiert ist. Da die Emitter-Basis-Diode in Durchlassrichtung betrieben wird, erreichen viele Elektronen des Emitters diese Grenzschicht, wo sie wegen der geringen Dichte der Löcher nur sehr selten rekombinieren können. Stattdessen diffundieren diese Elektronen durch die schmale Basisschicht in den Kollektor, wo sie vom positiven Potential angezogen werden. Da die Elektronen immer vom Emitter kommen und zum Kollektor gelangen, muss die Emitter-Basis-Diode in Durchlassrichtung betrieben werden. Es fließt immer ein Basisstrom.

5.1.8 Feldeffekttransistor

Der normale bipolare NPN- oder PNP-Transistor wird über einen Strom durch die Emitter-Basis-Diode gesteuert. Es muss immer eine Steuerleistung aufgebracht werden. Zusätzlich ist der Eingangswiderstand sehr niedrig. Aus diesem Grund hat man einen leistungslos steuerbaren Halbleiter entwickelt, den Feldeffekttransistor. Bei diesem Bauelement wird der Widerstand eines halbleitenden Kanals durch den Gate-Anschluss gesteuert. Die an den Kanalenden angebrachten Anschlüsse werden mit Drain und Source bezeichnet. Die Isolation zwischen dem Gate und dem Kanal kann durch einen in Sperrrichtung betriebenen PN-Übergang (Sperrschicht-FET, **Bild 5.9**) oder durch eine Oxidschicht realisiert werden (MOSFET, **Bild 5.10**).

Bei einem Sperrschicht-Feldeffekttransistor verläuft der n-leitende Stromkanal von Source nach Drain zwischen der hochdotierten p-leitenden Gate-Elektrode. Dieser Aufbau entspricht einem N-Kanal-FET. Bei einer Gate-Spannung von $U_{GS} = 0$ V beginnt bei kleinen Drain-Spannungen U_{DS} der Drain-Strom langsam zu steigen. Steigt die Drain-Spannung weiter, beginnt der Verdrängungseffekt im Kanal, da sich der ladungsträgerarme Bereich ausdehnt. Der Querschnitt für den Stromfluss wird immer kleiner. Ist der Drain-Strom $I_D = 0$, kommt es zur vollständigen Ein-

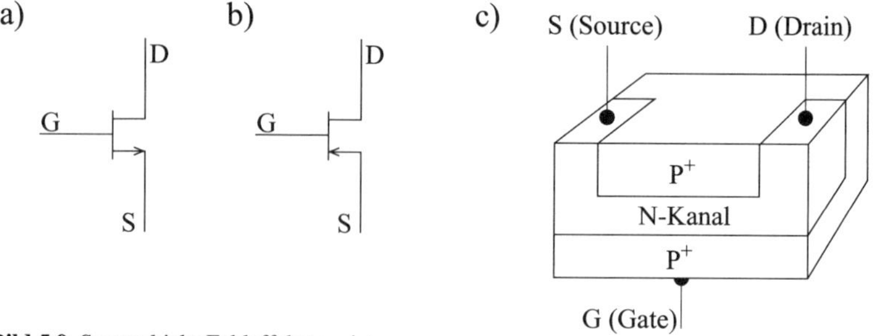

Bild 5.9 Sperrschicht-Feldeffekttransistor:
a) N-Kanal-FET, b) P-Kanal-FET, c) Prinzip des Aufbaus

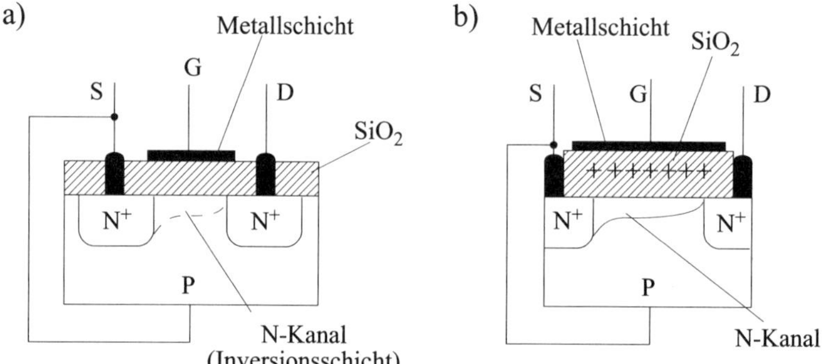

Bild 5.10 MOS-Feldeffekttransistor:
a) Anreicherungstyp, b) Verarmungstyp

schnürung (vgl. **Bild 5.11**). Fließt im Stromkanal ein Drain-Strom $I_D > 0$, nimmt die Sperrspannung, die zwischen dem Kanal und dem Gate liegt, von Source nach Drain allmählich zu. Damit wächst die Sperrschicht in den Kanal hinein. Der Stromanstieg verlangsamt sich. Steigt die Spannung weiter an, kommt es zur Einschnürung, der Widerstand im Kanal wird stark erhöht, der Strom steigt kaum noch, er ist praktisch unabhängig von der Drain-Spannung. Es ist zu beachten, dass immer ein Strom fließen muss, weil ohne diesen Strom der Effekt des Einschnürens nicht auftreten kann.

Bei negativer Gate-Spannung genügen dazu schon sehr niedrige Drain-Spannungen. Bei höheren Drain-Spannungen wird der Strom also nur von der Gate-Spannung bestimmt.

Im Gegensatz zum Sperrschicht-FET ist das Gate beim MOSFET durch eine dünne Oxidschicht vom Halbleiterkristall getrennt. Es werden zwei Arten unterschieden: Anreicherungstyp (*enhancement type*, Bild 5.11) und Verarmungstyp (*depletion type*, **Bild 5.12**). Wie in Bild 5.12 zu sehen ist, sind beim Anreicherungstyp zwei

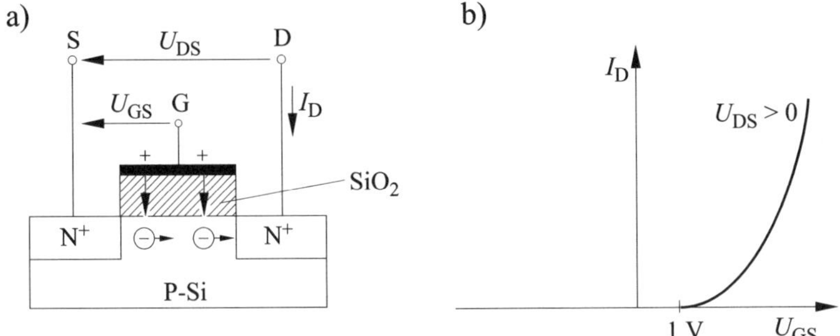

Bild 5.11 N-Kanal-Enhancement-Transistor: a) Querschnitt, b) Transferkennlinie

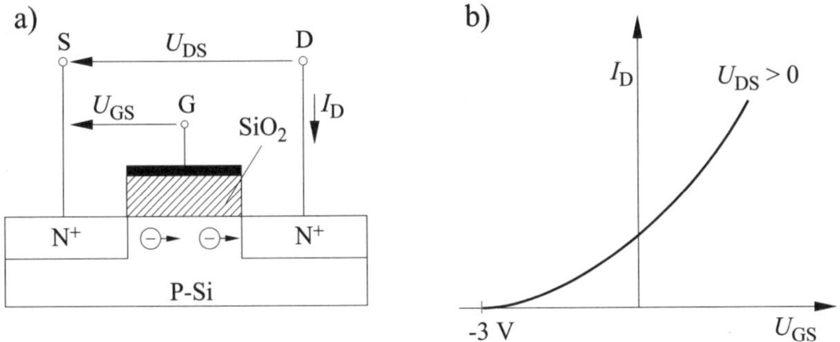

Bild 5.12 N-Kanal-Depletion-Transistor : a) Querschnitt, b) Transferkennlinie

stark n-dotierte Elektroden in das p-leitende Substrat diffundiert, die als Source und Drain wirken. Die metallische Gate-Elektrode ist auf einer Oxidschicht, die sich als Schutzschicht auf dem Substrat befindet, aufgebracht. Prinzipiell bilden die Bestandteile Gate, isolierende Oxidschicht und p-leitendes Substrat einen Plattenkondensator. Zwischen den Anschlüssen Drain und Source liegt das p-leitende Substrat. Ist die Gate-Spannung $U_G = 0$ V, es liegt also keine Spannung am Plattenkondensator, dann fließt auch kein Strom zwischen Drain und Source, abgesehen von Restströmen. Legt man aber eine positive Spannung an das Gate, wird die Elektronendichte in einem schmalen Bereich des Substrats durch Influenz erhöht. In diesem schmalen Bereich werden also die für den Stromtransport notwendigen Ladungsträger „angereichert". Es bildet sich ein Stromkanal aus. Bei einer Spannung zwischen Drain und Source fließt jetzt ein Strom. Ändert man die Spannung am Gate, dann ändert sich auch die Ladungsträgerdichte und damit der Widerstand und somit auch der Stromfluss im Stromkanal.

Im Verarmungstyp gibt es bereits bei einer Gate-Spannung von $U_G = 0$ V einen leitenden Stromkanal. Dieser Stromkanal wird hervorgerufen durch die stets vorhandenen positiven Ladungen in der Oxidschicht. Bei einigen Typen wird auch eine diffundierte, schwach n-leitende Schicht unterhalb der Oxidschicht benutzt, um Ladungsträger zu erzeugen. Bei einer negativen Gate-Spannung kommt es zur „Verarmung“ der Ladungsträger im Stromkanal, und der Stromkanal wird hochohmiger. Legt man eine positive Gate-Spannung an, erhöht sich die Elektronendichte im Stromkanal, der Widerstand nimmt ab.

5.2 Entladung an einem MOS-Transistor

5.2.1 Praktische MOS-Anordnungen

MOS- und CMOS-Transistoren sind Feldeffektanordnungen, die durch kleine Spannungen gesteuert werden. **Bild 5.13** zeigt den Querschnitt eines N-Kanal-Enhancement-Transistors. Der Stromfluss wird, wie bereits vorher beschrieben, durch ein elektrisches Feld gesteuert, das über das Gate an den Transistor angelegt wird.

Man unterscheidet verschiedene Möglichkeiten für den Aufbau eines MOS-Transistors: IGFET (Isolator-Gate-FET), JFET (Junction-FET), SFET (Sperrschicht-FET) usw. Neben der Art des Gates werden die Bauelemente nach der Art der Entstehung des zu steuernden Gebiets unterschieden: Verarmungs(Depletion)- oder Anreicherungs-(Enhancement)-Typ. Ist der elektrische Kanal bereits im spannungslosen Zustand vorhanden, spricht man vom Verarmungstyp. Wird dieser Kanal durch Anlegen einer äußeren Spannung erzeugt, handelt es sich um einen Anreicherungstyp. Der Kanal selbst kann n- oder p-leitend sein. Die CMOS-Technik ist eine Weiterentwicklung der MOS-Technik zu einer leistungslosen Digitaltechnik. Die CMOS-Schaltung besteht aus einem Depletion- und einem Enhancement-Transistor. Für die weiteren Betrachtungen stellt die Anordnung Metall – Isolator – Halbleitermaterial (Gate-SiO_2-Kanal) einen Plattenkondensator hoher Güte dar. Das Gate-Oxid besteht aus SiO_2 mit einer Dicke von weniger als 100 nm. Das Siliziumoxid ist ein sehr guter Isolator. Bei der Entladung z. B. einer Person an der Gate-Elektrode speichert das Siliziumoxid die abgegebene Ladungsmenge. Die Kapazität ist, bedingt durch die Abmessungen, sehr gering.

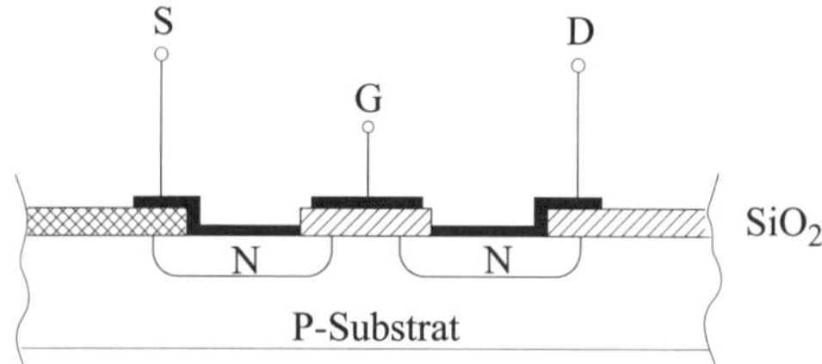

Bild 5.13 MOS-Transistor (Querschnitt)

Es kommt sehr schnell zum Durchschlag dieser dünnen Schicht. Durch die Anordnung der einzelnen Schichten und die Forderung nach einer leistungslosen Steuerung liegt der Eingangswiderstand im spannungslosen Zustand in der Größenordnung von $10^{12}\ \Omega$ bis $10^{16}\ \Omega$. Dieser Eingangswiderstand bedingt eine sehr schnelle Aufladung der Gate-Elektrode durch äußere Einflüsse (z. B. Luftbewegungen, Medienströmungen usw.).

5.2.2 Entladung an einem MOS-Transistor

Bild 5.14 zeigt das Ersatzschaltbild für die Entladung einer Person an einem MOS-Transistor. Für die Spannung am Gate zum Zeitpunkt *t* gilt:

$$U_G = U_S \frac{C'}{C_G}\left(1 - e^{-\frac{1}{RC'}}\right) \tag{5.1}$$

mit

$$\frac{1}{C'} = \frac{1}{C_G} + \frac{1}{C_S}$$

R Innenwiderstand der Spannungsquelle und gesamter Entladungswiderstand

U_S Leerlaufspannung der elektrostatischen Spannungsquelle

Bild 5.15 zeigt den Verlauf von U_G bei der Entladung einer Person am Gate des Transistors. U_G steigt an und nähert sich asymptotisch dem Wert

$$U_G = \frac{C'}{C_G}$$

Dieser Wert ist dabei kleiner als die Leerlaufspannung U_S. Aus Gl. (5.1) lässt sich die Leerlaufspannung der elektrostatischen Spannungsquelle errechnen, wenn U_{Smax} bekannt ist.

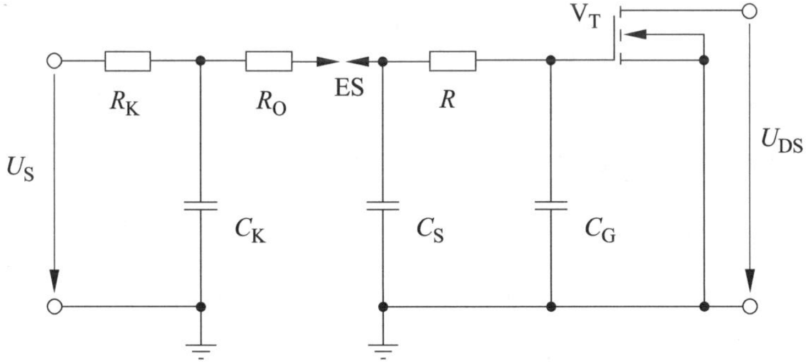

Bild 5.14 Ersatzschaltung für die Entladung einer Person am Gate eines MOS-Transistors

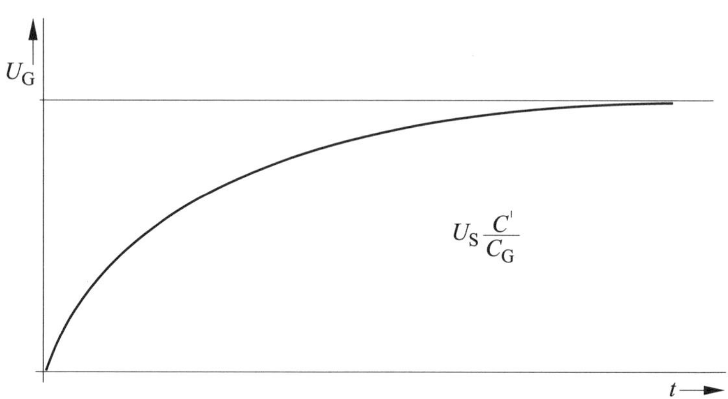

Bild 5.15 Verlauf der Spannung U_G

Für das Berechnen der zulässigen Leerlaufspannung wird vorausgesetzt, dass 99 % der Endspannung nach $t/(RC') = 5$ erreicht wird.

$$U_S = \frac{U_{S\,max}}{\frac{C'}{C_G}\left(1 - e^{-\frac{1}{RC'}}\right)} \tag{5.2}$$

Setzt man die Werte für die Ersatzschaltelemente des menschlichen Körpers ein und nimmt an, dass dieser Körper auf etwa 1 500 V aufgeladen wurde, so ergibt sich ein Wert von etwa 480 V am Gate. Die nach Gl. (5.2) errechnete zulässige Spannung am Gate zeigt, dass die Leerlaufspannung fast fünfmal höher liegt als zulässig. Bei CMOS-Anordnungen kommt es oft zu einem Fehler, der fälschlicherweise mit den ESD-Fehlern verwechselt wird, dem Thyristoreffekt. Hervorgerufen wird dieser Fehler durch parasitäre NPNP-Strukturen. Einschaltströme von wenigen Milliampere bewirken Dauerströme, die in der Größenordnung von 100 mA bis 500 mA liegen können.

5.2.3 Entladung an einem Leistungs-MOS-Transistor

Bisher wurden nur MOS-Strukturen sehr kleiner Bauelemente betrachtet. Einige Untersuchungen an Leistungs-MOS-Transistoren zeigen, dass auch hier Beeinflussungen durch Belastungen mit ESD-Impulsen auftraten. Gerade latente Fehler, die sich über einen Zeitraum akkumulieren, sind dabei zu beobachten. Durch den Einfluss mehrerer ESD-Impulse verändert sich mit der Zeit der Gatestrom. **Bild 5.16** und **Bild 5.17** dokumentieren erste Untersuchungen [9].

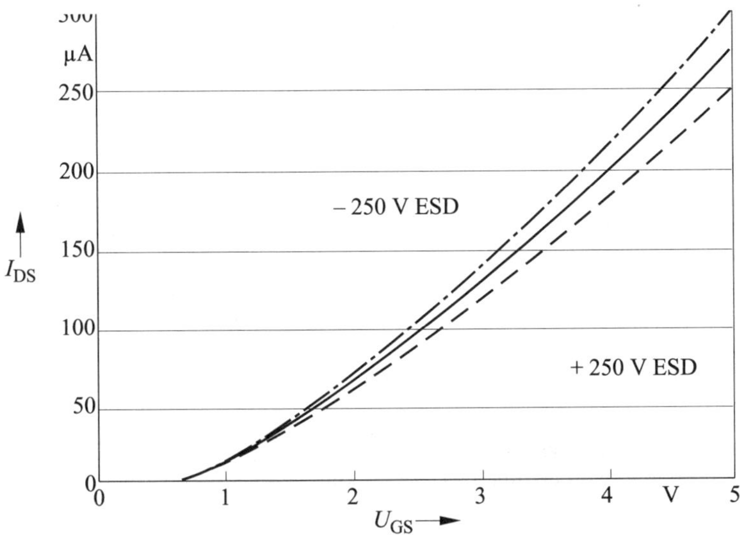

Bild 5.16 Typischer Strom-Spannung-Verlauf eines N-Kanal-MOSFET nach einer Belastung mit einem ESD-Impuls von ±250 V

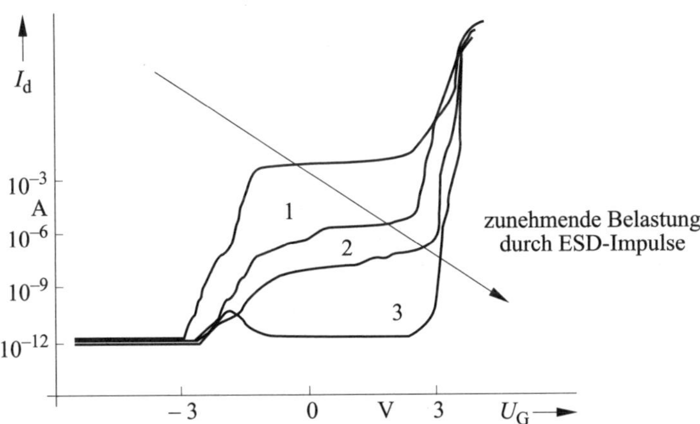

Bild 5.17 Veränderung des Gatestroms eines N-Kanal-Leistungs-MOSFET durch Belastung mit ESD-Impulsen

5.3 Latente Fehler oder Degradation

Die größten Probleme treten bei elektronischen Bauelementen durch eine Vorschädigung oder durch die sogenannte Degradation auf [34]. Die Parameter der elektronischen Bauelemente werden verändert.

Oft kommt es zu einer Überlagerung der ESD-Fehler oder zur Akkumulation der schädigenden Effekte. Prinzipiell kann man feststellen, dass jeder ESD-Impuls unterhalb der Schädigungsschwelle zu einer späteren Schädigung führt. Die Lebensdauer von ESD-belasteten Bauelementen verringert sich mit jedem ESD-Impuls. Allgemein fallen sie und damit ganze Geräte zu einem späteren Zeitpunkt total aus. In den meisten Fällen ist es überhaupt nicht nachweisbar, zu welchem Zeitpunkt ein elektronisches Bauelement geschädigt wurde.

Elektronische Bauelemente werden durch ESD-Impulse belastet. Der „ideale" Fall ist die sofortige Zerstörung des Bauelements. Somit kann die Wirkung des ESD-Impulses sofort erkannt werden, und das defekte Bauelement wird ausgetauscht. In

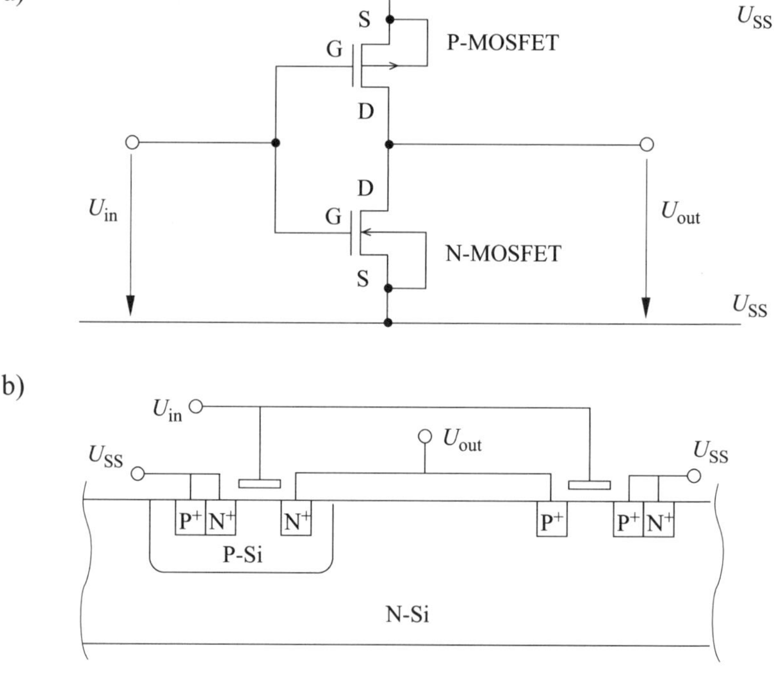

Bild 5.18 Typischer CMOS-Inverter: a) Schaltung, b) Querschnitt durch die Struktur

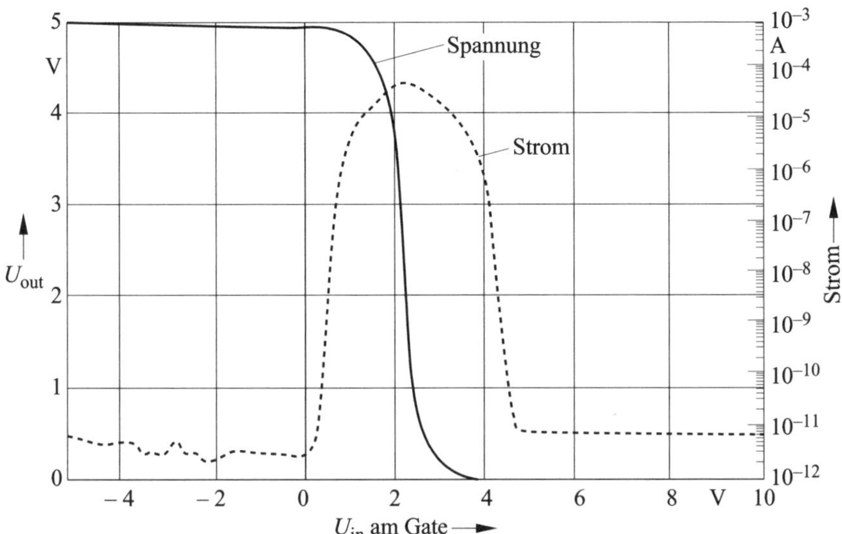

Bild 5.19 Typischer Strom-Spannung-Kennlinienverlauf des CMOS-Inverters

der Praxis ist das meist nicht so einfach möglich. Die Belastung ist normalerweise nicht sofort erkennbar. Die elektronische Schaltung oder das Gerät arbeiten ganz normal weiter. Wird das elektronische Bauelement wiederholt belastet, führt das zu einer sogenannten Vorschädigung oder Degradation. Es kommt zu Veränderungen im Innern des Bauelements, genauer gesagt auf dem Chip. Die üblichen Grenzflächenzustände werden beeinflusst. Es kann zum Elektronenaustausch oder zur Umordnung von Ladungen kommen. In der Praxis sind diese Fehler bereits zu erkennen, wenn man die Kennlinien des Bauelements aufnimmt.

Bild 5.18 stellt einen CMOS-Inverter dar. **Bild 5.19** zeigt die normale *U*-*I*-Kennlinien des CMOS-Inverters. Die ausgewählten Teststrukturen wurden mit einem ESD-Impuls von ±250 V belastet. **Bild 5.20** und **Bild 5.21** zeigen deutliche Veränderungen der Gate-Spannung. Diese können selbstverständlich die Funktion der Bauelemente verändern. Beim wiederholten Auftreten von ESD-Impulsen verschlechtern sich die Parameter weiter.

Für das mathematische Erfassen der Degradation findet man in der Literatur verschiedene Modelle. Welches Modell die richtige Aussage liefert, hängt auch davon ab, wie die Grenzwerte für eine Degradation definiert werden. Ergebnisse lassen sich nur erreichen, wenn elektronische Bauelemente gezielt mit ESD-Impulsen belastet werden. Dafür verwendet man in den meisten Fällen Impulsbelastungen nach HBM, weil dadurch relativ reproduzierbare Ergebnisse zustande kommen. Als Kriterium für den Bauelementeausfall wird z. B. der Leckstromverlauf [35] bzw. das

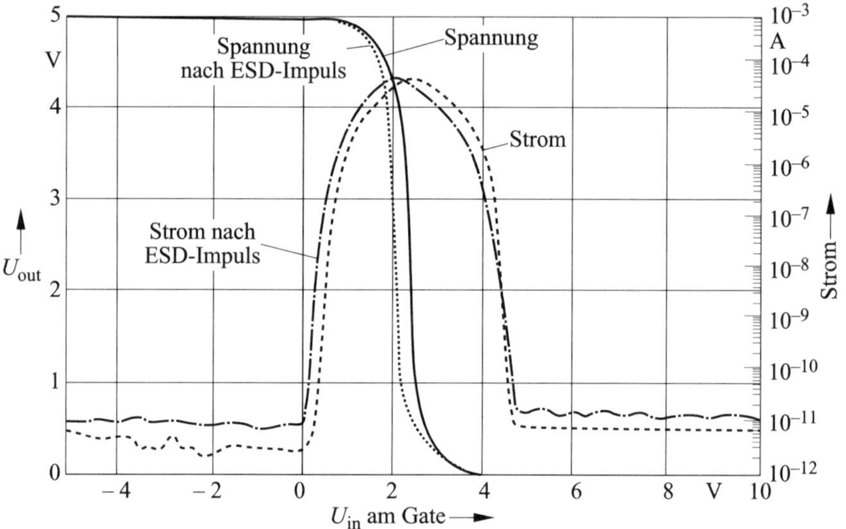

Bild 5.20 Typischer Strom-Spannung-Kennlinienverlauf des CMOS-Inverters nach Belastung mit einem ESD-Impuls von –250 V

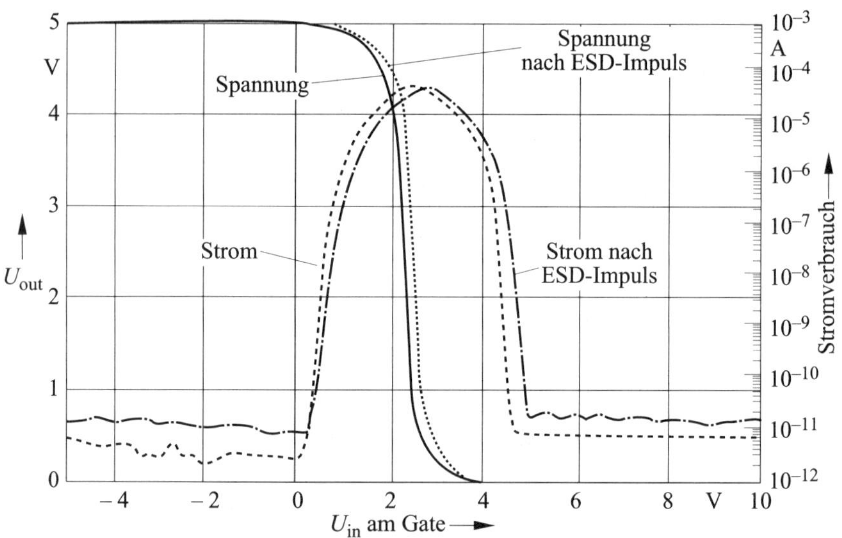

Bild 5.21 Typischer Strom-Spannung-Kennlinienverlauf des CMOS-Inverters nach Belastung mit einem ESD-Impuls von +250 V

Eingangskennlinienfeld [36] aufgenommen. Eine Methode für die Ausfallanalyse von elektronischen Bauelementen, die ESD-Belastungen ausgesetzt wurden, ist das im Folgenden vorgestellte *Wunsch-Bell*-Modell. Dieses Modell wird dazu benutzt, ESD-Ausfälle an bipolaren Bauelementen zu beschreiben. Es eignet sich auch zur Analyse der Degradation.

5.4 Wirkungen von ESD auf bipolare Bauelemente

Bild 5.22 zeigt das Ersatzschaltbild für die Entladung einer Person an einem bipolaren Transistor. Die beteiligten Schaltungselemente unterscheiden sich sehr wesentlich vom Ersatzschaltbild einer Entladung an einem MOS-Transistor. Anstelle der Gate-Kapazität sind die aktiven Elemente Leitungsinduktivität und Emitter- und Kollektor-Kapazitäten.

Die Ausführungen zu den Fehlermechanismen waren bis jetzt nur qualitativ und wiesen auf prinzipielle Vorgänge hin. Im Folgenden sollen numerische Analysen die bisherigen Feststellungen unterstützen.

5.4.1 *Wunsch-Bell*-Modell zum Bestimmen von ESD-Fehlern

Das Modell von *Wunsch* und *Bell* [20] ist ein einfaches mathematisches Verfahren zum Bestimmen der ESD-Spannungsschwelle von Dioden und Transistoren bei verschiedenen ESD-Impulsspannungen. Es verwendet das Verhältnis der Leistung pro Flächeneinheit zur thermischen Charakteristik des Halbleiters zum Ermitteln des lokalen Temperaturanstiegs und der Schwelle der Leistungsdichte für einen Fehler.

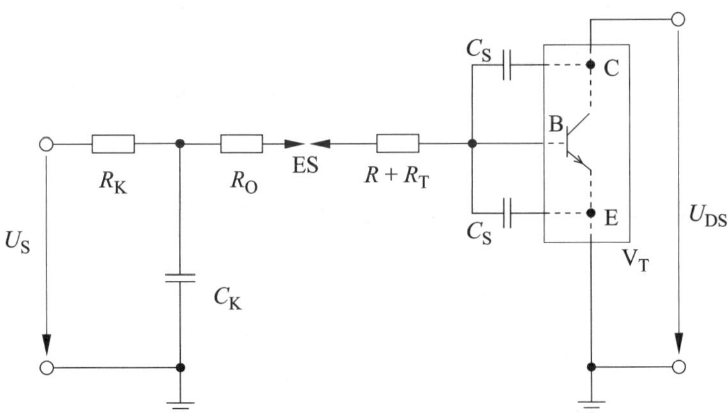

Bild 5.22 Typische Ersatzschaltung für die Entladung einer Person am Eingang eines bipolaren Transistors

Fehler ereignen sich dann, wenn die Temperatur am PN-Übergang den Schmelzpunkt des Halbleitermaterials erreicht. *Wunsch* und *Bell* beschrieben ein eindimensionales Modell für einen ESD-Impuls mit umgekehrter Polarität, der an einem PN-Übergang mit großer Durchbruchspannung wirkt. In diesem Fall steigen immer alle Spannungen über dem Übergang an, und die primäre Wärmequelle liegt im Verarmungsgebiet (Depletion). Für solch ein Modell werden die Fehlerbedingungen wie folgt definiert

$$\frac{P_\mathrm{f}}{A} = \sqrt{\pi \cdot \kappa \cdot \rho \cdot c_\mathrm{p}}\ [T_\mathrm{m} - T_0] \cdot t^{-1/2} \tag{5.3}$$

mit

P_f im PN-Übergang umgesetzte Leistung

A Fläche des PN-Übergangs

κ thermische Leitfähigkeit

ρ Dichte

C_p spezifische Wärme

T_m Fehlertemperatur

T_0 Initialtemperatur

t ESD-Impulsdauer

Es wird vorausgesetzt, dass die gesamte Leistung innerhalb des Bauelements selbst umgesetzt wird, mit einem resultierenden eindimensionalen Wärmestrom. In der Praxis wird ein Teil der Leistung im Silizium-Substrat verteilt. Damit ist der resultierende Wärmestrom nicht eindimensional. Nimmt man an, dass die Leistung beim oder in der Nähe des PN-Übergangs verteilt wird und dass das Übergangsgebiet ein flächenbegrenztes Gebiet des Strompfads darstellt, ist die Berechnung annähernd richtig. Das *Wunsch-Bell*-Modell kann zum Bestimmen des angenäherten Fehlerpegels von integrierten Schaltkreisen infolge eines Stromimpulses, der durch ESD erzeugt wurde, verwendet werden.

5.4.2 Berechnen der ESD-Spannungsschwelle von PN-Übergängen

Speakman [37] wendete das *Wunsch-Bell*-Modell zum Bestimmen der ESD-Fehlerschwelle an. Berührt eine geladene Person ein Pin und ein anderes Pin ist geerdet, fließt die Ladung durch das Bauelement zum Erdpotential. Das Ergebnis ist ein schnell abfallender Stromimpuls. Der maximale Wert des Stroms hängt von der Initialspannung ab und vom gesamten Widerstand, durch den der Strom auf seinem Weg zur Erde fließt. Die Rate des Impulsabfalls wird bestimmt durch die Zeitkonstante des Entladungsnetzwerks, also durch das Produkt aus Entladewiderstand und Kapazität des geladenen Objekts.

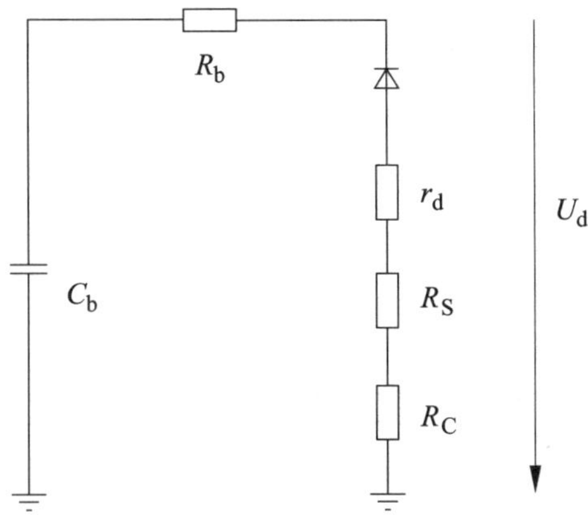

Bild 5.23 Schaltungsnetzwerk für den Entladungsweg

Bild 5.23 zeigt ein vergleichbares Netzwerk für den Stromentladungsweg. Dabei ist C_b die Kapazität des geladenen Körpers mit Anschluss zur Erde; R_b ist der Körperwiderstand. U_d bezeichnet die Spannungsspitze, die über dem PN-Übergang (umgekehrte Durchbruchspannung oder Spannungsspitze im Vorwärtsbetrieb, abhängig vom direkten Stromfluss) wirkt, r_d ist der innere dynamische Widerstand des PN-Übergangs, R_S der innere Widerstand des Halbleitersubstrats und R_C der Kontaktwiderstand des Bauelements zur Erde. Die Übergangskapazität und die vorhandenen parasitären Kapazitäten wurden für dieses einfache Modell vernachlässigt.

Initialisiert ein Körper mit der Kapazität C_b und einem statischen Potential U_b eine Entladung durch das Bauelement, wie im Bild gezeigt wird, erhält man einen exponentiell abfallenden Entladeimpuls

$$i(t) = I_p \, e^{-\frac{t}{\tau_d}} \tag{5.4}$$

und

$$I_p = \frac{U_p - U_d}{R_b + r_d + R_S + R_C} \tag{5.5}$$

mit

I_p Spitzenwert des Stroms

τ_d Entladungszeitkonstante

Die Entladungszeitkonstante τ_d ist gegeben durch

$$\tau_d = (R_b + r_d + R_S + R_C)C_b \tag{5.6}$$

Verläuft der Stromfluss vom Emitter durch den Emitter-Basis-Übergang zum Basis-Kontakt, wird die Leistung an PN-Übergang und Basis sowie zwischen Übergang und Basis-Kontakt verteilt. Dieses Gebiet trägt aufgrund seiner geschlossenen (inneren) Anordnung zur Zunahme der Temperatur des Siliziums in der Nähe des PN-Übergangs bei. Die gesamte Leistung, die am oder in der Nähe des Übergangs verteilt wird, ist eine Funktion der Zeit

$$P(t) = U_{\mathrm{d}}\, i(t) + R_{\mathrm{S}}\, i^2 \tag{5.7}$$

Die Spannungsspitze U_{d} über dem Übergang könnte sowohl die umgekehrte Durchbruchspannung als auch die vorwärtige Spannungsspitze sein, abhängig vom direkten Stromfluss. U_{d} und R_{S} sind komplexe Funktionen der Temperatur. Zum Bestimmen eines angenäherten Werts für die Fehlerpegelschwelle wird angenommen, dass sie konstant sind.

Den Ausdruck für die momentane Leistungsverteilung $P(t)$ erhält man durch Substitution des momentanen Stroms $i(t)$ in Gl. (5.7). Demzufolge ist

$$P(t) = U_{\mathrm{d}}\, I_{\mathrm{p}}\, \mathrm{e}^{-\frac{t}{\tau_{\mathrm{d}}}} + R_{\mathrm{S}}\, I_{\mathrm{p}}^2\, \mathrm{e}^{-2\frac{t}{\tau_{\mathrm{d}}}} \tag{5.8}$$

Da die Stromkurve ein exponentiell abfallender Impuls ist, werden annähernd 99 % der Leistung in den ersten fünf Zeitkonstanten verteilt. Folglich wird die durchschnittliche Leistung im Zeitraum von $t = 0$ bis $t = 5\tau_{\mathrm{d}}$ im Substrat verteilt.

Die Leistung P_{av} errechnet sich unter Verwendung der Impulsbreite von $5\tau_{\mathrm{d}}$ zu

$$P_{\mathrm{av}} = \frac{1}{5\tau_{\mathrm{d}}} \int_0^{5\tau_{\mathrm{d}}} P(t)\mathrm{d}t \tag{5.9}$$

$$= \frac{1}{5\tau_{\mathrm{d}}} \int_0^{5\tau_{\mathrm{d}}} U_{\mathrm{d}}\ I_{\mathrm{d}}\ \mathrm{e}^{-\frac{t}{\tau_{\mathrm{d}}}}\, \mathrm{d}t + \frac{1}{5\tau_{\mathrm{d}}} \int_0^{5\tau_{\mathrm{d}}} R_{\mathrm{S}} I_{\mathrm{p}}^2\ \mathrm{e}^{-2\frac{t}{\tau_{\mathrm{d}}}}\, \mathrm{d}t \tag{5.10}$$

$$= \frac{U_{\mathrm{d}} I_{\mathrm{p}}}{5}(1 - \mathrm{e}^{-5}) + \frac{R_{\mathrm{S}} I_{\mathrm{p}}^2}{10}(1 - \mathrm{e}^{-10})$$

$$P_{\mathrm{av}} \Rightarrow \frac{U_{\mathrm{d}} I_{\mathrm{p}}}{5} + \frac{R_{\mathrm{S}} I_{\mathrm{p}}^2}{10}$$

Durch Einsetzen von P_{av} für P und $5\tau_{\mathrm{d}}$ für t in Gl. (5.5) kann das *Wunsch-Bell*-Modell zur numerischen Analyse von ESD-Fehlern bei integrierten Schaltkreisen, vorrangig bipolaren Bauelementen, angewendet werden. Für U_{b} gilt nach Einsetzen von Gl. (5.7) in Gl. (5.9)

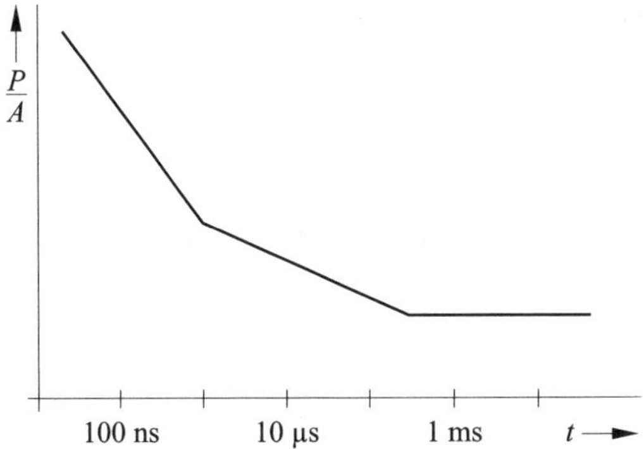

Bild 5.24 Fehlerbedingung für einen PN-Übergang

$$U_{\mathrm{b}} = \frac{R_{\mathrm{b}} + r_{\mathrm{d}} + R_{\mathrm{S}} + R_{\mathrm{C}}}{R_{\mathrm{S}}} \sqrt{U_{\mathrm{d}}^2 + 10\, R_{\mathrm{S}}\, P_{\mathrm{av}}} \tag{5.11}$$

Mit den Gln. (5.5) und (5.11) und der Kenntnis der Bauelemente-Parameter, der Bauelemente-Abmessungen und der geladenen Körperkapazität kann die ESD-Fehlerschwellenspannung für einen bipolaren Schaltkreis ermittelt werden. Gl. (5.5) ist in **Bild 5.24** grafisch dargestellt, unter Verwendung bestimmter Parameter für Silizium, z. B. Schmelztemperatur $T_{\mathrm{m}} = 1398\,°\mathrm{C}$.

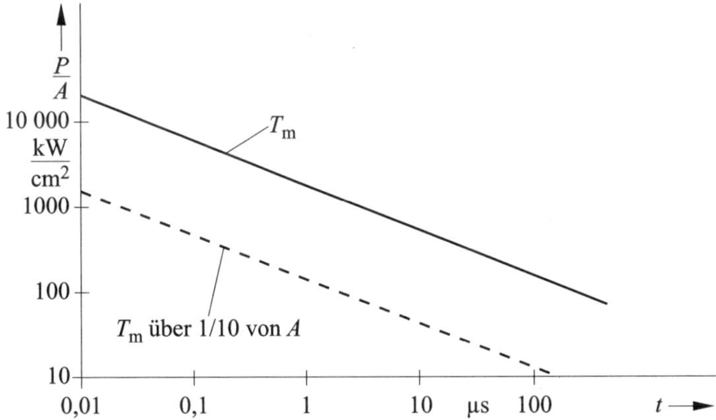

Bild 5.25 Fehlerleistung in Abhängigkeit von der Impulszeit

Gl. (5.3) lässt sich dann schreiben als

$$\frac{P}{A} = k\,t^{-1/2} \tag{5.12}$$

Bild 5.25 stellt die Fehlerleistung in Abhängigkeit von der Impulszeit dar. Aufschlussreich sind die drei ausgeprägten Abschnitte der Zeitabhängigkeit des Leistungsfehlers. Dieser Kurvenverlauf zeigt, dass für sehr kurze Impulszeiten die Fehlerleistung annähernd eine Abhängigkeit von t^{-1} aufweist. Das bedeutet konstante Energie. Die Ursache für diese Abhängigkeit ist, dass für sehr kurze Impulszeiten, bei denen große Ströme fließen, die Schmelztemperatur erreicht wird. Damit ist das Substrat annähernd adiabatisch [38] erwärmt. Für kontinuierliches Arbeiten ist die Fehlerleistung annähernd konstant.

6 Fehlermodelle elektronischer Bauelemente

Fehler durch elektrostatische Ladungen werden allgemein durch einen ESD-Impuls hervorgerufen. Prinzipiell kann man zwischen leichten oder harmlosen und schweren Fehlern unterscheiden. Entsprechend der englischsprachigen Literatur spricht man auch von „soft" und „hard". Leichte Fehler sind das Ergebnis einer ESD-Entladung im Innern einer elektronischen Einrichtung, ohne dass das elektronische Bauelement total zerstört wird. Das bei der Entladung entstehende elektrostatische Feld erzeugt eine elektromagnetische Beeinflussung der elektronischen Schaltung bzw. einzelner Schaltungselemente. ESD-Entladungsimpulse können kapazitiv oder induktiv eingekoppelt werden. Der dabei entstehende Strom und das damit verbundene elektrische Feld existieren nur sehr kurz, können aber durch ihre Intensität bedeutende Effekte im Gerät hervorrufen. ESD-Transienten sind nicht nur der Teil eines Signalproblems, sondern des gesamten elektronischen Systems. Im Allgemeinen werden geringe Energien oder sehr kleine Spannungsänderungen bei hohen Impedanzen zum Schalten von Geräten oder Speichern von Daten gefordert. Damit sind diese elektronischen Systemkomponenten aber sehr empfindlich gegenüber ESD-Ereignissen. Leichte Fehler können die Arbeit von elektronischen Einrichtungen beeinflussen. Das Einkoppeln von ESD-Impulsen kann zu Veränderungen der gespeicherten Daten führen. Eingeschlossen sind dabei sämtliche Speichermedien, sowohl elektronische als auch magnetische Datenträger. Im Vergleich zu den schweren Fehlern sind sie nicht sofort erkennbar und können zu irgendeinem schwer vorher bestimmbaren Zeitpunkt auftreten. Kommen sie mehrfach vor, können sie die Lebensdauer bestimmter Teile einer Einrichtung oder des gesamten Systems reduzieren. Als grundlegend schwere ESD-Fehler werden folgende drei Fehlermechanismen bezeichnet (**Bild 6.1**)

- thermischer Durchbruch eines Übergangs (thermischer Lawinendurchbruch)
- dielektrischer Durchbruch
- Aufschmelzen der Metallisierung

Die drei schweren ESD-Fehler, die zur Zerstörung der Bauelemente führen können, verteilen sich wie folgt auf die Bauelementetechnologien [39]:

90 % aller bipolaren Bauelemente werden durch einen thermischen Durchbruch und nur 10 % durch das Aufschmelzen der Leitbahnen zerstört. Bei MOS-Schaltkreisen sieht es umgekehrt aus, 63 % werden durch Aufschmelzen der Metallisierung und nur 27 % durch einen dielektrischen Durchbruch geschädigt. Als ESD-empfindliche Schaltkreisfamilien gelten u. a. NMOS, PMOS, CMOS, Low-Power TTL und die CMOS-Logikbaureihe. Aber auch lineare Schaltkreise mit hohen Eingangswiderständen (A/D- und D/A-Wandler) und HF-Verstärker bzw. -Einrichtungen sind sehr empfindlich.

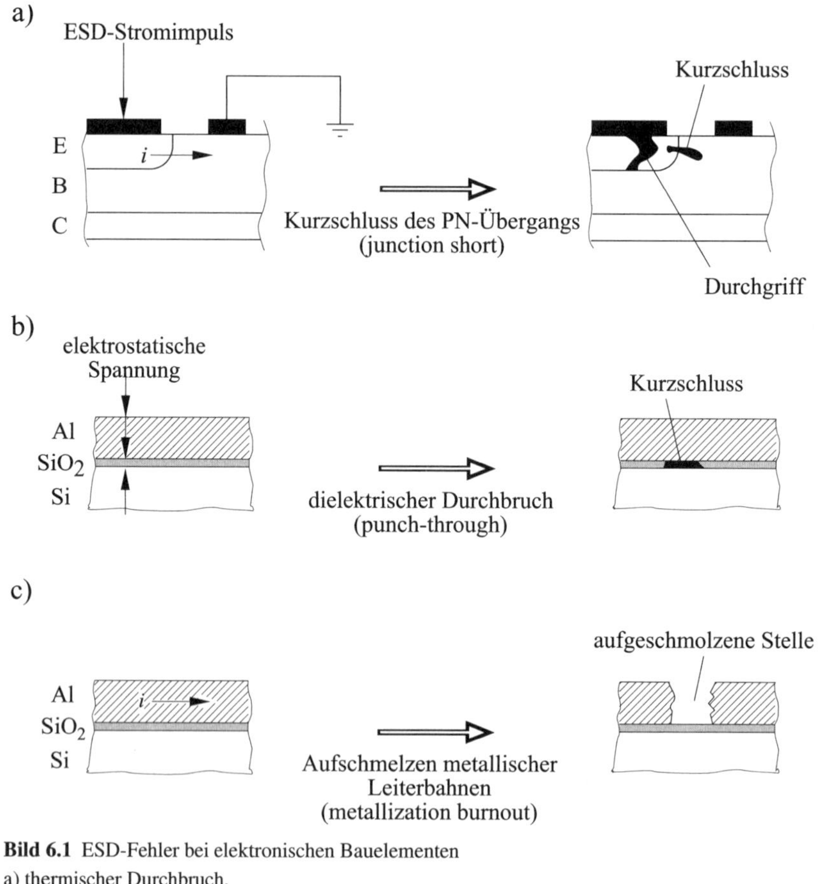

Bild 6.1 ESD-Fehler bei elektronischen Bauelementen
a) thermischer Durchbruch,
b) dielektrischer Durchbruch,
c) Aufschmelzen der Metallisierung

6.1 Thermischer Durchbruch

Elektrostatische Entladungsvorgänge verursachen vorrangig bei bipolaren Bauelementen thermische Durchbrüche. Es kommt zum Kurzschluss eines PN-Übergangs. Der thermische Durchbruch wird hervorgerufen durch die Injektion eines elektrischen Transienten, in diesem Fall von einem ESD-Impuls bedeutender Größe und ausreichender Dauer. Dabei initialisiert der Transient einen zweiten thermischen Durchbruch, der zum partiellen Aufschmelzen des PN-Übergangs führt. Die thermische Zeitkonstante des PN-Übergangsmaterials τ_j ist allgemein groß im Vergleich zur Einwirkungszeit τ_{ESD} des ESD-Impulses. Das Ausbreitungsgebiet der Wärme, das durch die Ableitung der Leistung entsteht, ist sehr klein. Die Geometrie und die Inhomogenität des PN-Übergangs rufen eine Stromeinengung hervor. Es kommt zur Bildung eines großen Temperaturgradienten im Bauelement. Gleichzeitig entsteht durch die Einschnürung ein Wärmestau im PN-Übergang. Das kann dazu führen, dass das Silizium im Wärmestaupunkt eigenleitend wird, was einen negativen Temperaturkoeffizienten des Übergangswiderstands bedeutet. Das bewirkt, dass, obwohl die Temperatur weiter ansteigt, der Strom im Wärmepunkt begrenzt wird. Dies resultiert aus dem thermischen Durchgreifen am PN-Übergang. Hat der ESD-Impuls genügend Energie, kann der thermische Durchgriff zum Aufschmelzen des Siliziums im Wärmestaupunkt führen. Das bedeutet Kurzschluss des PN-Übergangs und damit Ausfall des Bauelements sowie des gesamten Geräts. Zum Aufschmelzen des PN-Übergangs kommt es aber nur, wenn die Schwelle des thermischen Durchbruchs am Übergang überschritten wurde. Im normalen Vorwärtsbetrieb des PN-Übergangs ist der Übergangswiderstand sehr klein. Aus diesem Grund kann ein größerer Strom als der zulässige Strom fließen, und der größte Anteil der Leistung wird in den Gebieten des Bauelements verteilt. Arbeitet das Bauelement in entgegengesetzter Richtung, d. h. im reversen bzw. gesperrten Betrieb, muss dieselbe Leistung in einem kleinen schmalen Gebiet, mit minimalem Leistungsverlust im Bauelement, verteilt werden. Demzufolge ist für Schäden am PN-Übergang im Vorwärtsbetrieb mehr Leistung als in der entgegengesetzten Richtung erforderlich (5- bis 15-mal mehr). Bei einem diffundierten Transistor ist der Emitter-Basis-Übergang der schmalste aller PN-Übergänge im Bauelement. Er ist der höchsten Leistungsdichte ausgesetzt und damit besonders empfindlich gegenüber zusätzlichen Belastungen.

Für Impulse mit umgekehrter Polarität ist ein sehr kleiner Stromfluss erforderlich, bis die Spannung die Durchbruchspannung des PN-Übergangs erreicht. Beim ersten Durchbruch steigt der Strom an und führt zu einer thermischen Beanspruchung des Übergangs. Es kommt zur Keimbildung für den Wärmestaupunkt. Durch den Wärmestau tritt eine Stromkonzentration auf. Am Punkt des zweiten thermischen Durchbruchs steigt der Strom im Vergleich zur Abnahme des Übergangswiderstands sehr schnell an. Ein Schmelzkanal bildet sich aus, und der Übergang wird zerstört. Mit steigender Miniaturisierung der integrierten Schaltkreise werden die PN-Übergänge immer schmaler. Das führt zu einer größeren ESD-Empfindlichkeit.

6.2 Dielektrischer Durchbruch

Der primäre Fehlermechanismus bei MOS-Strukturen ist der Gate-Oxid-punch-through oder Gate-Oxid-Durchgriff (siehe Bild 6.1b). Er ereignet sich, wenn eine ausreichend große Potentialdifferenz über dem dielektrischen Gebiet (Gate-Oxid) vorhanden ist und damit die Durchbruchspannung des Gebiets überschritten wurde. Ist der Gate-Oxid-punch-through einmal eingetreten, genügen sehr kleine Energiemengen, um einen Kurzschluss zu erzeugen. Diese Form eines Fehlers ist vergleichbar mit einem Fehler, der durch überhöhte Spannung hervorgerufen wird. Die Spannung kann sowohl von einem ESD-Ereignis herrühren als auch von einer anderen zu hohen Spannung. Der Fehler bewirkt möglicherweise den Ausfall oder eine begrenzte Einsetzbarkeit des Bauelements. Ein Bauelement kann z. B. mit einem Spannungsdurchgriff „geheilt" werden, wenn die Energie des Impulses sehr klein war und es zu keiner Aufschmelzung des Elektrodenmaterials gekommen ist. Danach hat das Bauelement aber eine niedrigere Durchbruchspannung und/oder einen höheren Leck- bzw. Driftstrom. Dieser Fehlertyp kann zu einem „versteckten" Defekt führen, der vielleicht katastrophale Folgen bei kontinuierlichem Einsatz des Bauelements nach sich zieht. Wegen des erhöhten Leckstroms werden ständig Metallpartikel durch den Durchgriff transportiert. Dieser Fehler lässt sich gewöhnlich an einem zunehmenden Gate-Leckstrom nachweisen. Die Durchbruchspannung solch einer isolierten Gate-Oxid-Schicht ist eine Funktion der Impulsanstiegszeit, also der Zeit, die für den Lawinendurchbruch des isolierten Materials erforderlich ist:

$$U_{\mathrm{BR}} = \frac{I_{\mathrm{ESD}}}{C_{\mathrm{GATE}}} f(t_{\mathrm{a}}) \tag{6.1}$$

Um die ESD-Empfindlichkeit zu verringern, werden von den Halbleiterherstellern integrierte Eingangsschutzschaltungen in die Bauelemente eingebaut. Diese zusätzlichen Schaltungselemente bewirken einen begrenzten Gate-Schutz. In vielen Fällen wird der Eingangstransistor des Schutznetzwerks selbst durch einen ESD-Impuls zerstört. Dieser Fehlermechanismus schließt den Bereich der thermischen Schäden der strombegrenzenden Widerstände und der Schutzdiodenübergänge der Eingangsschutzschaltungen ein sowie die Gate-Oxid-Schäden der Bauelemente. Wie im Fall des thermischen Durchbruchs der bipolaren Transistoren werden auch MOS-Bauelemente bei kleineren Strukturabmessungen sowie höherer Packungsdichte empfindlicher gegenüber ESD.

6.3 Aufschmelzen der Metallisierung

Fehler können auch eintreten, wenn durch einen ESD-Transienten eine bedeutende Zunahme der Bauelementetemperatur hervorgerufen wird und diese zum Aufschmelzen der Metallisierung oder der Bonddrähte führt (vgl. Bild 6.1c). Mehrfach wurden theoretische Modelle aufgestellt, die die Berechnung der Ströme in Abhängigkeit vom Material und von der stromdurchflossenen Querschnittsfläche sowie der Dauer des Stromflusses erlauben. Solche Modelle basieren immer auf der Annahme von homogenen Gebieten. In der Realität unterscheiden sich diese verbundenen Halbleitergebiete sehr von den homogenen. Das Endergebnis numerischer Analysen nichthomogener Gebiete führt zu einem lokalisierten Stromwachstum und einem nachfolgenden Wärmestau im Punkt der Metallisierung durch einen ESD-Impuls. Solche Fehler können auftreten, wenn der Querschnitt von Metallleitungen durch technologisch bedingte, abgestufte Oxid-Flächen reduziert wird. Diese Fehlertypen werden (wie in Bild 6.1c) durch eine offene Stelle im Bauelement dargestellt. Das Aufschmelzen der Metallisierung ist häufig ein zweiter oder Folgefehlermechanismus. Er ereignet sich oft als Folge eines zweiten Durchbruchs oder eines Gate-Oxid-Durchgriffs. Zuerst wird ein Kurzschluss verursacht. Danach fließt ein genügend großer Strom, der ein Aufschmelzen der metallisierten Leitbahnen bewirkt. Bei diesem Fehler fällt zuerst der PN-Übergang oder das Gate-Oxid aus, als Zweites wird die Metallisierung aufgeschmolzen. Nach einer ersten Vorschädigung fällt das Bauelement somit total aus. Bei Bauelementen, die räumlich geschlossen sind und unpassivierte dünne Metallelektroden aufweisen, können ESD-Impulse in Form von gasförmigen Lichtbogenentladungen die Funktionsfähigkeit wesentlich herabsetzen. Lichtbogenentladungen verursachen Verdampfen und damit Abtragen des Metalls aus den Gebieten zwischen den Elektroden. Folglich wird das auf- und abgeschmolzene Metall nicht zwischen die Elektrodengebiete bewegt. Auf einem SAW-Bauelement (SAW: *surface acoustic wave*) mit einer dünnen Metallschicht von annähernd 400 nm und 3 µm Elektrodenausbreitung konnten durch ESD-Impulse Verschlechterungen als Folge des Materialtransports nachgewiesen werden. Metallteilchen wurden abgetrennt und flossen entlang der Elektrodenleitung. Im Zwischenraum wurden feine Metallkügelchen gefunden, die aber keine Überbrückung hervorgerufen haben. Demzufolge ist der Kurzschluss nicht das Hauptproblem bei unpassivierten dünnen Metallelektroden [40].

7 Schutzmaßnahmen

Zweck der bisherigen Ausführungen war es, die Wirkungen elektrostatischer Ladungen darzustellen und die wirklichen Fehlerquellen und -mechanismen bei elektronischen Bauelementen zu verdeutlichen. Die Gefahren sollten weder übertrieben noch unterschätzt werden. In den folgenden Abschnitten werden nun die verschiedenen Möglichkeiten zum Schutz elektronischer Bauelemente, Baugruppen und Geräte vor der Wirkung elektrostatischer Ladungen behandelt. Diese Maßnahmen sollen einmal die Entstehung elektrostatischer Ladungen verhindern, zum anderen sollen sie, falls die Entstehung nicht zu vermeiden ist, die vorhandenen elektrostatischen Ladungen ableiten, ohne dass elektronische Bauelemente oder Baugruppen mit diesen Bauelementen geschädigt werden. Ausgehend von den Fehlerquellen unterscheidet man folgende Möglichkeiten zum Schutz

- Integration von Schutzschaltungen in den Schaltkreis bzw. Einbau in die Schaltung
- technologische Schutzmaßnahmen – Einhaltung der technologischen Parameter bei der Fertigung elektronischer Schaltkreise und Baugruppen
- organisatorische Schutzmaßnahmen – Gestaltung der Arbeitsplätze, Arbeitsräume, Schaffung ESD-gerechter Bereiche

7.1. Integrierte Schutzschaltungen

Theoretisch wäre es denkbar, so viele schaltungstechnische Maßnahmen vorzusehen, dass die elektrostatischen Ladungen, die an elektronischen Bauelementen wirken können, diese nicht schädigen. Dem stehen jedoch entgegen

- Grenzen der verwendeten Bauelementetechnologie
- Strukturabmessungen, Platzbedarf auf dem Chip
- technologische Schritte bei der Fertigung der Schaltkreise
- dynamische Forderungen an die folgende Schaltung, z. B. Zugriffszeit bei Speichern
- Einschränkung der Eingangsempfindlichkeit – die leistungsarme Steuerung der elektronischen Bauelemente wird durch zusätzliche Widerstände wesentlich beeinflusst

Eine Schutzschaltung kann nicht besser sein als die eigentliche Bauelemente-Fertigungstechnologie. In Kapitel 6 wurde schon auf Möglichkeiten der Schädigung von Schutzschaltungsnetzwerken hingewiesen. Auch Schutzschaltungen werden durch elektrostatische Entladungsvorgänge zerstört. Sie sollten aber wesentlich länger standhalten, d. h., die Durchbruchspannung des Schutzschaltungselements muss wesentlich über der des zu schützenden Bauelements liegen. Die vorgestellten Schutzschaltungselemente sind eine Auswahl typischer Grundschaltungen zum Schutz elektronischer Bauelemente vor elektrostatischen Entladungen. Die Schaltungen bestehen aus zusätzlichen Schaltungselementen und sind vorrangig für die Anordnung in integrierten Schaltkreisen vorgesehen.

Grundsätzlich wirken Schutzschaltungen nur dann, wenn Masse und/oder Betriebsspannungen angeschlossen sind.

Prinzipiell sind Schutzschaltungselemente für positive und negative Überspannungen ausgelegt. Es ist durchaus möglich, die Schaltungsprinzipien auf diskrete Schaltungen zu übertragen [10].

7.1.1 Widerstandsnetzwerk

Die einfachste Anordnung – sie bildet die Grundlage für die meisten Schutzschaltungsnetzwerke – ist die Reihenschaltung eines Widerstands am Eingang des gefährdeten Transistors. Dieser Widerstand begrenzt den Stromfluss in die folgende aktive Schaltung. Werden diffundierte Widerstände eingesetzt, wirken sich die parasitären PN-Übergänge auf das Schaltverhalten nachteilig aus.

Es ist wesentlich günstiger, den Widerstand mit einer entsprechenden Anordnung zu kombinieren, damit der Schwellenwert über der Gate-Spannung liegt – siehe **Bild 7.1**. Entscheidende Nachteile dieser einfachen Anordnung sind eine reduzierte Eingangsempfindlichkeit und eine durch die zusätzliche parasitäre Kapazität des

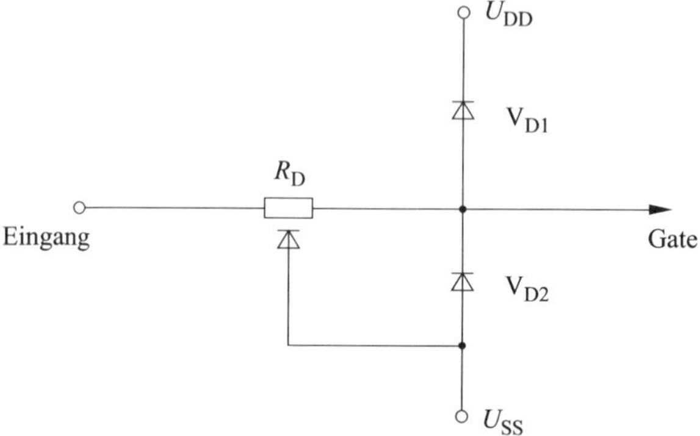

Bild 7.1 Widerstandsnetzwerk. Durch diese Schaltungsanordnung wird die Eingangszeitkonstante $R \cdot C$ größer; daraus resultiert eine kleinere Schaltgeschwindigkeit

R_D diffundierter Serienwiderstand,

V_{D1}, V_{D2} parasitäre Dioden

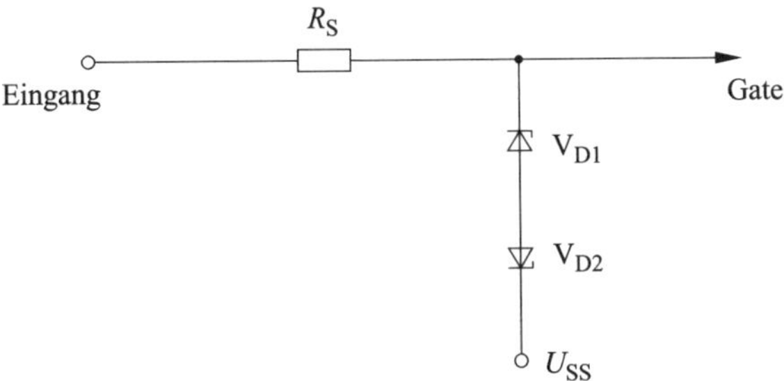

Bild 7.2 Diodenschutzschaltung. Der zusätzliche PN-Übergang erhöht die Eingangskapazität und den Driftstrom. Die Verzögerungszeit nimmt zu, die Schaltung wird also langsamer

R_S diffundierter Serienwiderstand,
V_{D1}, V_{D2} Z-Dioden

PN-Übergangs beeinflusste Schaltgeschwindigkeit. Diese Kapazität bewirkt ein Ansteigen der Zeitkonstante $R \cdot C$.

7.1.2 Diodenkombination

Eine weitere Schutzschaltung mit einer PN-Flächendiode am Eingang ist auch als äußere Beschaltung eines Transistors geeignet (**Bild 7.2**). Die Diode arbeitet in entgegengesetzter Richtung. Die Durchbruchspannung liegt im Allgemeinen leicht über dem maximalen Gate-Potential. Während des normalen Betriebs ist die Diode umgekehrt gepolt, also in Sperrrichtung, und wirkt sich nicht auf die Schaltungsfunktion aus. Durch die zusätzlichen PN-Übergänge am Eingang, die mit weiteren parasitären Kapazitäten verbunden sind, steigen Eingangskapazität und Driftstrom an.

Erscheint eine ungewöhnlich hohe Spannung am Gate, ist die Diode in Betrieb, oder sie bricht in der entgegengesetzten Richtung durch. In bestimmten Betriebsarten können positive und negative Spannungen während des normalen Betriebs am Gate stehen. Deshalb werden generell zwei antiparallel angeordnete Dioden als Gate-Schutz verwendet.

Diese Diodenstrukturen nehmen einen minimalen Platz auf dem Chip ein. Einziger Nachteil ist eine geringfügige Zunahme der Verzögerungszeit. Wird diese Diodenanordnung jedoch allein verwendet, sind die Dioden leicht durch übermäßige Ströme, wie sie etwa beim Schalten induktiver Lasten auftreten können, zerstörbar. Allein sind sie nicht effektiv.

7.1.3 Widerstands-Dioden-Kombination

Ein wesentlich wirkungsvolleres Netzwerk ist die Kombination eines Widerstands mit der Diodenanordnung. Der Widerstand begrenzt den Stromfluss zu den Dioden, und die Dioden schützen das Gate-Oxid vor Zerstörung durch Überspannungen. Am bes-

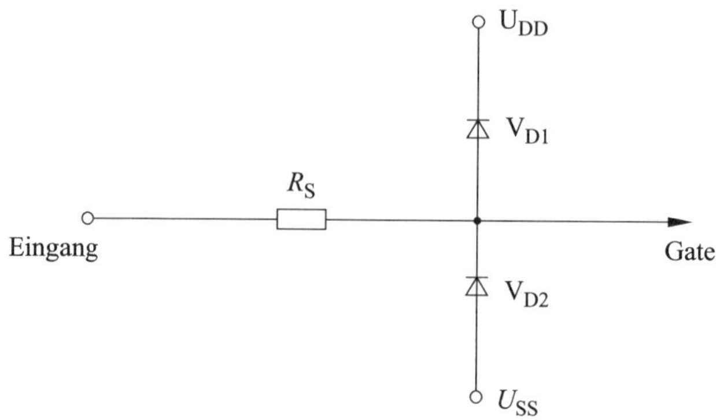

Bild 7.3 Widerstands-Dioden-Kombination. Dafür ist eine minimale Chipfläche erforderlich. Diese Schaltung kann einen Schutz gegen elektrostatische Spannungen bis 4 kV ermöglichen, abhängig von den technologischen Maßnahmen

R_D diffundierter Widerstand,

V_{D1}, V_{D2} Dioden mit umgekehrter Durchbruchspannung

ten sind diffundierte Widerstände geeignet, da die PN-Übergänge gleichzeitig die Diodenanordnung darstellen (**Bild 7.3**). Hierbei sind r_s der Widerstand pro Längeneinheit, R_s der gesamte Widerstand und r_d der dynamische Widerstand der Diode. Die Größe des verwendeten Eingangswiderstands hängt von der Durchbruchimpedanz der Diode ab. Typische Werte sind 1 kΩ bis 2 kΩ. Mit dieser Schaltung ist es möglich, Transistoren vor elektrostatischen Potentialen bis 4 kV (HBM) zu schützen. Der Schaltung ist die Diode V_D hinzugefügt worden, die die Stromdurchlassfähigkeit erhöht, wenn der Schutz für beide Polaritäten realisiert werden soll. Diese Dioden-Widerstand-Anordnung ist sehr wirkungsvoll und benötigt ein minimales Gebiet im Layout. Sie wird aber durch ihren maximal zulässigen Strom begrenzt.

7.1.4 Feldplattenelektrode

Für das Dioden- und auch für das Widerstandsnetzwerk gibt es zwei Fragen:

Wie erreicht man die geforderte Durchbruchspannung und wie den niedrigen dynamischen Widerstand beim Durchbruch der Dioden?

Eine Methode zur Senkung des Durchbruchwiderstands der Dioden ist das Einbringen einer feldunterstützenden Durchbruchanordnung (Elektrode) bei der Source-Drain-Diffusion. Der PN-Übergang der Diode wird mit einer dünnen Oxidschicht versehen. Auf dieser wird eine ebenfalls dünne Metall- bzw. Polysiliziumschicht abgeschieden, die mit dem Substrat verbunden ist (**Bild 7.4**). Der geforderte Durchbruchwert kann durch Variieren der Dicke des Dielektrikums unter der leitenden Elektrode erreicht werden. Dieses Schutzschaltungsnetzwerk ist sehr einfach zu realisieren. Die Durchbruchspannung steigt sehr wenig, aber der Serienwiderstand wird

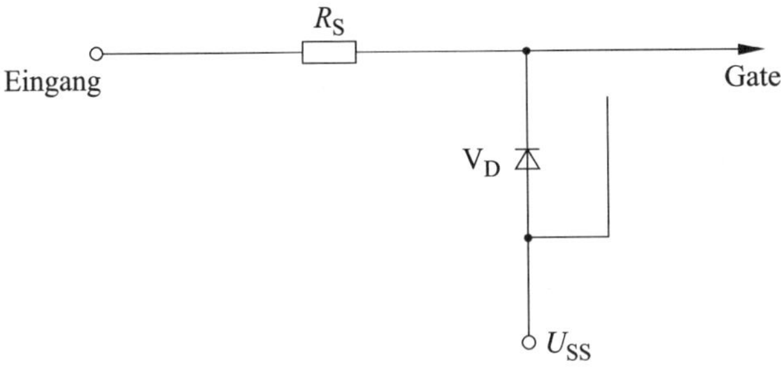

Bild 7.4 Schutzschaltung mit einer Feldplattenelektrode

sehr groß. Zusätzlich ist diese Anordnung sehr empfindlich gegenüber anderen äußeren elektrischen Feldern, vor allem, wenn sie überbeansprucht wird. Das Schutzvermögen sinkt bei wiederholter Beanspruchung. Experimentelle Ergebnisse bestätigen, dass diese Schaltungstechnik allein für einen umfassenden Schutz nicht ausreicht.

7.1.5 Punch-through-Transistor mit dünnem Gate-Oxid

Eine weit bekanntere und wirkungsvollere Schutzanordnung ist ein Sperrschicht-Feldeffekttransistor mit sehr dünnem Gate-Oxid. Das Prinzip eines derartigen Bauelements zeigt **Bild 7.5**. Während der elektrostatischen Beanspruchung fließt der

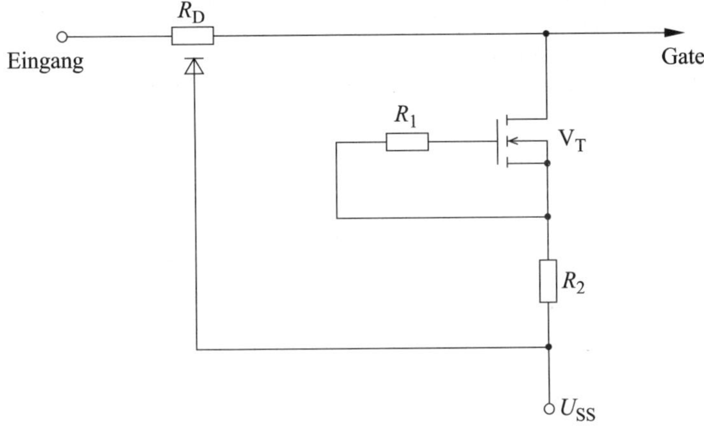

Bild 7.5 Sperrschicht-FET (S-FET) V_T mit dünnem Gate-Oxid. Die Durchbruchspannung liegt über der Sperrspannung des FET. Die Sperrspannung ist über Substrat-Dotierung und Kanallänge einstellbar.

R_D diffundierter Widerstand,
R_1, R_2 Zusatzschutzwiderstände

Strom von einem diffundierten Gebiet zu einem anderen angrenzenden, das vom selben Leitungstyp ist und dasselbe elektrische Potential hat wie das Substrat. Arbeitet das diffundierte Gebiet am Eingang des Transistors in entgegengesetzter Richtung (*reverse*), dann nimmt das Verarmungsgebiet zu. Steigt die elektrostatische Spannung, dann wird das Verarmungsgebiet größer, d. h., es dehnt sich zu den anderen diffundierten Gebieten hin aus.

Die Spannung, bei der dieser Effekt auftritt, kann näherungsweise durch die Verwendung der Gleichung von *Sze* [41] berechnet werden

$$U_{pt} = L^2 q \frac{N_d}{2} \tau_s = 48{,}1 \text{ V} \tag{7.1}$$

mit

U_{pt} Sperrschichtspannung (Durchgriff)

N_d Substrat-Dotierung (10^{15} cm^{-3})

L Kanallänge (8 µm)

Keller [42] bemerkte dazu, dass bei dieser Anordnung die Anwesenheit von einem Gate genügt, wenn die geschlossen eingelagerten diffundierten Gebiete dieselben sind wie bei den selbsteinstellenden Gate-Technologien (SGT). Ist die elektrostatische Spannung am Eingang negativ, bezogen auf das Substrat, dann ist die Eingangsdiffusion umgekehrt leitend, und die Beanspruchung wird durch die Diode begrenzt. Dieses Schutzschaltungsnetzwerk verwendet ebenfalls Widerstände am Eingang, um den Strom zu begrenzen und die Schutzwirkung dieser Anordnung zu erhöhen. Die Metallisierung über den diffundierten Gebieten ist sehr wirkungsvoll zur Vermeidung von Widerstandsdrops entlang dieser Gebiete und entlang der direkten Verbindung zwischen Source-Diffusion und Source-Erdungsanschluss.

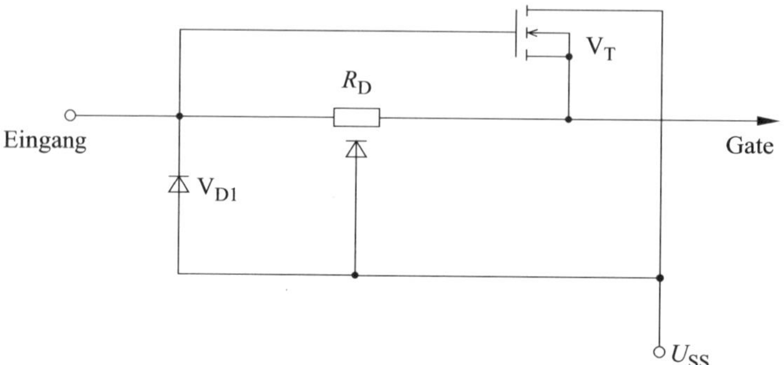

Bild 7.6 Sperrschicht-FET (Anreicherungstyp) mit dickem Gate-Oxid. Die Schwellenspannung des FET (V_T) liegt zwischen 20 V und 30 V. Sie nimmt bei Spannungsbelastung zu, sodass sie über der des nachfolgenden Transistors liegt. R_D ist ein diffundierter Widerstand, V_{D1} eine parasitäre Diode.

7.1.6 Punch-through-Transistor mit dickem Gate-Oxid (dicker Oxid-Anreicherungssperrschicht-Transistor)

Die in **Bild 7.6** gezeigte Schutzschaltung ist sehr sinnvoll für normale NMOS- und PMOS-Technologien. Es existieren zwei Varianten, eine mit und eine ohne Metallschicht. Das Bauelement enthält viele der vorher beschriebenen Schutzanordnungen ohne Erhöhung der Durchbruchspannung durch ein dünnes Gate-Oxid-Gebiet, das selbst sehr empfindlich gegenüber ESD-Schäden ist.

7.1.7 Praktische Schutzschaltungsanordnungen

In praktischen Schaltungen werden meist mehrere Varianten zusammengefügt, wie **Bild 7.7** zeigt. Diese Schaltungen eignen sich speziell für CMOS-Transistoren.

a)

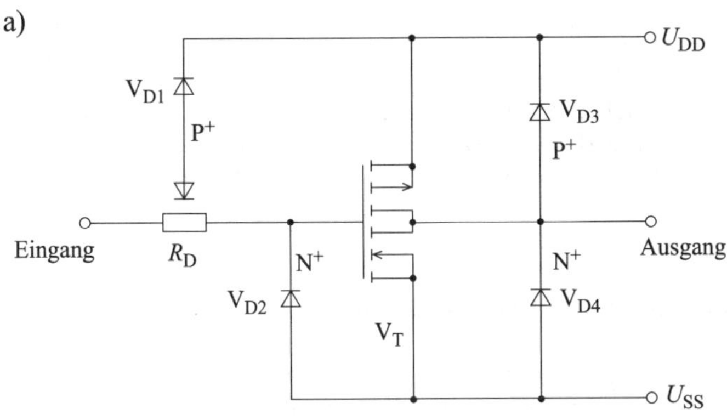

b)

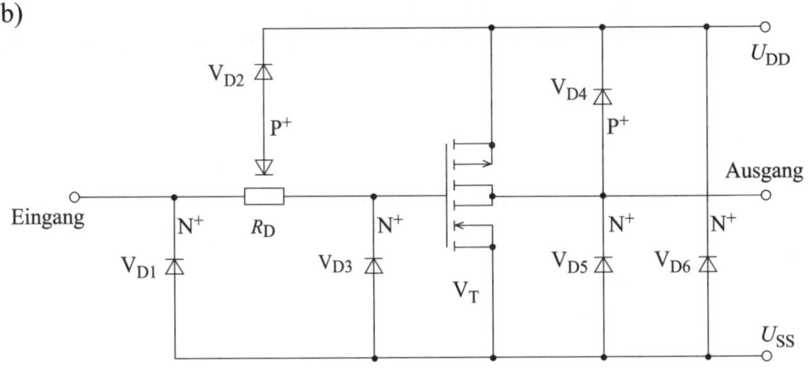

Bild 7.7 Praktische Schutzschaltungen

a) Standardschutznetzwerk, z. B. für Serie CD 4000, maximale $U_{ESD} < 1$ kV (HBM),

b) verbesserte Schutzschaltung, maximale $U_{ESD} < 4$ kV (HBM)

Außer in integrierten Schaltkreisen kann das Konzept auch auf externe Schutzbeschaltungen von empfindlichen Transistoren übertragen werden, ausgenommen die Varianten mit zusätzlichen diffundierten Schichten im Bauelement. Die integrierten Schutzschaltungen sichern die Bauelemente gegen elektrostatische Spannungen bis etwa 4 kV, jedoch abhängig vom Testverfahren (HBM oder CDM).

Zusammenfassend kann man feststellen, dass jede Schutzschaltung die Eingangskapazität erhöht und damit das dynamische Verhalten der nachfolgenden Schaltung verschlechtert. Außerdem reduzieren zusätzliche Eingangswiderstände die Eingangsempfindlichkeit.

Bild 7.8 zeigt das Layout eines integrierten Speicherschaltkreises. Gekennzeichnet sind die Bereiche, in denen die Schutzschaltungselemente angeordnet sind. Für diese zusätzlichen Elemente ist wenig Platz auf der Chip-Fläche vorhanden. Die Hauptfunktion des Schaltkreises besteht im Speichern von Informationen. Es müssen sehr viele Informationen gespeichert werden. Für zusätzliche Schaltungsfunktionen oder -elemente bleibt wenig Platz. Deutlich zu erkennen ist, dass die Schutzschaltungselemente in der Peripherie angeordnet wurden. Der verfügbare Platz bestimmt auch die ESD-Sicherheit. Hohe Sicherheit verlangt in der Dimension große Bauelemente und zusätzliche Schaltungselemente (Widerstände, PN-Übergänge). In der Regel geht man einen Kompromiss zwischen Platzbedarf und ESD-Sicherheit ein.

7.2 Technologische Schutzmaßnahmen

Als technologische Maßnahmen werden in diesem Zusammenhang vor allem die Einhaltung der technologischen Parameter und die technologische Disziplin bei der Herstellung integrierter Schaltkreise verstanden. Das Einhalten optimaler Einstellungen der Schichtdicken, der Ätzraten, der Diffusion, der Implantation usw. ist für die geforderten Schwellenspannungen und für die Durchbruchfestigkeit gegenüber elektrostatischen Beanspruchungen notwendig.

Jede Bauelemente-Technologie weist Grenzen bezüglich der ESD-Impulsbelastung auf. So haben Untersuchungen [43] gezeigt, dass durch die Verkleinerung der Strukturabmessungen auch die Schutzschaltungselemente empfindlicher gegenüber elektrostatischen Beanspruchungen werden. Die kleineren Abmessungen der Gebiete, die die Energien ableiten müssen, die bei einer elektrostatischen Entladung entstehen, halten der ESD-Impulsbelastung nicht mehr stand. Die ESD-Festigkeit elektronischer Bauelemente sinkt.

Untersuchungen haben gezeigt, dass z. B. Unteroxidationen auftreten, die zu einer Feldstärkeerhöhung an den Eingängen führen können. Hier sind bestimmte zusätzliche Prozessschritte notwendig. Eine veränderte Dotierung der Diffusion an festgelegten Eingängen bei bestimmten Technologien oder eine Veränderung der Parameter einer Implantation (**Bild 7.9**) können schon zu einer wesentlich höheren

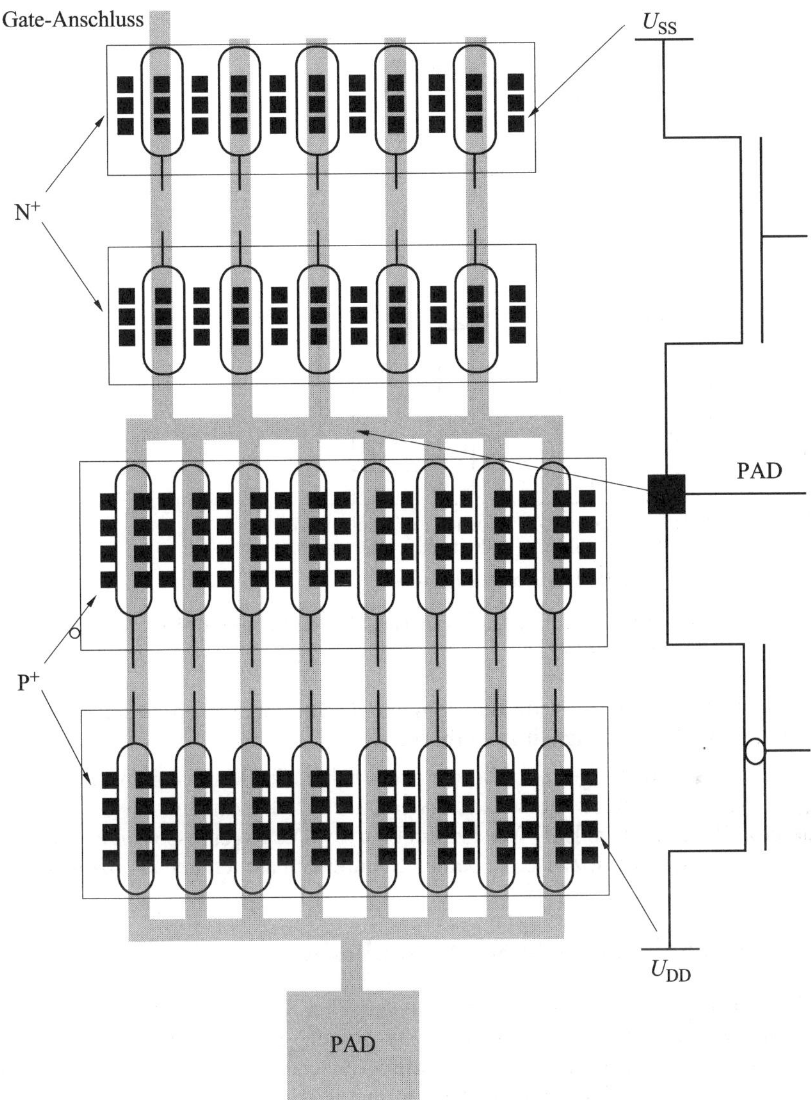

Bild 7.8 Layout und schematische Darstellung des Eingangsdesigns [43]

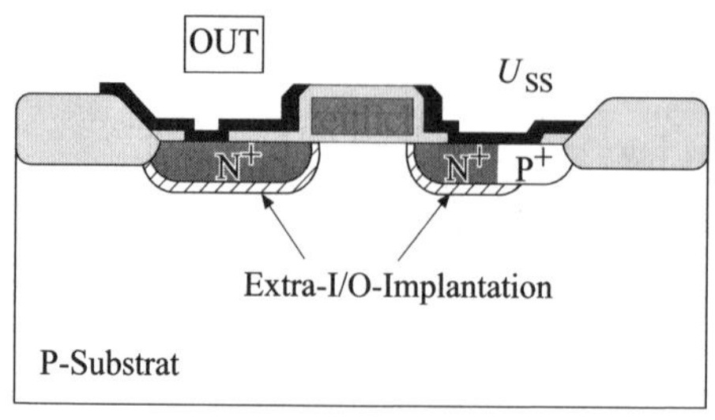

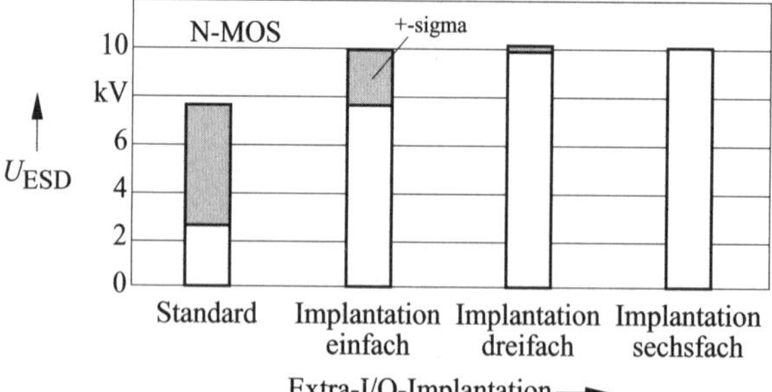

Bild 7.9 Prozessmaßnahme: Zusätzliche Implantation und Einfluss auf die ESD-Festigkeit der Bauelemente (CMOS-LDD-Prozess) [44]

Spannungsfestigkeit führen. Jede Bauelemente-Technologie erfordert andere Maßnahmen, um die ESD-Festigkeit zu verbessern.

Abschließend wurde festgestellt, dass prozesstechnische Maßnahmen z. T. sogar wirtschaftlicher sein können als schaltungstechnische Schutzmaßnahmen. Sie erfordern aber z. B. zusätzliche ESD-Masken im Prozess. Die Ergebnisse zeigen, dass es zukünftig nötig sein wird, zwischen beiden Schutzmaßnahmen genau abzuwägen.

7.3 Organisatorische Schutzmaßnahmen

Die Ausführungen zur Entstehung elektrostatischer Ladungen und zum Schutz durch zusätzliche Schutzschaltungselemente zeigen, dass die bisher genannten Schutzmaßnahmen nicht ausreichen, um elektronische Bauelemente, Baugruppen und Geräte zu schützen. Die Praxis beweist immer wieder, dass die elektrostatischen Aufladungen meistens über den zulässigen elektrostatischen Spannungen liegen, die die Schutzschaltungen sicher abführen können (vgl. **Tabelle 7.1** und **Tabelle 7.2**). Deshalb ist es unbedingt notwendig, entsprechende Vorkehrungen in den Elektronik-Fertigungsbereichen zu treffen. Zum einem muss verhindert werden, dass elektrostatische Ladungen entstehen können, und zum anderen ist zu gewährleisten, dass

Entstehungsursache (24 % Luftfeuchtigkeit und 21 °C Umgebungstemperatur)	Spannungsmesswert U in V
Person geht über einen PVC-Fußbodenbelag	200 ... 9 000
Person geht über einen synthetischen Teppich	10 000 ...15 000
Person arbeitet an einer normalen Werkbank	100 ... 3 000
Person hebt eine Kunststoff-Tasche von einer Werkbank auf	300 ... 7 000
PE-Tasche, gerieben und auf eine kunststoffbeschichtete Werkbank gelegt	100 ... 800
Person führt ein IC-Stangenmagazin in automatische Bestückungseinrichtung ein	100 ... 2 000
Entnahme von Plastschaltkreisen aus einem normalen PE-Beutel	bis 20 000
Plastschaltkreise werden in PUR-Schaum gesteckt und wieder herausgenommen	bis 11 000
Keramikschaltkreise, in Kunststoffbehälter gelegt und wieder herausgenommen	bis 4 000
Keramikschaltkreise, in PUR-Schaum gesteckt und wieder entnommen	bis 5 000
Handhabung einer Entlöteinrichtung aus Kunststoff	500 ... 1 500
Bestückte Leiterplatte, in Kunststoff-Tragetasche gelegt	100 ... 800

Tabelle 7.1 Elektrostatische Spannungen, gemessen in einer Baugruppenfertigung [1]

elektrostatische Ladungen sicher abgeleitet werden können, ohne dass dabei elektronische Bauelemente oder Schaltungsteile beeinflusst werden. In der Praxis ist es sehr wirkungsvoll, ein durchgängiges elektrostatisches ESD-Kontrollsystem zu schaffen. Nur so können Potentialdifferenzen zwischen den einzelnen Fertigungsbereichen vermieden werden. Bei der optimalen Gestaltung dieser Bereiche geht man davon aus, dass keine elektrostatischen Ladungen entstehen können und dass die vorhandenen sicher und gefahrlos abgeleitet werden.

Tabelle 7.1 nennt typische Handlungen in betrieblichen Bereichen, in denen elektronische Bauelemente, Baugruppen und Geräte besonders gefährdet sind. Daraus geht hervor, dass insbesondere elektrostatische Körperentladungen und Entladungen beweglicher Einrichtungen eine große Gefahr für elektronische Bauelemente sind. Arbeiten an elektronischen Bauelementen und Baugruppen, die mit elektrostatisch empfindlichen Bauelementen bestückt sind, erfordern stets entsprechende Sicherheitsvorkehrungen.

Um den umfassenden Schutz elektronischer Bauelemente zu gewährleisten, ist eine Reihe weiterer Maßnahmen organisatorischer Art erforderlich. Im Einzelnen handelt es sich dabei um

- Gestalten der Arbeitsplätze, Arbeitsräume und Arbeitsbereiche
- Gestalten der Maschinen, Geräte, Werkzeuge und Transportmittel
- Verhalten der Arbeitskraft im Umgang mit elektronischen Bauelementen und Baugruppen

Zyklus I/Waferfab[1]	———	Wafer-Bearbeitung	
	⇓	——→	Scheibenmessung
Zyklus II/Assembly	———	Chip-Bearbeitung/Montage	
	⇓		
Zyklus III/Backend	———	Bauelementemessung	
	⇓	——→	Schaltkreishersteller
	Transport- und Lagerprozesse		
	⇓	——→	Geräteproduzent
Eingangskontrolle	———		
	⇓		
Montage im Gerät	———		
	⇓		
Fertiges Gerät	———		
	⇓		
	⇓		
Service, Reparatur	———	——→	Reparaturwerkstatt

[1] Es hat sich gezeigt, dass bereits in der Wafer-Fertigung, also bei der Scheibenbearbeitung, elektrostatische Ladungen die Funktion der PN- oder MOS-Strukturen beeinflussen

Tabelle 7.2 Einflussbereiche elektrostatischer Ladungen bei der Herstellung und Verarbeitung elektronischer Bauelemente

7.3.1 Gestalten der Arbeitsplätze, Arbeitsräume und Arbeitsbereiche

Beim Einrichten eines durchgängigen Systems elektrostatischer ESD-Kontrollmaßnahmen haben sich speziell abgegrenzte Arbeitsplätze, die mit EPA bezeichnet werden, durchgesetzt.Werden komplette Bereiche als EPA gekennzeichnet, ist darauf zu achten, dass **alle** Materialien, Gegenstände und Einrichtungen den nachfolgenden Anforderungen genügen.

Für die Ausrüstung von ESD-gerechten Arbeitsplätzen werden zwei Typen unterschieden. Für den Typ 1 gelten neben den üblichen ESD-Bedingungen auch besonderen Anforderungen, weil an diesen mit einer Spannung gearbeitet wird, die größer AC 250 V und DC 500 V ist:

Typ 1: Arbeitsplatz, an dem mit Spannungen gearbeitet wird, die dem Menschen gefährlich werden können, wenn er mit ihnen in Berührung kommt

Typ 2: Arbeitsplatz, an dem mit Spannungen gearbeitet wird, die für den Menschen nicht gefährlich sind

Grundsätzlich müssen schlagartige oder harte Entladungen vermieden werden, d. h., ein Mindestwiderstand muss definiert werden. Weiterhin müssen elektrostatische Ladungen aber auch noch in einem definierten Zeitintervall kontrolliert abfließen, d. h., auch der obere Grenzwert muss definiert werden. Folgende Grenzwerte ergeben sich:

Elektrostatische Ladungen werden gefahrlos abgeleitet

→ unterer Widerstandswert $\approx$ 1 MΩ = 10^6 Ω

Elektrostatische Ladungen fließen noch ausreichend schnell ab

→ oberer Widerstandswert $\approx$ 1 GΩ = 10^9 Ω

Der untere Widerstandsgrenzwert ist ein Richtwert für alle ESD-Kontrollmaßnahmen, besonders dann, wenn ungeschützte ESDS gehandhabt werden. Die jetzt gültige Norm DIN EN 61340-5-1 (**VDE 0300-5-1**) legt keinen unteren Grenzwert für einen minimalen Widerstand fest. Die Norm fordert nur dann einen unteren Grenzwert, wenn die Gefahr einer harten (schlagartigen oder sehr schnellen) Entladung, also einer Entladung nach CDM besteht (vgl. Tabelle 10.3).

Weiterhin wird der untere Grenzwert, besonders bei Fußboden (vgl. Abschnitt 10), nur von der DIN VDE 0100 festgelegt, d. h., Personenschutz geht immer vor ESD-Schutz.

Für Elektronikfertigungen ist diese Forderung der selten, da in der Regel nicht mit offenen Netzspannungen gearbeitet wird.

Liegt der obere Grenzwert über $1 \cdot 10^9$ Ω, muss zusätzlich die Ableitzeit gemessen werden. Diese muss kleiner 2 s sein. Erfahrungen haben gezeigt, dass diese meistens überschritten wird, wenn der Widerstand > $1 \cdot 10^9$ Ω ist. Ob die elektrostatischen Ladungen dann noch ausreichend schnell abfließen, ist allerdings fragwürdig. Geeignete Untersuchungsmethoden für die Ableitzeit beschreibt Kapitel 9 (Mess- und Prüfverfahren).

In **Tabelle 7.3** sind in der rechten Spalte Materialien und Ausrüstungen aufgeführt, die elektrostatische Ladungen vermeiden oder vorhandene Ladungen gefahrlos ableiten.

Wichtigster Grundsatz muss immer sein:

Nur ein durchgängiges ESD-Kontrollsystem gewährleistet einen ausreichenden Schutz der elektrostatisch empfindlichen Bauelemente und Baugruppen.

Im konkreten Fall heißt das, vom Wareneingang bis zum fertigen Gerät sowie bei Service (Arbeiten im Feld) oder Reparatur sind ESD-Kontrollmaßnahmen erforderlich, vgl. Tabelle 7.2.

Es werden prinzipiell Einzelarbeitsplätze und Bereiche oder Räume unterschieden. Ein ESD-gerechter Einzelarbeitsplatz enthält eine Anzahl von sinnvollen ESD-Ausrüstungen, die bei sachgemäßer Handhabung einen optimalen ESD-Schutz der ESDS auf der Arbeitsoberfläche gewährleisten. Sind mehrere Arbeitsplätze vorhanden, ist die Einrichtung von ESD-gerechten Bereichen oder Räumen sinnvoller. Im gesamten Bereich können dann ESDS gefahrlos gehandhabt werden.

ESD-gerechte Arbeitsplatzausrüstung

Ein ESD-gerechter Arbeitsplatz hat folgende Bestandteile:

- ableitfähiger Arbeitstisch oder ableitfähige Arbeitsauflage
- ableitfähiger Stuhl

Elektrostatische Spannungsquelle/ Gegenstand	Materialien, die elektrostatische Aufladungen erzeugen können	Materialien, die Aufladungen vermeiden bzw. die Entladung gefahrlos machen/Maßnahmen
Arbeitstisch	Kunststoffoberfläche, lackierte oder behandelte Holzoberfläche	ableitfähiger Tischbelag, ableitfähige Arbeitsplatte
Arbeitsstuhl	Bezüge aus synthetischem Stoff, Kunstlederbezüge, lackierte oder behandelte Holzstühle	Bezüge aus ableitfähigem Stoff, ableitfähige Stühle
Fußboden	synthetische textile Beläge, PVC-Bodenbeläge, lackierte oder versiegelte Holzfußböden	ableitfähiger Fußbodenbelag, ableitfähige Beschichtungssysteme, ableitfähige Anstrichstoffe
Kleidung	Bekleidung aus synthetischem Stoff, Mischgewebe mit hohem Synthetikanteil, normale Schuhe	Bekleidung aus leitfähigem Gewebe, Schuhe mit leifähiger Sohle, Handgelenk-Erdungsarmband
Werkzeuge	Werkzeuge mit Kunststoffgriff, mit lackiertem Holzgriff	ableitfähige Werkzeuge Metallwerkzeuge (eingeschränkt)
Verpackungs- und Transportmittel	Verpackungen aus Kunststoff, aus Styropor, behandelter Wellpappe	Transportmittel aus leitfähigem Kunststoff, leitfähige Wellpappverpackung
Lötkolben	ungeerdete Lötkolbenspitzen, Kunststoffgriffe	Lötkolbenspitzen direkt erden
Schwall-Lötanlagen		Lötbäder erden, Verwendung von leitfähigen Lötflussmitteln
Dokumentationen	Hüllen aus Kunststoff, aus PE, Ordner aus Kunststoff	Ionisatoren, ableitfähige und antistatische Dokumentenhüllen

Tabelle 7.3 Ausrüstung eines ESD-gerechten Arbeitsplatzes

- ableitfähige Bodenmatte oder ableitfähiger Fußboden
- Handgelenk-Erdungsarmband und Erdungseinrichtung
- Erdungseinrichtung für den gesamten Arbeitsplatz
- Kennzeichnungsschild, Abgrenzung

Diese aufgeführten Bestandteile bilden gleichzeitig die minimale Ausstattung eines ESD-gerechten Arbeitsplatzes, d. h., will man nur einen Arbeitsplatz für die Bearbeitung elektrostatisch empfindlicher Bauelemente oder Baugruppen einrichten, dann sind diese Materialien und Ausrüstungen notwendig.

ESD-gerechter Arbeitsbereich, ESD-protected Area (EPA)

Ein ESD-gerechter Arbeitsbereich hat folgende Komponenten:

- ableitfähige Arbeitstische oder Tische mit ableitfähiger Arbeitsauflage
- ableitfähige Stühle

- ableitfähiger Fußboden
- Handgelenk-Erdungsarmbänder und Erdungseinrichtung
- Erdungseinrichtungen
- Personenausrüstungen: ableitfähige Arbeitsbekleidung und ableitfähige Schuhe
- Lagereinrichtungen
- Kennzeichnungsschilder, Abgrenzungen

Alle Werte der definierten Ableit- und Oberflächenwiderstände müssen im kompletten Luftfeuchtebereich gewährleistet werden, d. h. sowohl bei einer relativen Luftfeuchtigkeit von 20 % als auch von 98 %.

Sicher gibt es bei der oberen Grenze keine Schwierigkeiten, aber bei einer Luftfeuchtigkeit von 20 % haben einige Materialien Probleme, die Ableitfähigkeit zu gewährleisten. Alle ESD Produkte und Materialien müssen bei 12 % Luftfeuchtigkeit und 23 °C geprüft werden. Damit sollten diese Produkte und Materialien bei jeder vorkommenden Luftfeuchtigkeit ihre ESD Eigenschaften gewährleisten.

7.3.2 Anforderungen an einen ableitfähigen Arbeitstisch

Der Ableitwiderstand R_A muss kleiner $1 \cdot 10^9\ \Omega$ sein, gemessen nach DIN EN 61340-2-3 (**VDE 0300-2-3**), von jedem Punkt der Oberfläche bis zum Erdungskontaktpunkt (EBP), vgl. Kapitel 9.

Am sinnvollsten ist der Einsatz eines Tischs, der aus ableitfähiger Tischplatte, ableitfähigem Kantenumleimer und ableitfähig beschichtetem Stahlrohrgestell mit Höhenverstellern aus Metall besteht. Üblicherweise kommt ein volumenleitfähiges Tischplattenmaterial zum Einsatz, das über das Stahlrohrgestell geerdet wird. Alle Teile des Tischs werden elektrisch leitend verbunden und an den Erdungskontaktpunkt angeschlossen.

Eine kostengünstigere Lösung ist eine ableitfähige Tischmatte, die über ein Erdungskabel mit dem gemeinsamen Erdungskontaktpunkt verbunden wird. Die Tischmatte muss den gesamten Arbeitsplatz bedecken. Oft werden kleinere Tischmatten eingesetzt. Dann ist eine der Grundanforderungen nicht gewährleistet, d. h., alle ESDS müssen immer auf der ableitfähigen Arbeitsplatzauflage liegen, damit eventuell vorhandene elektrostatische Aufladungen gefahrlos abgeleitet werden. Entscheidend ist, dass die Arbeitsplatzauflage volumenleitfähig ist. Der Oberflächenwiderstand muss überall gleich groß sein und im Bereich von $10^6\ \Omega$ bis $10^9\ \Omega$ liegen. Eine Metallplatte erfüllt diese Anforderungen nicht. Es genügt auch nicht, wenn z. B. die Metallplatte über einen Widerstand mit dem Erdungskontaktpunkt verbunden wird. Die Metallplatte stellt gegenüber dem elektronischen Bauelement eine sehr große Kapazität dar. Das heißt, eventuell vorhandene Ladungen auf dem Bauelement fließen zuerst zur großen Kapazität (Metallplatte) (**Bild 7.10**) ab, und erst der zweite Entladungsweg führt über den eventuell vorhandenen Widerstand zwischen Metallplatte und EBP. Damit wird die schnelle Erstentladung provoziert.

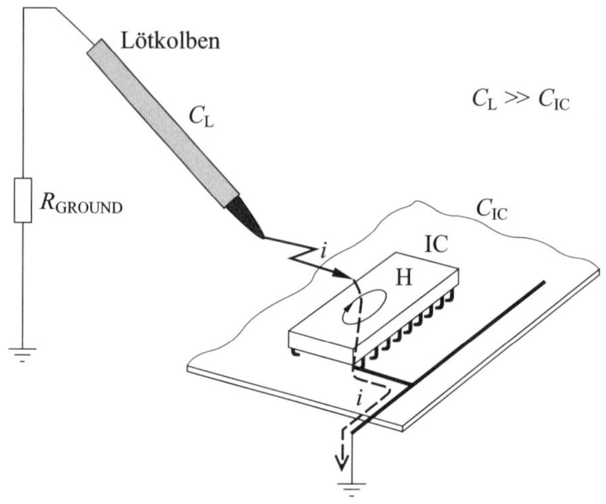

Bild 7.10 Entladestrom durch Kontakt mit einer Lötkolbenspitze

C_L	Kapazität der Lötkolbenspitze
C_{IC}	Kapazität der Bauelemente (IC)
R_{GROUND}	Erdungswiderstand
i	Entladestrom
H	magnetische Feldstärke

Besonders beim Kontakt von einem Lötkolben zu einem elektronischen Bauelement tritt dieser Entladefall auf. Das ist nur zu vermeiden, wenn das elektronische Bauelement grundsätzlich entladen ist. Die Art der Erdung des Lötkolbens spielt eine untergeordnete Rolle, der Lötkolben muss wie alle anderen Einrichtungen an einem Arbeitsplatz mit EBP verbunden sein.

Die Funktion der Tischoberfläche muss mindestens einmal im Jahr überprüft werden. Wird ein neuer Arbeitsplatz eingerichtet, ist eine Erstabnahme oder Erstmessung erforderlich. Als Messwert wird der Ableitwiderstand gemessen und protokolliert. Bei Veränderungen des Ableitwiderstands, d. h. dann, wenn die Messwerte außerhalb des zulässigen Bereichs liegen, ist der Arbeitstisch nicht mehr einsatzfähig und außer Betrieb zu nehmen.

7.3.3 Anforderungen an einen ableitfähigen Arbeitsstuhl

Der Ableitwiderstand R_A muss kleiner $1 \cdot 10^9\ \Omega$ sein, gemessen nach DIN EN 61340-2-3 (**VDE 0300-2-3**) von der Sitzfläche bis zum Fußboden, vgl. Kapitel 9.

Alle anderen Teile, z. B. Armlehnen und Abdeckung der Rückenlehne, müssen aus „nicht aufladbarem" Material gefertigt sein, damit keine zusätzlichen Ladungen durch Reibung entstehen können.

Grundsätzlich muss der Arbeitsstuhl elektrostatische Ladungen ableiten, die während des Hin- und Herrutschens, d. h. beim Reibvorgang der Bekleidung auf dem Bezugsstoff, entstehen. Er kann *nicht* die elektrostatischen Ladungen, die auf der Person vorhanden sind, ableiten. Es genügt nicht, wenn die Person in „regelmäßigen Abständen" die ableitfähigen Teile des Stuhls berührt. Die Berührung führt zu einem kurzzeitigen Abfluss vorhandener elektrostatischer Ladungen. Unterbricht die Person den Kontakt, lädt sie sich durch die anschließende Bewegung erneut elektrostatisch auf.

Der ableitfähige Arbeitsstuhl ist *kein Ersatz für das Handgelenk-Erdungsarmband.* Zwischen der Person bzw. dem Körper und dem leitfähigen Bezug ist eine „undefinierte" Bekleidung vorhanden, die in der Regel nicht leitfähig ist.

Die ableitfähigen Stühle müssen in regelmäßigen Abständen überprüft werden. Mindestens einmal im Jahr muss der Ableitwiderstand zwischen Sitzfläche und Stuhlrollen gemessen werden. Es ist darauf zu achten, dass die Stuhlrollen immer sauber sind.

7.3.4 Anforderungen an den ableitfähigen Fußboden

Der Ableitwiderstand R_A muss kleiner $1 \cdot 10^9\ \Omega$ sein, gemessen nach DIN EN 61340-4-1 (**VDE 0300-4-1**), von jedem Punkt der Oberseite des verlegten Fußbodens bis zum Potentialausgleich/Erdungskontaktpunkt (EBP). Ein unterer Grenzwert wird nicht mehr definiert. Es wird davon ausgegangen, dass keine ESDS auf einem Fußboden abgelegt werden. Der untere Grenzwert auf einer Ablagefläche für ESDS wird definiert, weil vermieden werden muss, dass eine schnelle Entladung nicht erfolgen kann. Diese Definition ist für einen Fußboden normalerweise nicht notwendig. Personen, die ESDS transportieren, haben selbst einen endlichen Widerstand über die ESD-gerechten Schuhe, die Haut usw., sodass ein Mindestwiderstand vorhanden ist.

Der untere Grenzwert wird nur aus Sicherheitsgründen (vgl. DIN VDE 0100) festgelegt, wenn dies erforderlich ist.

Der ableitfähige Fußboden kann aus einem komplett verlegten ESD-gerechten Belag bestehen oder bei einem Einzelarbeitsplatz aus einer ausreichend großen ableitfähigen Bodenmatte, die über den Erdungskontaktpunkt verbunden ist.

Die Ausführung sollte sich über den ganzen Raum erstrecken, d. h., es ist sinnvoll, den gesamten Bereich mit ESD-gerechtem Fußboden auszulegen. Dafür kommen verschiedene Möglichkeiten in Frage

- ableitfähiger Bodenbelag inklusive Kupfernetz und leitfähiger Verklebung
- ableitfähiges Beschichtungssystem, bestehend aus mehreren Schichten eines Zweikomponenten-Epoxidharzes
- leitfähiges Beschichtungssystem auf der Basis eines Zweikomponenten-Epoxidharzlacks

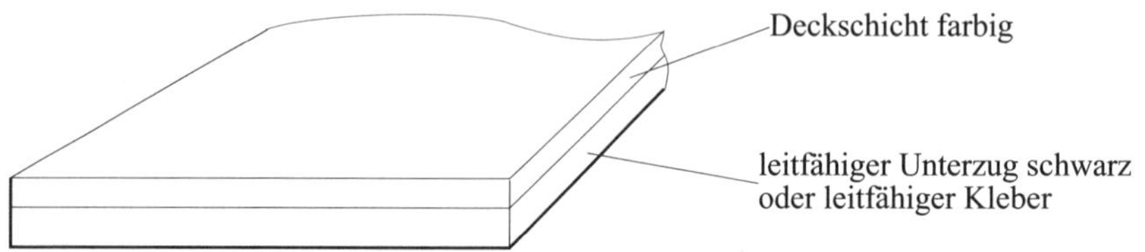

Bild 7.11 Aufbau eines ableitfähigen Bodenbelags

Jedes System erfüllt bestimmte Anforderungen an Härte, Eindruckfestigkeit, Belastbarkeit, Beständigkeit und selbstverständlich Kosten. Eine wichtige Rolle spielen auch die räumlichen Voraussetzungen.

1. Ableitfähiger Bodenbelag

Als Bodenbelag kommt in der Regel ein volumenleitfähiges Material zum Einsatz. Je nach Anforderung des Herstellers muss der Bodenbelag vollflächig leitfähig verklebt werden. Um das Kontaktieren zu gewährleisten, sind in regelmäßigen Abständen Kupferbänder einzulegen (**Bild 7.11**). Diese müssen nach dem Verlegen mit dem Erdungssystem verbunden werden.

Der ableitfähige Belag besteht aus einem zweischichtigen Verbundbelag oder einem einschichtigen Belag, der unbedingt vollflächig leitfähig verklebt werden muss.

Der Verbundbelag besteht aus einer volumenleitfähigen oberen Schicht, die gleichzeitig für die Farbgebung zuständig ist, und aus einer sehr hochleitfähigen unteren Schicht, die das Ableiten der Ladungen möglich macht (**Bild 7.12**).

Die Ladungen verteilen sich zum einen an der Oberfläche und fließen über die untere Schicht ab bzw. fließen direkt über das obere Material zur hochleitfähigen unteren Schicht. Sie suchen sich immer den Weg des geringsten Widerstands, d. h., sie fließen zum größten Teil direkt ab.

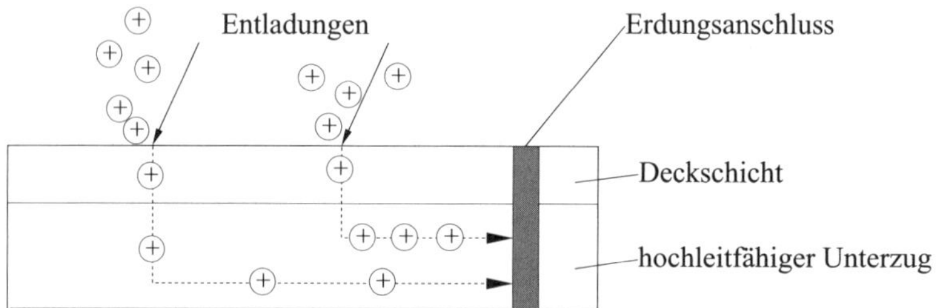

Bild 7.12 Prinzip des Abflusses der elektrostatischen Ladungen auf einem zweischichtigen Verbundbelag

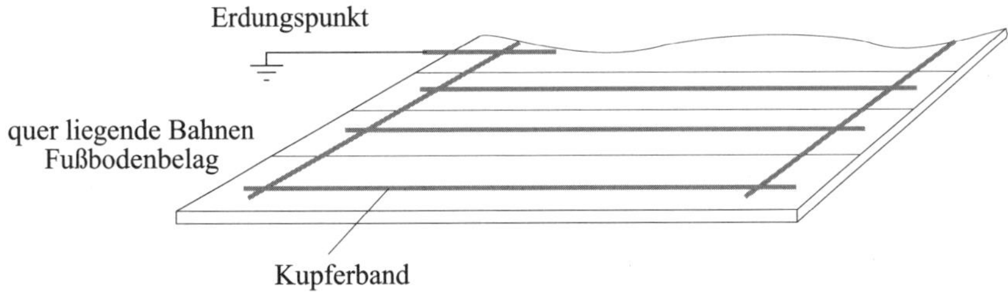

Bild 7.13 Verlegen des Kupferbands unter dem Fußbodenbelag

Die Ladungsableitung wirkt bei einem einschichtigem Belag nach demselben Prinzip. Voraussetzung ist eine vollflächige leitfähige Verklebung. Der leitfähige Kleber bildet hier die untere hochleitfähige Schicht. Das Kupferband, das unter dem Belag verlegt wird, leitet die Ladungen gleichmäßig ab. Die Dichte des Kupfernetzes richtet sich nach dem Bodenbelag und nach der Art der Verlegung. In der Regel genügt ein Kupferband längs unter jeder Belagbahn. In bestimmten Abständen muss ein Kupferband quer verlegt werden, damit die elektrische Verbindung der einzelnen Kupferbänder gewährleistet wird (**Bild 7.13**).

Besonders wichtig ist das leitfähige Verkleben bei PVC- und Linoleumbelägen. Es wird zwischen zwei Typen unterschieden, einmal chemisch versetzte Beläge oder leitfähige Beläge, in denen Bereiche aus Ruß oder Grafit vorhanden sind, die die Ladungen ableiten. Diese Bereiche sind aber nicht vollflächig. Die Ableitung verläuft also nur an diesen sehr gut leitfähigen Einschlüssen.

Grundsätzlich kann bei dieser Art von Belägen davon ausgegangen werden, dass entweder die Beläge chemisch versetzt sind und damit „altern" oder es keine vollflächige Volumenleitfähigkeit gibt.

Die Verklebung der Beläge muss in jedem Fall vollflächig erfolgen.

2. Ableitfähiges Beschichtungssystem aus Epoxidharz

Typische Verfahren sind z. B. ableitfähige Spachtelbeschichtung, Verlaufbeschichtung mit Zwischenschicht und Laminatbeschichtung. Der prinzipielle Aufbau ist immer gleich (**Bild 7.14**): Eine Grundierung, Haftgrundierung usw. stellt die Verbindung zum Beton her. Darauf wird meistens eine weitere Grundierung aufgebracht, in die leitfähige Partikel (Fasern, Metallteile usw.) eingestreut werden. Die abschließende Deckbeschichtung und Versiegelung gewährleisten die notwendige Festigkeit und Abriebfestigkeit des Bodens.

Andere Systeme verwenden verschieden lange Leitfasern, aber auch dies ist keine sichere Methode, einen ableitfähigen Epoxidharzboden herzustellen. Entweder die Leitfasern werden direkt kontaktiert und der Ableitwiderstand geht gegen „0" Ω oder die Leitfasern reichen nicht bis zur Oberfläche oder brechen ab, und der Ableit-

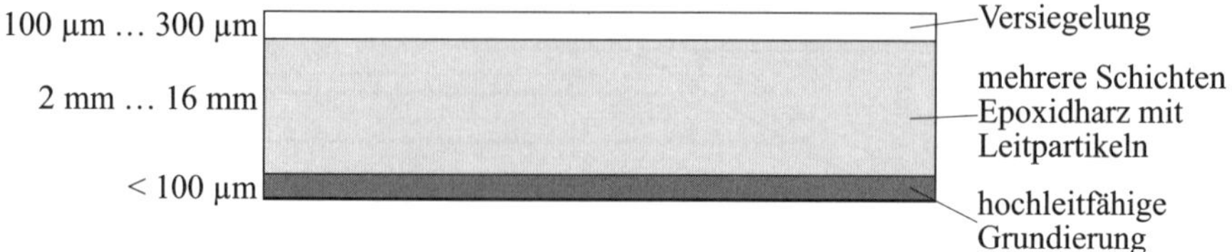

Bild 7.14 Prinzipieller Aufbau eines Epoxidharzbodens

widerstand ist „x" Ω. Erschwerend kommt hinzu, dass diese Beschichtung grundsätzlich eine Versiegelung erfordert, die meistens nicht ableitfähig ist. Praktische Versuche und Ergebnisse mit Versiegelungen sind in Komplex 11 zu finden.

Die elektrostatischen Ladungen sollen von der Oberfläche über die Leitpartikel zur leitfähigen Grundierung abfließen. Da die Leitpartikel im Innern des Materials eingebettet sind, leiten sie nur ab, wenn sie bis zur Oberfläche reichen. Da die Leitpartikel schwerer als das flüssige Epoxidharz sind, fließen sie an den Boden der Beschichtung und lagern sich hier an.

Wendet man das veraltete Messverfahren nach DIN 51953 an (vgl. Kapitel 10), ergeben sich Widerstandswerte, die die Ableitfähigkeit nicht repräsentieren. Für diese Messung wird feuchtes Fließpapier zwischen Elektrode und Bodenprobe gelegt. Das Wasser dringt in die Poren ein und stellt so den Kontakt zu den Leitpartikeln und zum Unterbeton her. Bei der Messung selbst wird dann nur die Leitfähigkeit des Wassers geprüft. Legt man zusätzlich eine Messspannung von 500 V oder 1 000 V an, kommt es zum Durchschlag. Ein Widerstandsverhalten – oder besser gesagt Ableitverhalten – kann nicht mehr festgestellt werden. Vergleicht man anderweitig die Untersuchungen von *Freemann* und *Moss* [45], wird bei einer Messspannung <300 V überhaupt keine Leitfähigkeit gemessen. Das Material ist also nicht ableitfähig. Für Elektronik-Bereiche sind aber Messspannungen von 100 V oder weniger notwendig, weil diese Messspannungen (vgl. Kapitel 9) die wahren Voraussetzungen widerspiegeln. Elektronische Bauelemente und Baugruppen bzw. ESD werden bereits bei elektrostatischen Entladungen geschädigt, wenn die Spannungen bei 100 V liegen. Also müssen auch diese Aufladungen gefahrlos abfließen können. Elektrostatische Ladungen sind über die Person und die ESD-gerechten Schuhe zum Fußboden bzw. Erdungskontaktpunkt abzuleiten. Wasser oder feuchtes Fließpapier ist in der Regel an den Schuhen nicht vorhanden, sondern nur eine leitfähige Gummisohle. Daraus wurde das Messverfahren mit einer Elektrode, die mit leitfähigem Gummi belegt ist, entwickelt (vgl. Kapitel 10 und 11). Die Folge dieser Messmethode, die der Realität in einer Elektronikfertigung entspricht, ist, dass diese Fußböden nicht mehr geeignet sind, d. h. die Anforderungen für die Ableitung elektrostatischer Aufladungen nicht erfüllen.

Ergebnisse zur Art der Messelektrode, des leitfähigen Gummis, Andrucks usw. werden im Kapitel 11 kommentiert.

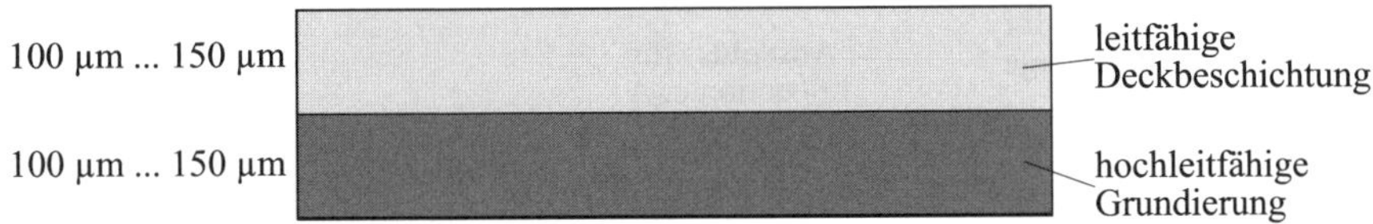

Bild 7.15 Aufbau eines Dünnschicht-Epoxidharzbodens – leitfähige Beschichtung

3. Ableitfähige Systeme auf der Basis von leitfähigen Epoxidharzlacken

Diese sogenannten Dünnschichtverfahren bestehen aus einer leitfähigen Grundierung und einer ableitfähigen Deckbeschichtung (**Bild 7.15**). Als Leitpartikel kommen leitfähige Fasern, Kohlenstoff usw. zum Einsatz. Da die Schichtdicken selbst sehr klein sind, ist der Kontakt zu den Leitpartikeln in der ableitfähigen Deckbeschichtung ständig vorhanden. Die leitfähige Grundierung gewährleistet zusätzlich die vollflächige Ableitung der elektrostatischen Ladungen zum Potentialausgleich.

Es genügt oft, ein Kupferband um den Raum, etwa 20 cm von der Wand entfernt, zu verlegen. Dieses Band muss dann an mindestens zwei Stellen im Raum mit dem Potentialausgleich- oder Schutzleiter verbunden werden.

4. Andere Fußbodensysteme und Versiegeln von Bodenbelägen und Beschichtungen

Ein weiteres Fußbodensystem, das oft verwendet wird, ist der sogenannte Magnesia-Estrich. Prinzipiell kann man davon ausgehen, dass jeder Estrich im neu verlegten Zustand „elektrisch leitfähig" ist. Die Leitfähigkeit beruht allerdings darauf, dass im Estrich eine gewisse undefinierbare Restfeuchte vorhanden ist. Nach einem bestimmten Zeitraum ist diese dann so niedrig, dass keine definierten Ableitwiderstände gemessen werden. Zur Bindung der Feuchte wird ein bestimmter Anteil Magnesium beigemischt. Dieser Zustand bindet über eine längere Zeit Luftfeuchtigkeit und gewährleistet damit die Ableitfähigkeit. Magnesia-Estrich ist besser als normaler Estrich, hat aber, genau wie normaler Estrich, einen entscheidenden Nachteil. Das Ableitverhalten (und damit der Ableitwiderstand) hängt sehr stark von der Luftfeuchtigkeit ab. Wird geheizt, sinkt die Luftfeuchtigkeit. Für Elektronikfertigungsstätten, die nach DIN EN 61340-5-1 (**VDE 0300-5-1**) ausgerüstet werden, erfüllt Magnesia-Estrich nicht die gewünschten Anforderungen. Die Norm verlangt eine Unabhängigkeit des Ableitwiderstands von der Luftfeuchtigkeit. Zusätzlich ist es fraglich, ob (Magnesia-)Estrich überhaupt elektrostatische Aufladungen von Personen ableiten kann. Der Kontakt zwischen Person und Estrich wird durch Partikel oder Verschmutzungen reduziert.

Um diese Verschmutzungen zu vermeiden, werden Versiegelungen eingesetzt. Diese werden auch bei verschiedenen Bodenbelägen verwendet. Einige Bodenbelaghersteller fordern sogar Versiegelungen zum Schutz vor Abrieb, etwa bei Linoleum. Sie werden auf das Material aufgetragen und sind in der Regel mit Schwermetall belastet oder nicht leitfähig. Denn außer Leitfähigkeit wird von diesen Materialien Transpa-

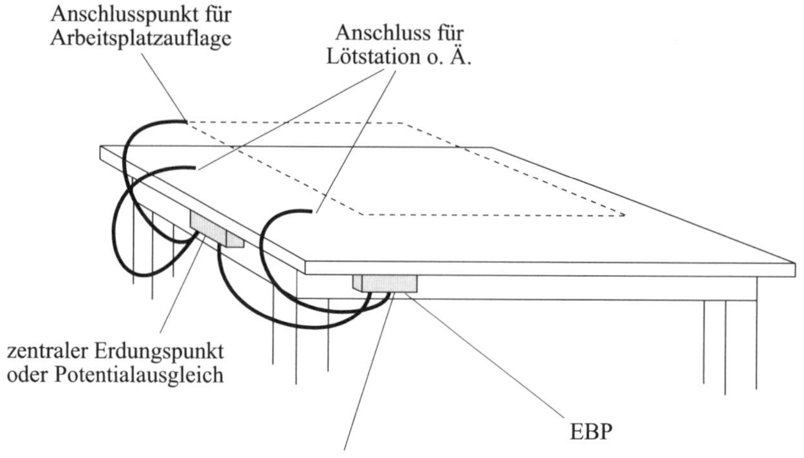

Bild 7.16 Personenerdung über ein Handgelenk-Erdungsarmband an einem ESD-gerechten Arbeitsplatz

renz gefordert. Besonders bei Estrich oder Magnesia-Estrich setzen die Versiegelungsmaterialien alle Poren zu, sodass das Ableitverhalten wieder eingeschränkt wird.

7.3.5 Anforderungen an die Handgelenkerdung

Das Handgelenk-Erdungsarmband ist die beste, sicherste und einzige Möglichkeit, elektrostatische Ladungen von der Person abzuleiten. Es kann weder durch einen ableitfähigen Stuhl noch durch leitfähige Schuhe oder einen ableitfähigen Arbeitskittel ersetzt werden (**Bild 7.16**).

Neben guten Trageeigenschaften und Unbedenklichkeit bezüglich Allergien muss das Handgelenk-Erdungsarmband einschließlich seines Spiralkabels einen definierten Widerstand aufweisen. Dieser Widerstand muss zum einen elektrostatische Ladungen gefahrlos ableiten, zum anderen muss die Person vor Fehlerspannungen und -strömen geschützt werden. Dieser Personenschutz ist in DIN VDE 0100 [46] festgeschrieben.

Die sicherheitstechnischen Anforderungen an die Handgelenkerdung sind in der Sicherheitsregel der Berufsgenossenschaft aufgeführt [47]. Der Mindestwiderstand muss danach $10^6\ \Omega$ betragen. Der maximale Widerstand muss nach DIN EN 61340-5-1 (**VDE 0300-5-1**) bei $3{,}5 \cdot 10^7\ \Omega$ liegen. Dieser Wert ergibt sich aus der Bedingung, dass die Summe aller möglichen Einzelwiderstände zu betrachten ist. Prinzipiell muss davon ausgegangen werden, dass der Gesamtwiderstand zwischen Hand und Erdungsanschlusspunkt (EBP) diesen Wert nicht überschreitet. Der gesamte

Widerstand zwischen allen ESD-Kontrollmaßnahmen (Fußboden, Schuhe, Person, Handgelenk-Erdungsarmband, eventuell Handschuhe) darf den Wert von $1 \cdot 10^9\ \Omega$ nicht überschreiten.

Zur sicheren und vor allem kontrollierten Ableitung elektrostatischer Aufladungen befindet sich an jedem Arbeitsplatz ein Erdungsbaustein. Dies ist der zentrale Punkt für den Anschluss eines oder mehrerer Handgelenk-Erdungsarmbänder und Spiralkabel (z. B. ein zusätzlicher Anschluss für einen Besucher), einer Lötstation, einer Vorrichtung und z. B. einer ESD-gerechten Arbeitsmatte. An diesen Punkt dürfen nicht mehr als sechs gleiche oder verschiedene Ausrüstungen angeschlossen werden, sonst würde der Mindestwiderstand von $5 \cdot 10^4\ \Omega$ unterschritten, und der Personenschutz wäre nicht mehr gewährleistet. Oft werden Handgelenk-Erdungsarmbänder und Spiralkabel direkt an geerdete Metallgestelle von Tischen an Maschinen usw. angeschlossen. Dabei ist unbedingt darauf zu achten, dass die verwendeten Spiralkabel den Schutzwiderstand (mindestens $1 \cdot 10^6\ \Omega$) enthalten und dass dieser funktionstüchtig ist. Das heißt auch, dass die Spiralkabel täglich überprüft werden müssen. Besser ist es hier, ebenfalls einen Erdungsbaustein anzubauen und die Person somit kontrolliert mit dem Potentialausgleich zu verbinden.

Für eine ständige oder permanente Kontrolle von Handgelenk-Erdungsarmband, Erdungssystem haben sich sogenannte „permanente Überwachungssysteme“ oder Monitorsysteme seit vielen Jahren weltweit bewährt (vgl. Kapitel 11 Praktische Methoden).

Wird am ESD-gerechten Arbeitsplatz mit Spannungen gearbeitet, die im Bereich von 250 V bis 1 000 V liegen, muss der Widerstand zwischen Person und Potentialausgleich/Schutzleiter mindestens $3 \cdot 10^6\ \Omega$ betragen [47]. Eine weitere sicherheitstechnische Anforderung der Berufsgenossenschaft ist das Stecksystem des Spiralkabels, das das Spiralkabel mit dem Erdungskontaktpunkt verbindet. Bei ihm muss ausgeschlossen werden, dass es zu Verwechslungen mit dem Netzpotential kommt, d. h., der Stecker darf nicht in das Wechselspannungsnetz (Schukosteckdose) passen. Sinnvoll sind Druckknopfsysteme oder umgekehrte Stecksysteme. Krokodilklemmen und Magnetsysteme sind ungeeignete Anschlusslösungen. Sie garantieren keinen hundertprozentigen elektrischen Kontakt.

7.3.6 Anforderungen an die Erdungseinrichtung

Die Erdungseinrichtung (oder besser: Potentialausgleich) soll die elektrostatischen Ladungen gezielt ableiten. Alle Ausrüstungen sind an einem geeigneten gemeinsamen Punkt, dem Erdungskontaktpunkt, zusammenzuführen. Dieser Punkt bildet das Bezugspotential. Bei einem einzelnen Arbeitsplatz ist es sinnvoll, das Erdpotential zu nutzen. Aus diesem Grund wird der gemeinsame Potentialausgleichspunkt auch als Erdungskontaktpunkt bezeichnet. Er kann direkt an den Schutzleiter angeschlossen werden. Für den Personenschutz ist es besser, zwischen Potentialausgleichspunkt und Schutzleiter nochmals einen Widerstand von $1 \cdot 10^6\ \Omega$ zu schalten: Doppelte Sicherheit ist besser als einfache Sicherheit.

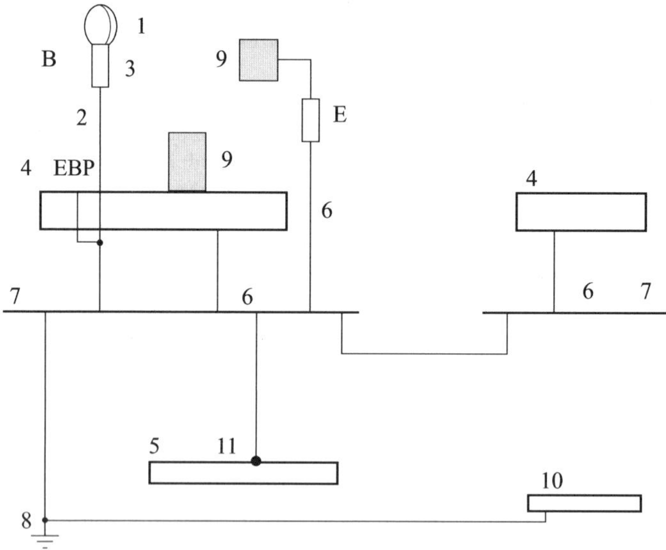

Bild 7.17 Erdung aller ESD-Kontrollmaßnahmen
(DIN EN 61340-5-1 (**VDE 0300-5-1**):2001-08, Bild 13 (zurückgezogen, aktuell [7]))

(1) Handgelenk-Erdungsarmband
(2) Spiralkabel mit integriertem Schutzwiderstand (3)
(4) Arbeitsoberfläche
(5) geerdete Fußbodenmatte
(6) Erdungskabel
(7) ESD-Erdungseinrichtung/Potentialausgleich
(8) Erdung/Schutzleiter
(9) geerdete Geräte/Einrichtungen/Maschinen
(10) ESD-gerechter Fußboden
(11) geerdeter Punkt einer Matte

Die Anforderungen der einzelnen Einrichtungen müssen den vorgeschriebenen Widerstandsgrenzwerten entsprechen.

Die Erdungseinrichtung im ESD-Bereich muss so ausgelegt werden, dass alle eventuell vorhandenen oder entstehenden elektrostatischen Ladungen problemlos abgeleitet werden. Die Grundvoraussetzung „Schutz der Person“ muss gleichfalls erfüllt werden.

Sinnvoll ist es, an jedem Arbeitsplatz einen Erdungskontaktpunkt zu schaffen, z. B. in Form eines Erdungsbausteins. An diesen werden Handgelenk-Erdungsarmbänder und Spiralkabel, ableitfähige Tischplatten oder Tischmatten und z. B. Lötstationen angeschlossen. Der Ausgang des Erdungsbausteins wird mit dem Metallrahmen des Arbeitstischs verbunden. Schließlich werden alle Arbeitstische des Raums, Maschinen und Ablagen geerdet. Eine Möglichkeit ist die direkte Erdung (der Potentialausgleich) über den Schutzleiter des Raums. Eine andere Möglichkeit besteht in Erdung/Potentialausgleich aller ESD-Arbeitsplätze über einen getrennten Potentialausgleich. Im Gebäude oder Haus wird dieser an zentraler Stelle mit der Hauserde und dem Schutzleiter verbunden. Mit dem getrennten Potentialausgleich wird vermieden, dass Fehlerspannungen auf diesen Leitungen liegen. Schutzerde ist immer mit Fehlerspannungen belastet.

7.3.7 Anforderungen an die Personenausrüstung – ESD-gerechte Bekleidung und ableitfähige Schuhe

1. ESD-gerechte Bekleidung

Die ESD-gerechte Bekleidung hat zwei Hauptfunktionen: Erstens soll sie vorhandene elektrostatische Ladungen ableiten oder ihr Entstehen verhindern und zweitens elektrostatische Felder, die auf der normalen Bekleidung einer Person vorhanden sind, „abdecken“ oder „abschirmen“, d. h. von den empfindlichen Bauelementen bzw. ESDS fernhalten. Die bisher überwiegend eingesetzte Baumwollkleidung erfüllt nur die zweite Funktion, d. h., sie hält elektrostatische Ladungen von den ESDS fern. Da das Material selbst nicht leitfähig ist, können vorhandene elektrostatische Ladungen nicht abfließen. Messungen der elektrostatischen Feldstärke auf Bekleidungsstücken aus reiner Baumwolle ergeben immerhin noch Werte zwischen 300 V und 600 V. Das heißt auch, dass sich reine Baumwolle durch Reibung elektrostatisch aufladen kann. Werden die Anforderungen nach DIN EN 61340-5-1 (**VDE 0300-5-1**) als Grundvoraussetzung angenommen, d. h., in einer EPA dürfen keine elektrostatischen Aufladungen von mehr als 100 V auftreten, dann ist Baumwolle kein geeignetes Material. Als Alternative bleibt für ableitfähige Bekleidung also nur ein ableitfähiges Material. Dafür kommt meist Mischgewebe mit leitfähigen Fasern zum Einsatz. In diese Stoffe werden verschiedene leitfähige Metallfasern oder Carbonfasern eingewebt. Diese Zusatzmaterialien gewährleisten in der Regel eine gute elektrische Leitfähigkeit, wenn sie nicht beim Waschen brechen. Zusätzlich bleiben natürlich Gebiete auf dem Stoff zurück, die sich elektrostatisch aufladen können. Diese Felder sind je nach Abstand der leitfähigen Materialien kleiner oder größer. Ein weiterer Nachteil einiger Materialien ist die zu hohe elektrische Leitfähigkeit. Der Durchgangswiderstand ist sehr klein, in den meisten Fällen gleich null. Hier kann es leicht zu Personensicherheitsproblemen kommen.

Eine andere Faserart sind sogenannte „Corefibers“. Diese haben einen leitfähigen Kern und eine Hülle aus nicht leitfähigem Material. Diese erfüllen hundertprozentig die Abdeck- oder Abschirmfunktion. Ein Durchgangswiderstand lässt sich in der Regel nicht messen.

Derzeitige Untersuchungen an synthetischen Materialien und Mischgeweben mit hochleitfähigen Fasern zeigen, dass diese Materialien sich doch elektrostatisch aufladen und sogar Funken bei einer Entladung erzeugen können [36, 37]. Sie sind daher nicht als elektrostatisch unbedenklich anzusehen. Hochohmigere Materialien, die auch die Sicherheitsanforderungen erfüllen, zeigen diese schlagartige Entladung nicht und können so ESDS besser schützen. Geht man davon aus, dass sich reine Baumwolle wenig elektrostatisch aufladen kann, ist sie eigentlich noch besser als Mischgewebe mit hochleitfähiger Faser.

Unabhängig vom Ableitverhalten muss die ESD-gerechte Bekleidung die gesamte „normale" Bekleidung bedecken. An den Bündchen sollte sie eng anliegen, weil an dieser Stelle der Kontakt zur Haut besteht und somit eine gewisse Ableitung der Ladungen möglich ist. Nach Aussage der Untersuchungen in der Literatur [36, 37] kann jedoch ein dauernder Kontakt, der für die Ableitung notwendig wäre, nicht gewährleistet werden.

Der Oberflächenwiderstand des Materials muss im Bereich von $10^6\ \Omega$ bis $10^9\ \Omega$ liegen, wobei sich Material mit Widerstandswerten an der oberen Grenze am besten eignet.

Die Messmethoden und Messergebnisse sind im Komplex 11 zusammengefasst dargestellt.

Unabhängig davon ist zu beachten, dass ableitfähige Bekleidung, die in einer EPA verwendet wird, halbjährlich zu überprüfen ist.

2. ESD-gerechte Schuhe

Ableitfähiges Schuhwerk soll eventuell vorhandene elektrostatische Ladungen von der Person ableiten. Es verhindert selbstverständlich auch weitestgehend die Entstehung elektrostatischer Ladungen beim Laufen. Ableitfähiges Schuhwerk ist kein Ersatz für das Handgelenk-Erdungsarmband. Sitzt eine Person am Arbeitsplatz, werden oft die Füße angehoben. Damit besteht kein Kontakt mit dem ableitfähigen Fußboden, und Ladungen können nicht abfließen. Werden Fußstützen eingesetzt, haben praktische Erfahrungen gezeigt, dass auch hier kein ständiger Kontakt zwischen Person – Schuhe – Fußstütze besteht.

ESD-gerechte Schuhe sind eine akzeptierte Alternative zur Entladung einer Person, wenn ein Handgelenk-Erdungsarmband in stehender Tätigkeit ein Hindernis darstellt. In diesem Fall gelten für den ableitfähigen Fußboden die erhöhten Anforderungen, vgl. Abschnitt 7.3.4.

Der Ableitwiderstand von der Handfläche über die Person bis zum ableitfähigen Fußboden muss im Bereich von $10^6\ \Omega$ bis $10^9\ \Omega$ liegen, also auch der der ableitfähigen Schuhe. Höhere Widerstände sind nicht zulässig.

Probleme kann es durch Verschmutzungen der Sohle geben. Anfällig sind die Schuhe besonders für alle Arten von Wachsen. Diese lagern sich sehr dauerhaft an den Sohlen an. Die Verschmutzungen führen dazu, dass der geforderte Ableitwiderstand nicht erreicht wird. Im einfachsten Fall hilft hier Reinigen der Sohlen. Es kann aber auch Probleme mit den Sohlenmaterialien geben.

Umfangreiche Untersuchungen mit Socken und Strümpfen und ESD-gerechten Schuhen führten zu der Erkenntnis, dass Baumwollsocken keinen wesentlichen Einfluss auf den Ableitwiderstand haben [38]. Kunststoff- oder Acrylsocken können den Ableitwiderstand allerdings ganz entscheidend beeinflussen. Insgesamt muss das System „Person – Schuhe (inklusive Socken) – Fußboden“ betrachtet werden. Den entscheidenden Anteil am Gesamtwiderstand haben die Schuhe und das Kontaktsystem Schuhsohle – Fußboden.

Durch den eingeführten Standard, DIN EN 61340-4-5 (**VDE 0300-4-5**) [87], wird diesem System mehr Bedeutung gegeben. Es ist aber grundsätzlich zu beachten, dass ein Fußbodenmaterial nach allen drei Kriterien bewertet werden muss: nach dem eigentlichen Ableitwiderstand, dem Systemwiderstand mit den Eigenschaften einer beliebigen Person und dem Auf- und Entladeverhalten oder der Personenaufladung (Body Voltage).

7.3.8 Anforderungen an Lagereinrichtungen

In Lagereinrichtungen werden elektrostatisch empfindliche Bauelemente und Baugruppen (ESDS) in der Fertigung oder z. B. im Wareneingang und im Bereitstellungsbereich gefahrlos gelagert, wenn es sich um einen ESD-geschützten Bereich handelt.

Die Lager- und Transportbehälter müssen vorhandene elektrostatische Ladungen gefahrlos ableiten können und außerdem das Entstehen elektrostatischer Ladungen verhindern. Zusätzlich sollen die Lagerbehälter die elektrostatisch empfindlichen Bauelemente und Baugruppen (ESDS) gegen äußere elektrostatische Felder abschirmen. Eine hundertprozentige Abschirmfunktion wird nur von einem Faraday'schen Käfig gewährleistet. Da Metallbehälter aber andererseits sehr schnelle und schlagartige Entladungen verursachen können, werden rußgefüllte Materialien eingesetzt, die einen Widerstand im geforderten Bereich garantieren.

Die leitfähigen oder ESD-gerechten Behälter aus Kunststoff sind mit Rußpartikeln versetzt. Die Leitfähigkeit der Behälter liegt im Bereich von $10^3\ \Omega$ bis $10^4\ \Omega$. Diese Lagerbehälter garantieren gefahrloses Ableiten elektrostatischer Ladungen z. B. von Leiterplatten, die in diese Behälter gelegt werden. Die Leitfähigkeit ist außerdem so hoch, dass die elektronischen Bauelemente und Baugruppen (ESDS), die sich in diesen Behältern befinden, ausreichend von elektrostatischen Feldern abgeschirmt werden. Eventuell auftretende elektrostatische Entladungen fließen über den Behälter ab. Ob diese Entladeströme selbst wieder ausreichend hohe elektrostatische Felder erzeugen, die die ESDS beeinflussen können, wurde bisher nicht untersucht, ist aber denkbar.

Es werden sich immer mehr dissipative Behälter, Lagereinrichtungen, die auch farbig sind, durchsetzen. Wichtig ist hier, dass beachtet wird, wozu diese Behälter eingesetzt werden. Ausgehend von den Materialeigenschaften, besonders den Durchgangswiderständen von $10^8\ \Omega$ bis $10^{10}\ \Omega$, sind diese als „elektrostatisch dissipativ“

zu klassifizieren, d. h., sie erfüllen nicht die Eigenschaft „elektrostatisch abschirmend“. Diese Behälter dürfen in einer EPA eingesetzt werden, ESDS dürfen aber nicht außerhalb einer EPA in diesen transportiert werden.

ESDS dürfen außerhalb eines ESD-gerechten Bereichs nur in leitfähigen, mit einem Deckel geschlossenen Behältern transportiert werden. Beim Transport außerhalb der EPA können sich die leitfähigen Behälter elektrostatisch aufladen. Werden diese Behälter nach dem Transport auf einem ESD-gerechten Arbeitsplatz oder einem ESD-gerechten Fußboden abgestellt, entladen sie sich wieder langsam, und für die ESDS damit gefahrlos. Innerhalb einer EPA können sich diese Behälter nicht elektrostatisch aufladen.

Da in einer EPA keine elektrostatischen Aufladungen von mehr als 100 V zugelassen sind, müssen alle Materialien, auch solche, die nicht durch ESD gefährdet sind, z. B. Metallschrauben, in leitfähigen Behältern transportiert und gelagert werden.

Werden ESDS in nicht ESD-gerechten Behältern vom Lieferanten angeliefert, sind diese im Wareneingang durch ESD-gerechte zu ersetzen. Außerdem ist der Lieferant darüber zu informieren, dass in falschen Behältern angeliefert wurde. Um weitere Vorschädigungen zu vermeiden, sind in der eigenen Fertigung nur ESD-gerechte Behälter einzusetzen. Über die Aufgaben des Einkaufs ist Kapitel 10 zu beachten.

7.3.9 Anforderungen an die Abgrenzung und Kennzeichnung

Nicht zu vergessen ist die Tatsache, dass nur an einem speziell eingerichteten Arbeitsplatz elektrostatisch empfindliche Bauelemente und Baugruppen (ESDS) gehandhabt werden dürfen. Dieser spezielle Arbeitsplatz muss gekennzeichnet werden, zunächst mit einem entsprechend großen Hinweisschild mit der Aufschrift nach **Bild 7.18**. Zusätzlich muss der Arbeitsplatz von anderen Arbeitsplätzen räumlich getrennt werden.

Bereiche, die ESD-gerecht ausgerüstet sind, in denen elektrostatisch empfindliche Bauelemente und Baugruppen (ESDS) bearbeitet werden, sind von allen anderen Bereichen abzugrenzen und zu kennzeichnen. Die Abgrenzung muss gut zu erkennen sein. Ohne sie kann es vorkommen, dass auch in anderen Bereichen mit elektrostatisch gefährdeten Bauelementen und Baugruppen gearbeitet wird. Umgekehrt dürfen selbstverständlich Bauelemente und Baugruppen, die nicht gefährdet sind, in einem ESD-gerechten Bereich bearbeitet werden. Sie dürfen aber keine elektrostatischen Aufladungen erzeugen.

Der ESD-gerechte Bereich muss mit Schildern nach Bild 7.18 in ausreichender Größe (z. B. 300 mm × 500 mm oder 150 mm × 300 mm) gekennzeichnet werden. Die Schilder müssen überall gut erkennbar sein.

ACHTUNG

ESD-GESCHÜTZTER BEREICH

VORSICHTSMASSNAHMEN
BEI DER HANDHABUNG
ELEKTROSTATISCH
GEFÄHRDETER
BAUELEMENTE
BEACHTEN

Bild 7.18 Kennzeichnungsschild für ESD-gerechte Arbeitsplätze

Immer wieder wird gefordert, dass auch der Ausgang der EPA gekennzeichnet wird. Das im **Bild 7.19** gezeigte Bild ist ein Vorschlag aus der DIN EN 61340-5-1 (**VDE 0300-5-1**). Für größere Arbeitsbereiche mit mehreren ESD-Zonen ist diese Kennzeichnung sehr sinnvoll, damit unterschieden wird, in welchem Bereich man sich befindet.

Bild 7.19 Kennzeichnungsschild für den Ausgang/Verlassen der EPA

7.3.10 Kontrolle der Luftfeuchtigkeit

Die Luftfeuchtigkeit ist keine ESD-Kontrollmaßnahme, d. h., das Erhöhen der relativen Luftfeuchtigkeit kann keine ESD-Kontrollmaßnahmen ersetzen.

In den meisten Fertigungen wird immer mehr unter kontrollierten klimatischen Bedingungen gearbeitet. Besonders verschiedene SMD-Prozesse erfordern eine konstante Luftfeuchtigkeit im Bereich von 30 % bis 40 %. Eine Erhöhung der Luftfeuchtigkeit ist grundsätzlich nicht möglich.

Grundsätzlich ist die vorhandene Luftfeuchtigkeit in den ESD-gerechten Arbeitsbereichen zu protokollieren. Es wird keine Aussage zu einer günstigen Luftfeuchtigkeit gegeben, bei der keine ESD-Kontrollmaßnahmen mehr erforderlich sind. Die elektrostatischen Aufladungen, die gegenwärtig elektronische Bauelemente und Baugruppen (ESDS) schädigen, liegen im Bereich von weniger als 10 V bis 100 V. Diese Aufladungen entstehen auch bei einer sehr großen Luftfeuchtigkeit. Praktisch kann man davon ausgehen, dass sie unabhängig von der Luftfeuchtigkeit sind.

Durch Kontrolle und Protokollieren der Luftfeuchtigkeit können aber Fehlerursachen reproduziert werden. Werden zu einem späteren Zeitpunkt ESD-Fehler rückverfolgt, lassen sich aus der Luftfeuchtigkeit wichtige Schlüsse ziehen. Wird eine niedrige Luftfeuchtigkeit von 20 % oder weniger festgestellt, sind zusätzliche Maßnahmen einzuleiten, vgl. Kapitel 10.

7.3.11 Ionisation

Gelingt es nicht, elektrostatische Aufladungen durch die geerdeten Teile am Arbeitsplatz sicher abzuleiten, ist Ionisation die einzige Alternative, um elektrostatische Ladungen abzubauen.

Elektrostatische Ladungen werden in der Regel abgeführt, indem leitfähige Materialien eingesetzt werden. Der Bereich der Leitfähigkeit wird dabei begrenzt durch den Schutz der Person und den Bereich, in dem elektrische Ladungen ausreichend schnell abfließen. Das Ableiten von elektrischen Ladungen, die sich auf Nichtleitern angesammelt haben, ist damit aber nicht möglich. Gerade dort können elektrostatische Ladungen längere Zeit gespeichert werden. Diese Ladungsansammlungen könnten prinzipiell nur abgebaut werden durch eine erhöhte Luftfeuchtigkeit oder durch Gegenladungen, die von der Umgebung aus auf diese Flächen gebracht werden. Erhöhen der Luftfeuchte ist in den meisten Fällen nicht möglich bzw. sehr kostenaufwendig. Eine umfangreiche kostenintensive Klimatechnik wäre dann notwendig. Außerdem hat eine erhöhte Luftfeuchtigkeit Nebenerscheinungen, wie verstärkte Neigung der Lötstellen zur Korrosion. Eine elegante Lösung bietet hier die Ionisation der Umgebungsluft. Freie Ladungsträger werden in der Nähe der aufgeladenen Oberfläche erzeugt. Diese freien Ladungen im Raum neutralisieren die Ladungsansammlungen auf dem Nichtleiter. Es gibt drei prinzipielle Möglichkeiten, freie Ladungsträger in der Luft zu erzeugen

- Induktion
- Ionisation durch radioaktives Material
- Hochspannung

Induktion

Neutralisieren durch Induktion ist eine sehr einfache Möglichkeit, Ladungsansammlungen zu beseitigen. Dazu werden kleine Teilchen, z. B. Flitter (Metallfähnchen), aufgeladen. Diese geladenen Teilchen werden über der zu entladenden Oberflächenregion verteilt. Es bilden sich freie Ladungsträger in der Luft.

Die Ladungsträger gleichen die elektrostatischen Ladungen des aufgeladenen Objektes aus. Grundsätzlich rekombinieren sie mit den entgegengesetzten Ladungen. Die Oberfläche wird neutralisiert. Der Vorgang hat einen entscheidenden Nachteil: Für den Start des Ionsationsvorgangs ist eine Schwellenspannung von 2000 V bis 3000 V notwendig.

Durch den Ionisationsvorgang werden die elektrostatischen Ladungen nur oberhalb dieser Spannung bis zur Schwellenspannung abgebaut. Es bleiben also Restladungen von etwa 2000 V bis 3000 V übrig. Da aber die elektrostatische Spannung in elektronischen Geräten meist niedriger ist, eignet sich diese Variante nicht zum Neutralisieren elektrostatischer Ladungen in der Elektronikindustrie.

Ionisation durch radioaktives Material

Für das Verfahren, elektrostatische Ladungen mit radioaktiven Teilchen abzubauen, ist im Vergleich zum vorher beschriebenen Verfahren wenig zusätzliche Energie erforderlich. Geeignete radioaktive Stoffe erzeugen ausreichend geladene Teilchen in der Umgebung ihres Strahlungszentrums. Diese können dann die elektrostatischen Aufladungen abbauen.

Radioaktive Ionisatoren sind selbstständig arbeitende Ionisatoren, die keine Energiezufuhr benötigen. Das Arbeitsprinzip ist abhängig von den physikalischen Eigenschaften des Radioisotops. Verschiedene Radioisotope emittieren doppelt positiv geladene Teilchen, die wieder Alpha-Teilchen hervorrufen. Diese kollidieren in der Luft mit z. B. Sauerstoffatomen. Dabei werden Elektronen aus den Sauerstoffatomen herausgeschlagen, die dann elektrostatisch geladene Moleküle, z. B. mit einem Elektron mehr (negativ geladen) im Raum erzeugen. Übrig bleiben Sauerstoffatome, denen ein Elektron fehlt, auch positiv geladene Molekülrümpfe.

Polonium 210 (Po 210) ist ein geeignetes radioaktives Material, das für Ionisatoren verwendet wird. Es emittiert reine Alpha-Teilchen. Andere Materialien, z. B. Radium und Americanium, erzeugen Alpha-Teilchen und Gamma-Strahlung. Letztgenannte Strahlung ist durchdringend, und der Träger muss extrem abgeschirmt werden.

Dagegen wird die Strahlung der Alpha-Teilchen durch irgendeine dünne Abdeckung bereits begrenzt. Darum ist für einen Ionisator mit Polonium 210 keine spezielle Schirmung notwendig. Die Halbwertszeit muss vertretbar sein, etwa auf Jahresbasis.

Die Aktivität von Polonium 210 zum Emittieren von Alpha-Teilchen nimmt innerhalb der ersten 200 Tage rapide ab, danach jedoch weniger schnell (exponentieller Verlauf der Halbwertszeit). Von diesem Zeitpunkt an werden die Alpha-Teilchen sehr langsam, und die strahlende Einheit muss ausgetauscht werden.

Radioaktive Ionisatoren sind sehr effektiv und werden besonders unter explosiven atmosphärischen Bedingungen eingesetzt. Da keine elektrische Energie zur Produktion der Ionen erforderlich ist, gibt es auch keine Chance für elektrische Impulse, also für die Entstehung eines Lichtbogens.

Diese Möglichkeit, eine Ladung zu neutralisieren, hat zwei entscheidende Nachteile: Zum einen handelt es sich um einen radioaktiven Stoff, der für den Menschen mehr oder weniger gefährlich ist und zweitens schwer entsorgt werden kann.

Elektrische Ionisation durch Hochspannung

1. Elektrostatische Ionisation

Für die Ionisation wird Hochspannung benutzt. Grundsätzlich wird zwischen 2 Nadeln (Pin's) eine Hochspannung (ca. 7 kV bis 15 kV) angelegt. Diese Hochspannung erzeugt ein elektrisches Feld. Bewegen sich Atome, z. B. Sauerstoff- oder Stickstoffatome, in diesem Feld, wird je nach Polarität der Hochspannung ein Elektron aus dem Atom herausgelöst oder ein Elektron an das Atom angelagert. Somit entstehen positiv und negativ geladene Moleküle.

Für Reinraumanwendungen werden oft Systeme mit Stickstoff verwendet. Sauerstoff wird in normalen Arbeitsplatzsystemen angewandt. Stickstoff benötigt gegenüber Sauerstoff eine höhere „Aktivierungsenergie", da die Elektronenaffinität oder Elektronenaustrittsarbeit höher ist.

Das schwierige Problem dabei ist, ausreichend viele Ladungen mit unterschiedlicher Polarität zu erzeugen, da im Allgemeinen nicht bekannt ist, welcher Art die Ladungen sind, die sich an der aufgeladenen Oberflächenregion angesammelt haben. Weiterhin ist die Lebensdauer der positiven und negativen Ladungen begrenzt. Sie hängt von ihrer Rekombinationszeit ab. Positive und negative Ladungen sind bestrebt, sich anzuziehen und somit ihre Ladungen auszugleichen. Viele Versuche führten zu unterschiedlichen Ionisatoren, sowohl von Gleichstrom- als auch von Wechselstromgeräten.

Gleichstromionisatoren erzeugen oft nur eine Art von Ladungen, Wechselstromionisatoren dagegen sowohl positive als auch negative. Es ist aber schwierig, positive und negative Ladungen so zu steuern, dass sie auch an die zu entladende Oberfläche gelangen, bevor sie rekombinieren. Aus diesem Grund wurden Ionisatoren mit pulsierender Gleichspannung entwickelt. Diese lassen eine genaue Steuerung der Anteile der positiven und der negativen Ladungen zu.

Eine weitere Einflussgröße, die unmittelbar mit der Rekombinationszeit zusammenhängt, ist die Geschwindigkeit, mit der die Ionen vom Ionisator weg zur Oberfläche transportiert werden. Ist die Geschwindigkeit zu gering, rekombinieren die geladenen Teilchen bereits unmittelbar nach ihrer Entstehung in der Luft. Ist die Geschwindigkeit zu hoch, kommt es nicht zum Neutralisieren der Ladungen an der aufgeladenen Oberfläche, oder sogar zur Umladung des aufgeladenen Objekts.

Die Reichweite von Ionisatoren mit pulsierendem Gleichstrom ist sehr begrenzt. Ohne Luft, d. h. ohne den Einsatz eines Ventilators, ist der Wirkungsradius maximal 4 cm. Mit sogenanntem Lufttransport können Entfernungen bis zu 2 m überbrückt werden. Das hängt auch davon ob, wie hoch die Endspannung oder Ladungsmenge ist, die maximal noch zulässig ist.

Reine Gleichstrom-Ionisatoren werden in der Elektronikindustrie nur begrenzt eingesetzt, dort wo z. B. nicht leitfähige Folien elektrostatisch aufgeladen werden. Es ist besser, Ionisatoren einzusetzen, die z. B. nach dem pulsierenden DC (Gleichstrom) Prinzip arbeiten. Nach dem Prinzip der pulsierenden Gleichspannung werden Ladungen beider Polaritäten im Wechsel erzeugt. Außerdem sind diese Ionisatoren mit Messsystemen (Feedback System) ausgerüstet, sodass sie auch die überschüssigen Ladungen im Arbeitsbereich feststellen und das Gleichgewicht der Ladungen jederzeit anpassen können. Diese Sensoren oder Messprinzipien erlauben es heute, Geräte herzustellen, die Endspannungen kleiner ±5 V erreichen.

In Elektronikbereichen werden hauptsächlich Ionisatoren dafür eingesetzt, eventuell vorhandene Kunststoffteile elektrostatisch zu entladen oder um elektrostatische

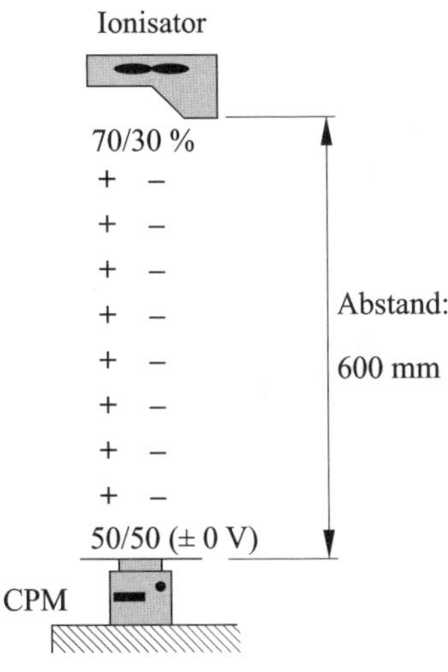

Bild 7.20 Ladungsabbau mit einem pulsierenden DC (Gleichstrom) Ionisator

Ladungen in Maschinen und Anlagen zu vermeiden. Es ist die einzige Möglichkeit zum Abbau elektrostatischer Ladungen von Isolationsmaterialien.

Realisierung der Ionisation am Arbeitsplatz

Prinzipiell sollte man Ionisatoren nur an den Stellen eines Arbeitsplatzes einsetzen, an denen nicht leitende Kunststoffteile mit elektronischen Bauelementen und Baugruppen in Berührung kommen (**Bild 7.21**). Kunststoffteile – praktisch sind das immer Gehäuseteile, aber auch Leiterplatten (PCB) – sind nicht ableitfähig, also Isolatoren. In der triboelektrischen Reihe stehen Isoliermaterialien weit entfernt von Leitern und können sich somit sehr hoch aufladen (vgl. Tabelle 3.1)

Ionisatoren werden immer häufiger dort benötigt, wo elektronische Bauelemente und Baugruppen bewegt werden, z. B. in Maschinen, Anlagen, Pick-and-place-Maschinen, hier bestehen zwischen den einzelnen Komponenten: Verpackungsmaterialien, ESDS und Leiterplatten (PCB), Potentialdifferenzen, die bei einer Entladung zur Schädigung der ESDS führen (vgl. Abschnitt 7.4).

Die Norm [7] definiert die Einsatzbereiche von Ionisatoren wie folgt:

„Ionisatoren müssen Ladungen beider Polaritäten auf Gegenständen [7] auf weniger als 100 V reduzieren und halten."

Handelsübliche Ionisatoren benötigen maximal 20 s für die Einstellung des Ladungsgleichgewichts, d. h., nach dieser Zeit kann eine geladene Oberfläche ausreichend entladen sein. Die optimale Entfernung des Ionisators zur zu entladenden Oberfläche liegt bei 60 cm bis 100 cm, je nach Leistung des Gebläses und der Hochspannung, wobei nicht die Intensität, sondern die Harmonie beider Komponenten entscheidend ist (**Bild 7.22**).

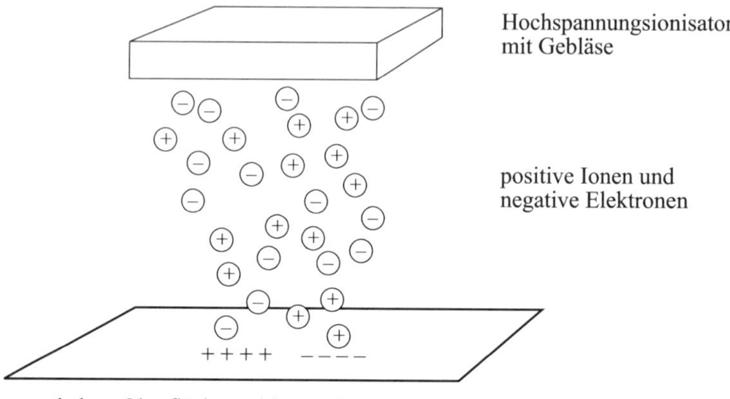

Bild 7.21 Anordnung eines Overhead-Hochspannungsionisators über einem Arbeitsplatz

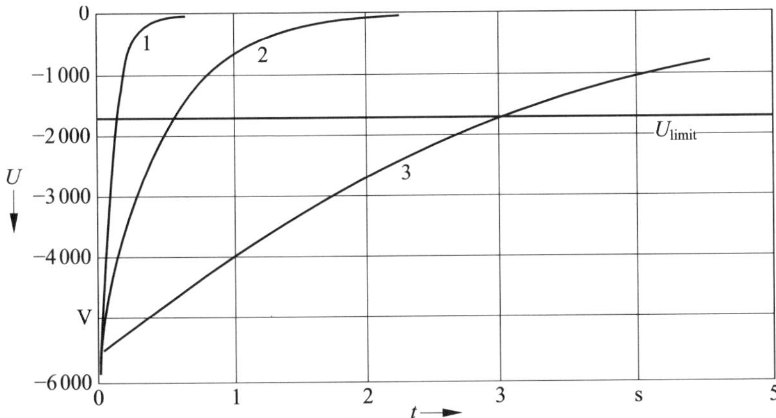

Bild 7.22 Entladezeit eines geladenen Gebiets durch einen Hochspannungsionisator bei konstanter Luftfeuchtigkeit; Abstand zwischen Ionisator und Tischoberfläche:

1 50 mm,
2 200 mm,
3 400 mm

Bild 7.23 zeigt den zeitlichen Verlauf der Entladung, bezogen auf die Entfernung. In einem Abstand von 90 cm wird eine bestimmte Zeit benötigt, bis ein aufgeladenes Objekt entladen ist. **Bild 7.24** zeigt den Verlauf der Entladung auf dem geladenen Objekt in Abhängigkeit von der Zeit.

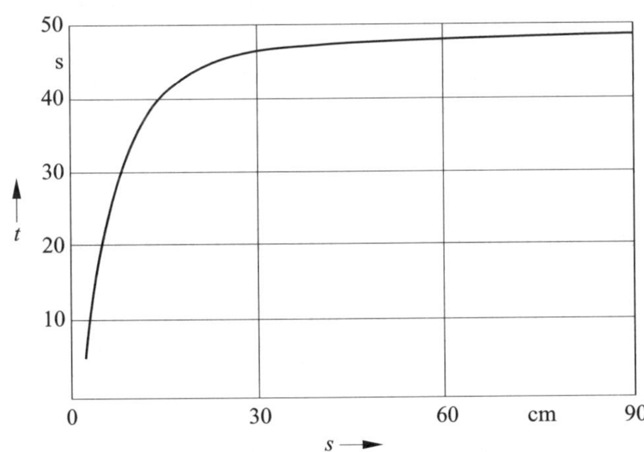

Bild 7.23 Entfernung des entladenen Gebiets vom Hochspannungsionisator

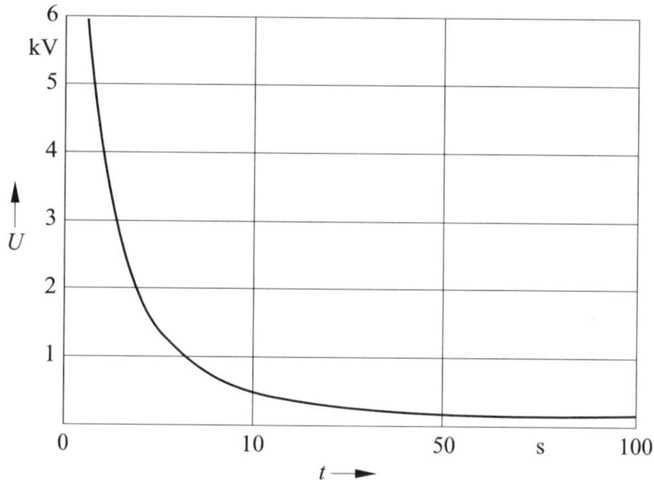

Bild 7.24 Abbau einer definierten Aufladung in einer genau definierten Entfernung

Overhead-Geräte sollen so über dem Arbeitsplatz angeordnet werden, dass die isolierenden Kunststoffteile entladen werden, aber Personen weitestgehend nicht beeinflusst werden können.

Ionisatoren stellen heute gegenüber früheren Geräten prinzipiell keine Gefährdung von Personen mehr dar. Einsatzgebiete in der Fertigung elektronischer Baugruppen sind Bereiche wie Lötanlagen, Trocknungsanlagen mit Gebläse, Vorbereitung von Gehäuseteilen, in Maschinen und Anlagen, überall wo elektronische Bauelemente und Baugruppen sowie Leiterplatten bewegt werden.

Ein umfassendes Einsatzgebiet ist die Wafer-Fertigung. Hier bewirken Ionisatoren das Entladen der hochisolierenden Waferoberflächen während des Herstellungsprozesses und vermeiden damit Verunreinigungen durch Staubpartikel.

7.4 ESD-gerechte Ausführung von Maschinen und Anlagen

Ein weiterer Schwerpunkt liegt auf der Gestaltung der Geräte, Maschinen, Werkzeuge und Transportmittel. Drei wesentliche Hinweise sind dabei zu berücksichtigen

- Geräte, die in den EPA eingesetzt werden, müssen so konstruiert werden, dass die Möglichkeit eines Potentialausgleichs zwischen Gerätegehäuse und Arbeitsplatzauflage besteht.

- Für die Arbeitsmittel, d. h. Werkzeuge und Manipulationshilfen, sind vorrangig leitfähige Kunststoffe einzusetzen. Sind diese nicht vorhanden, genügen metallische Griffe den Anforderungen, vorausgesetzt, die Person ist vorher bereits entladen. Zu beachten ist, dass Entladen über einen Metallgegenstand eine besonders hohe Stromdichte liefert; damit sind die ESDS besonders gefährdet.
- Metallgehäuse führen zu Entladungen mit einem extrem großen Stromimpuls. Darum ist der Einsatz leitfähiger Kunststoffgehäuse zu empfehlen.

Oft werden für Maschinen und Anlagen Metallgehäuse eingesetzt, die mit normalem Lack beschichtet sind. Optimal ist hier ein leitfähiger Lack oder eine leitfähige Beschichtung. Aus Anwendungsgründen kann aber z. B. ein Messgerät nicht in einem leitfähigen Gehäuse untergebracht werden, weil dann die Isolation zwischen Netzspannung und Person nicht mehr gewährleistet wäre. In diesem Fall kann man davon ausgehen, dass sich der isolierende Lack elektrostatisch aufladen kann. Die elektrostatischen Ladungen werden aber an den Metallkörper gebunden. Sie sind also nicht frei verfügbar und können nur übertragen werden, wenn die Austrittsarbeit des übernehmenden Gegenstands oder des Materials wesentlich größer ist (vgl. Kapitel 9, Messungen). Eine solche Übertragung ist in der praktischen Arbeit sehr unwahrscheinlich. Sie würde z. B. voraussetzen, dass eine Person einen Arbeitskittel aus einem isolierenden synthetischen Material trägt. Die Person berührt das aufgeladene und lackierte Blech und übernimmt die Ladungen. Da aber ESD-gerechte Arbeitsbekleidung getragen wird, kann es dazu nicht kommen.

Maschinen und Anlagen verursachen immer mehr Schäden an elektronischen Bauelementen und Baugruppen. Bisher wurden diese Fehler wenig oder nicht erkannt, weil andere ESD-Materialien und -Ausrüstungen noch unvollkommen waren, z. B. gab es immer wieder elektrostatische Aufladungen bei Personen, Arbeitsplätzen und anderen Arbeitsplatzausrüstungen. Inzwischen können diese vollständig ESD-gerecht ausgerüstet werden. Immer mehr ESD-Materialien erfüllen die notwendigen Anforderungen. Die Arbeitsumgebung, d. h. die Person und der Arbeitsplatz, ist komplett ESD-gerecht. In Maschinen werden aber Materialien eingesetzt, die sich zum Teil sehr hoch elektrostatisch aufladen: die Leiterplatte und die elektronischen Bauelemente selbst. Beide haben unterschiedliche Potentiale, wenn sie zusammengebracht werden. Folgende Möglichkeiten gibt es:

- Das Bauelement rutscht aus einer IC-Versandstange und ist elektrostatisch aufgeladen. Es fällt auf eine Metalloberfläche und wird hart entladenen.
- Das Bauelement liegt aufgeladen in einem Gurt (Reel) oder Tray, es wird von einem Bestückkopf aufgenommen. Gleichgültig, ob der Bestückkopf und die Pipetten leitfähig oder ableitfähig sind, das Bauelement besitzt ein isolierendes Gehäuse und kann nicht entladen werden. Die Leiterplatte hat üblicherweise ein anderes elektrostatisches Potential. Es besteht eine Potentialdifferenz zwischen Bauelement und Leiterplatte. Beim Absetzen kommt es zum Ladungsausgleich.

- Das Bauelement wird aufgenommen, es wird zur Leiterplatte bewegt. Sogar durch die schnelle Bewegung in der Luft wird es elektrostatisch aufgeladen.

Diese Vorgänge führen zu Schäden an elektronischen Bauelementen. Die Mechanismen treten immer auf, wenn Bauelemente z. B. bewegt, transportiert oder automatisch gehandhabt werden. Bisher wurden diese Vorgänge nicht oder wenig untersucht.

Elektronische Bauelemente besitzen normalerweise ein isolierendes Gehäuse. Damit gibt es keinen elektrischen Kontakt zum Träger (z. B. Reel oder Tray). Bauelemente können bereits Ladungen besitzen, wenn sie in den Träger gebracht werden oder wenn sie herausgenommen werden. Dieser Mechanismus ist ein typischer Trennvorgang der zu elektrostatischen Aufladungen führen kann.

Leiterplatten bestehen ebenfalls aus isolierendem Material. An den Maschinen angebrachte Transportgurte müssen natürlich aus leitfähigem Material sein, gleichfalls alle Trägermaterialien. Damit wird verhindert, dass zusätzliche Ladungen entstehen. Es dürfen grundsätzlich überhaupt keine elektrostatischen Aufladungen erzeugt werden. Elektrostatische Aufladungen an den Bauelementen und Leiterplatten können durch eine geerdete Maschine oder Transporteinrichtung nicht verhindert werden, weil diese nicht leitfähig oder ableitfähig sind oder sein können. Transportbänder in Form von Gummis o.ä. können keine Leiterplatten entladen.

Durch praktische Messungen an elektronischen Bauelementen konnten elektrostatische Aufladungen von etwa 3 V bis 100 V gemessen werden, an Leiterplatten sogar größer 100 V bis 700 V.

Erste Methoden zur Erfassung der Ladungen und Feldstärken werden im Kapitel 9 beschrieben.

Elektrostatische Ladungen an Bauelementen und Leiterplatten können nur bewusst und von außen abgeführt werden, z. B. durch Ionisation.

7.5 Verhalten der Arbeitskräfte

Der Mensch ist die gefährlichste Quelle für elektrostatische Aufladungen und Entladevorgänge. Nur durch hohe Disziplin und sachgemäßes Verhalten des Personals im Herstellungsprozess von elektronischen Bauelementen, in der Baugruppenfertigung, an elektronischen Geräten, in Servicestationen usw. können gefährliche elektrostatische Entladungen vermieden werden. In der Praxis hat es sich bewährt, das Personal über die Gefährlichkeit der elektrostatischen Vorgänge aufzuklären und aktenkundig zu belehren. Dabei sind die folgenden Punkte besonders zu berücksichtigen:

- Alle aktiven elektronischen Bauelemente und Baugruppen mit diesen Bauelementen sind als elektrostatisch gefährdet zu betrachten.

- Alle Manipulationen und Servicearbeiten werden nur an den besonders gekennzeichneten ESD-gerechten Arbeitsplätzen durchgeführt.

- Das Handgelenk-Erdungsarmband ist die beste und sicherste Möglichkeit, elektrostatische Aufladungen einer Person zu kontrollieren. Ist dieses technologisch nicht realisierbar, kann diese Funktion von ableitfähigen Schuhen und einem ableitfähigen Fußboden übernommen werden.

- Vor jeder Manipulation ist ein Handgelenk-Erdungsarmband anzulegen. Sind ESD-gerechte Schuhe vorhanden, müssen diese getragen werden. Die Funktion des Handgelenk-Erdungsarmbands und des Spiralkabels sowie des Schuhwerks sind täglich zu überprüfen.

- Personen tragen ESD-gerechte Arbeitsbekleidung. Die ESD-gerechten Arbeitskittel müssen geschlossen getragen werden. Die ESD-gerechte Arbeitsbekleidung muss die gesamte aufladbare Bekleidung abdecken, mindestens die auf dem Oberkörper.

- Alle Werkzeuge und Manipulationshilfen müssen den Anforderungen des ESD-Schutzes entsprechen. Werden leitfähige Werkzeuge und Manipulationshilfen eingesetzt, sind diese auf der ableitenden Arbeitsplatzauflage abzulegen oder zu entladen.

- Bauelemente und Baugruppen mit elektrostatisch empfindlichen Bauelementen dürfen nur an den speziell gekennzeichneten ESD-gerechten Arbeitsplätzen entnommen werden. Für den Transport außerhalb des ESD-Bereichs sind nur dafür vorgesehene Behälter und Transportmittel zulässig.

- Alle Materialien, die sich elektrostatisch aufladen können, sind aus dem ESD-gerechten Arbeitsbereich zu entfernen (z. B. Plastiktüten, Plastikverpackungen, Styropor, Folien, Kaffeebecher, Feuerzeuge, Zigarettenschachteln sowie sonstige persönliche Utensilien).

Da Personen als größte Gefahr für elektrostatische Aufladungen gelten, sind auch Besucher zu berücksichtigen. Auch sie müssen die ESD-Kontrollmaßnahmen einhalten, wenn sie einen ESD-geschützten Bereich betreten, also ESD-gerechte Schuhe oder Schuh-Erdungsstreifen anlegen und einen ESD-gerechten Arbeitskittel tragen. Vor dem Berühren von Bauelementen oder Baugruppen ist ein Handgelenk-Erdungsarmband anzulegen und mit dem Erdungsanschlusspunkt zu verbinden. Erdungsarmband und Schuhwerk müssen vor Betreten des ESD-geschützten Bereichs überprüft werden und dokumentiert werden.

Man kann die Besucher auch auf sogenannten Besuchergängen durch die Fertigung führen. Dabei ist allerdings eine Mindestentfernung von 1 m von den Arbeitsplätzen einzuhalten und sicherzustellen, dass die Besucher keine Bauelemente und Baugruppen berühren können.

7.6 Leitfähige und ableitfähige Verpackungen

7.6.1 Allgemeines

Elektronische Bauelemente und Baugruppen werden in Verpackungen transportiert und gelagert. Man unterscheidet zwischen anliegender und loser Verpackung bzw. nach dem Einsatzzweck nach innerer und äußerer oder Transportverpackung. Wesentlicher ist jedoch zu unterscheiden, ob die Verpackung in einer EPA oder außerhalb einer EPA verwendet wird und ob elektrostatisch empfindliche Bauelemente und Baugruppen (ESDS) verpackt und transportiert werden sollen.

Grundsätzlich muss die in Elektronik-Fertigungsbereichen verwendete Verpackung mindestens die Anforderung ableitfähig oder dissipative erfüllen. Wird also eine Verpackung in eine EPA gebracht, darf diese selbst oder bei Kontakt mit anderem Material keine elektrostatischen Aufladungen erzeugen.

Außerhalb einer EPA muss das Verpackungsmaterial die elektrostatisch empfindlichen Bauelemente und Baugruppen (ESDS) vor der Entladung statischer Elektrizität schützen, d. h., die Verpackung muss unbedingt die Anforderung „elektrostatisch abschirmend" erfüllen.

Werden die elektronischen Bauelemente in einer EPA verpackt und z. B. von einem zum anderen Arbeitsplatz transportiert, dann genügt bei ESD-gerechter Ausrüstung der kompletten Fertigung nicht aufladbares, aber dissipatives Material. Verlassen die elektronischen Bauelemente und Baugruppen diese EPA, müssen elektrostatisch abschirmende Verpackungsmittel eingesetzt werden. Innerhalb einer EPA sind die Auf- und Entladeprozesse elektrostatischer Ladungen weitestgehend unter Kontrolle. Außerhalb davon herrschen undefinierte Zustände, d. h., die Kontrolle der Verpackung über die Auf- und Entladevorgänge ist nicht mehr möglich. Die Bauelemente sind Bedingungen ausgesetzt, die niemand kontrollieren kann.

Die äußere Verpackung soll vorrangig die Bauelemente und Baugruppen mechanisch schützen. Wird sie in eine EPA gebracht, muss sie mindestens aus nicht aufladbarem, aber dissipativem Material bestehen. Entfernt man sie bereits vorher, ist die Beschaffenheit des Materials nicht interessant.

Elektrostatisch empfindliche Bauelemente und Baugruppen müssen bereits elektrostatisch abschirmend verpackt sein, wenn sie in die äußere Verpackung gebracht und außerhalb einer EPA transportiert werden. Zum Vereinfachen oder Einsparen von Verpackungsmitteln kann die äußere Verpackung sowohl die abschirmende als auch die mechanische Funktion übernehmen.

In verschiedenen Literaturstellen [4] wird wie folgt definiert:

„*Direkt anliegende Verpackungen*, Hilfsmaterialien und Transportmittel, die in unmittelbarem Kontakt mit ESDS verwendet werden, müssen die triboelektrische Aufladung minimieren und die Ladungsableitung gewährleisten, d. h. leitfähig oder elektrostatisch ableitend sein. Eingesetzte Folien, Wellpappverpackungen, Kunststoffbehälter usw. müssen diese Anforderungen erfüllen."

„*Lose umhüllende Verpackungen* zum Schutz empfindlicher ESDS (...) außerhalb von ESD-Schutzzonen müssen elektrostatisch abschirmend sein."

Verpackungs- und Transportmittel sind mit den vorgeschriebenen Hinweisschildern deutlich zu kennzeichnen. Zusätzlich ist es sinnvoll, in die Verpackungen Hinweise mit den besonderen Handhabungsvorschriften einzulegen.

Tabelle 7.4 gibt die wesentlichen Widerstandswerte für Verpackungen an, die in einer EPA bzw. als Transportmittel für elektrostatisch empfindliche Bauelemente verwendet werden.

Die obere Widerstandsgrenze wird festgelegt mit $1 \cdot 10^{11}\ \Omega$. Sicher wäre ein Widerstandsgrenzwert von $1 \cdot 10^{9}\ \Omega$ besser. . Dieser Widerstandswert lässt sich mit herkömmlichen Messmitteln messen. Ein Wert von etwa $1 \cdot 10^{12}\ \Omega$ lässt sich unter normalen Umgebungsbedingungen nicht mehr messen. Das Material muss in einen Faraday'schen Käfig gebracht werden. Erst dann können Widerstände von mehr als $1 \cdot 10^{9}\ \Omega$ ohne den Einfluss fremder Felder oder Spannungsquellen bestimmt werden.

Für die Beurteilung von Verpackungsmaterialien wird deshalb gefordert, dass die Ableitzeit gemessen wird. Die bisher bekannte Messtechnik und die dazugehörigen Messverfahren liefern derzeit noch keine reproduzierbaren Messergebnisse [7]. Die Ableitzeit für Verpackungsmaterialien, deren Oberflächenwiderstand größer $1 \cdot 10^{8}\ \Omega$ ist, darf nicht größer als 2 s sein. Gemessen wird bei einer festgelegten Änderung der elektrostatischen Spannung von 1 000 V auf 100 V. Vorschläge für Messverfahren werden in Kapitel 9 beschrieben.

Verpackung	Einsatzbereich	Widerstandsbereich
direkt anliegend	ESDS spannungslos	$1 \cdot 10^{3}\ \Omega$ bis $1 \cdot 10^{11}\ \Omega$
	ESDS unter Spannung	$1 \cdot 10^{8}\ \Omega$ bis $1 \cdot 10^{11}\ \Omega$
lose umhüllend	innerhalb der EPA	$1 \cdot 10^{3}\ \Omega$ bis $1 \cdot 10^{6}\ \Omega$
	außerhalb der EPA	elektrostatisch abschirmend

Tabelle 7.4 Anforderungen an Verpackungen [4]

7.6.2 Folien

7.6.2.1 Anforderungen und Eigenschaften von Folien

Die verfügbaren Materialien werden nach ihrem ESD-Abschirmverhalten unterschieden. In einer EPA dürfen sowohl ESD-abschirmende, leitfähige als auch ableitfähige Materialien eingesetzt werden. Außerhalb einer EPA sind elektrostatisch empfindliche Bauelemente und Baugruppen (ESDS) ausschließlich in ESD-abschirmenden Materialien ausreichend gegen elektrostatische Entladungen und Felder geschützt.

Prüfung des Abschirmverhaltens von Shielding-Folie

Die Folien unterscheiden sich wesentlich in den Abschirmeigenschaften. Die Beurteilung erfolgt nach einem Messverfahren nach dem Standard DIN EN 61340-4-8 (**VDE 0300-4-8**). Das Messverfahren geht von einer Personenentladung nach dem HBM (Human Body Model) aus. Die *RC*-Kombination für die Simulation des Menschen und der Entladung besteht aus einem Widerstand von $R = 400\ \text{k}\Omega$ und einer Kapazität von $C = 200$ pF. Inzwischen haben viele Untersuchungen gezeigt, dass diese Werte nicht realen Größenordnungen entsprechen (**Tabelle 7.5** und **Tabelle 7.6**). Es wird angenommen, dass die Ersatzelemente folgende Werte besitzen: $R = 1\,500\ \Omega$, $C = 600$ pF ... 800 pF. Damit wird erstmals gewährleistet, dass die realistische Umgebung betrachtet wird.

Ein Mangel dieses Messverfahrens ist, dass die Frequenz vernachlässigt wird. In letzter Zeit wurde festgestellt, dass die Entladung sehr schnell abläuft, dass also die Dauer der Spannungsspitze, die elektronische Bauelemente schädigen kann, sehr kurz ist. In der Literatur gibt es weitere Vorschläge für Prüfaufbauten [53].

Materialspezifikation	gemessene Spannung in der Verpackung
Pink-Poly-Beutel – rosa	790 V
leitfähiger Beutel – schwarz	435 V
Shielding-Beutel – metallisiert	20 V

Tabelle 7.5 Messwerte für das Abschirmverhalten von verschiedenen Materialien, gemessen nach DIN EN 61340-4-8 (**VDE 0300-4-8**) (über die Verpackung wird eine Entladung von 1 000 V simuliert) [53]

	Volumenwiderstand	Oberflächenwiderstand
leitfähig	$< 1 \cdot 10^4\ \Omega$	
elektrostatisch abschirmend		50 nJ
elektrostatisch ableitend	$1 \cdot 10^4\ \Omega$ bis $1 \cdot 10^{11}\ \Omega$	$1 \cdot 10^4\ \Omega$ bis $1 \cdot 10^{11}\ \Omega$
isolierend		$> 1 \cdot 10^{11}\ \Omega$

Tabelle 7.6 Widerstandsbereiche für Verpackungsmaterialien

7.6.2.2 Nicht aufladbare Folien

Es wird zwischen leitfähigen und ableitfähigen Folien unterschieden. Ableitfähige Folien bestehen in der Regel aus einer Polyethylen-Folie, die während des Herstellungsprozesses mit chemischen Mitteln, z. B. einem Antistatika, ableitfähig ausgeführt ist. Dieses Verfahren gewährleistet eine vorübergehende elektrostatische Leitfähigkeit. Der Oberflächen- oder Ableitwiderstand liegt im Bereich von $1 \cdot 10^9$ Ω und $1 \cdot 10^{11}$ Ω. Die Ableitfähigkeit ist meistens nicht dauerhaft und abhängig von der Luftfeuchtigkeit. Eine andere Methode zur Herstellung von ableitfähigen Materialien war, die Gitterstruktur des Polyethylens so zu verändern, z. B. durch Elektronenbeschuss während des Fertigungsprozesses, das ein Elektronenüberschuss entsteht. Damit ist das Material elektrostatisch leitfähig. Dieser Prozess ist sehr kostenintensiv und wird deshalb wenig oder überhaupt nicht mehr angewendet.

Für die Beurteilung der ableitfähigen Materialien muss unbedingt die Entladezeit gemessen werden. Eine weitere Notwendigkeit ist, diese Materialien mit einem Herstellungsdatum zu versehen. Dies wird bisher in keiner Norm gefordert.

Wichtig ist, dass die ableitfähigen Materialien elektrostatische Aufladungen vermeiden, vorhandene Ladungen in einer definierten Zeit ableiten und damit elektrostatisch empfindliche Bauelemente in einem ESD-Bereich schützen. Diese ableitfähigen Materialien erfüllen nicht die Eigenschaft abschirmend, d. h., sie bieten keinen Schutz gegen elektrostatische Felder. Werden elektrostatisch empfindliche Bauelemente und Baugruppen in diesem Material aus einem ESD-Bereich herausgebracht, sind die ESDS nicht mehr ausreichend gegen elektrostatische Entladungen und Felder geschützt.

Die früheren „low charging“-Materialien erfüllen diese Anforderungen nicht mehr und gehören auch nicht zu dieser Kategorie von Verpackungsmaterialien. Sie dürfen im Zusammenhang mit ESDS nicht mehr eingesetzt werden.

7.6.2.3 Leitfähige Folien

Leitfähige Folien sind in der Regel schwarz. Diese Folien werden durch einen Zusatz von Ruß oder Grafit hergestellt. Der Ableitwiderstand liegt im Bereich von etwa 10^3 Ω. Dieser niedrige Widerstand führt zum Entladen von eventuell vorhandenen Batterien oder Akkumulatoren, die auf Leiterplatten montiert sind.

Es ist eine gewisse Abschirmung gegen elektrostatische Felder vorhanden (vgl. Tabelle 7.5). Sie reicht aber nicht, wenn die elektrostatisch empfindlichen Bauelemente oder Baugruppen aus einem ESD-Bereich transportiert werden.

7.6.2.4 Elektrostatisch abschirmende Folien

Verpackungen und Beutel aus abschirmenden Folien schützen elektronische Bauelemente sehr gut vor elektrostatischen Feldern. **Bild 7.25** belegt im Vergleich zu den zwei vorgenannten Typen das gute Abschirmverhalten. Die dissipativen Folien gewährleisten prinzipiell überhaupt keinen Schutz gegen äußere elektrostatische Felder. Leitfähige schwarze Folien bieten einen etwa fünfzigprozentigen Schutz gegenüber äußeren elektrostatischen Feldern. Das Messverfahren dazu wird in Kapitel 9 beschrieben.

Bei abschirmenden Verpackungen werden verschiedene Aufbauten unterschieden:

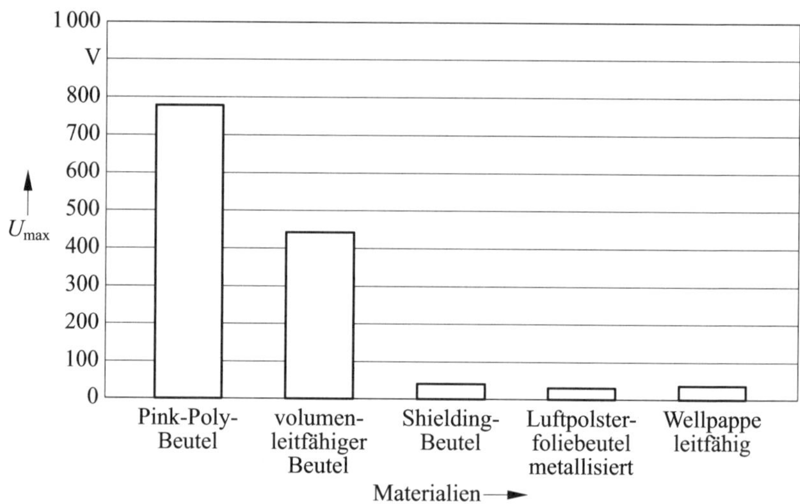

Bild 7.25 Schutzwirkung von Verpackungsbeuteln nach einer Belastung mit 1000 V

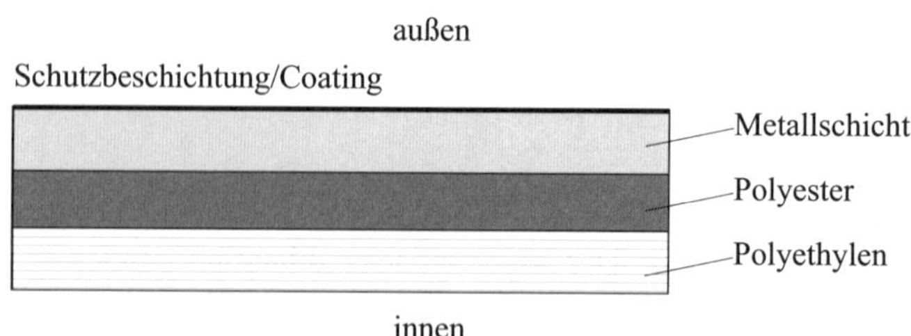

Bild 7.26 Aufbau der „Conductive Outer Layer Bags“

Folien mit außen liegender Metallschicht (Conductive Outer Layer Bags)

Die außen liegende Metallschicht – siehe **Bild 7.26** – leitet eventuell vorhandene elektrostatische Ladungen sehr schnell ab. Der Nachteil ist, dass es zu schlagartigem Entladen kommen kann, wenn geladene elektronische Bauelemente die Metallschicht berühren. Diese schnelle Entladung kann das Bauelement zerstören, weil sehr hohe Stromspitzen auftreten. Außerdem kann die meist sehr dünne Metallschicht durch das Handling beschädigt werden und dadurch ihre Schutzwirkung verlieren.

Folien mit innen liegender Metallschicht (Buried Layer Bags)

In den letzten Jahren hat sich aus oben genannten Gründen ein Aufbau durchgesetzt, bei dem die leitfähige Metallschicht zwischen zwei dissipativen Schichten liegt (**Bild 7.27**).

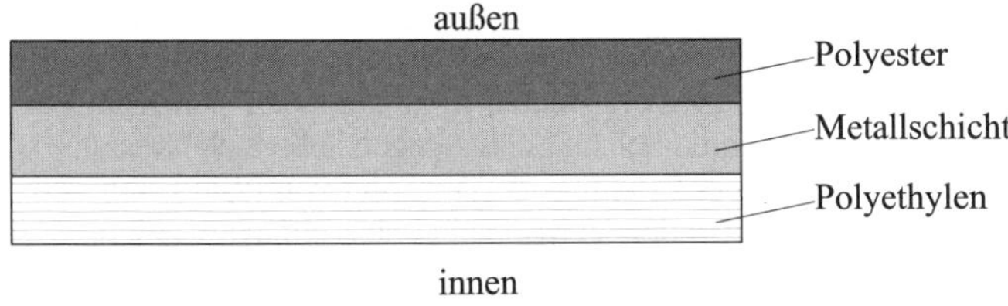

Bild 7.27 Aufbau der „Buried Layer Bags"

Die Schichtdicken betragen 10 µm bis 15 µm bei Polyester und 60 µm bis 70 µm bei Polyethylen. Als Metall wird aus Kostengründen meist Aluminium (Schichtdicke etwa 10 µm) eingesetzt. Früher kam auch Nickel bzw. für hohe Abschirmeigenschaften Kupfer in Betracht. Eventuell vorhandene elektrostatische Ladungen werden sehr langsam abgeleitet, je nach Ableitfähigkeit der äußeren Schicht. Die innere Metallschicht garantiert einen annähernd guten Faraday'schen Käfig und kann kaum beschädigt werden. Die äußeren Schichten sind dissipative. Sie verhindern, dass elektrostatische Ladungen entstehen. Dieses Konzept bietet einen sehr guten Schutz elektronischer Bauelemente und Baugruppen, wenn sie außerhalb von ESD-gerechten Bereichen transportiert oder gelagert werden.

In **Tabelle 7.7** sind die elektrischen Eigenschaften der Shielding-Materialien zusammengefasst.

Oberflächenwiderstand	außen liegende Metallschicht	innen liegende Metallschicht
Metallschicht	$10^2\ \Omega$	$50\ \Omega$ bis $100\ \Omega$
äußere Schicht	$10^2\ \Omega$	$10^8\ \Omega$ bis $10^{11}\ \Omega$
innere Schicht	$10^8\ \Omega$ bis $10^{11}\ \Omega$	$10^8\ \Omega$ bis $10^{11}\ \Omega$

Tabelle 7.7 Elektrische Eigenschaften der ESD-Shielding-Materialien

7.6.3 Versandstangen, Trays, Reels

In der Fertigung werden immer mehr vollautomatische Bestückungssysteme eingesetzt. Darum müssen elektrostatisch empfindliche Bauelemente (ESDS) in Verpackungseinheiten geliefert werden, die automatisch weiterverarbeitet werden können. Außerdem sollen die Bauelemente möglichst wenig umgepackt werden. Die älteste Variante dafür geeigneter Verpackungen sind IC-Versandstangen. In diese werden die Bauelemente beim Hersteller abgefüllt. Die Versandstange ist gleichzeitig das Transportmittel vom Hersteller zum Verarbeiter. Man unterscheidet zwei Sorten von Versandstangen: „antistatische" oder transparente und leitfähige oder schwarze. Schwarze Versandstangen sind volumenleitfähig. Diese Stangen gewährleisten auch während des Transports in unkontrollierten Bereichen einen ausreichenden Schutz gegen äußere elektrostatische Felder. Dagegen sind die sogenannten „antistatischen" Versandstangen nur nicht aufladbar. In der Regel sind diese

Stangen mit einem Antistatikmittel versehen. Dieses wirkt jedoch nur eine gewisse Zeit, dann ist es verschwunden, und die Stangen sind elektrostatisch aufladbar. Damit verhalten sich diese Verpackungseinheiten wie Pink-Poly-Beutel, d. h., sie laden sich nicht oder wenig elektrostatisch auf, aber sie gewähren keinen Schutz gegen äußere elektrostatische Felder. Werden sie trotzdem außerhalb der EPA für den Transport von ESDS eingesetzt, müssen diese zusätzlich in einer abschirmenden Verpackung untergebracht werden.

Oft verwendet man „antistatische“ oder transparente Versandstangen zum Handling in der Fertigung. Da diese Stangen aber nur behandelt sind und die Antistatikwirkung nach einer gewissen Zeit verschwunden ist, kommt es sehr oft vor, dass sie sich nach einer undefinierten Zeit elektrostatisch aufladen. Dann geschieht genau das, was vermieden werden sollte: Die Stangen erzeugen elektrostatische Felder, und damit dürfen sie in einer EPA nicht mehr eingesetzt werden. Prinzipiell sollten „antistatische“ bzw. transparente Versandstangen nur für den einmaligen Transport in die EPA benutzt werden. Für den wiederholten oder ständigen Gebrauch in einer EPA sind nur volumenleitfähige Versandstangen geeignet.

In einem ersten Untersuchungsbericht [54] wurden elektrostatische Aufladungen und Entladeströme an IC-Bausteinen gemessen, wenn sie aus einer Versandstange rutschen. Es wurde festgestellt, dass Entladeströme zwischen etwa 0,5 A und 1 A auftreten. Damit entstehen an einzelnen Pins Spannungen zwischen 50 V und 350 V. Allein durch das Herausrutschen aus Versandstangen können ESDS vorgeschädigt werden.

Inzwischen werden immer mehr ESDS auf leitfähigem Material ausgeliefert. Normalerweise ist eindeutig definiert, dass nur abschirmendes Material für die Verpackung und den Transport von ESDS eingesetzt werden darf. Abweichend davon werden ESDS von Herstellern und Dienstleistern, die ESDS auf Gurte umsortieren, anstelle von Material eingesetzt, das diese Anforderungen nicht erfüllt.

ESDS auf leitfähigen Gurten werden in normalen Papprollen transportiert und verarbeitet, oder die schwarzen leitfähigen Gurte werden nur mit Folie oder sogar nicht ESD-gerechter Folie abgedeckt.

Gurte oder Blister, die mit einem dissipativen Klebeband abgedeckt sind, erfüllen nicht die Anforderung „elektrostatisch abschirmend“. Zwei Gurtabschnitte, übereinander angeordnet, sind kein Faraday'scher Käfig. Messverfahren für die Bestimmung des Abschirmverhaltens von Gurten, Blistern und Trays gibt es nicht. Weiterhin gibt es keine Untersuchungsergebnisse. Grundsätzlich gibt es keine gültigen Standards oder keine gültigen Richtlinien für diese Art von Verpackungsmaterialien. Der seit einiger Zeit vorliegende Standard DIN EN 61340-5-3 (**VDE 0300-5-3**) ist der erste Schritt in die richtige Richtung. Er enthält allerdings nur die Definitionen und Anforderungen sowie die Klassifizierung der Verpackung für den Einsatz in den verschiedenen Bereichen, innerhalb und außerhalb der EPA. Messverfahren sind nicht enthalten.

Für die Messung des Oberflächen- und Ableitwiderstands von Gurten, Blistern und Trays gibt es Mikroproben, die sehr gute Ergebnisse liefern (siehe Kapitel 11 und Bericht [85]).

7.6.4 Wirkung von Antistatika

Wie bei IC-Versandstangen, so können auch bei anderen Anwendungen Antistatika eingesetzt werden. Diese Mittel vermeiden „nur“ das elektrostatische Aufladen der

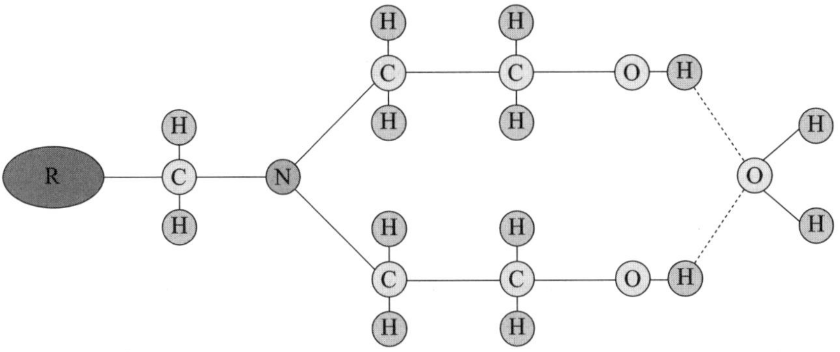

Bild 7.28 Amine Wasserstoffbindung mit Wasser

Oberfläche. Sie erzeugen selbst keine dauerhafte elektrische Leitfähigkeit. Antistatika gewährleisten also keine permanente Entladung.

Bestandteile von Antistatika sind Fettsäuren und weitere Chemikalien, die Wassermoleküle an der Oberfläche binden können. Wassermoleküle werden aus der Umgebungsluft aufgenommen und gehen eine zeitlich begrenzte chemische Bindung mit den an der Oberfläche vorhandenen salzhaltigen OH-Verbindungen ein. Je nach Umgebungsbedingungen (relative Luftfeuchtigkeit und Temperatur) gehen die antistatischen Eigenschaften mit der Zeit „verloren". Werden die mit einem Antistatikum behandelten Oberflächen mit feuchten Tüchern o. ä. feuchten Medien gereinigt, wird auch das Antistatikum verdünnt bzw. entfernt.

Bild 7.28 zeigt den prinzipiellen Aufbau einer aminen Wasserstoffbindung, die Wassermoleküle anlagern kann. Daraus entsteht dann ein „permament" ableitfähiges Material (**Bild 7.29**). Permament bedeutet dauerhaft über einen begrenzten Zeitraum.

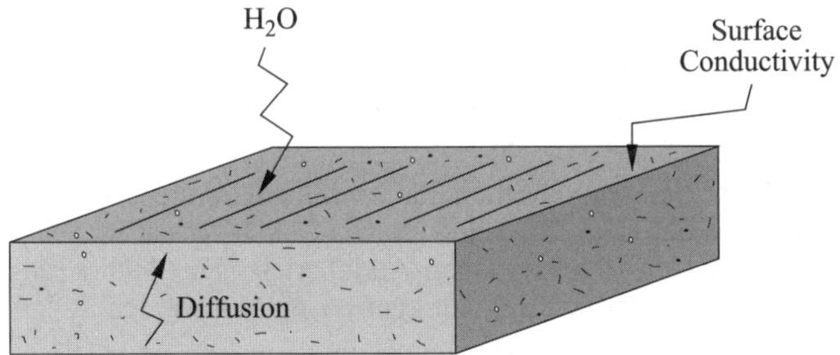

Bild 7.29 Ableitfähiger „Polymer Static Dissipative"-Mechanismus

Antistatika können zum vorübergehenden Abbau elektrostatischer Feldern auf Plexiglas-Abdeckungen und anderen nicht leitfähigen Kunststoffen eingesetzt werden. Bei einer feuchten Reinigung der Flächen sollten dem Reinigungsmittel Antistatika zugesetzt werden.

7.7 Aufgaben und Kontrollfunktionen eines ESD-Koordinators – Überprüfungsrichtlinien

Alle ESD-Kontrollmaßnahmen müssen regelmäßig kontrolliert werden. Ist eine ESD-Kontrollmaßnahme nicht mehr wirksam, kann es vorkommen, dass die gesamten Kontrollmaßnahmen hinfällig werden, d. h., ESDS können gerade an dieser Unterbrechungsstelle geschädigt werden.

Für diese Aufgaben sind ESD-Koordinatoren durch das Management zu benennen. Eine Grundvoraussetzung ist die Schulung und Unterweisung des Personals. Das Personal ist die größte und gefährlichste Quelle für elektrostatische Ladungen und muss Verständnis für ESD-Kontrollmaßnahmen entwickeln. Jeder Mitarbeiter muss seinen Arbeitsplatz und sich selbst kontrollieren.

Die Funktion des ESD-Koordinators wird durch die Normen DIN EN 61340-5-1 (**VDE 0300-5-1**) und DIN EN 61350-5-1 Beiblatt 1 (**VDE 0300-5-1 Beiblatt 1**) [7, 8] besonders unterstützt. Der ESD-Koordinator muss die Durchführung und die Wirksamkeit der ESD-Kontrollmaßnahmen überprüfen, diese aber nicht in den verschiedenen Bereichen realisieren.

Voraussetzung für die Funktion eines ESD-Koordinators ist die fachlich fundierte Ausbildung auf diesem speziellen Gebiet der Elektrotechnik. Er muss die Grundprinzipien des Entstehens und der Wirkung elektrostatischer Ladungen verstehen. Nur dadurch kann er entscheiden, welche ESD-Kontrollmaßnahmen in den speziellen Bereichen umgesetzt werden müssen. Gleichzeitig muss der ESD-Koordinator die Bereichsverantwortlichen, Meister u. Ä. anleiten können. Regelmäßige Schulungen der ESD-Verantwortlichen in den Bereichen, Abteilungen usw. werden durch den ESD-Koordinator durchgeführt.

Um die ESD-Kontrollmaßnahmen realisieren zu können, sind spezielle, firmeninterne Vorschriften für ESD-Kontrollmaßnahmen sinnvoll. In diesen Unterlagen werden neben den ESD-Kontrollmaßnahmen auch Prüfkriterien, Messmethoden und eventuell Materialspezifikationen festgehalten.

Der ESD-Koordinator kontrolliert und auditiert die einzelnen Bereiche mit den Bereichsverantwortlichen auf der Grundlage der internen ESD-Vorschrift. Dazu erstellt er einen Auditplan und im Ergebnis einen Auditbericht. Die Auditierung kann gemäß der Norm auch von externen Einrichtungen ausgeführt werden.

Folgende Grundsätze und Bereiche sind in die Begutachtung einzubeziehen [5]:

- Welche Bauelemente (ESDS) werden eingesetzt, wie empfindlich sind diese?

- Welche Einrichtungen und Hilfsmittel werden verwendet?
- Welche Werkzeuge und Ausrüstungen werden eingesetzt?

Zu begutachten sind:

- ESD-Arbeitsplätze und -Bereiche
- Arbeitsabläufe, Handhabungstechniken, Fertigungsprozesse
- Personal
- ESD-Verpackungsmaterial
- Wareneingang, Eingangskontrolle
- Einkauf, Beschaffung
- Transport

Einige grundlegende Fragestellungen sind bei der Auditierung zu beachten:

Einrichtungen
• Wird die relative Luftfeuchtigkeit kontrolliert und protokolliert?
• Werden die Geräte für die Kontrolle der Luftfeuchtigkeit überprüft?
• Wie werden die ESDS gehandhabt, wenn die Luftfeuchtigkeit unter dem zulässigen Grenzwert liegt?
• Sind die ESD-Bereiche eindeutig abgegrenzt und gekennzeichnet?
• Sind alle ESD-Arbeitsplätze, die überprüft werden, auch entsprechend gekennzeichnet?
• Sind Personen-Erdungssysteme (Handgelenk-Erdungsarmbänder, Kabel und Erdungspunkte) vorhanden?
• Werden die Kontrollgeräte für Handgelenk-Erdungsarmbänder und Schuhe regelmäßig überprüft und kalibriert?
• Ist der ESD-gerechte Fußboden funktionsfähig?
• Ist das Personal geschult?

Werkzeuge und Einrichtungen
• Sind die Metallgestelle ordnungsgemäß geerdet?
• Sind die Erdungsanschlusspunkte für die Handgelenk-Erdungsarmbänder und Spiralkabel funktionsfähig und gekennzeichnet?
• Sind Ionisatoren funktionsfähig? Wurden diese überprüft?
• Sind Lötstationen mit einem ESD-Erdungsanschluss ausgerüstet, und ist dieser mit dem Potentialausgleich/Erdungsanschlusspunkt verbunden?
• Sind Materialien vorhanden, die eventuell elektrostatische Ladungen erzeugen können?
• Sind Geräte und Maschinen (Monitore usw.) ausreichend weit entfernt von ESDS aufgestellt (> 1 m)?

ESD-Arbeitsplätze und -Bereiche
• Sind ESD-Arbeitsplätze gekennzeichnet? • Ist die Zertifizierung der ESD-Arbeitsplätze aktuell? Wann erfolgte die letzte Überprüfung? • Ist der ESD-Bereich eindeutig gekennzeichnet, und ist das Personal entsprechend unterwiesen? • Sind Handgelenk-Erdungsarmbänder, Spiralkabel und Erdungsanschlusspunkte an allen Arbeitsplätzen vorhanden? Sind die Anschlusspunkte gekennzeichnet? • Wurden alle Materialien von den Arbeitsplätzen entfernt, die zu elektrostatischen Aufladungen führen können? • Sind Materialien nicht zu vermeiden, die elektrostatische Aufladungen erzeugen (z. B. Gehäuseteile), wurden Maßnahmen zum Abbau der elektrostatischen Aufladungen vorgesehen (Ionisatoren)? • Werden Hilfsmittel, z. B. Flaschen, Behälter, Klebebänder, eingesetzt, die elektrostatische Ladungen erzeugen können? • Ist die Abgrenzung des ESD-Bereichs klar definiert? • Sind die Erdungsanschlusspunkte deutlich gekennzeichnet? Sind alle Erdungsanschlusspunkte an einen gemeinsamen Potentialausgleich angeschlossen? • Sind an den ESD-Arbeitsplätzen Anschlusspunkte für weitere Personen vorhanden, Besucher usw.?

Personal
• Wird in Bereichen mit ESD-gerechtem Fußboden das richtige Schuhwerk getragen? • Wird das ESD-gerechte Schuhwerk regelmäßig überprüft? • Ist das Personal an den ESD-Arbeitsplätzen ordnungsgemäß über das Handgelenk-Erdungsarmband mit dem Erdungsanschlusspunkt verbunden? • Wird das Handgelenk-Erdungsarmband regelmäßig überprüft, oder sind die vorhandenen Monitorsysteme funktionsfähig? • Sind die vorhandenen Geräte zur Überprüfung der Handgelenk-Erdungsarmbänder und des Schuhwerks funktionsfähig, und wann wurden diese das letzte Mal überprüft? • Werden die vorhandenen Handgelenk-Erdungsarmbänder und Spiralkabel ausgetauscht, wenn sie nicht mehr voll funktionsfähig sind? • Wird die ESD-gerechte Bekleidung regelmäßig überprüft und ausgetauscht? • Sind vorhandene Handschuhe und Fingerlinge geprüft und freigegeben worden? • Sind die vorhandenen Personenausrüstungen überprüft und freigegeben? • Ist das Personal geschult worden? Werden regelmäßige Schulungen durchgeführt? Wird neu eingestelltes Personal bei der Einstellung geschult?

Alle ESD-Kontrollmaßnahmen müssen in festgelegten Zeiträumen überprüft werden. Je nach den vorhandenen ESDS und den entsprechenden ESD-Kontrollmaßnahmen sind diese Zeiträume festzulegen, empfehlenswert sind Zeiträume, die nicht länger als ein Jahr sind. Die Zeiträume bzw. Intervalle sind in der firmeninternen Richtlinie festzuhalten. Die Überprüfungen selbst sind entsprechend zu dokumentieren, damit eventuelle Fehler an ESDS später analysiert werden können.

7.8 ESD-Kontrollsystem (ECS) – 5-Stufen-Plan

Aus der Überlegung heraus, optimale ESD-Maßnahmen effizient in einer Elektronikfertigung einzuführen, entstand der folgende 5-Stufen-Plan. Ausgehend von der kompletten Umsetzung aller ESD-Kontrollmaßnahmen, die in den Normen DIN EN 61340-5-1 (**VDE 0300-5-1**)und ANSI/ESD S20.20 vorgeschrieben sind, ergaben sich bessere und vor allem optimale Lösungsansätze für die verschiedensten Elektronikfertigungen. Im Ergebnis entstand ein ESD-Kontrollsystem (ECS) oder auch ESD-Kontrollprogramm (ECP), das an viele Elektronikfertigungen angepasst werden kann. Das folgende ESD-Kontrollsystem besteht aus fünf Stufen:

1. Analyse der ESD-Empfindlichkeit der vorhandenen ESDS und der bisher vorhandenen ESD-Ausrüstungen
2. Erarbeitung eines Konzepts für die notwendigen ESD-Kontrollmaßnahmen und die Erstellung des eigentlichen ESD-Kontrollsystems
3. Training des Personals
4. Einführung des neuen oder veränderten ESD-Kontrollsystems
5. Überprüfung des ESD-Kontrollsystems

1. Stufe

Der erste Schritt ist die Analyse der Fertigung. Welche elektronischen Bauelemente und Baugruppen werden verarbeitet? Wie hoch ist die ESD-Empfindlichkeit? Dafür gibt es normalerweise Angaben der Halbleiterhersteller. Im Zweifel muss angefragt werden, welchen elektrostatischen Entladungen die elektronischen Bauelemente standhalten. Die Hersteller sind verpflichtet, diese Angaben in ihren Datenblättern aufzuführen. Zu beachten ist, nach welchem Fehlermodell die elektronischen Bauelemente getestet wurden. Typischerweise werden nur die Grenzwerte nach dem Testmodell „Human Body Model“ (HBM) angegeben. Wichtig wäre eine Aussage, ob auch nach einem „Charged Device Model“ (CDM) getestet wurde. Den Menschen können wir heute weitestgehend „ESD-konform“ ausführen, die Maschinen und Anlagen aber nicht. Hier werden die meisten ESD-Gefährdungen und -Ausfälle registriert. Das liegt einmal daran, dass sich die elektronischen Bauelemente selbst elektrostatisch aufladen, die Leiterplatten grundsätzlich elektrostatisch aufgeladen und die Maschinen „nur elektrisch geerdet“ sind. Für Maschinen und Anlagen fordern die derzeit vorhandenen gültigen Normen nur eine Erdung aller Teile der

Maschine und die Verwendung von nicht aufladbaren Materialien. Das ist nicht ausreichend.

Bei der Analyse der bisherigen ESD-Ausrüstungen muss genau darauf geachtet werden, an welchen Arbeitsplätzen die ESDS verarbeitet und wie sie gehandhabt werden. Grundsätzlich sind nur ESD-Kontrollmaßnahmen notwendig, wenn ESDS präsent sind. Gleichzeitig wird die Fertigung nach bereits bestehenden ESD-Kontrollmaßnahmen überprüft. Sind diese funktionstüchtig und erfüllen diese ihre ESD-Anforderungen, so werden alle Arbeitsplätze und Prozessschritte untersucht. Dabei wird festgestellt, an welchen Plätzen, Stationen usw. elektronische Bauelemente und Baugruppen verarbeitet werden. Als nächstes werden diese Stationen näher untersucht. Werden die gefundenen ESDS offen oder geschlossen verarbeitet, d. h., sind die ESDS für das Personal zugängig, werden Arbeitsgänge mit ihnen durchgeführt, werden sie eingesetzt oder ausgebaut, oder werden sie geprüft oder getestet.

An Arbeitsstationen, an denen keine ESDS vorhanden sind oder bearbeitet werden, d. h. die Geräte geschlossen sind, sind keine oder nur wenige ESD-Maßnahmen notwendig. Zu beachten ist, dass elektrostatische Ladungen auch über Anschlüsse, z. B. Sensoreingänge, eingespeist werden können. Nachdem die Stationen festgelegt wurden, sind weitere Betrachtungen notwendig. Als nächstes wird geprüft, wie ESDS angeliefert und weiterverarbeitet werden. Dazu einige Fragestellungen:

- Wie werden die ESDS gelagert?
- Wie werden die ESDS verarbeitet?
- Wie sind das Handling und der Arbeitsablauf?
- Erfolgt eine Trennung der ESDS von anderen Bauelementen und Baugruppen?
- Werden ESDS weitertransportiert?
- Ist die Kennzeichnung so, dass jeder Mitarbeiter sehen kann, dass es sich um ESDS handelt?

Für jeden Arbeitsplatz oder jede Station können sich ähnliche Fragestellungen ergeben. Die Ergebnisse der Analyse werden aufgenommen. Daraus wird im nächsten Schritt ein ESD-Kontrollprogramm erstellt. Durch diese Analyse wird verhindert, dass „unnötige“ ESD-Kontrollmaßnahmen installiert werden, z. B. an mechanischen Arbeitsplätzen, an denen keine ESDS vorhanden sind. Natürlich muss ausgeschlossen werden, dass zu keinem Zeitpunkt ESDS vorhanden sein werden, also auch nicht in Ausnahmefällen.

Nur ein optimaler Einsatz von ESD-Kontrollmaßnahmen führt zu einem verbesserten ESD-Schutz der ESDS. Die folgenden Stufen oder Schritte führen zu einem optimalen ESD-Kontrollsystem. Sie entstammen jahrelanger praktischer Erfahrungen aus der Beurteilung der verschiedensten Ausführungen von Elektronikfertigungen. Zwei Grundsätze müssen unbedingt genannt werden:

- **Nur ein durchgängiges ESD-Kontrollsystem gewährleistet einen umfassenden Schutz elektronischer Bauelemente und Baugruppen vor elektrostatischen Ladungen.**
- **Das Handgelenkband ist die beste Möglichkeit zur Erdung von Personen.**

Aus dieser Analyse der vorhandenen ESD-Ausrüstungen und der ESD-Empfindlichkeit entsteht dann das ESD-Kontrollprogramm (Stufe 2).

2. Stufe – Erarbeitung des ESD-Kontrollprogramms (ECP)

Nach einer umfassenden Analyse des kompletten Fertigungsprozesses und der elektronischen Bauelemente und Baugruppen (ESDS), die dort verarbeitet werden, wird ein ESD-Kontrollprogramm erstellt. Alle notwendigen Arbeitsplätze und Stationen, an denen ESD-Kontrollmaßnahmen realisiert werden müssen, werden aufgelistet. Jeder einzelne Arbeitsplatz bekommt zusätzlich eine Liste mit notwendigen ESD-Maßnahmen. Dabei ist es sinnvoll, zum einen Sofortmaßnahmen und zum anderen ergänzende Maßnahmen aufzulisten. Zum ESD-Kontrollprogramm gehören folgende Schwerpunkte:

- Personenausrüstungen (Handgelenkband, Bekleidung, Schuhe)
- Arbeitsplatzsysteme (Tische, Tischmatten, Erdungssystem)
- Arbeitsbereiche (Stühle, Fußboden, Abgrenzungen, Kennzeichnungsschilder)
- Lager- und Transportsysteme, Regale
- Mess- und Kontrollsysteme für die Überprüfung der Personenausrüstungen
- Widerstandsmesssystem, Feldstärkemesseinrichtung

Das ESD-Kontrollprogramm beinhaltet örtliche ESD-Kontrollmaßnahmen sowie die Anforderungen an die Ausrüstungen und das Material. Das ESD-Kontrollprogramm ist so zu strukturieren, dass es stufenweise eingeführt werden kann.

Besonders wichtig ist es, die technischen Daten der vorhandenen und neu zu installierenden ESD-Ausrüstungen zu überprüfen. Es gibt ESD-Ausrüstungen, die sind als ESD-gerecht gekennzeichnet, erfüllen aber nicht unbedingt die ESD-Anforderungen. Permanent elektrostatisch ableitfähig ist z. B. auch nicht gleich permanent, d. h., es ist nicht genau definiert, was permanent bedeutet. Grundsätzlich ist davon auszugehen, dass Materialien, die mit „permanent" gekennzeichnet sind, ihre ESD-Eigenschaften maximal fünf Jahre gewährleisten. Vorhandene ESD-Kontrollmaßnahmen sind messtechnisch zu überprüfen. Geht das nicht, müssen die Eigenschaften durch einen Dritten überprüft werden.

3. Stufe – Schulung der Mitarbeiter

Bevor ESD-Kontrollmaßnahmen eingeführt werden, sind unbedingt die Mitarbeiter zu unterweisen. Nur so wird zukünftig bewusst mit den erforderlichen ESD-Kontrollmaßnahmen umgegangen. Die Akzeptanz der Mitarbeiter für die ESD-Kontrollmaßnahmen steigt an. Schwerpunkte der Schulung müssen dabei folgende Themen sein:

- die Entstehung elektrostatischer Ladungen und Entlademechanismen
- ESD-Schäden von elektronischen Bauelementen und Baugruppen
- ESD-Kontrollsystem
- Handhabungsvorschriften
- Sicherheitsanforderungen
- Überprüfungsmethoden, tägliche Überprüfung von Handgelenkbändern und Schuhen

Die Einweisung der Mitarbeiter muss dokumentiert werden. In festgelegten Abständen muss die Unterweisung wiederholt oder aufgefrischt werden. Neue Arbeitspraktiken oder neue ESD-Kontrollmaßnahmen müssen den Mitarbeitern erklärt werden. Für neu eingestellte Mitarbeiter ist eine Erstunterweisung durchzuführen. Auch administrative Abteilungen, wie der Einkauf, müssen in die Schulung einbezogen werden.

Die Schulung wird vom ESD-Koordinator oder einer beauftragten Person durchgeführt und dokumentiert. Erst danach werden die ESD-Kontrollmaßnahmen eingeführt.

4. Stufe – Einführung der ESD-Kontrollmaßnahmen

Nachdem das ESD-Kontrollprogramm festgelegt wurde und die Mitarbeiter unterwiesen sind, kann damit begonnen werden, die ESD-Kontrollmaßnahmen in der Fertigung oder am Arbeitsplatz umzusetzen. Die notwendigen Maßnahmen und die Anforderungen werden in Tabelle 10.2 und Tabelle 10.3 beschrieben.

Die neuen Normen DIN EN 61340-5-1 (**VDE 0300-5-1**) und ANSI/ESD S20.20-2014 verlangen hier große Eigenverantwortung der Unternehmen. Früher war alles vorgeschrieben, und die Umsetzung aller ESD-Kontrollmaßnahmen war notwendig. Nach neuesten Erkenntnissen muss die Firma selbst ihre ESD-Kontrollmaßnahmen festlegen. Problematisch ist das für Unternehmen, die hauptsächlich für andere Firmen als Dienstleister oder EMS arbeiten. Jeder Kunde kann dann die Umsetzung seines ESD-Kontrollprogramms verlangen. Diese können aber sehr unterschiedlich sein.

5. Stufe – Überprüfung der ESD-Kontrollmaßnahmen und Inbetriebnahme

Bevor der komplette ESD-Bereich oder der ESD-Arbeitsplatz in Betrieb genommen werden kann, ist eine Überprüfung der notwendigen Parameter der installierten ESD-Ausrüstungen und ESD-Kontrollmaßnahmen erforderlich. Die Tabelle 10.1 gibt eine Übersicht über die zurzeit gültigen Mess- und Prüfmethoden. Erst wenn alle Anforderungen in Ordnung sind, alle ESD-Ausrüstungen an das Erdungs- bzw. Potentialausgleichssystem angeschlossen sind, darf der ESD-Bereich benutzt werden. Das gilt auch, wenn Veränderungen vorgenommen wurden. Die Überprüfung erfolgt durch den ESD-Koordinator. Die Überprüfung sowie alle Parameter und die Messergebnisse müssen protokolliert werden.

Werden ESDS zugeliefert oder bei Subunternehmern gefertigt, dann muss diese Firma die ESD-Anforderungen ebenfalls erfüllen. Wurden diese nicht dokumentiert, dann kann der ESD-Koordinator eine Überprüfung anordnen. Der Subunternehmer muss ein entsprechendes Überprüfungsprotokoll vorlegen. Jedes Unternehmen, das mit ESDS arbeitet, muss zukünftig ein ESD-Kontrollprogramm eingeführt haben.

Das vorgestellte 5-Stufen-Programm bildet die Basis für weitere ESD-Kontrollprogramme. Grundprinzip ist immer, ein durchgängiges ESD-Kontrollsystem einzuführen. Nur so können die ESDS umfassend geschützt werden. Das ESD-Kontrollsystem zeigt aber auch, dass zu Beginn ein höherer Aufwand in Stufe 1 notwendig ist, was sich aber bei der Realisierung und Umsetzung des ESD-Kontrollprogramms dann positiv auswirkt. Nur die optimalen Lösungen werden umgesetzt. Das ESD-Kontrollsystem ist insgesamt effektiv und kostenoptimal.

8 Technische Merkblätter für den ESD-Komplex

In den folgenden Merkblättern (B01/2017 bis B07/2017) werden die grundlegenden Anforderungen an Materialien und Ausrüstungen, die für diese Bereiche geeignet sind, nochmals zusammengefasst und definiert. Die Arbeitsblätter sollen als Vorlagen für die Erarbeitung interner Arbeitsanweisungen und zur Überprüfung der ESD-Kontrollmaßnahmen verwendet werden. Im konkreten Fall heißt das, dass die spezifischen Anforderungen noch einzuarbeiten sind.

Die angegebenen Widerstandswerte wurden der Norm DIN EN 61340-5-1 [7] **(VDE 0300-5-1)** entnommen. Einige fehlende Angaben zu den Widerstandswerten werden nicht definiert. Erklärungen dazu sind in den Kapiteln 10 und 11 zu finden.

Bei Fußböden (B02/2008) werden keine unteren Ableitwiderstandswerte definiert. In der Anmerkung wird aber auf den Personenschutz hingewiesen. Hier muss man ganz einfach davon ausgehen, dass die Personen ESD-gerechte Schuhe tragen. Das heißt, der eigentliche Ableitwiderstand ergibt sich aus der Summe der Werte von Person, Schuhwerk und Fußboden. Für eine langsame und für ESDS gefahrlose Ableitung elektrostatischer Ladungen wird hier der untere Widerstandswert von meist $10^6\ \Omega$ erreicht. In der Regel wird zusätzlich der Oberflächenwiderstand als Materialeigenschaft definiert. Betrachtet man Oberflächenwiderstand und Ableitwiderstand gemeinsam, wird die genannte Forderung eingehalten.

Dasselbe gilt für Stühle (B03/2017); bei diesen wird der untere Widerstandswert durch den Personenschutz bestimmt, wenn erforderlich.

Bei ESD-gerechter Arbeitsbekleidung (B05/2017) wird kein Ableitwiderstand definiert. Die Bekleidung wirkt als „Abschirmung“ oder dient der „Abdeckung“ von elektrostatischen Ladungen. Elektrostatische Ladungen können nicht kontrolliert zum Erdungsanschlusspunkt abfließen. Diese Ableitung wäre nur gegeben, wenn eine direkte Verbindung, z. B. Erdungskabel, bestehen würde. Für ESD-gerechte Bekleidung ist dies aber nicht realisierbar. Eine andere Möglichkeit besteht in einem ständigen Hautkontakt, Voraussetzung wäre hier zusätzlich eine ständiger Kontakt zum Fußboden über ESD-gerechte Schuhe. Auch dieser Kontakt wird nicht vollständig gewährleistet.

Technisches Merkblatt		Fassung: B01/2017
ESD-gerechte Arbeitsoberfläche **Anforderungen/Ausführung** Die Arbeitsoberfläche ist so auszuführen, dass elektrostatische Aufladungen gefahrlos abgeleitet werden. Die Arbeitsoberfläche kann aus einem ableitfähigen Belag, einer volumenleitfähigen Tischplatte oder einer ableitfähigen Beschichtung bestehen. Die elektrischen Eigenschaften müssen dauernd/permanent vorhanden sein.		
Prüfparameter	am ESD-Arbeitsplatz	**Ableitwiderstand**
	unterer Grenzwert oberer Grenzwert	[1)] $1 \cdot 10^9\ \Omega$
	für Materialprüfungen	**Oberflächenwiderstand**
	unterer Grenzwert oberer Grenzwert	$1 \cdot 10^4\ \Omega$ $1 \cdot 10^9\ \Omega$
	Ableitzeit	oberhalb $10^9\ \Omega$: < 2 s
Messverfahren	DIN EN 61340-2-3 **(VDE 0300-2-3)**	
Messgerät/ Messparameter	Prüfspannung	100 V
Messvorschrift und Anordnung der Messpunkte auf der Arbeitsoberfläche: **Bild B01/1** Messen des Ableitwiderstands gegenüber Schutzleiter **Bild B01/2** Messen des Ableitwiderstands gegen einen Erdungsanschlusspunkt **Bild B01/3** Messen des Oberflächenwiderstands		
Anmerkungen/Besonderheiten 1. Ein unterer Grenzwert ist nur erforderlich für Situationen, in denen eine Schädigung durch das CDM zu erwarten ist. In diesem Fall muss der Oberflächen- oder Punkt-zu-Punkt-Widerstand mindestens $1 \cdot 10^4\ \Omega$ betragen 2. Für das Überprüfen der ESD-gerechten Ausführung genügt es, den Ableitwiderstand zu messen. Damit wird gleichzeitig die Funktion des Arbeitsplatzes nachgewiesen, d. h. festgestellt, ob vorhandene elektrostatische Aufladungen abgeleitet werden können. 3. Die Methode, den Oberflächenwiderstand zu messen, wird nur bei der Bewertung von Materialeigenschaften angewandt. Sie genügt nicht für den Nachweis der Funktion eines ESD-gerechten Arbeitsplatzes. Zum Beispiel könnte bei fehlender Verbindung zum Erdungsanschlusspunkt ein Oberflächenwiderstand gemessen werden, elektrostatische Ladungen können aber nicht abfließen. Der Arbeitsplatz ist dann nicht ESD-gerecht. 4. Gemäß Definition der Widerstände sind keine Metalloberflächen oder ähnliche sehr gut leitfähige Materialien zulässig.		

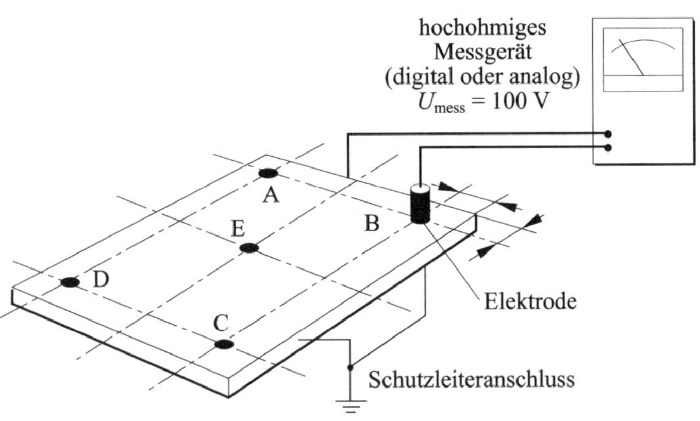

Bild B01/1
Messen des Ableitwiderstands gegenüber Schutzleiter. Zylindrische Elektrode. Messpunkte: E Mittelpunkt Tischoberfläche; A, B, C, D Abstand vom Rand 50 mm + halber Elektrodendurchmesser

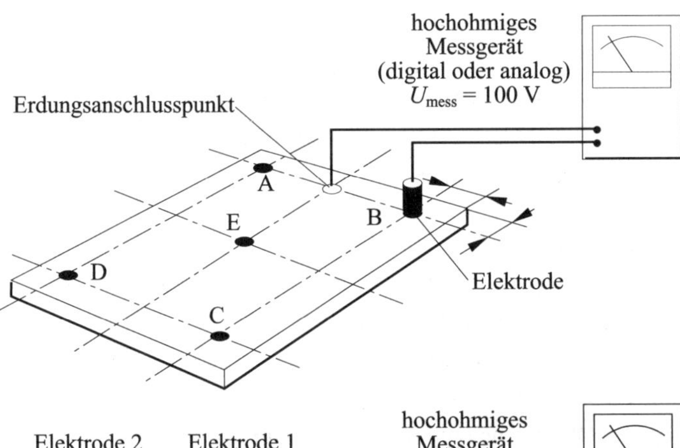

Bild B01/2
Messen des Ableitwiderstands gegen einen Erdungsanschlusspunkt. Zylindrische Elektrode. Messpunkte: E Mittelpunkt Tischoberfläche; A, B, C, D Abstand vom Rand: 50 mm + halber Elektrodendurchmesser

Bild B01/3
Messen des Oberflächenwiderstands. Zwei zylindrische Elektroden. Messpunkte: A–A und B–B, Abstand zwischen den Elektroden 15 cm – MP – 15 cm; C–D Abstand vom Rand: 50 mm + halber Elektrodendurchmesser. MP Mittelpunkt Arbeitsoberfläche. Gemessen wird vom Mittelpunkt der einen zum Mittelpunkt der anderen Elektrode

Technisches Merkblatt		Fassung: B02/2017
ESD-gerechter Fußboden		
Anforderungen/Ausführung		
Der Fußboden ist so auszuführen, dass elektrostatische Aufladungen gefahrlos abgeleitet werden. Der Fußboden kann aus einem fest verlegten ableitfähigen Belag, einer lose verlegten ableitfähigen Bodenmatte oder einer ableitfähigen Beschichtung bestehen. Die elektrischen Eigenschaften müssen dauernd/permanent vorhanden sein.		
Prüfparameter		**Ableitwiderstand**
	unterer Grenzwert	1)
	oberer Grenzwert	$1 \cdot 10^9\ \Omega$
	für Materialprüfungen	**Oberflächenwiderstand**
	unterer Grenzwert	1)
	oberer Grenzwert	$1 \cdot 10^9\ \Omega$
Messverfahren	DIN EN 61340-4-1 **(VDE 0300-4-1)**	
Messgerät/ Messparameter	Prüfspannung	100 V
1) Der untere Grenzwert wird durch den Personenschutz bestimmt.		
Messvorschrift und Anordnung der Messpunkte auf der Fußbodenoberfläche:		
Bild B02/1 Messen des Ableitwiderstands gegenüber Schutzleiter		
Bild B02/2 Messen des Ableitwiderstands gegen einen Erdungsanschlusspunkt		
Bild B02/3 Messen des Oberflächenwiderstands von verlegten Fußböden		
Bild B02/4 Messen des Oberflächenwiderstands an Materialproben		
Bild B02/5 Messen des Volumenwiderstands an Materialproben		
Anmerkungen/Besonderheiten		
1. Zum Überprüfen der ESD-gerechten Ausführung genügt Messen des Ableitwiderstands. Damit wird gleichzeitig die Funktion des Fußbodens, d. h. ob eventuell vorhandene elektrostatische Aufladungen abgeleitet werden können, nachgewiesen.		
2. Das Messen des Oberflächenwiderstands wird nur beim Bewerten von Materialeigenschaften angewandt. Es genügt nicht für den Nachweis der Funktion eines ESD-gerechten Fußbodens. Zum Beispiel könnte bei fehlender Verbindung zum Erdungsanschlusspunkt ein Oberflächenwiderstand gemessen werden, elektrostatische Ladungen können aber nicht abfließen. Der Fußboden ist nicht ESD-gerecht.		

3. Wird das System Fußboden – Schuhwerk als Hauptmaßnahme zur Personen-Erdung verwendet, muss der Widerstand der Kombination kleiner $1 \cdot 10^9\ \Omega$ betrgen. Begründete Abweichungen sind durch den ESD-Koordinator zu begründen.
4. Zusätzlich muss die Personenaufladung (Body Voltage) ermittelt werden. Diese darf nicht höher als 100 V sein. Auch hier können begründete Abweichungen vom ESD-Koordinator festgelegt werden. 5. Leitfähige Epoxidharzböden erfüllen nicht unbedingt DIN EN 61340-5-1 (**VDE 0300-5-1**), vgl. Kapitel 11.

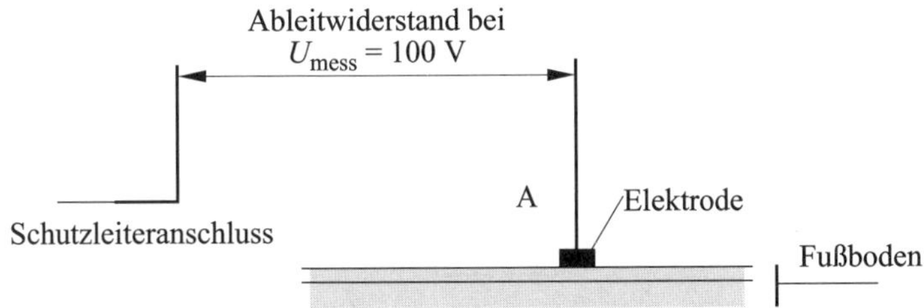

Bild B02/1 Messen des Ableitwiderstands gegenüber Schutzleiter bei verlegtem Fußboden. Zylindrische Elektrode; Anordnung der Messpunkte A, …: Mindestens ein Messpunkte pro 100 m^2, aber mindestens sechs Messpunkte bei einem Fußboden kleiner 100 m^2 [43]

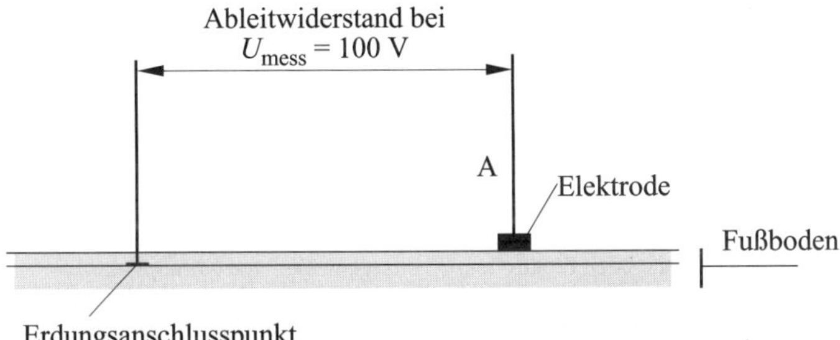

Bild B02/2 Messen des Ableitwiderstands gegen einen Erdungsanschlusspunkt bei verlegtem Fußboden. Zylindrische Elektrode; Anordnung der Messpunkte A, …: Mindestens ein Messpunkte pro 100 m^2, aber mindestens sechs Messpunkte bei einem Fußboden kleiner 100 m^2 [43]

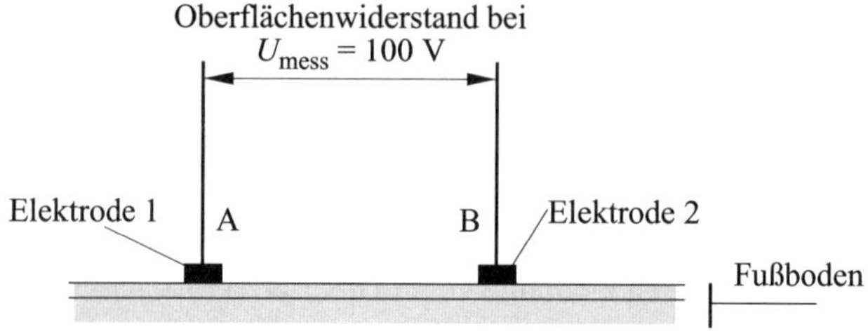

Bild B02/3 Messen des Oberflächenwiderstands von verlegten Fußböden. Zylindrische Elektroden (1, 2); Messpunkte A, B; Abstand zwischen den Elektroden: 30 cm (gemessen von Mittelpunkt zu Mittelpunkt der Elektroden); Mindestens ein Messpunkte pro 100 m^2, aber mindestens sechs Messpunkte bei einem Fußboden kleiner 100 m^2 [43]

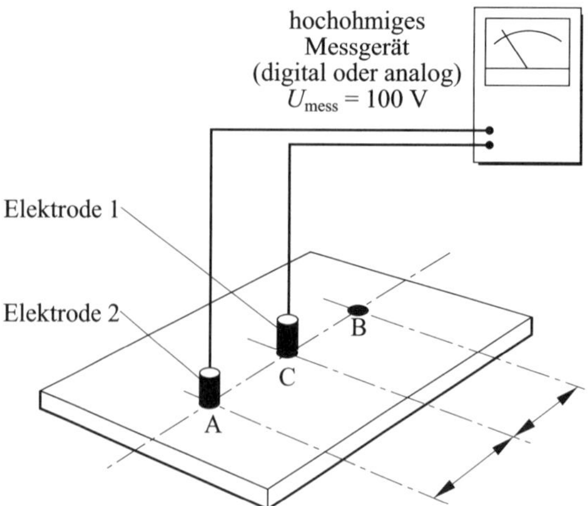

Bild B02/4 Messen des Oberflächenwiderstands an Materialproben. Zylindrische Elektroden (1, 2); Messpunkte A–C, B–C; Abstand zwischen den Elektroden: 30 cm (gemessen von Mittelpunkt zu Mittelpunkt der Elektroden); C Mittelpunkt der Probe; Probengröße minimal 500 mm × 500 mm, maximal 500 mm × 1200 mm. Bei Messungen an Proben muss die Probe nach Herstellerangaben vorbereitet und verlegt werden

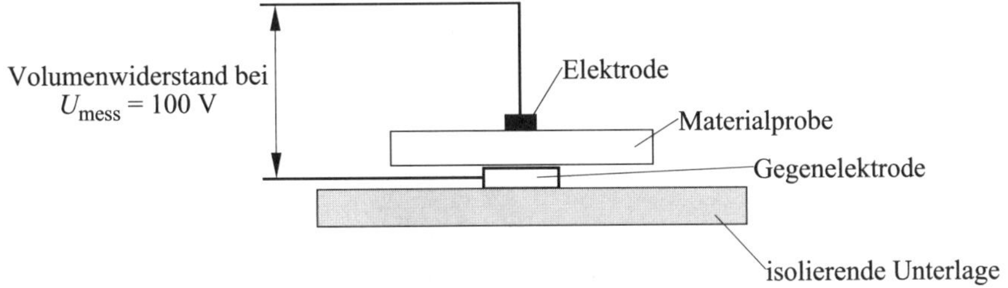

Bild B02/5 Messen des Volumenwiderstands an Materialproben. Zylindrische Elektrode; Gegenelektrode Ø 80 cm bis 100 cm mit leitfähigem Gummi; isolierende Unterlage mit $R_V > 1 \cdot 10^{12}\ \Omega$; Probengröße minimal 500 mm × 500 mm, maximal 500 mm × 1200 mm. Bei Messungen an Proben muss die Probe nach Herstellerangaben vorbereitet und verlegt werden [43]

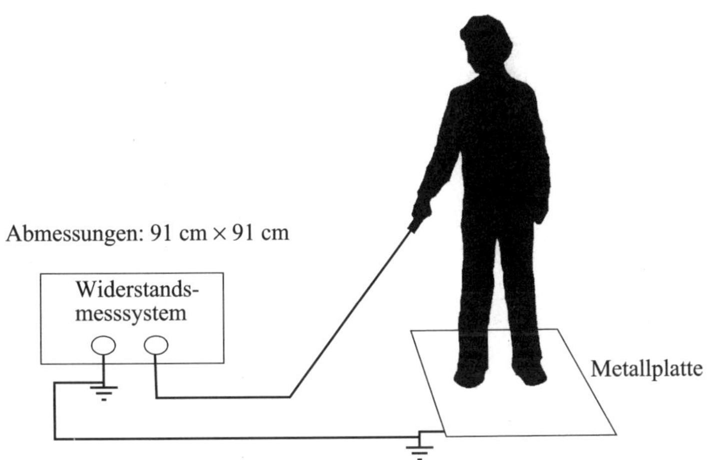

Bild B02/6 Messung des Systemwiderstands [88]

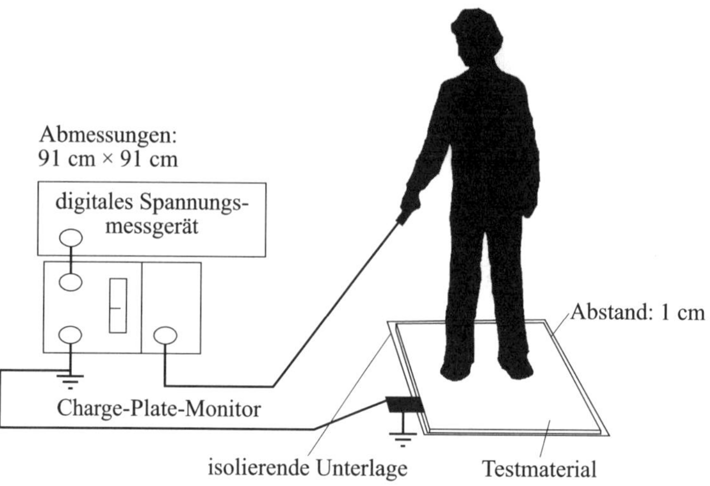

Bild B02/7 Ermittlung der Personenaufladung

Technisches Merkblatt

Fassung: B03/2017

ESD-gerechte Stühle

Anforderungen/Ausführung

Die Stühle sind so auszuführen, dass elektrostatische Aufladungen gefahrlos abgeleitet werden. Die Stühle bestehen aus einem volumenleitfähigen Stoff, der mit dem Stuhlgestell leitfähig verbunden ist. Die Ladungen werden über die ableitfähigen Stuhlrollen oder über ableitfähige Gleiter abgeleitet.

Die elektrischen Eigenschaften müssen dauernd/permanent vorhanden sein.

Prüfparameter		**Ableitwiderstand**
	unterer Grenzwert	–
	oberer Grenzwert	$1 \cdot 10^9\ \Omega$
	Ableitzeit	–
Messverfahren	DIN EN 61340-2-3 **(VDE 0300-2-3)**	
Messgerät/	Prüfspannung	100 V
Messparameter	–	–

Messvorschrift und Anordnung der Messpunkte auf der Sitzfläche und zwischen Rückenlehne und Sitzfläche:

Bild B03/1 Messen des Ableitwiderstands gegenüber einer Metallplatte

Bild B03/2 Messen des Widerstands zwischen Sitzfläche und Rückenlehne

Bild B03/3 Messen des Oberflächenwiderstands von Sitzfläche und Rückenlehne

Anmerkungen/Besonderheiten

Der ESD-gerechte Stuhl kann die elektrostatischen Ladungen von der Person nicht ableiten. Es werden nur die Ladungen abgeleitet, die beim Kontakt zwischen Bekleidung und Bezügen entstehen. Der Stuhl ist nur eine „sekundäre“ ESD-Kontrollmaßnahme. Der Stuhl kann das Handgelenk-Erdungsarmband nicht ersetzen.

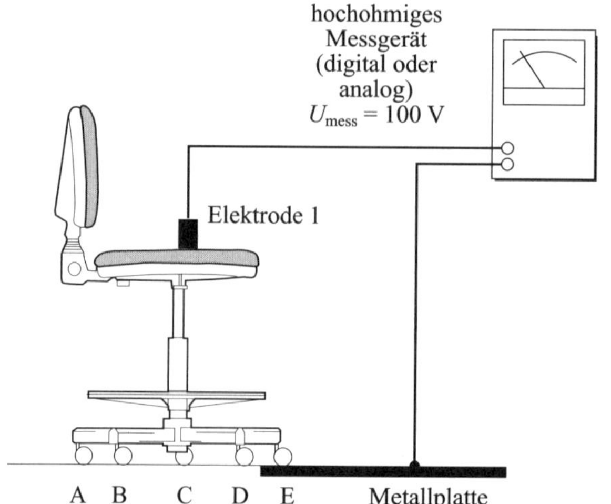

Bild B03/1
Messen des Ableitwiderstands gegenüber einer Metallplatte. Zylindrische Elektroden (1, 2); Messpunkte A bis E: ableitfähige Rollen. Gemessen wird zwischen Sitzoberfläche und jeder Rolle

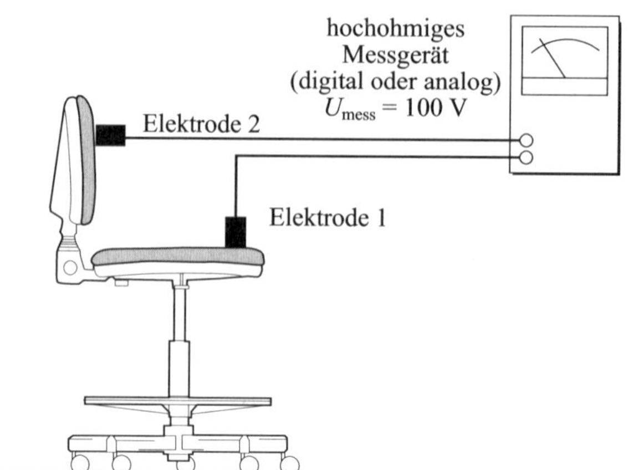

Bild B03/2
Messen des Widerstands zwischen Sitzfläche und Rückenlehne. Zylindrische Elektroden (1, 2). Messung ist sehr ungenau, da der Andruck von Elektrode 2 an die Rückenlehne kaum zu definieren ist. Eine alternativ bessere Messanordnung liegt noch nicht vor

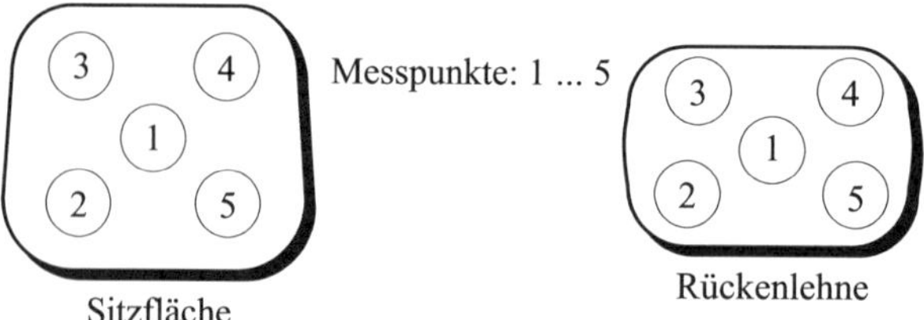

Bild B03/3
Messen des Oberflächenwiderstands von Sitzfläche und Rückenlehne zwischen je zwei Messpunkten. Zylindrische Elektroden; Messpunkte 1 bis 5

Technisches Merkblatt		Fassung: B04/2017
ESD-gerechte Personenausrüstung – Arbeitsbekleidung		
Anforderungen/Ausführung ESD-gerechte Arbeitsbekleidung in Form eines Arbeitskittels oder einer ähnlichen Bekleidung schützt die ESDS vor den elektrostatischen Aufladungen und Feldern, die durch die normale Bekleidung einer Person erzeugt werden. Die ESD-gerechte Bekleidung muss die gesamte normale Bekleidung der Person „abdecken". Die elektrischen Eigenschaften des Materials für ESD-gerechte Bekleidung müssen dauernd/permanent vorhanden sein.		
Prüfparameter		**Ableitwiderstand**
	Unterer Grenzwert	–
	Oberer Grenzwert	–
	für Materialprüfungen	**Oberflächenwiderstand**
	unterer Grenzwert	–
	oberer Grenzwert	$1 \cdot 10^{11}\ \Omega$
	Ableitzeit	von 1 000 V auf 100 V in weniger als 2 s
Messverfahren	DIN EN 61340-4-9 **(VDE 0300-4-9)**	
Messgerät/ Messparameter	Prüfspannung –	100 V –

Messvorschrift und Anordnung der Messpunkte auf der Materialoberfläche:

Bild B04/1 Messen des Oberflächenwiderstands

Bild B04/2 Messen des Oberflächenwiderstands über eine Naht der Bekleidung

Bild B04/3 Messen des Durchgangswiderstands

Bild B04/4 Widerstandsmessmerkmale mit Klammern

Anmerkungen/Besonderheiten

1. Andere Bekleidungsstücke, z. B. kurzärmlige Arbeitskittel, T-Shirts, Hosen aus ESD-gerechtem Material, können eingesetzt werden, wenn die gesamte normale Bekleidung abgedeckt wird.

2. Baumwolle als ESD-gerechte Bekleidung ist nur noch in Ausnahmefällen einsetzbar. Besonders wenn man beachtet, dass verschiedene Materialien mit eingearbeiteten Metallfasern und -drähten die ESD-Anforderungen nach einer gewissen Zeit, z. B. nach mehrfachem Waschen, nicht mehr erfüllen. Der Grund sind gebrochene Metallfasern oder -drähte. Andere Stoffe sind zu gut leitfähig und erfüllen die Anforderungen des Personenschutzes nicht.

3. ESD-gerechte Bekleidung kann kein Handgelenk-Erdungsarmband ersetzen.

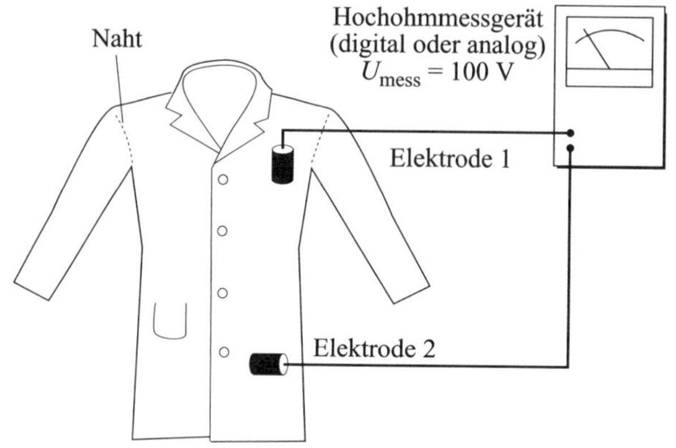

Bild B04/1
Messen des Oberflächenwiderstands. Zylindrische Elektroden (1, 2); Messpunkte: auf der Oberseite des Materials

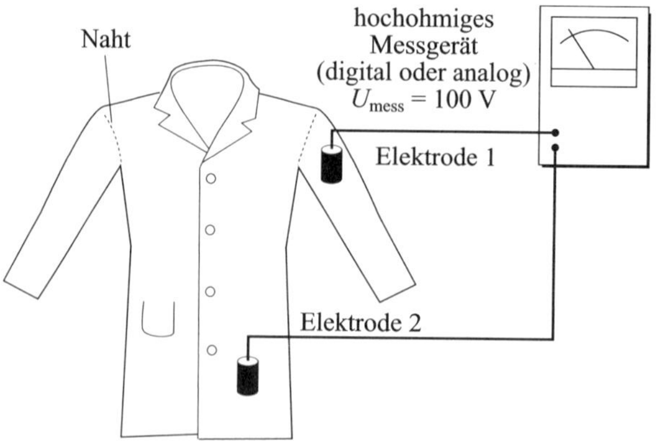

Bild B04/2
Messen des Oberflächenwiderstands über eine Naht der Bekleidung. Zylindrische Elektroden (1, 2); Messpunkte: auf der Oberseite des Materials mit zwischenliegender Naht

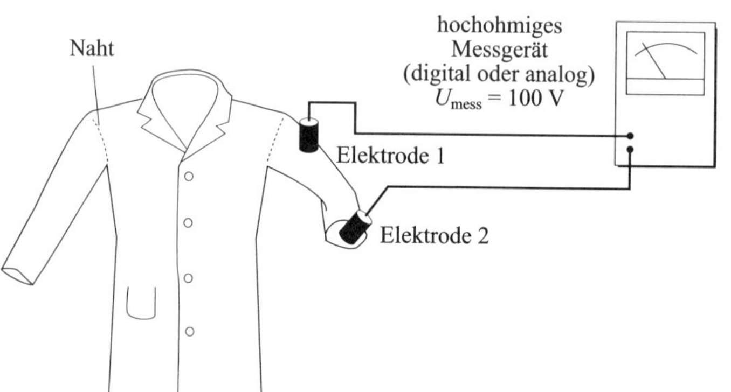

Bild B04/3
Messen des Durchgangswiderstands. Zylindrische Elektroden (1, 2); Messpunkte: eine Elektrode auf der Oberseite des Materials, die zweite auf der Innenseite

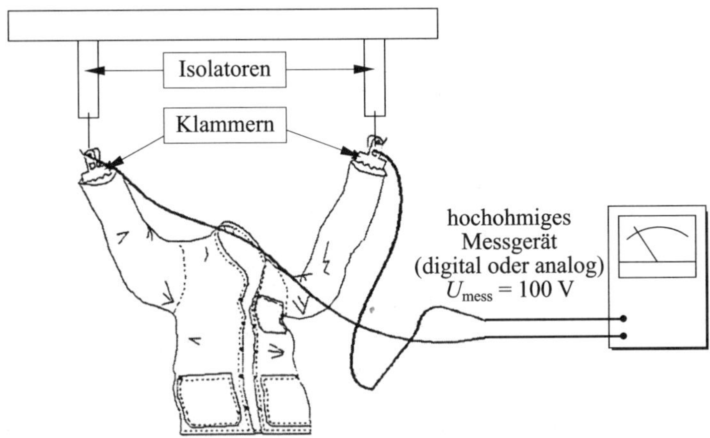

Bild B04/4 Widerstandsmessmethode mit Klammern

Technisches Merkblatt

Fassung: B05/2017

ESD-gerechte Personenausrüstung – Schuhwerk

Anforderungen/Ausführung

ESD-gerechtes Schuhwerk soll elektrostatische Ladungen von Personen ableiten. Voraussetzungen sind ein ESD-gerechter Fußboden und der ständige Kontakt zwischen Schuhwerk und Fußboden. In sitzender Tätigkeit ist dieser Kontakt nicht gewährleistet. Dieselbe Funktion können Schuh-Erdungsstreifen erfüllen.

Die elektrischen Eigenschaften müssen dauernd/permanent vorhanden sein.

Prüfparameter		**Ableitwiderstand**[1)]
	unterer Grenzwert	$5 \cdot 10^4\ \Omega$
	oberer Grenzwert	$1 \cdot 10^8\ \Omega$
	für Materialprüfungen	**Ableitwiderstand**
	unterer Grenzwert	$7{,}5 \cdot 10^5\ \Omega$
	oberer Grenzwert	$1 \cdot 10^9\ \Omega$
	Ableitzeit	–
Messverfahren	DIN EN 61340-4-3 **(VDE 0300-4-3)** (für Produktprüfung) DIN EN 61340-5-1 **(VDE 0300-5-1)** (für die tägliche Überprüfung)	
Messgerät/Messparameter	Prüfspannung	100 V

1) Der Widerstand wird zwischen Handfläche der Person und einer Schuhelektrode gemessen.

Messvorschrift und Messanordnung:

Bild B05/1 Messen des Ableitwiderstands zwischen Handfläche und Schuhelektrode

Bild B05/2 Messen des Ableitwiderstands zwischen Schuh und Gegenelektrode aus Metall

Anmerkungen/Besonderheiten

1. Zu beachten ist die Verschmutzung der Schuhsohlen. Werden die Schuhe regelmäßig gereinigt, gibt es keine Probleme beim täglichen Überprüfen.

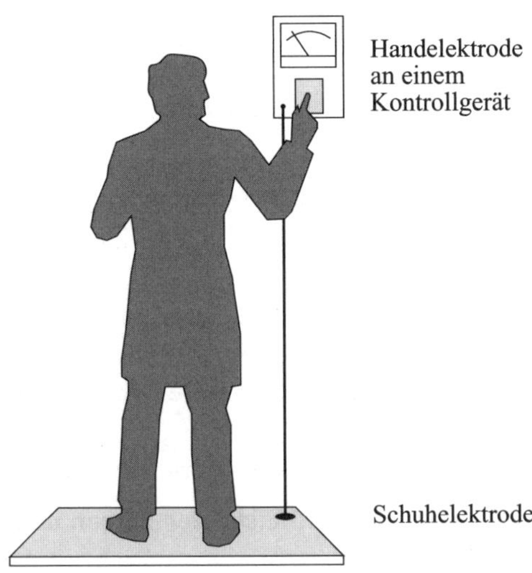

Bild B05/1 Messen des Ableitwiderstands zwischen Handfläche und Schuhelektrode

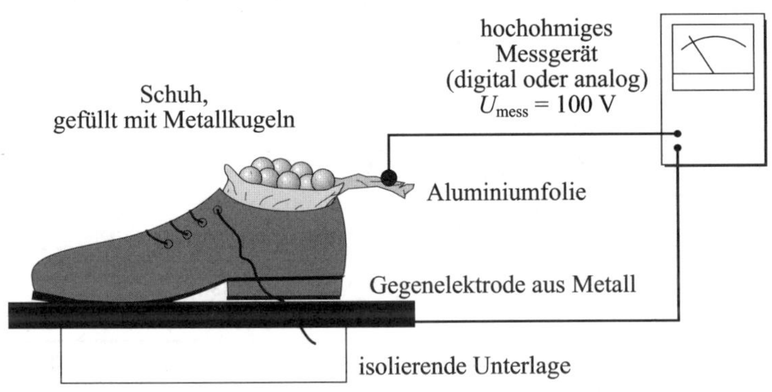

Bild B05/2 Messen des Ableitwiderstands zwischen Schuh und Gegenelektrode aus Metall

Technisches Merkblatt		Fassung: B06/2017
ESD-gerechte Personenausrüstung – Handgelenk-Erdungsarmband		
Anforderungen/Ausführung Das Handgelenk-Erdungsarmband ist die beste und sicherste Methode, elektrostatische Aufladungen von der Person abzuleiten. Es muss einen guten Kontakt zur Haut gewährleisten. Das Handgelenk-Erdungsarmband ist über ein Kabel mit dem Erdungsanschlusspunkt verbunden. Schutzwiderstände im Kabel gewährleisten den Personenschutz. Das Handgelenk-Erdungsarmband kann nicht durch ESD-gerechte Schuhe oder ESD-gerechte Arbeitsbekleidung ersetzt werden. Die elektrischen Eigenschaften müssen dauernd/permanent gewährleistet werden.		
Prüfparameter	**Widerstand zwischen Handfläche der Person und Erdungsanschlusspunkt**	
	unterer Grenzwert	$7{,}5 \cdot 10^5\ \Omega$
	oberer Grenzwert	$3{,}5 \cdot 10^7\ \Omega$
	für Materialprüfungen	**Oberflächenwiderstand**
	unterer Grenzwert	–
	oberer Grenzwert	–
	Ableitzeit	–
Messverfahren	DIN EN 61340-5-1 **(VDE 0300-5-1)**	
Messgerät/ Messparameter	Prüfspannung	100 V 20 V bis 30 V bei direkter Personenprüfung
Messvorschrift und Anordnung zur Prüfung des Handgelenk-Erdungsarmbands: **Bild B06/1** Messen des Widerstands zwischen Handfläche und Erdungsanschlusspunkt **Bild B06/2** Messen des Oberflächenwiderstands des Handgelenk-Erdungsarmbands		
Anmerkungen/Besonderheiten		

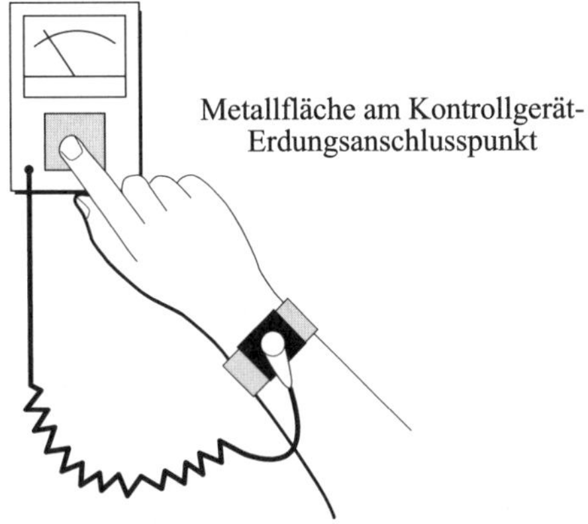

Bild B06/1 Messen des Widerstands zwischen Handfläche und Erdungsanschlusspunkt

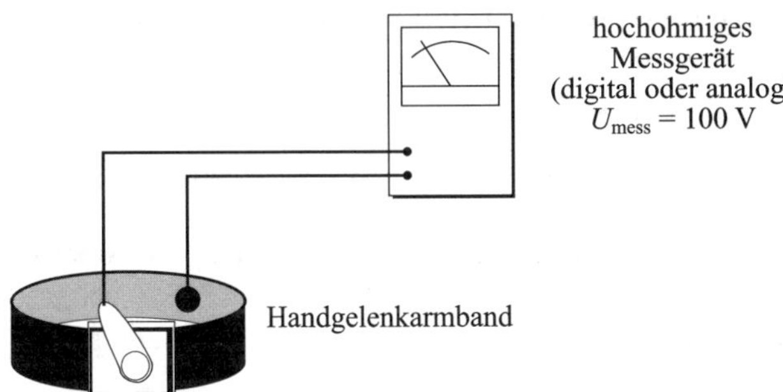

Bild B06/2 Messen des Oberflächenwiderstands des Handgelenk-Erdungsarmbands

Technisches Merkblatt Fassung: B07/2017

Ionisatoren

Anforderungen/Ausführung

Ionisatoren dienen der Entladung von elektrostatischen Aufladungen an Kunststoffteilen, Folien usw., die unbedingt in der EPA notwendig sind. Ionisatoren gewährleisten, dass die ständige elektrostatische Aufladung durch derartige Materialien den Wert von 100 V nicht übersteigt.

Durch den ESD-Koordinator können schärfere Anforderungen, z. B. maximal 20 V, gefordert werden.

Ionisatoren dienen weiterhin in Maschinen, Anlagen usw. zum kontrollierten Abbau von elektrostatischen Ladungen, die durch Maschinenteile, PCB (Leiterplatten) oder elektronische Bauelemente und Baugruppen erzeugt werden.

Ionisatoren müssen sowohl positive als auch negative Ladungen erzeugen und abbauen und das ständige Gleichgewicht halten.

Prüfparameter **Entladung von 1 000 V auf 100 V in maximal 20 s**

Messverfahren DIN EN 61340-4-7 **(VDE 0300-4-7)**

Messvorschrift und Anordnung der Prüfgeräte:

Bild B07/1 Prüfeinrichtung, bestehend aus Charge-Plate-Aufsatz und Feldstärkemessgerät

Bild B07/2 Prüfanordnung für Arbeitsplatzionisatoren, die über einem Arbeitsplatz hängen

Bild B07/3 Prüfanordnung für Arbeitsplatzionisatoren, die seitlich auf einem Arbeitsplatz stehen

Bild B07/4 Prüfanordnung für Abblaspistole

Anmerkungen/Besonderheiten

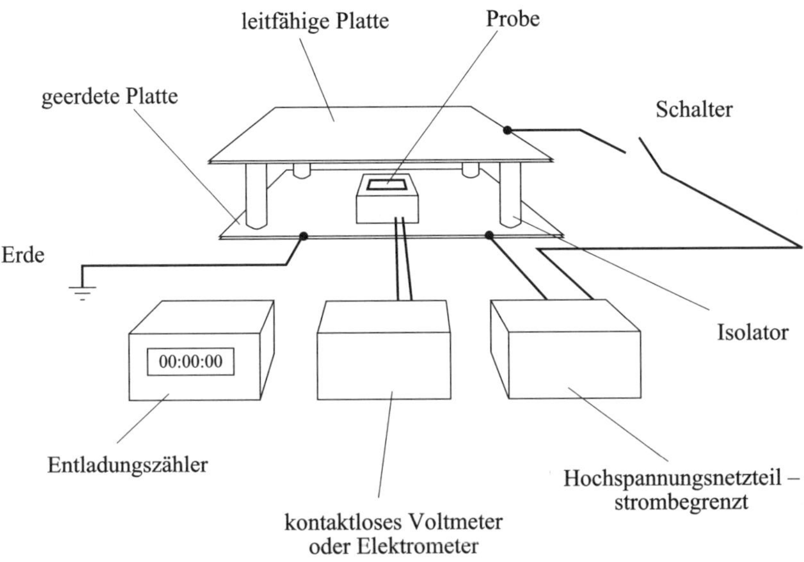

Bild B07/1 Prüfeinrichtung bestehend aus Charge-Plate-Aufsatz und Feldstärkemessgerät

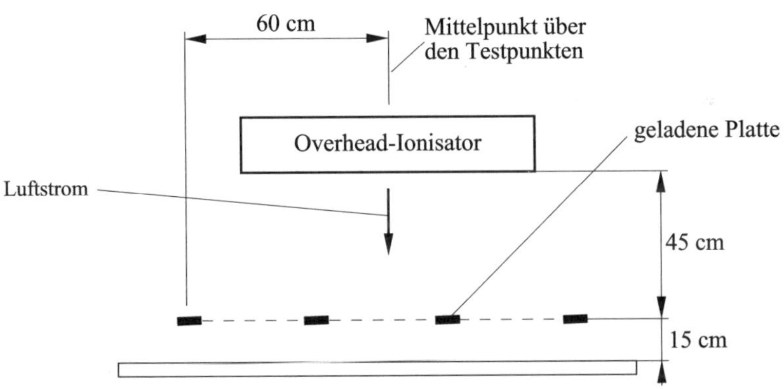

Bild B07/2 Prüfanordnung für Arbeitsplatzionisatoren, die über einem Arbeitsplatz hängen

Bild B07/3 Prüfanordnung für Arbeitsplatzionisatoren, die seitlich auf einem Arbeitsplatz stehen

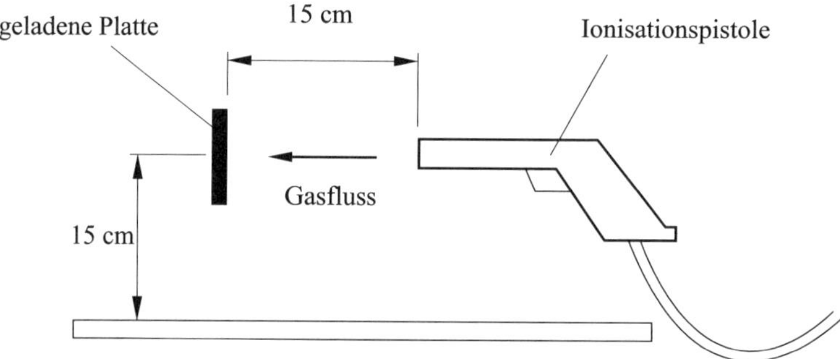

Bild B07/4 Prüfanordnung für Abblaspistole

9 Messverfahren

Für den Nachweis des Einflusses und der Wirkung elektrostatischer Ladungen auf elektronische Bauelemente und Baugruppen ist die messtechnische Erfassung der Parameter eines Auf- und Entladevorgangs erforderlich. Zur Lokalisation von Fehlerquellen ist es notwendig, elektrische Ladung und elektrische Feldstärke zu messen. Direktes Messen der elektrostatischen Ladung gestaltet sich sehr schwierig. Aus der Kapazität und des elektrischen Widerstands eines Körpers lässt sich die maximal mögliche elektrostatische Aufladung ermitteln. Das Messen des Entladevorgangs erfordert einen hohen messtechnischen Aufwand, weil es sich um sehr schnelle Vorgänge handelt. Für die Entladezeit gibt es mehrere Messmethoden. Die interessantesten werden beschrieben.

Für den Nachweis der ESD-Eigenschaften von Materialien und Ausrüstungen sowie für die die regelmäßige Überprüfung der ESD-Kontrollmaßnahmen sind Widerstandsmessungen notwendig.

Alle Messverfahren werden unter Beachtung der gültigen Normen und Normenentwürfe sowie unter den festgelegten Anwendungskriterien betrachtet. Auch „ältere“ Messverfahren werden angeführt und mit den aktuellen Verfahren verglichen.

9.1 Messen der elektrostatischen Ladung

Die Größe der elektrostatischen Ladung wird durch die Eigenschaften des Materials sowie die geometrischen Abmessungen des aufgeladenen Körpers bestimmt. Elektrostatische Ladungen sind unbeweglich und lassen sich schwer messen. Erst das Abfließen der Ladungen an einen anderen Punkt ermöglicht die messtechnische Bestimmung der Ladungsmenge. Eine andere Methode zur Bestimmung der elektrostatischen Ladung ist die Influenzmethode. Es wird vorausgesetzt, dass von der elektrostatischen Ladung ein elektrostatisches Feld ausgeht. Weiterhin wird angenommen, dass dieses Feld der Ladungsmenge proportional ist. Das einfachste Messgerät ist ein *Elektroskop* (**Bild 9.1**).

Das Messprinzip beruht darauf, dass das elektrostatische Feld der Ladungsansammlung Ladungen auf die Metallkugel influenziert. Auf der Kugel sind dann entsprechende Gegenladungen vorhanden. Der Ladungsüberschuss führt dazu, dass sich die Metallplättchen, die sich im Innern des Elektroskops befinden, abstoßen. Aus der Physik ist bekannt, dass sich gleichnamige Ladungen abstoßen und unterschiedliche Ladungen anziehen. Das Elektroskop erlaubt nur den Nachweis, ob elektrostatische Ladungen vorhanden sind oder nicht. Eine weit bessere Methode, die auch den quantitativen Nachweis der Ladungen gestattet, wird durch das *Elektrometer* realisiert.

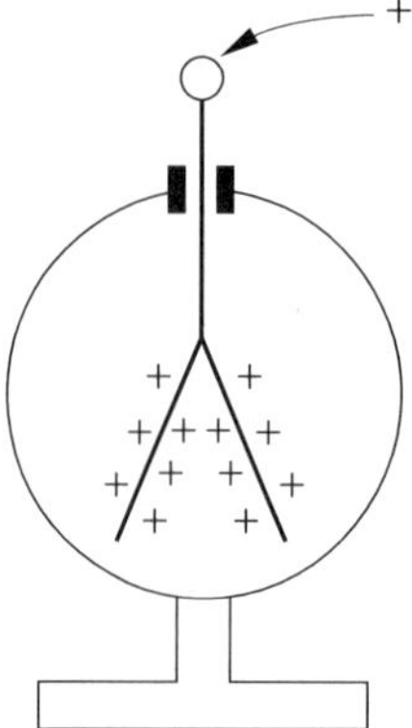

Bild 9.1 Elektroskop

Zusätzlich zum mechanischen Auslenken der Metallplättchen wird hier eine Hilfsspannung verwendet. **Bild 9.2** und **Bild 9.3** zeigen zwei Möglichkeiten für ein Elektrometer.

An einen Plattenkondensator wird eine Spannung U angelegt. Das elektrische Feld im Plattenkondensator errechnet sich aus

$$E = -\frac{U}{d} \tag{9.1}$$

Wie Gl. (9.1) zeigt, hängt das elektrische Feld im Plattenkondensator vom Abstand

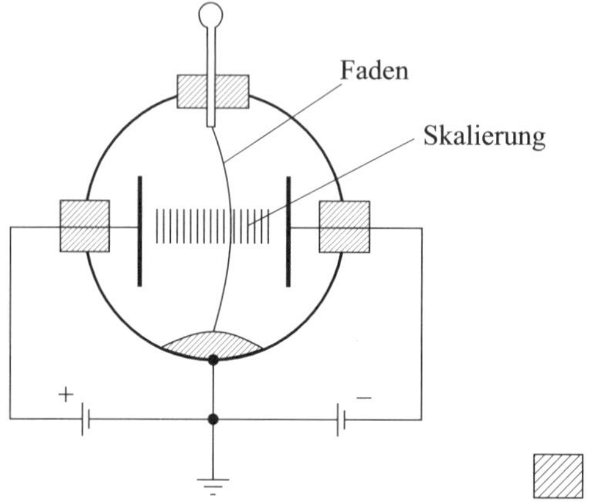

Bild 9.2 Fadenelektrometer

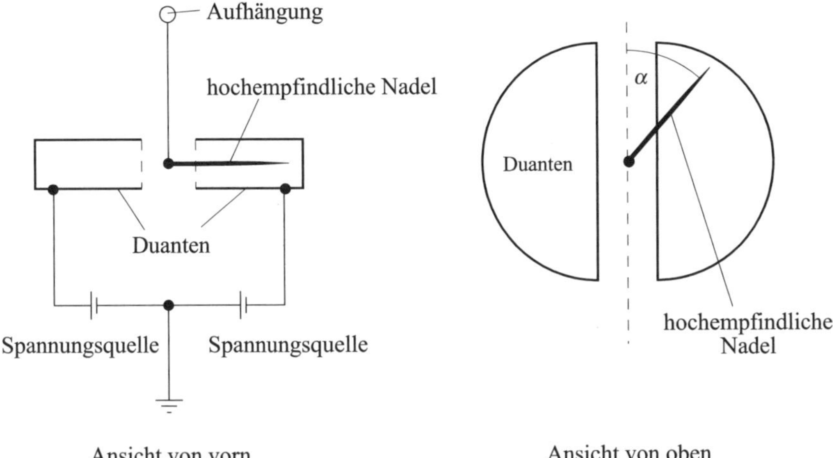

Bild 9.3 Duanten-Elektrometer

d ab. Aus Gl. (2.9) ist bekannt, dass auf die Ladung *Q* in einem elektrischen Feld die Kraft *F* wirkt:

$$F = \frac{QU}{d} \tag{9.2}$$

Wird nun der im Elektrometer befindliche Draht oder der Zeiger mit der zu messenden elektrostatischen Ladung aufgeladen, resultiert daraus eine Bewegung des Drahts bzw. des Zeigers.

Die Auslenkung beider Anordnungen kann normiert werden, und somit lässt sich die elektrostatische Ladung ermitteln. Der Messbereich ist begrenzt. Wird ein Mikroskop zum Ablesen der Auslenkung eingesetzt, können Ladungen *Q* im Bereich der Elektronenladung, also von 10^{-12} C bis 10^{-16} C, abgelesen werden. Anders betrachtet heißt das, elektrostatische Aufladungen können im Millivolt-Bereich ermittelt werden.

Eine weitere Methode zur Ermittlung der elektrostatischen Ladung ist die Influenzmethode. Hauptbestandteil der Messanordnung ist ein Faraday'scher Becher. Besonders bei kleinen und unregelmäßigen Körpern, z. B. elektronischen Bauelementen und integrierten Schaltkreisen, lässt sich damit sehr genau die Ladungsmenge ermitteln. Zuerst wird die elektrostatische Ladung auf dem unbekannten Körper berechnet. Man setzt zunächst einen homogenen Körper voraus und nimmt ein paralleles Feld an. Ausgangspunkt ist also ein Plattenkondensator. Die Kondensatorflächen *A* sind gleich groß und planar, und der Abstand *d* zwischen den Platten ist parallel und konstant. Die Kapazität *C* lässt sich errechnen aus:

$$C = \varepsilon_0 \varepsilon_r \frac{A}{d} \tag{9.3}$$

Die Materialeigenschaften werden ausgedrückt durch die absolute und die relative Dielektrizitätskonstante, ε_0 und ε_r. Den geladenen Körper bringt man in das Feld zwischen die Platten. Bei diesem Vorgang spielen die äußeren elektrischen Fremdfelder eine entscheidende Rolle. Aus diesem Grund wird anstelle des Plattenkondensators für das Ermitteln der Ladung eines unregelmäßigen Körpers ein Faraday'scher Becher eingesetzt (**Bild 9.4**). Er besteht aus einem inneren und einem äußeren Becher. Beide bilden die Elektroden des Kondensators. Der äußere Becher ist gut geerdet und schirmt gegen äußere elektrische Felder ab. Die Kapazität des Faraday'schen Bechers errechnet sich nach

$$C = 4\pi \varepsilon_0 \varepsilon_r \frac{l}{\ln \frac{r_a}{r_i}} \tag{9.4}$$

Der geladene Probekörper wird in den inneren Behälter eingebracht. Beide Elektroden sind gut voneinander isoliert aufgebaut. Die Ladung wird infolge der Potentialdifferenz zwischen Behälter und Körper durch Influenz an den inneren Behälter abgegeben. Das System „Behälter", das den Kondensator bildet, speichert die Ladung des Probekörpers. Es wird vorausgesetzt, dass die gesamte Ladung, die auf dem Körper vorhanden ist, an den Becher abgegeben wird. Da die Kapazität des

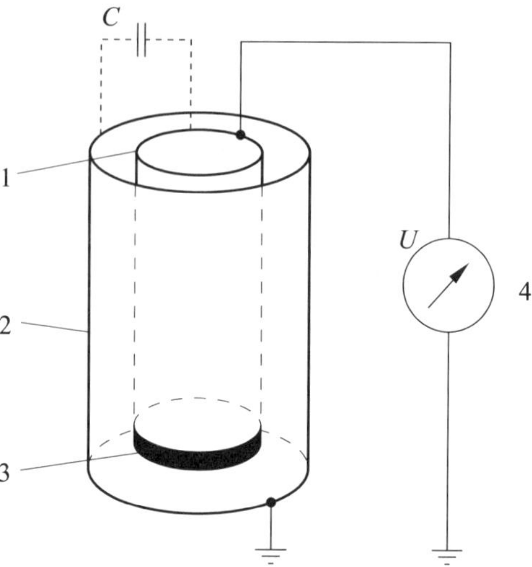

Bild 9.4 Messprinzip mit Faraday'schem Becher; 1 innerer, 2 äußerer Metallbehälter, 3 Isolierschicht (Teflon), 4 Quadranten-Elektrometer, *C* Kapazität zwischen 1 und 2

Faraday'schen Bechers bekannt ist, kann aus der gemessenen Spannung U, die sich an ihm aufbaut, die Ladung Q auf dem Körper berechnet werden:

$$Q = C \cdot U \tag{9.5}$$

Diese Messmethode wird in der Praxis sehr oft angewandt, um elektrostatische Aufladungen von unregelmäßigen Körpern zu ermitteln. Die sehr kleinen gemessenen Werte für Spannung und Strom werden nach dem Ladungs-Integrationsverfahren ausgewertet.

Eine weitere Messmethode ermittelt aus dem Entladestrom des Probekörpers die gespeicherte Ladungsmenge durch Integration über die Zeit. Der Probekörper wird elektrisch kontaktiert, und die Ladungen fließen über diesen Entladeweg zum Erdpotential ab. Zum Messen der Zeitdauer des Entladestroms wird die Entladezeitkonstante durch einen Vorwiderstand so vergrößert, dass sie messbar ist. Mithilfe eines empfindlichen Galvanometers wird der Entladestrom gemessen. Die Ladungsmenge lässt sich aus dem Zeitverlauf des Entladestroms berechnen:

$$Q = \int_{t_1}^{t_2} i \cdot \mathrm{d}t \tag{9.6}$$

mit

t_1 Beginn des Entladevorgangs

t_2 Ende des Entladevorgangs

i Entladestrom

Eine sehr aufwendige Methode zur Ermittlung der elektrischen Ladung besteht darin, die Kapazität des geladenen Körpers und die elektrostatische Spannung zu messen. Voraussetzung dafür sind hochgenaue Messgeräte für Spannung und Kapazität sowie eine Messanordnung zur Bestimmung der eigentlichen Kapazität des Probekörpers unter Ausschluss der Umgebung. Zusätzlich muss gewährleistet werden, dass zwischen dem geladenen Gegenstand und einem gut isolierten Gegenpol ein Potentialunterschied vorhanden ist. Das Messverfahren soll hier nicht weiter beschrieben werden.

9.2 Messen der elektrischen Feldstärke in einem elektrostatischen Feld

Ein wichtiger Parameter zur Beurteilung des elektrostatischen Felds ist die elektrische Feldstärke selbst. Sie gibt Auskunft darüber, wie gefährlich das elektrostatische Feld für elektronische Bauelemente und Baugruppen sein kann. Werden bestimmte Mindestfeldstärken überschritten, können auch Personen beeinflusst und Schreckreaktionen ausgelöst werden.

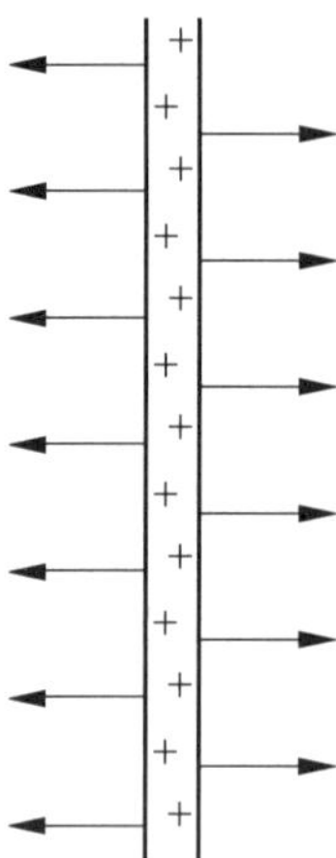

Bild 9.5 Feld eines homogenen Isolators

Wie bereits in Kapitel 5 beschrieben, rufen elektrische Feldstärken >100 V/cm Veränderungen in elektronischen Bauelementen und Baugruppen hervor.

Beim Messen der elektrischen Feldstärke auf isolierenden Materialien kann davon ausgegangen werden, dass es sich um stationäre elektrische Felder handelt (**Bild 9.5**).

Das allgemeine Messprinzip beruht wieder auf dem Kondensator. Auf der einen Seite befindet sich die geladene Anordnung. Gegenüber wird eine Elektrode angeordnet, die man mit einem Messsystem verbindet. Aus der klassischen Elektrostatik ist bekannt, dass sich gleichartige Ladungen abstoßen und ungleiche anziehen. Bei der Messung werden also immer die entgegengesetzten Ladungen benötigt, damit es zum Ladungsausgleich kommt. Ist der zu prüfende Körper positiv geladen, sind an der Messelektrode negative Ladungen zum Potentialausgleich erforderlich. Die negativen Ladungen werden aus der Spannungs- bzw. Stromquelle des Messsystems geholt. Dieser Vorgang löst einen Strom aus, der mit einem entsprechenden Strommesssystem ermittelt werden kann. Er ist gleichzeitig ein Maß für die elektrische Feldstärke.

Die Feldelektrode des Messsystems wird in das unbekannte elektrische Feld gebracht. Die Elektrode besteht üblicherweise aus Metall und verfälscht das elektrische Feld, wie **Bild 9.6** zeigt. Der Grund ist, dass alle Ladungen auf kürzestem Weg ihre entsprechende Gegenladung suchen. Dieser Vorgang führt zur Verformung des homogenen Feldlinienverlaufs. Gleichzeitig bewirkt diese Feldveränderung einen „fehlerhaften" Messwert.

Um diesen Fehler zu vermeiden, wird eine zusätzliche vergrößerte Elektrode eingesetzt (**Bild 9.7**). Die eigentliche Elektrode befindet sich in der Mitte. Der äußere Teil

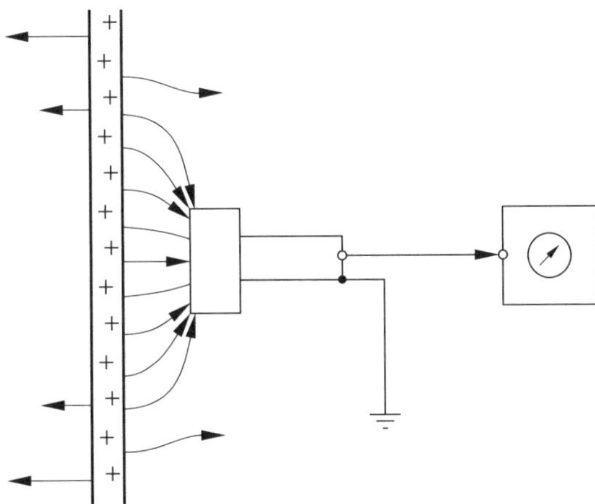

Bild 9.6 Beeinflussung der Feldlinien durch eine Feldelektrode

der Elektrode normiert „nur“ den Feldlinienverlauf. Durch diese Anordnung wird gewährleistet, dass die elektrische Feldstärke, die vom inneren Teil der Elektrode erfasst wird, dem wahren Messwert entspricht.

Zusätzlich wird eine Gegenelektrode angebracht (**Bild 9.8**). Sie verhindert bei sehr dünnen isolierenden Foliematerialien, dass die Feldlinien der Rückseite mit erfasst werden. Die zusätzlichen Elektrodenanordnungen werden geerdet. Die elektrische

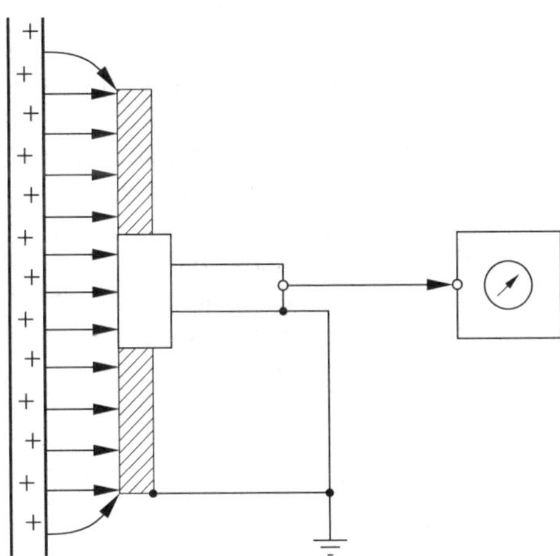

Bild 9.7 Vergrößerte Elektrode zur Feldentzerrung

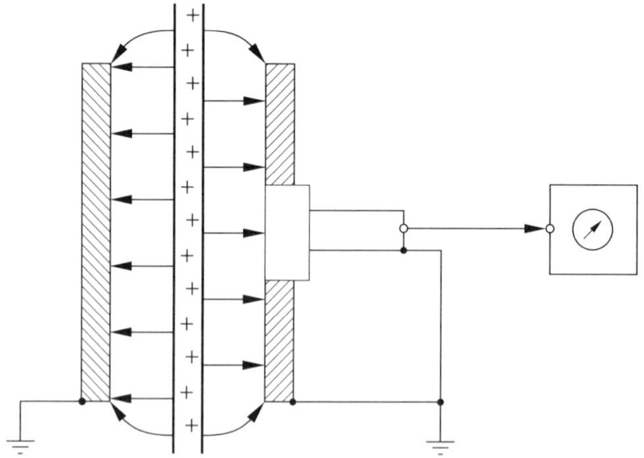
Bild 9.8 Veränderte Elektrodenanordnung zum Messen der elektrischen Feldstärke

Feldstärke lässt sich auch ermitteln, wenn die Elektroden nicht geerdet sind. Nur muss dann ein entsprechender Regelmesskreis dafür sorgen, dass die gemessene Feldstärke der wahren Feldstärke entspricht.

Ein weiteres Problem besteht darin, dass sehr kleine elektrische Feldstärken und damit sehr kleine Ladungsmengen bzw. Ströme gemessen werden. Aus diesem Grund werden Messverfahren angewandt, die diese statischen elektrischen Felder bei der Messung in dynamische Werte umwandeln. Zwei inzwischen weit verbreitete Verfahren sollen vorgestellt werden, die „Feldmühle“ und das Feldmeter mit „Schwingkopfprinzip“.

Das Prinzip zur Messung der elektrischen Feldstärke durch die elektrische Influenz in einem elektrostatisch-mechanischen Generator wurde bereits 1930 von *Schwenkhagen* entworfen und wird noch heute verwendet (**Bild 9.9**). Eine Influenzelektrode (2) wird mit dem Eingang eines parametrischen Verstärkers verbunden. Die Elektrode befindet sich hinter dem geerdeten Flügelrad, ähnlich einer Blende (1). In Abhängigkeit von der Stellung des geerdeten Flügelrads kann das elektrische Feld auf der Elektrode (2) influenziert werden, oder es wird geerdet. Die influenzierten Ladungen erzeugen am selektiven Verstärkereingang einen Wechselstrom. Das ausgewertete Signal ist der eigentlichen Feldstärke proportional. Die Polarität der elektrostatischen Ladung bzw. die Richtung des elektrischen Felds kann auf diesem Weg nicht ermittelt werden.

Die Polarität der elektrostatischen Aufladung bzw. des elektrostatischen Felds wird mit der Zusatzanordnung, bestehend aus den Elementen (4) bis (6), ermittelt. Die Anordnung ist kompatibel zur wirklichen Polarität der elektrostatischen Aufladung. Schaltungstechnisch bzw. elektromechanisch wird die Stellung der Sektorscheibe

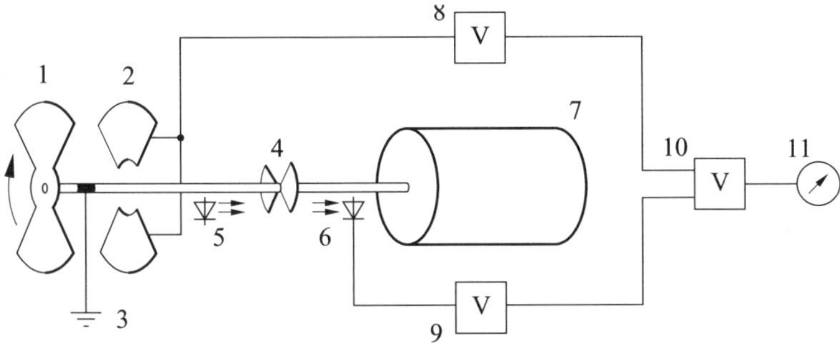

Bild 9.9 Feldstärkemessgerät „Feldmühle“

1, 2 Flügel, 3 Erdung, 4 Sektorscheibe, 5 Leuchtdiode, 6 Fotodiode, 7 Antrieb/Motor, 8 Verstärker mit hochohmigem Eingang, 9 Verstärker für die Fotodiode, 10 phasenempfindlicher Verstärker, 11 Messgerät mit digitaler und analoger Anzeige

(4) ausgewertet. Je nachdem, ob das Referenzsignal mit der durch die Influenzladungen erzeugten Spannung am Verstärker übereinstimmt oder nicht, handelt es sich um eine positive oder um eine negative Ladung.

Das Messprinzip ist so ausgelegt, dass dem elektrischen Feld während des Messvorgangs keine Energie entnommen wird.

Das Prinzip der Feldmühle weist einige Grenzen auf, die besonders entscheidend für den Einsatz des Geräts sind. So lassen sich mit einer Feldmühle sehr große elektrostatische Felder messen, 20 kV/m. Bei kleinen elektrostatischen Feldern (< 100 V/cm) ist es sehr ungenau. Das liegt einfach an der Konstruktion selbst. Die eigentliche Feldmühle lässt sich nicht weiter verkleinern. Die minimalen Abmessungen liegen derzeit bei etwa 12 mm. Das mechanische Prinzip der Feldmühle begrenzt ihre minimalen Abmessungen. Dadurch können allerdings kleine Feldstärken auf sehr kleinen Oberflächen nur schlecht erfasst werden, weil z. B. Fremdfelder dann das Messergebnis zunehmend verfälschen. Ein Nachteil ist, dass damit auch keine kleinen Objekte, z. B. IC's, betrachtet werden können. Es werden immer alle Felder aus der Umgebung des IC's mit erfasst. Aus diesem Grund wurde ein weiteres Messprinzip entwickelt, mit dem sehr kleine Felder (< 1 V/cm) und sehr kleine Objekte gemessen werden können. Das Messprinzip ist genau für den Einsatz unterhalb von 1 kV/cm entwickelt worden. Dieses Feldmeter nach dem „Schwingkopfprinzip“ ist bereits für Flächen mit Abmessungen von etwa 5 mm Durchmesser geeignet. Das mechanische Prinzip der Feldmühle begrenzt ihre minimalen Abmessungen. Dadurch können allerdings kleine Feldstärken auf sehr kleinen Oberflächen nur schlecht erfasst werden, weil z. B. Fremdfelder dann das Messergebnis zunehmend verfälschen.

Bild 9.10 zeigt den prinzipiellen Aufbau eines Feldstärkemessgeräts nach dem „Schwingkopfprinzip“ oder mit einer Elektrode nach Lord Kelvin. Die Messelektrode in Form einer kleinen Platte steht der geladenen Oberfläche gegenüber

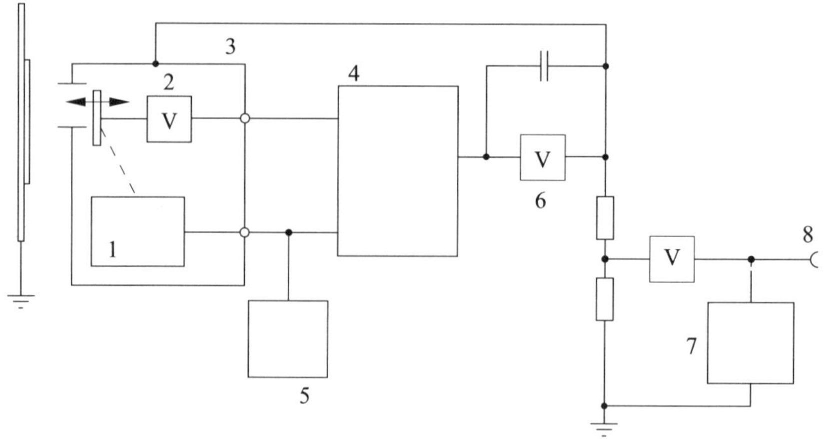

Bild 9.10 Feldstärkemessgerät mit Schwingkopfelektrode
1 elektromechanischer Modulator für die Schwingkopfelektrode, 2 Vorverstärker, 3 abschirmendes Messkopfgehäuse, 4 Auswerteeinheit, 5 Oszillator, 6 Integrator, 7 digitale oder analoge Anzeigeeinheit, 8 Signalausgang für die Weiterverarbeitung

und wird durch den eingebauten elektromechanischen Modulator in Vibration gesetzt. Die Anordnung Messelektrode – geladene Oberfläche bildet einen Kondensator. Durch das Vibrieren wird der Abstand zwischen beiden Flächen periodisch verändert, und das anliegende elektrostatische Feld wird in ein Wechselsignal umgewandelt. Das heißt, das elektrostatische Feld ist konstant; durch die Änderung des Abstands ändert sich daber die Spannung auf der Kondensatoranordnung, es entsteht eine Wechselspannung. Das Signal wird einem Vorverstärker mit hochohmigem Eingang zugeführt. Ein phasenempfindlicher Demodulator vergleicht die Phase des Signals mit der Phase des elektromechanischen Modulators und stellt die Polarität fest. Ein Hochspannungsverstärker hebt das Signal auf die Amplitude des zu erfassenden Messsignals an. Das Signal wird auf das Gehäuse des Messkopfs gelegt. Ist die Feldstärke auf der aufgeladenen Oberfläche gleich null, können Betrag und Vorzeichen der vorher vorhandenen elektrostatischen Feldstärke aus der Anzeigeeinheit ermittelt werden.

Als Ergänzung wird noch das Verfahren mit einer schwach radioaktiven Sonde beschrieben, siehe **Bild 9.11**. Durch diese Sonde bzw. durch den Ionenstrom, den das radioaktive Material hervorruft, wird die Umgebung der Messelektrode ionisiert. Wird die Messelektrode in die Nähe einer elektrostatisch geladenen Oberfläche gebracht, können Ladungen aus der Umgebung der Messsonde abgezogen werden, oder Ladungen werden hinzugefügt. Auf alle Fälle wird ein Ionenstrom im Messgerät erzeugt. Dieser kann von einem hochohmigen Verstärker im Messgerät erfasst werden. Gearbeitet wird wieder nach der Kompensationsmethode. Es wird so lange ein Ionenstrom erzeugt, bis das elektrostatische Feld den Wert null erreicht.

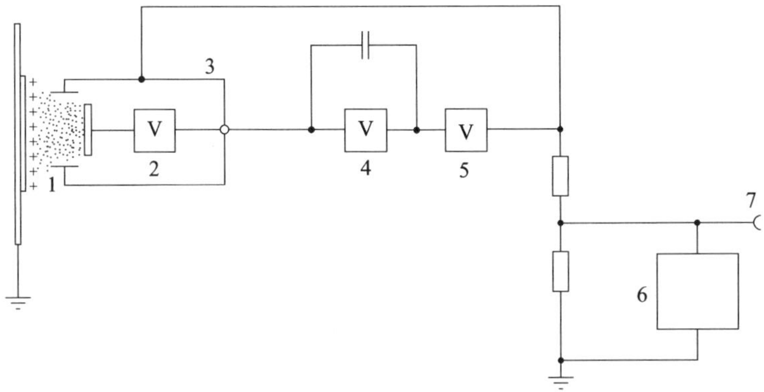

Bild 9.11 Messverfahren mit schwach radioaktiver Elektrode

1 Ionenwolke, 2 Vorverstärker, 3 abschirmendes Messkopfgehäuse, 4 Integrator, 5 Spannungsverstärker, 6 digitale oder analoge Anzeigeeinheit, 7 Signalausgang für die Weiterverarbeitung

Die Spannung, die notwendig ist, um diesen Zustand zu erzeugen, ist dann der Messwert. Einen wesentlichen Nachteil stellt nicht nur das radioaktive Material in der Sonde dar, sondern auch die Tatsache, dass es sehr schwierig ist, nach jeder Messung den Nullpunkt herzustellen. In der Regel kann es sehr lange dauern, bis alle Ionen oder Ladungen aus der Sonde verschwunden sind.

Messfehler können beim Ermitteln eines elektrostatischen Felds auf einer Oberfläche auftreten, wenn an der Gegenseite ein Metall bzw. ein anderer sehr guter elektrischer Leiter vorhanden ist. **Bild 9.12** zeigt eine derartige Anordnung.

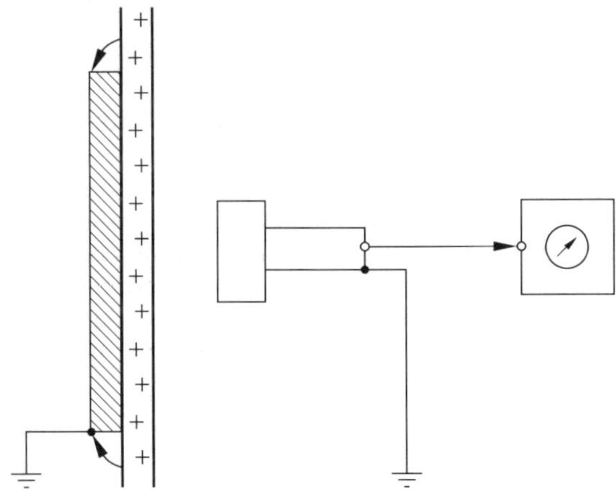

Bild 9.12 Elektrisches Feld an einer leitfähigen lackierten Metalloberfläche

Dabei wird keine elektrostatische Feldstärke gemessen. Alle elektrostatischen Ladungen befinden sich an der Oberfläche des Isolators. Sie werden durch ihre Gegenladungen, die vom Metall aufgebracht werden, „festgehalten“ oder blockiert. Wird das Metall entfernt, können die elektrostatischen Ladungen gemessen werden. Besonders bei lackierten Metalloberflächen lassen sich die Ladungen jedoch nicht messen, obwohl sich die isolierenden Lacke sehr hoch elektrostatisch aufladen können. Problematisch ist in diesem Fall, dass elektrostatische Ladungen vorhanden sind, aber nicht gemessen werden können. Die Ladungen können an die Umgebung abgegeben werden.

9.3 Messen von Oberflächen- und Ableitwiderständen

Die Parameter Oberflächen- und Ableitwiderstand sind wichtig für die Bestimmung der Materialeigenschaften, z. B. der Materialien, die in einer EPA eingesetzt werden sollen, und zum Nachweis der Wirksamkeit elektrostatischer Kontrollmaßnahmen. Außerdem kann es notwendig sein, Erdableitwiderstände und spezifische Oberflächen- und Volumenwiderstände zu messen. Es wird der rein ohmsche Widerstand mit einer Gleichspannungsquelle und einem Gleichstrom gemessen. Aus dem ermittelten Spannungsfall kann der Widerstand berechnet werden. Wechselspannungsanteile werden nicht berücksichtigt, da es sich um relativ langsame Vorgänge handelt.

Für die Messungen werden generell nur noch „Trocken“-Elektroden eingesetzt. Diese Elektroden mit Zwischenlagen aus leitfähigem Gummi und ohne feuchtes Fließpapier gewährleisten Messergebnisse, die der Praxis entsprechen. Die Elektroden mit Fließpapier, die früher eingesetzt wurden, haben das Ergebnis sehr stark verfälscht. Prinzipiell wurde nur der Widerstand der Feuchtigkeit oder besser des Wassers gemessen. Gerade bei porösen Böden (Beton, Estrich usw.) war das Ergebnis weit von den wirklichen Bodenleitwerten entfernt. Anhand der Messverfahren wird auf diese Auswirkungen eingegangen.

Grundsätzlich sollen elektrostatische Ladungen gefahrlos abgeleitet werden. Der Ableitwiderstand war bisher die einfache Variante für die Ermittlung der Ladungsableitung. Der Ableitstrom wurde in Form des Widerstands gemessen, die Spannung ist konstant. Erfolgt die Entladung langsamer ist der elektrische Widerstand größer, umgekehrt erfolgt die Entladung schneller ist der Widerstand kleiner. Für viele Anwendungsfälle genügt es heute nicht mehr, den Ableitwiderstand zu ermitteln, sondern es muss die Abkling- oder Ableitzeit für den Abbau der elektrostatischen Ladungen ermittelt werden. Gerade bei Kunststoffmaterialien, die mit Zusatzstoffen nicht homogen ableitfähig ausgeführt werden, funktioniert die Widerstandsmessung nicht.

Zuerst werden die Definitionen der einzelnen Widerstandsgrößen vorgestellt. Man unterscheidet zwischen „normalen“ und spezifischen Widerstandswerten. Zur Bestimmung der Materialeigenschaften ist das Ermitteln der spezifischen Widerstandswerte sinnvoll. Als praktische Messungen zur Überprüfung der ESD-Kontrollmaßnahmen in einer EPA oder an einem ESD-gerechten Arbeitsplatz genügen die „normalen" Werte des Ableitwiderstands. Elektrostatische Ladungen sollen gefahrlos abgeleitet werden, somit ist der Entladungsweg von Bedeutung.

Widerstands-Definitionen

Oberflächenwiderstand R_O

Die Norm DIN EN 61340-4-1 **(VDE 0300-4-1)** definiert den Oberflächenwiderstand als den „elektrischen Widerstand, gemessen zwischen zwei Elektroden, die auf der Laufoberfläche angebracht sind" [56]. Oder allgemein ausgedrückt heißt das, der Oberflächenwiderstand ist das Verhältnis von an zwei Elektroden, die sich auf der Oberseite des Probekörpers befinden, angelegter Gleichspannung und dem Strom, der zwischen diesen Elektroden fließt. Mögliche Polarisationserscheinungen an den Elektroden werden vernachlässigt.

Spezifischer Oberflächenwiderstand

Um die Materialeigenschaften zu bestimmen, ist es sinnvoll, den spezifischen Oberflächenwiderstand zu definieren, weil hier die Materialkonstanten in den Messwert eingehen. Dafür werden Abmessungen normiert. Der spezifische Oberflächenwiderstand ist der Oberflächenwiderstand bezogen auf eine Flächeneinheit, bei der die Elektroden an zwei gegenüberliegenden Seiten angebracht sind.

Der spezifische Oberflächenwiderstand errechnet sich aus Gl. (9.7)

$$\rho_S = R_x \cdot (d_1 + g) \cdot \frac{\pi}{g} \tag{9.7}$$

Dabei sind:

ρ_S spezifischer Oberflächenwiderstand (Ω)

R_x gemessener Oberflächenwiderstand (Ω)

d_1 Durchmesser (m) der inneren Kontaktelektrode

g Abstand (Spaltbreite) (m) zwischen beiden Kontaktelektroden

Die Maßeinheit des spezifischen Oberflächenwiderstands ist Ω (Ohm), die Abmessungen der Messanordnung gehen in das Ergebnis nicht ein.

Volumenwiderstand R_V

Zum Präzisieren der Materialeigenschaften genügt es nicht, den spezifischen Oberflächenwiderstand zu ermitteln, weil ein großer Teil des Volumens eines Materials mit erfasst wird. Aus diesem Grund wird der Volumenwiderstand ermittelt. Er ist definiert als das „Verhältnis zwischen der Gleichspannung, die zwischen zwei Elektroden angelegt ist, welche sich an zwei gegenüberliegenden Flächen eines Werkstoffs befinden, und der Stromstärke zwischen den Elektroden zu einer gegebenen Zeit nach dem Anlegen der Spannung unter Vernachlässigung möglicher Polarisationserscheinungen an den Elektroden" [55].

Spezifischer Volumenwiderstand

Der spezifische Volumenwiderstand ist das Verhältnis der Gleichspannungs-Feldstärke und der Stromdichte innerhalb des Materials. In der Praxis ist er das Äquivalent des Volumenwiderstands, bezogen auf das Volumen eines Würfels mit gleichen Seitenlängen, wobei sich die Elektroden an den gegenüberliegenden Oberflächen befinden.

Anmerkungen

1. Der spezifische Volumenwiderstand ist nicht ermittelbar für Materialien, die elektrisch inhomogen sind.
2. Der spezifische Volumenwiderstand ist abhängig von den Materialkonstanten, u. a. von der Dielektrizitätszahl ε_r.

Durchgangswiderstand

Der Durchgangswiderstand ist „der elektrische Widerstand, gemessen zwischen der Rückseite eines Fußbodenbelags und einer einzelnen Elektrode, die auf der Lauffläche angeordnet wird“ [56]. Oder allgemein, der Durchgangswiderstand ist „der Quotient aus einer Gleichspannung, die zwischen zwei Elektroden angelegt wird, die an zwei (gegenüberliegenden) Oberflächen eines Probekörpers angebracht sind, und dem stationären Strom zwischen den Elektroden“ [57], mit Ausnahme des Stroms entlang der Oberfläche und unter Vernachlässigung möglicher Polaritätserscheinungen an den Elektroden [58].

Spezifischer Durchgangswiderstand

Beim spezifischen Durchgangswiderstand gehen wiederum die Materialeigenschaften ein. Er ist „der Quotient aus einer Gleichspannungs-Feldstärke und der stationären Stromdichte im Werkstoff“. Praktisch entspricht er dem Durchgangswiderstand eines Würfels mit der Einheitslänge, bei dem die Elektroden an zwei gegenüberliegenden Oberflächen angebracht sind [57].

Der spezifische Durchgangswiderstand errechnet sich aus Gl. (9.8)

$$\rho_v = R_x \cdot (d_1 + g)^2 \cdot \frac{\pi}{4h} \tag{9.8}$$

Dabei sind:

ρ_V spezifischer Durchgangswiderstand (Ω m)

R_x gemessener Durchgangswiderstand (Ω)

d_1 Durchmesser (m) der inneren Kontaktelektrode

g Abstand (Spaltbreite) (m) zwischen beiden Kontaktelektroden

h Dicke des Probekörpers

Ableitwiderstand

Der wichtigste Widerstandswert für das Überprüfen der Funktion der ESD-Kontrollmaßnahmen und das Ableiten elektrostatischer Ladungen ist der Ableitwiderstand. „Der Ableitwiderstand ist der Widerstand, der zwischen einer Elektrode auf der Oberseite des Prüflings und einer Gegenelektrode auf der Unterseite bzw. der kontaktierten Leitschicht gemessen wird.“ [4]

Als Gegenelektrode wird auch der Potentialausgleich definiert. Wichtig ist, dass Potentialunterschiede am Arbeitsplatz, an Fußböden usw. vermieden werden, d. h., überall in einer EPA muss gleiches Potential vorhanden sein. Mit der Messung des Ableitwiderstands wird gleichzeitig die Ableitfunktion überprüft.

Widerstand gegen Erde

Der Widerstand gegen Erde ist „der elektrische Widerstand, gemessen zwischen Erde oder einem erdungsfähigen Punkt und einer einzelnen Elektrode, die auf der Lauffläche angebracht ist“ [56]. Diese Widerstandsdefinition ist eine Besonderheit des Ableitwiderstands, der bezogen wird auf Fußböden und Fußbodenmaterialien und dem Erdungsanschluss.

Widerstands-Messelektroden

Für das Messen der oben definierten Widerstandswerte sind Elektroden festzulegen. Denn ohne diese Definition lassen sich die Messwerte nicht vergleichen. Für die Messprotokolle ist wichtig, dass immer die Elektroden beschrieben werden. „Eine Widerstands-Messelektrode ist ein Leiter mit definierter Form, Größe und Gewicht, der in Kontakt mit dem zu untersuchenden Probekörper gebracht wurde. In einigen Fällen gehört zu ihr eine Gegenelektrode.“ [55] Die Gegenelektrode wird definiert als „eine Elektrode, die unterhalb des Probekörpers angebracht ist. Sie muss durch ein geeignetes Material gebildet werden, oder sie ist Teil der Installation, wo verlegte Fußböden zu messen sind.“ [55]

9.3.1 Anwendungshinweise für den Einsatz der im Folgenden beschriebenen Messverfahren und Messprinzipien

Es existieren eine Vielzahl von Normen, Normenentwürfen und Richtlinien für die Messung der definierten Widerstandsparameter. Alle Schriftstücke beziehen sich aber nur auf einen genau definierten Anwendungsbereich, auf definierte Materialarten und Bedingungen. Oft werden die Messverfahren zweckentfremdet, und die Messwerte werden verglichen oder als gegeben hingenommen. Als Beispiel kann man die Messung des Ableitwiderstands eines ESD-gerechten oder ableitfähigen Stuhls anführen. Einige Hersteller geben in ihren Unterlagen an: „Geprüft nach Norm DIN EN 61340-5-1 (**VDE 0300-5-1**).“ Diese Norm beschreibt keine Messverfahren. Prüft man die durchgeführten Messungen und die Ergebnisse, wird man feststellen, dass das Verfahren für die Messung von Fußböden angewandt wurde. Der Realität würde aber ein Messverfahren entsprechen, das z. B. mit einer viel größeren Masse arbeitet. Weitere Beispiele werden bei der Beschreibung der Messverfahren angeführt, bzw. sinnvolle Messverfahren für die Prüfung einzelner Ausrüstungen und Anordnungen werden in Abschnitt 9.4 (Praktische Messverfahren) beschrieben.

Bevor die einzelnen Messverfahren vorgestellt werden, hier noch die wesentlichen Unterschiede dieser Schriftstücke:

Die verbindliche Norm DIN EN 61340-4-1 (**VDE 0300-4-1**) „Elektrostatik – Teil 4-1: Festgelegte Untersuchungsverfahren für spezielle Anwendungen – Elektrischer Widerstand von Bodenbelägen und von verlegten Fußböden" beschreibt die grundlegenden Messverfahren für Widerstandsmessungen zur Beurteilung der ESD-Fußböden, die in der gültigen Norm DIN EN 61340-5-1 (**VDE 0300-5-1**) beschreibt ausschließlich Vorgänge in Bereichen, in denen elektronische Bauelemente und Baugruppen durch elektrostatische Entladevorgänge beeinflusst werden können. Dabei ist es uninteressant, ob die Bauelemente einzeln, als Wafer oder als Chip vorliegen oder ob sie bereits auf einer Leiterplatte montiert sind. Die einzelnen Widerstandsmessverfahren werden hier angepasst.

Die DIN EN 61340-5-1 (**VDE 0300-5-1**) in den Fassungen von 2001 bzw. 2008 ersetzt wurden, beschreiben ausschließlich Vorgänge in Bereichen, in denen elektronische Bauelemente und Baugruppen durch elektrostatische Entladevorgänge beeinflusst werden können. Dabei ist es uninteressant, ob die Bauelemente einzeln, als Wafer oder als Chip vorliegen oder ob sie bereits auf einer Leiterplatte montiert sind. Die einzelnen Widerstandsmessverfahren werden hier angepasst.

Als Vergleich werden oft die Messverfahren und -anordnungen aus DIN EN 62631-3-1 (**VDE 0307-3-1**) bis DIN EN 62631-3-3 (**VDE 0307-3-3**) herangezogen. Diese Normen beziehen sich aber auf eine bestimmte Gruppe von Werkstoffen, die eigentlich nicht in einer EPA eingesetzt werden dürfen, auf Isolatoren. Zum Vergleich der Anwendungsbereich der Norm: Diese „enthalten Verfahren zur Bestimmung des Durchgangswiderstands und des Oberflächenwiderstands für den spezifischen Durchgangswiderstand und den spezifischen Oberflächenwiderstand von festen, elektrisch isolierenden Werkstoffen" [58].

Eine weitere Gruppe von Normen gilt für spezielle Materialien und Stoffe, wie Bodenbeläge und Textilien.

DIN EN 1081 bezieht sich auf *Elastische Bodenbeläge – Bestimmung des elektrischen Widerstands*, besonders hier auf Linoleum u. ä. Fußbodenmaterialien. „Diese Europäische Norm legt drei Verfahren zur Bestimmung des elektrischen Widerstands eines elastischen Bodenbelags fest, sowohl im unverlegten als auch im verlegten Zustand." [59] Diese Norm ist in einem speziellen Normungsausschuss zu speziellen Belägen entstanden und regelt spezielle Messverfahren für die dort definierten Bodenbeläge in Abweichung zur DIN EN 61340-4-1 (**VDE 0300-4-1**).

Eine ältere Norm, DIN 51953, für die *Prüfung von organischen Bodenbelägen – Prüfung der Ableitfähigkeit für elektrostatische Ladungen für Bodenbeläge in explosionsgefährdeten Räumen* wurde endgültig 1999-05 zurückgezogen und durch die DIN EN 61340-4-1 (**VDE 0300-4-1**) abgelöst, in Ausnahmefällen gilt auch die DIN EN 1081. Die sehr weit verbreitete Norm, die speziell für die folgenden Anwendungszwecke geschaffen wurde, ist viele Jahre als inzwischen umstrittene

Norm für das Prüfen von Ableitwiderständen in ESD-geschützten Bereichen usw. angewandt worden. Die Norm war vorgesehen für folgenden Anwendungsbereich:

„In Räumen, in denen explosionsfähige Gas-Luft-Gemische auftreten können, soll durch einen geringen Widerstand gegen Erde eine hohe elektrostatische Aufladung von Personen oder Gegenständen vermieden werden, die zu einer zündfähigen Entladung führen kann.

Die Ableitung elektrostatischer Ladungen über einen nach dieser Norm geprüften Bodenbelag ist unwirksam, wenn sich zwischen Ladungsträger und Bodenbelag z. B. Schuhsohlen, Rollen von Geräten, Schläuche aus nicht leitenden Werkstoffen befinden.

… Die Prüfungen können an Proben oder an verlegtem Bodenbelag durchgeführt werden, wobei der Einfluss der Leitfähigkeit des Klebers und der darunter liegenden Schichten zu beachten ist." [60]

Zwei weitere Normen sollen noch erwähnt werden, zunächst DIN 54345 speziell für die „Prüfung von Textilien". Diese Norm wurde überarbeitet und liegt als DIN EN 1149 vor

Eine letzte Norm, die in ESD-geschützten Bereichen (Elektronik-Fertigungen) sehr selten angewandt wurde, aber nicht unerwähnt bleiben soll, ist DIN 54346 – *Klassifikation des elektrischen und elektrostatischen Verhaltens von Bodenbelägen und Bodenbeschichtungen.* Dem Anwendungsbereich nach bestimmt diese Norm „in einer Drei-Klassen-Einteilung Anforderungen an Bodenbeläge und Bodenbeschichtungen für Räume, in denen ein Schutz vor elektrostatischen Entladungen gefordert wird. Elektrostatische Aufladungen von Personen auf Bodenbelägen und Bodenbeschichtungen sind stets auch abhängig vom Sohlenmaterial. Deshalb sind für Räume mit erhöhten Anforderungen auch hinreichend leitfähige Schuhe erforderlich [61].

9.3.2 Messen von Oberflächenwiderständen

Ausgehend von der Definition für den Oberflächenwiderstand, ergibt sich die Messanordnung nach **Bild 9.13**. Auf die Oberseite des zu untersuchenden Materials werden zwei Elektroden aufgesetzt. Durch unterschiedliche Voraussetzungen werden für verschiedene Materialien unterschiedliche Elektroden und Anordnungen in den einzelnen Normen beschrieben. Vier Varianten werden deshalb vorgestellt:

- Variante 1: Zwei Flächenelektroden DIN EN 61340-4-1 (**VDE 0300-4-1**)
- Variante 2: Ringelektrode DIN EN 61340-2-3 (**VDE 0300-2-3**)
- Variante 3: Dreipunktelektroden DIN EN 1081
- Variante 4: Ringelektrode DIN EN 62631-3-1 (**VDE 0307-3-1**)

Variante 1

Die Messanordnung nach DIN EN 61340-4-1 (**VDE 0300-4-1**) für die Ermittlung des Oberflächenwiderstands an Materialproben zeigt Bild 9.13. Zwei Elektroden

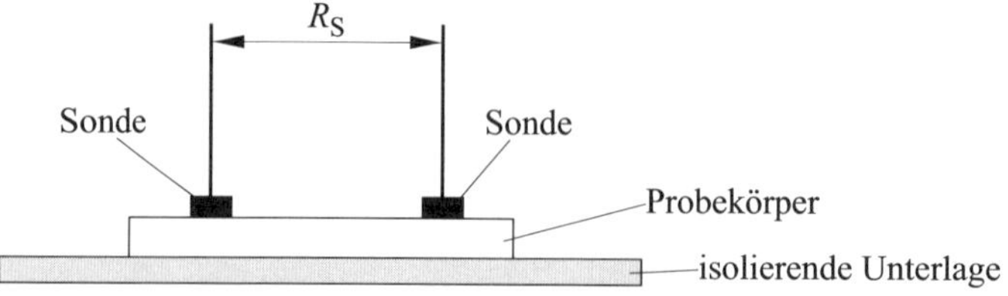

Bild 9.13a Messanordnung für den Oberflächenwiderstand an Proben: schematische Darstellung [55]

Bild 9.13b Messanordnung für den Oberflächenwiderstand an Proben: praktische Ausführung an weichen Probematerialien mit 5-kg-Elektroden

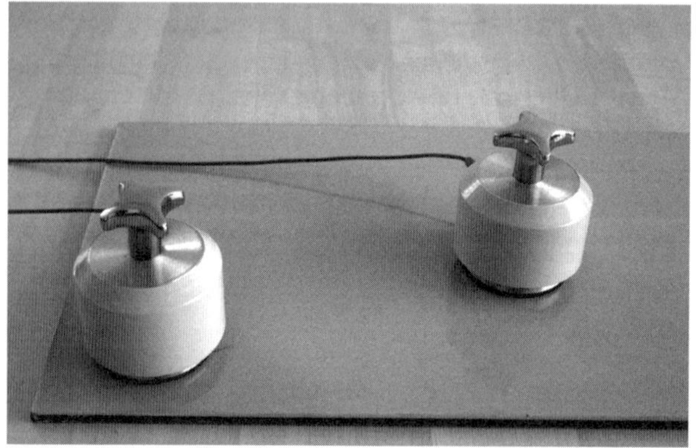

Bild 9.13c Messanordnung für den Oberflächenwiderstand an Proben: praktische Ausführung an harten Probematerialien mit 2,5-kg-Elektroden

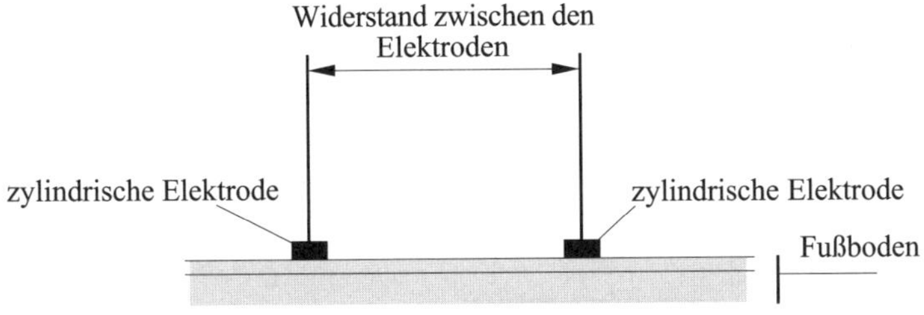

Bild 9.14 Messanordnung für den Oberflächenwiderstand an verlegten Materialien [55]

werden in einem definierten Abstand voneinander auf der Oberfläche abgestellt. An die Elektroden wird eine definierte Spannung angelegt.

Die DIN EN 61340-4-1 (**VDE 0300-4-1**) beschreibt zwei verschiedene Elektroden: eine 2,5-kg- und eine 5-kg-Elektrode mit einem Kontaktflächendurchmesser von 65 mm ± 5 mm. Sie sind in 30 cm Abstand voneinander angeordnet. Das Kontaktmaterial ist leitfähiger Gummi. Die Messspannung, die an die Elektroden angelegt wird, beträgt 100 V (Gleichspannung). Nach einer definierten Messzeit wird der Widerstandswert am Messgerät abgelesen. Üblich sind Messzeiten von etwa 15 s. Die Proben sind entsprechend der vorliegenden Norm zu klimatisieren und nach den Vorgaben des Materialherstellers zu reinigen. Die speziellen Bedingungen sind in Kapitel 10 zu finden. Wird die Messung an verlegten Fußbodenmaterialien durchgeführt, dann ist zu beachten, dass Anzahl und Zwischenraum der Messstellen so gewählt werden, dass der Messfläche vertraut werden kann (**Bild 9.14**). Üblicherweise wird eine Messstelle auf 2 m^2 oder 4 m^2 zufriedenstellend sein. Der geringste erlaubte Abstand zwischen einem beliebigen Punkt auf der Elektrode und der Probekörperkante ist 100 mm.

Variante 2

Der Oberflächenwiderstand kann mit einer Ringelektrode nach DIN EN 61340-2-3 (**VDE 0300-2-3**) ermittelt werden. Das **Bild 9.15a** zeigt die Konstruktion der Ringelektrode. Im **Bild 9.15b** ist die Anordnung der Ringelektrode auf einer Probe zu sehen. Die Elektroden selbst sind mit einem definierten leitfähigen Gummimaterial zum besseren Andruck versehen. Für die Messspannung wird 100 V verwendet. Für Widerstände kleiner 10^6 Ω genügen 10 V den Anforderungen. Die Probekörperauflage muss mindestens einen Oberflächenwiderstand von $1 \cdot 10^{13}$ Ω besitzen, gemessen mit einer Messspannung von 500 V nach DIN EN 62631-3-1 (**VDE 0307-3-1**). Die Probekörperauflage muss nach allen Seiten mindestens 10 mm länger und breiter sein, und die Mindestdicke beträgt 1 mm.

Variante 3

Diese Norm beschreibt ein Messverfahren für die Prüfung des Oberflächenwiderstands von elastischen und textilen Bodenbelägen. Die Norm geht von einer höhe-

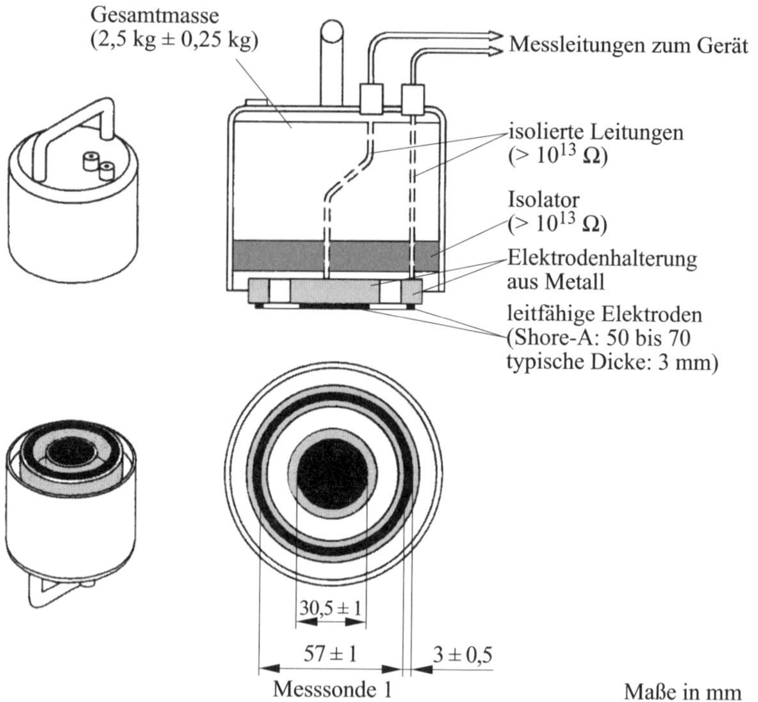

Bild 9.15a Konstruktion der Ringelektrode
(DIN EN 61340-2-3 (**VDE 0300-2-3**):2017-05, Bild 1 [57])

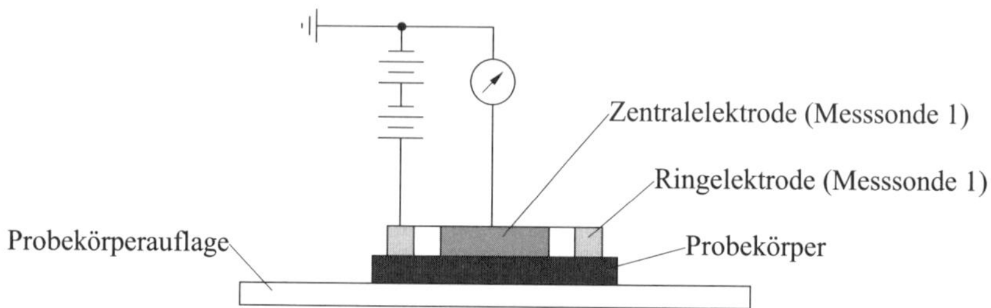

Bild 9.15b Anordnung der Ringelektrode auf einer Materialprobe zur Messung des Oberflächenwiderstands
(DIN EN 61340-2-3 (**VDE 0300-2-3**):2017-05, Bild 3 [57])

Bild 9.15c Praktische Messanordnung zur Messung des Oberflächenwiderstands mit einer Ringelektrode – Aufbau der Ringelektrode

Bild 9.15d Praktische Messanordnung zur Messung des Oberflächenwiderstands mit Ringelektrode – Beispiel „Messung von Bekleidung“

ren Belastung des Bodens aus. Üblicherweise werden elektrostatische Ladungen von Personen abgeleitet. Diese haben eine größere Masse und damit einen höheren Andruck. Die Elektroden werden durch zwei Metallkörper gebildet, die jeweils drei zylindrische Gummifüße in einem Abstand von 180 mm enthalten (**Bild 9.16**). Die Gummifüße haben eine Shore-A-Härte von 50 bis 70. Der Widerstand jedes Gummifußes muss kleiner als 1 kΩ sein, gemessen gegen eine Metallfläche. Die Elektroden werden mit einer Masse von mindestens 30 kg an die zu messende Oberfläche gedrückt. Als Messspannung werden 100 V bzw. 500 V angelegt. Nach einer Messzeit von 15 s wird der Messwert abgelesen.

Die Proben sind vorher zu konditionieren, vgl. Kapitel 10. Verlegte Proben werden unter ungeregelten Bedingungen gemessen und die Widerstandswerte berechnet.

Das Messverfahren nach dieser Norm wird von vielen Fußbodenmaterialherstellern verwendet, weil damit die Anforderungen nach der Ableitfähigkeit eines Materials besser erreicht werden. Durch die drei Messstellen wird ein Kontakt mit Leitpartikeln im Bodenmaterial eher garantiert. Außerdem wird der ermittelte Widerstandswert, rein rechnerisch, nur etwa ein Drittel des „wahren" Widerstands erreichen, weil eine Parallelschaltung von drei Widerständen vorliegt. Zum anderen tragen die Anforderungen für die Durchführung nach einer Messspannung von 500 V und einer relativen Feuchtigkeit von 50 % dazu bei, dass sehr niedrige Werte ermittelt werden.

Variante 4

Bekanntlich werden oft Messverfahren aus anderen Anwendungsbereichen für das Ermitteln von Widerstandswerten eingesetzt. Eine Variante ist die Ringelektrode aus DIN EN 62631-3-1 (**VDE 0307-3-1**) für Isolierstoffe (**Bild 9.17a–d**). Sie soll durch ihren speziellen Aufbau den Einfluss durch äußere Felder minimieren. Weiterhin ist die Anordnung aus äußerem und innerem Ring so gewählt, dass sehr wenig Volumenmaterial oder Volumenwiderstand mit erfasst wird.

Die Elektrode wird auf die zu prüfende Oberfläche aufgesetzt und der Messwert nach etwa 15 s auf dem angeschlossenen Messgerät abgelesen. Die Messspannung beträgt 100 V (Gleichspannung). Als Kontaktmaterial wird inzwischen auch leitfähiger Gummi empfohlen. Infolge der Anordnung gibt es Probleme mit verschmutzter Oberfläche, daher ist ein höhererAndruck zu wählen. Durch die sehr genau definierte Geometrie der Messanordnung beeinflussen diese Parameter entscheidend das Messergebnis. Mit dieser Elektrodenkombination sind deshalb nur Laboruntersuchungen unter definiertem Klima sinnvoll. Erst nach Umrechnen des abgelesenen Werts unter Einbeziehung der geometrischen Abmessungen erhält man als Messergebnis den spezifischen Oberflächenwiderstand.

Zusammenfassung – Oberflächenwiderstand R_O

Die praktischen Erfahrungen erfordern eine handhabbare Elektrodenanordnung. Ausgehend von den vielfach durchgeführten Messungen wird vorgeschlagen, die

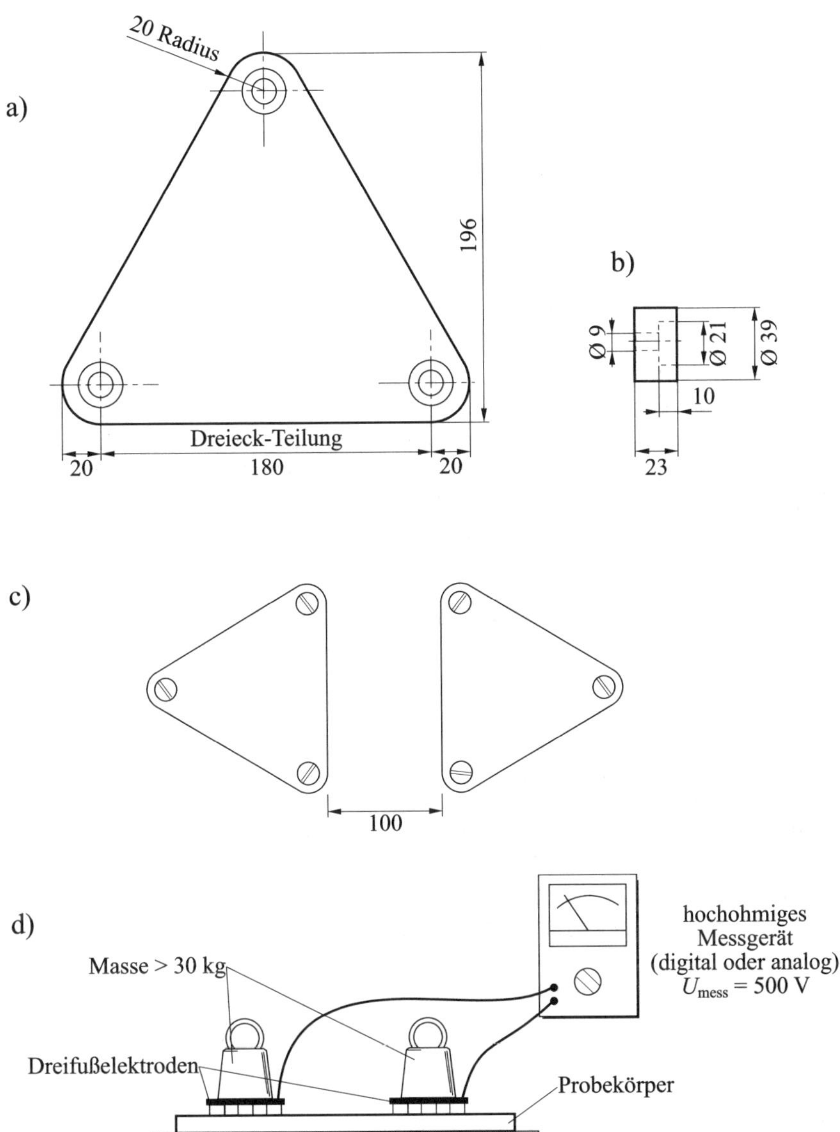

Bild 9.16 Messanordnung mit zwei Dreifußelektroden (alle Abmessungen in mm), (DIN EN 1081:1998-04, Bilder 1 bis 4 [59])

a) Dreifußelektrode; b) Gummifuß; c) Abstand zwischen den Kanten; d) Messung

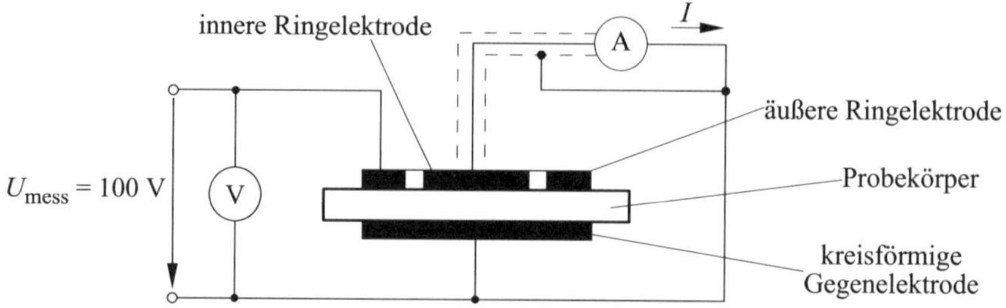

Bild 9.17 Messanordnung der Ringelektrode für den Oberflächenwiderstand

Variante 2 nach DIN EN 61340-2-3 (**VDE 0300-2-3**) weiter zu vervollkommnen. Mit der Ringelektrode wird nur ein geringer Teil des Materialinnern bzw. Volumens mit erfasst. Grobes Abschätzen der Volumenanteile der einzelnen Varianten bei einer angenommenen Materialdicke von 2 mm, nur innerhalb der (bzw. der durch die Elektroden abgedeckten) Fläche, ergibt:

Variante 1 + Variante 3:	300 mm × 150 mm × 2 mm	⇒	etwa 90 000 mm³
Variante 2:	(Außenring – Innenring) × 2 mm	⇒	etwa 6 000 mm³
Variante 4:	(Außenring – Innenring) × 2 mm	⇒	etwa 11 000 mm³

Bei linearem Verhalten, d. h. ohne elektrische Nebenfelder, werden bei der Variante 2 nur etwa 7 % bzw. bei der Variante nur etwa 10 % des Volumens gegenüber einer Elektrodenmessung nach Varianten 1 und 3 mit erfasst, d. h., ausgehend von diesen Ergebnissen ist die Ringelektrode die bessere für die Ermittlung des Oberflächenwiderstands. Andere Probleme treten natürlich dadurch auf, dass es Differenzen bei Andruck und Oberflächenverunreinigungen gibt. Diese führen dazu, dass sich Messergebnisse nur vergleichen lassen, wenn die Bedingungen der Messdurchführung genauestens verglichen werden bzw. gleich sind.

Ein letzter Hinweis zur Oberflächenwiderstandsmessung: Die Funktionsfähigkeit z. B. eines ESD-Arbeitsplatzes, ESD-Fußbodens oder ESD-Stuhls lässt sich mit einer Oberflächenwiderstandsmessung nicht nachweisen. Nur die Ermittlung des Ableitwiderstands führt zum Nachweis.

Die Oberflächenwiderstandsmessung ist ein Wert für die Qualifikation von Materialien.

9.3.3 Messen von Ableitwiderständen

Grundprinzip der ESD-Kontrollmaßnahmen ist das gefahrlose Ableiten vorhandener elektrostatischer Aufladungen. Dazu ist es erforderlich, dass alle verwendeten Materialien eine definierte Ableitfunktion zeigen. Zur Kontrolle der Ableitwirkung ist deshalb die Messung des Ableitwiderstands gegenüber dem Potentialausgleich oder vereinfacht gegenüber dem Erdpotential des Erdableitwiderstands notwendig. Dazu sind prinzipiell folgende Messverfahren geeignet:

Variante 1: DIN EN 61340-4-1 (**VDE 0300-4-1**)

Variante 2: DIN EN 61340-2-3 (**VDE 0300-2-3**)

Variante 3: DIN EN 1081

Variante 4: DIN EN 62631-3-1 (**VDE 0307-3-1**)

Variante 5 DIN 51953 (alt)

Variante 1

Die Messanordnung nach DIN EN 61340-4-1 (**VDE 0300-4-1**) für das Bestimmen des Ableitwiderstands an verlegten Materialien zeigt **Bild 9.18**, wobei unterschieden wird zwischen Messen gegen den Potentialausgleich (Bild 9.18a) und Messen gegen Erdpotential (Bild 9.18b). Die Elektrode wird auf die Materialoberfläche gestellt. Zwischen Elektrode und Potentialausgleichsanschluss wird eine definierte Spannung gelegt.

Die Elektroden haben einen Durchmesser von 65 mm ± 5 mm, die Masse beträgt je nach Materialuntergrund 2,5 kg (für Messungen auf harten, unnachgiebigen Oberflächen) und 5 kg (für Messungen auf allen anderen Oberflächen). Kontaktmaterial

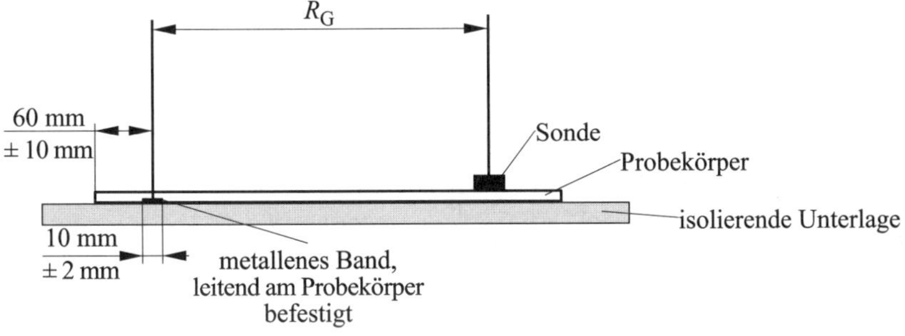

Bild 9.18a Messanordnung für den Ableitwiderstand gegen Potentialausgleich [55]

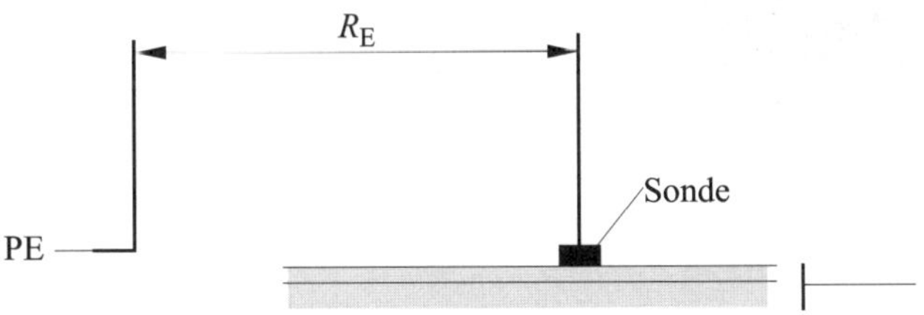

Bild 9.18b Messanordnung für den Ableitwiderstand gegen Erdpotential [55]

ist leitfähiger Gummi. Die Messspannung zwischen Elektrode und Potentialausgleich beträgt 100 V (Gleichspannung), bei Widerständen kleiner $10^6\ \Omega$ beträgt die Messspannung 10 V. Nach einer definierten Messzeit wird der Widerstandswert am Messgerät abgelesen. Die Messzeit beträgt 15 s, während der gesamten Messzeit muss die angegebene Spannung am Messobjekt anliegen. Die Oberfläche der Probe ist nach den Angaben des Materialherstellers zu reinigen. Gemessen wird unter unkontrollierten Bedingungen, wobei Luftfeuchtigkeit und Temperatur zu erfassen sind. Die Anzahl der Messstellen richtet sich nach der Art des verlegten Materials und der Größe des vorhandenen Fußbodens oder der vorhandenen Fläche. Eine Messstelle auf 2 m^2 oder 4 m^2 wird als ausreichend angesehen. Der geringste erlaubte Abstand zwischen einem beliebigen Punkt auf der Elektrode und der Probekörperkante ist 100 mm.

Variante 2

Die beschriebene Norm DIN EN 61340-2-3 (**VDE 0300-2-3**) erlaubt eine Messung des Ableitwiderstands von festen, planaren Werkstoffen. **Bild 9.19a** zeigt die aus der Norm vorgesehene Elektrode.

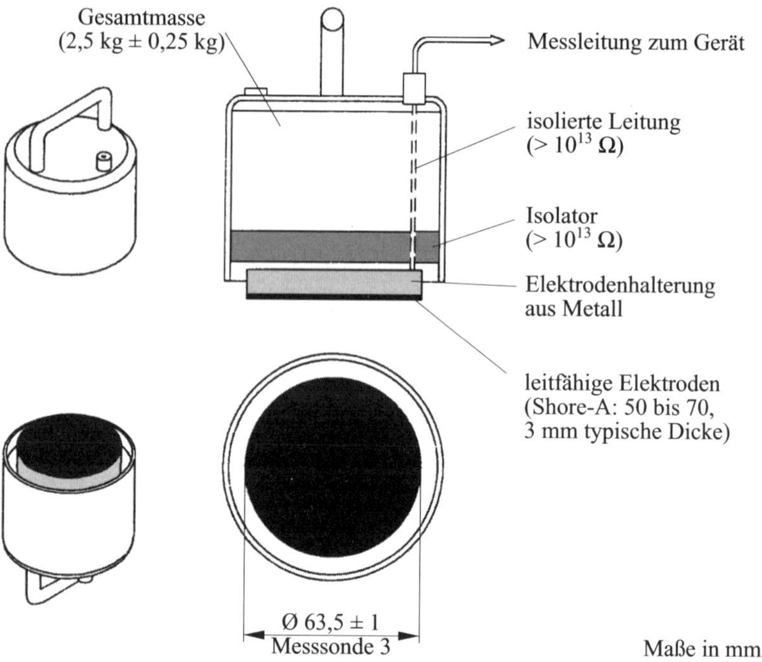

Bild 9.19a Konstruktion der Elektrode für die Messung des Ableitwiderstands (DIN EN 61340-2-3 (**VDE 0300-2-3**):2017-05, Bild 2 [57])

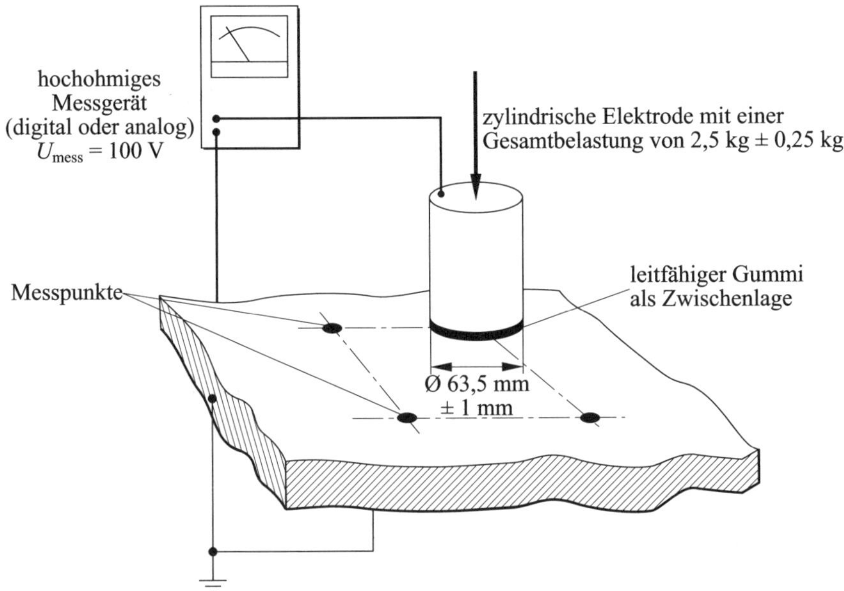

Bild 9.19b Praktische Anordnung

Das Kontaktmaterial ist auch hier leitfähiger Gummi.

Die Elektrode wird auf das zu prüfende Material aufgesetzt. Zwischen Elektrode und Potentialausgleich oder Erdpotential/Schutzleiter wird eine Messspannung von 100 V (Gleichspannung), bei Widerständen kleiner $10^6\ \Omega$ eine Spannung von 10 V angelegt. Der Messwert wird nach 15 s am Messgerät abgelesen. Die Messspannung muss während der gesamten Messzeit am Messobjekt anliegen.

Die klimatischen Bedingungen während der Messung sind zu dokumentieren und für spätere Vergleiche unbedingt notwendig. Die Anzahl der Messstellen richtet sich nach der Größe der zu prüfenden Ausrüstungen, vgl. Abschnitt 9.4.

Variante 3

Die vorliegende Norm DIN EN 1081 schreibt nur eine Messung des Erdableitwiderstands vor. Dazu wird die Dreifußelektrode auf die Oberfläche aufgesetzt (**Bild 9.20**). Dann folgt die bekannte Belastung mit mindestens 30 kg. Der Entwurf schreibt eine Messspannung von 100 V für Messungen bis $10^6\ \Omega$ und oberhalb $10^6\ \Omega$ eine Messspannung von 500 V vor. Wie bereits bei den anderen Messverfahren beschrieben, ist die Messspannung von 500 V zu hoch und kann leicht zu Durchschlägen führen.

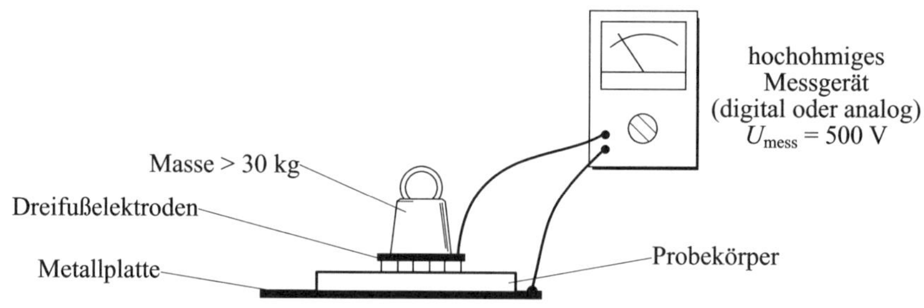

Bild 9.20 Messanordnung mit Dreifußelektrode

Die Umgebungsbedingungen sind auch hier zu dokumentieren. Die Anzahl der Messstellen richtet sich wieder nach der Größe des Fußbodens oder der zu messenden Fläche.

Variante 4

Die Ringelektrode kann gleichfalls zur Bestimmung des Ableitwiderstands eingesetzt werden (**Bild 9.21**). Hierzu wird die Elektrode auf das zu prüfende Material aufgesetzt. Man misst zwischen der inneren Ringelektrode und dem Potentialausgleichsanschluss oder Erdpotential. Die äußere Elektrode wird mit dem Potentialausgleich oder Erdpotential verbunden und schirmt gegen äußere elektrische Fremdfelder ab.

Dieses Messverfahren nach DIN EN 62631-3-3 (**VDE 0307-3-3**) wird nicht empfohlen für die Überprüfung von ESD-Ausrüstungen für den Einsatz in einer EPA. Nach dem in der Norm definierten Verwendungszweck wird DIN EN 62631-3-1

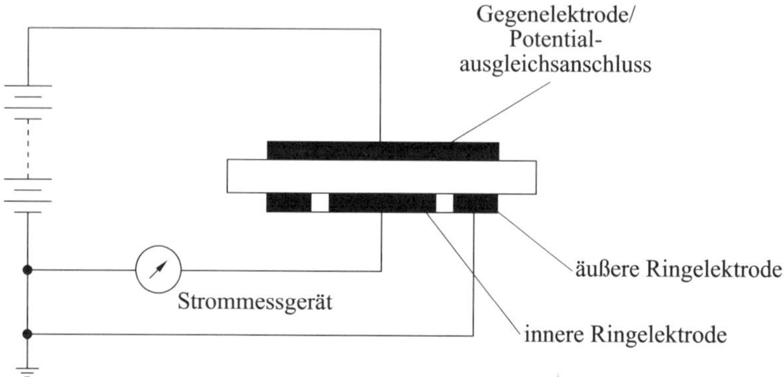

Bild 9.21 Messanordnung mit Ringelektrode [58]

(**VDE 0307-3-1**) „nur“ zum Ermitteln der Materialeigenschaften isolierender Stoffe gebraucht.

Variante 5

Die inzwischen zurückgezogene, aber immer noch gern verwendete Methode, den Ableitwiderstand von Materialien und ESD-Ausrüstungen zu messen, ist die DIN 51953. Aus diesem Grund soll sie nochmals beschrieben werden. Eine Elektrode mit einem Durchmesser von 50 mm und einer Masse von 1 kg (Anpresskraft etwa 10 N) wird auf die zu messende Oberfläche gestellt (**Bild 9.22**). Die Spannung ist zwischen Elektrode und Potentialausgleich anzuschließen.

Zur Verbesserung des Kontakts mit der Oberfläche war eine Leitemulsion oder eine wässrige Lösung vorgeschrieben. In den meisten Fällen wurde jedoch nur feuchtes Fließpapier eingesetzt. Die Folge war, dass nicht der Ableitwiderstand des Materials gemessen wurde, sondern nur der der wässrigen Lösung. Eine Definition der „Feuchte“ des Fließpapiers war nicht vorhanden. Außerdem entsprach dieser Messaufbau nicht der realistischen Anordnung Person–Schuhe–Fußboden.

Ein weiterer Mangel war die Messspannung. Vorgeschrieben waren 500 V (Gleichspannung), bei höheren Widerständen sogar 1 000 V. Bei dieser Spannung kommt es bei dünnen Materialien zu Durchschlägen. Die Norm beschrieb auch nur Materia-

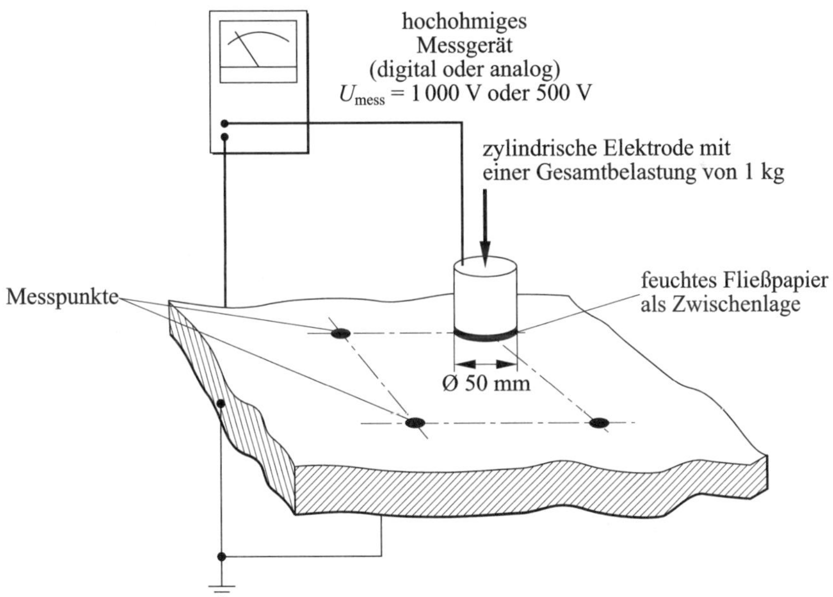

Bild 9.22 Messanordnung für den Ableitwiderstand

lien, deren Ableitwiderstand unter $10^6\ \Omega$ liegt. Die Norm wurde abgelöst durch die DIN EN 1081, für spezielle Anwendungen in der Elektronik-Industrie durch die DIN EN 61340-4-1 (**VDE 0300-4-1**).

Zusammenfassung – Ableitwiderstand R_A

Fünf Möglichkeiten für das Ermitteln des Ableitwiderstands wurden beschrieben. Jedes Messverfahren ist eigentlich nur für einen bestimmten Einsatzzweck einzusetzen. Vorgeschrieben sind jeweils der zu messende Wertebereich und die zu prüfenden Materialien. Die ESD-Kontrollmaßnahmen in einer EPA bzw. die Funktionsfähigkeit eines ESD-Arbeitsplatzes können nur nach der gültigen Messvorschrift, die DIN EN 61340-5-1 (**VDE 0300-5-1**) fordert, überprüft werden. Dieses Messverfahren, Elektrode mit leitfähigem Gummi, hat sich inzwischen in der Praxis bewährt. Es entspricht auch der realistischen Ableitung elektrostatischer Ladungen von der Person über die ESD-gerechten Schuhe zum ableitfähigen Fußboden. Eventuelle Differenzen bei verschiedenen Leitgummimaterialien werden im Kapitel 11 beschrieben.

9.3.4 Messen von Volumenwiderständen

Der Volumenwiderstand wird nur ermittelt, um Materialeigenschaften zu überprüfen. Die vorgestellten Messverfahren werden nur unter Laborbedingungen eingesetzt. Anstelle des Volumenwiderstands wird oft nur der Durchgangswiderstand bestimmt. Drei Verfahren für das Ermitteln des Durchgangs- oder Volumenwiderstands werden beschrieben:

Variante 1 DIN EN 61340-4-1 (**VDE 0300-4-1**)

Variante 2 DIN EN 61340-2-3 (**VDE 0300-2-3**)

Variante 3 DIN EN 62631-3-1 (**VDE 0307-3-1**)

Variante 1

Der Volumenwiderstand eines Materials wird nach der Messanordnung in **Bild 9.23** gemessen. Die bekannte Elektrode (Durchmesser 65 mm ± 5 mm, Masse 2,5 kg oder 5 kg, je nach Materialuntergrund) wird auf die Oberseite des zu prüfenden Materials gestellt. Gegenelektrode ist eine Metallfläche mit einem Durchmesser von

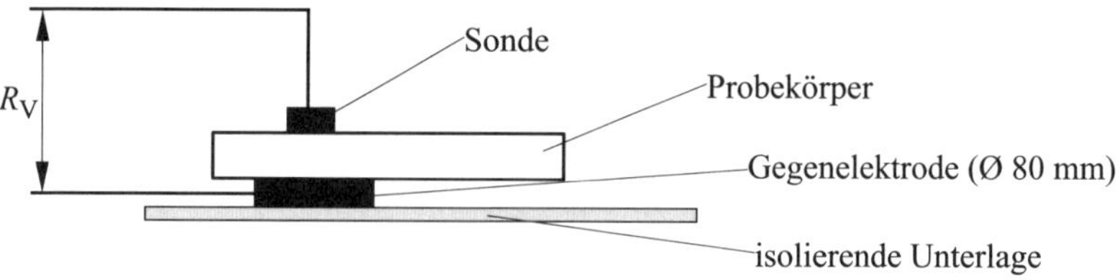

Bild 9.23a Messen des Durchgangswiderstands: schematische Darstellung [55]

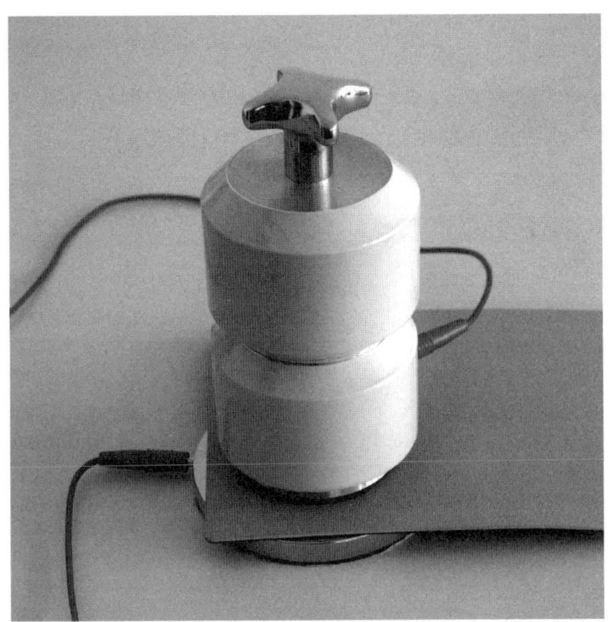

Bild 9.23b Messen des Durchgangswiderstands: praktische Anordnung

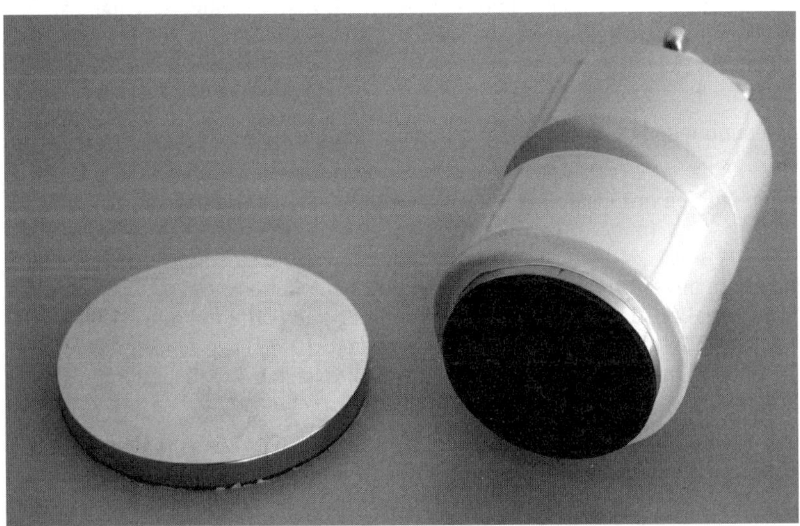

Bild 9.23c Messen des Durchgangswiderstands: Elektroden

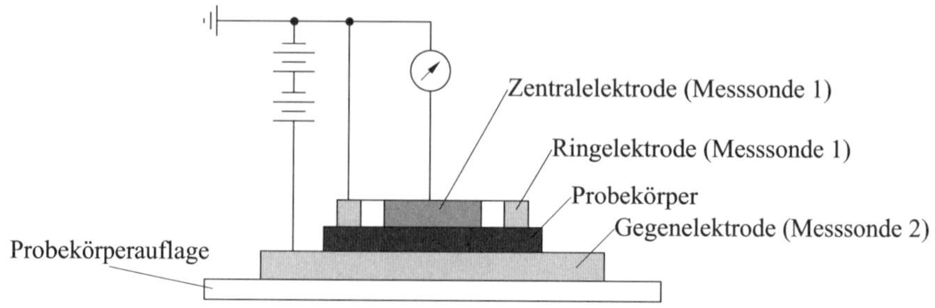

Bild 9.24 Prinzipschaltung für die Messung des Durchgangswiderstands (DIN EN 61340-2-3 (**VDE 0300-2-3**):2017-05, Bild 2 [57])

etwa 80 mm bis 100 mm. Die Gegenelektrode befindet sich auf einer isolierenden Unterlage. Zwischen die Elektroden legt man eine Spannungsquelle von 100 V (Gleichspannung). Der Messwert wird am Messgerät abgelesen. Die Größe der Gegenelektrode geht nicht unmittelbar in das Messergebnis ein.

Man misst unter festgelegten Umgebungsbedingungen, d. h. nur im Labor an Materialproben.

Variante 2

Der Durchgangswiderstand eines Materials kann mit der Elektrode nach Bild 9.15a gemessen werden. Die Prinzipschaltung zeigt **Bild 9.24**, die äußere Ringelektrode wird als sogenannter Schutzring verwendet. Unter die Probe selbst wird eine Gegenelektrode gelegt, die ausreichend groß ist und mit einem festen Anschluss versehen ist.

Die Messspannungen betragen 100 V (Gleichspannung) bzw. 10 V für Widerstände kleiner $10^6\ \Omega$.

Messungen werden grundsätzlich unter Laborbedingungen durchgeführt.

Variante 3

Handelt es sich um sehr hochohmige Materialproben oder – besser gesagt – um isolierende Materialien, dann kommt die Prüfmethode nach DIN EN 62631-3-1 (**VDE 0307-3-1**) zum Einsatz. Hochohmige Messproben ($>10^9\ \Omega$) lassen sich nur in einer abgeschirmten Kammer (Faraday'scher Käfig) messen. Äußere elektrische Felder beeinflussen das Messergebnis entscheidend.

Die an die Elektroden anzulegende Messspannung soll zwischen 100 V und 1 000 V einstellbar sein. Die Dauer der Messung sollte 100 min nicht übersteigen. Bei Isolierstoffen können Messergebnisse zum Teil erst mit einer höheren Spannung oder mit einer wesentlich längeren Messzeit erzielt werden. Das liegt am Aufbau eines Isolators. Er sollte keine elektrische Leitung, d. h. keine freien Elektronen, aufweisen. Aus dem Messergebnis kann der Volumenwiderstand errechnet werden. Der Volumenwiderstand kann aus den Messwerten berechnet werden

$$R_V = \frac{U_{mess}}{I_{mess}} \tag{9.9}$$

Zusammenfassung – Volumenwiderstand R_V

Den Volumenwiderstand zu messen, ist nur sinnvoll bei Materialproben und unter definierten klimatischen Bedingungen. Die Erfahrungen haben gezeigt, dass Messen des Durchgangswiderstands ausreicht. Die Eigenschaften unterschiedlicher Materialien können aus diesen Messwerten sehr gut verglichen werden. Beim Prüfen von Materialien, deren Durchgangswiderstand in der Nähe von $10^9\ \Omega$ oder darüber liegt, sind reproduzierbare Messergebnisse nur unter konstanten klimatischen Bedingungen und in einer abgeschirmten Kammer zu erzielen. Für die praktischen Messungen zum Überprüfen der Wirksamkeit der ESD-Kontrollmaßnahmen ist dieser Messwert nicht sinnvoll.

9.3.5 Sonstige Messverfahren

Der Vollständigkeit halber sollen noch international sehr oft verwendete Messverfahren beschrieben werden: das Messen des Oberflächenwiderstands nach ASTM F150-06, ANSI/NFPA 99-1993 und ASTM D 257. In einigen Firmenunterlagen findet man die Anmerkung „gemessen nach diesen Normen“. Zum Abschluss folgt noch ein kurzer Hinweis auf das Messen des Standortübergangswiderstands nach DIN VDE 0100.

Um den Oberflächenwiderstand nach ANSI/NFPA 99-1993 und ASTM F150-06 (US-amerikanische Normen) an verlegten Fußbodenbelägen zu ermitteln, werden zwei Elektroden im Abstand von 91 cm (3 feet) trocken auf den Belag aufgesetzt. Der Widerstand zwischen beiden Elektroden wird gemessen. Die Elektroden bestehen aus einer Metallfolie von 32 cm^2 Fläche, die mit einer 6,5 mm dicken Gummischeibe und einer Anpresskraft von 25 N belastet werden. Gemessen wird an fünf beliebigen Stellen im Raum (**Bild 9.25**).

Der spezifische Oberflächenwiderstand ρ_D errechnet sich aus dem Oberflächenwiderstand unter Einbeziehung der Elektrodenfläche:

$$\rho_D = R_O \cdot A \tag{9.7}$$

Er kann auch nach dem Standard ASTM D 257 [63] gemessen werden. Diese Norm ist besonders für dünne, gut leitfähige Oberflächenschichten geeignet, deren Leitfähigkeit getrennt von der leitfähigen Unterlage bestimmt werden soll. Der Abstand zwischen innerer und äußerer Elektrode beträgt nur 4 mm. Die Belagsprobe wird sowohl auf der Vorder- als auch auf der Rückseite kontaktiert (**Bild 9.26**).

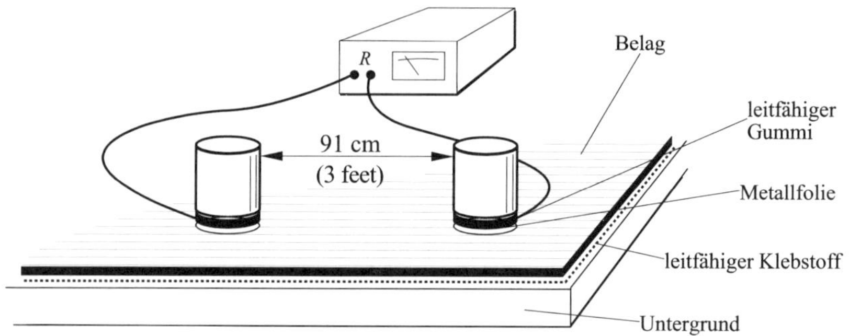

Bild 9.25 Messschaltung für die Messung nach NFPA 99 [49] + ASTM F150-06 [62]

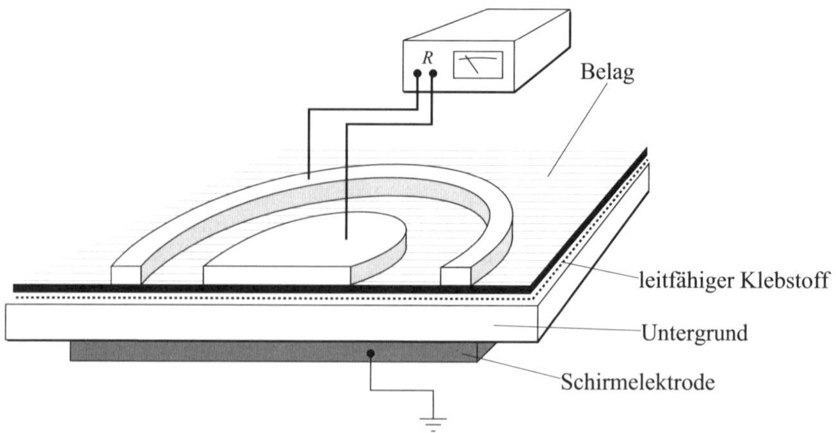

Bild 9.26 Messung des Oberflächenwiderstands nach ASTM D 257

Fälschlicherweise wird sehr oft das Messen nach DIN VDE 0100 als Messverfahren zum Überprüfen der ESD-gerechten Arbeitsplatzausrüstungen angewandt. Dieses Verfahren hat aber einen völlig anderen Zweck. Die DIN VDE 0100 beschreibt die Personensicherheit. Diese muss in einer EPA selbstverständlich eingehalten werden und gilt vor dem eigentlichen ESD-Schutz. Aus diesem Grund wird anders gemessen (**Bild 9.27**).

Ein feuchter Lappen symbolisiert hier eine Person, die auf einem gewässerten Fußboden steht. Berührt jetzt diese Person aus Versehen die offene Netzspannung, dann darf der Strom durch den Menschen diesen selbst nicht schädigen. Hier wird also der Extremfall geprüft: Eine Person steht im Wasser und darf durch einen Stromschlag nicht gefährdet werden. Dieser Vorgang ist nicht vergleichbar mit dem

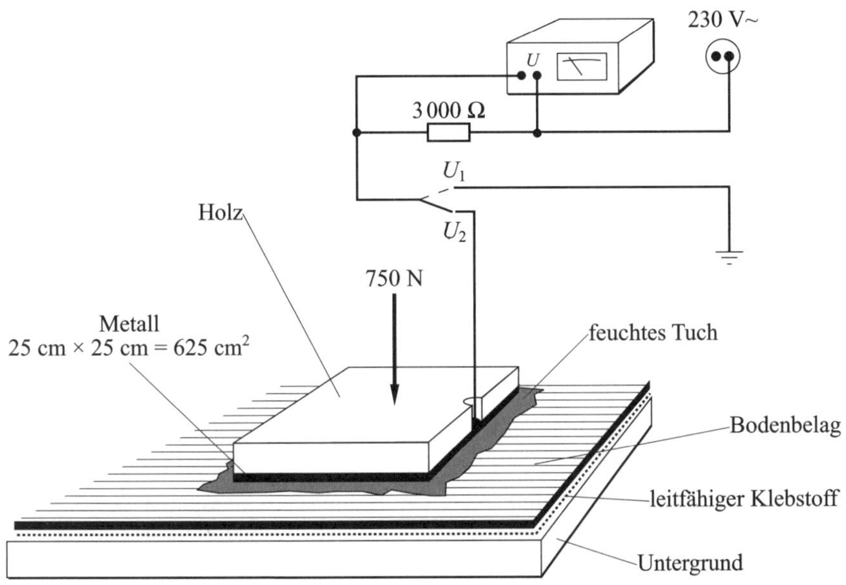

Bild 9.27 Messanordnung nach DIN VDE 0100 [46]

ESD-Schutz für die elektronischen Bauelemente und Baugruppen, den DIN EN 61340-5-1 (**VDE 0300-5-1**) fordert. Elektrostatische Ladungen sollen, wenn die Personen ESD-gerechte Schuhe mit einer leitfähigen Gummisohle tragen, über den Fußboden abgeleitet werden, der in der Regel trocken ist. Zum Vergleich ist ein Betonboden, Estrich o. Ä. nach dem Messverfahren nach DIN VDE 0100 immer sehr gut leitfähig, die Ableitwiderstände liegen unter 1 kΩ. Dagegen ist dieser Boden unter dem Gesichtspunkt von DIN EN 61340-5-1 (**VDE 0300-5-1**) überhaupt nicht ableitfähig.

Eine Messung nach DIN VDE 0100 ist kein Kriterium für die ESD-gerechte Ausrüstung einer EPA.

9.4 Praktische Messungen und Messvorschriften für Ableit- und Oberflächenwiderstände zum Ermitteln der Wirksamkeit der ESD-Kontrollmaßnahmen

Im vorigen Abschnitt wurden die Messverfahren für die einzelnen Widerstandsgrößen (Oberflächen-, Ableit- und Volumen- bzw. Durchgangswiderstand) beschrieben. Die Parameter für normgerechtes Anwenden der Messverfahren sind in Kapitel 10 zu finden. Die folgenden Ausführungen geben praktische Hinweise für die tägliche Messung. In Kapitel 8 sind die Messverfahren auf entsprechenden Formblättern mit den Anforderungen für die einzelnen Ausrüstungen zusammengefasst. Diese Formblätter sollen als Arbeitsgrundlage dienen.

9.4.1 ESD-gerechte Fußböden

Der ESD-gerechte Fußboden ist nach den Normen DIN EN 61340-5-1 (**VDE 0300-5-1**) und DIN EN 61340-4-1 (**VDE 0300-4-1**) zu messen. Wichtigstes Kriterium für die Funktion des Fußbodens in einem ESD-gerechten Bereich ist das Ableitverhalten.

9.4.1.1 Ableitwiderstand von Fußböden

Der Ableitwiderstand des Fußbodens wird zwischen einer Elektrode, die auf den Fußboden aufgesetzt wird, und dem Potentialausgleich gemessen (**Bild 9.28**).

Der Potentialausgleich kann zum einen der Erdungsanschlusspunkt des Kupferbands und zum anderen der Schutzleiter sein. Zwischen aufgesetzter Elektrode und Potentialausgleich wird eine Messspannung von 100 V angelegt. Gemessen wird unter unkontrollierten Bedingungen, d. h., relative Luftfeuchtigkeit und Temperatur sind variabel. Die Werte für beide Umweltparameter gehören in das Messprotokoll. Je nach Größe der zu überprüfenden Fußbodenfläche sind eine Anzahl von Messpunkten festzulegen. Die Norm [64] empfiehlt ein Messpunkte pro 100 m^2. Der Abstand von der Messelektrode zum Erdungspunkt muss mindestens 100 mm betragen (**Bild 9.29**).

Prinzipiell hängt die Anzahl der Messpunkte von der Art des verlegten Fußbodens ab. Grundsätzlich kann man davon ausgehen, dass bei homogenem Fußbodenmaterial weniger Messpunkte notwendig sind als bei inhomogenem Material. Ein homogener Fußboden ist z. B. ein volumenleitfähiger Belag, als inhomogenes Material kann man z. B. Linoleumbelag betrachten, der mit Ruß oder Grafit versetzt ist.

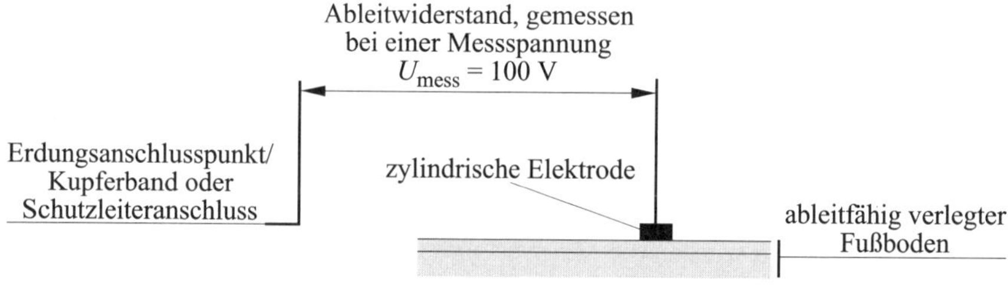

Bild 9.28 Messen des Ableitwiderstands von verlegten Fußböden [55]

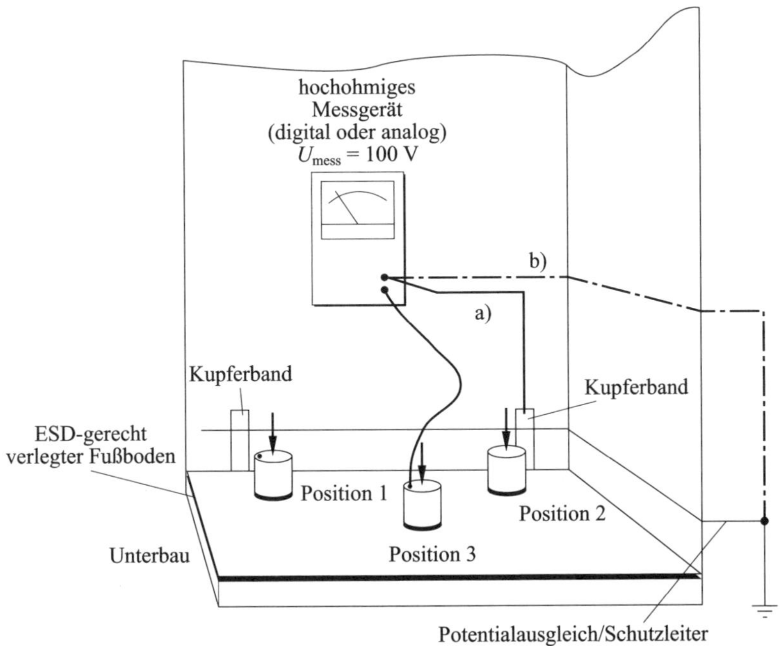

Bild 9.29 Beispiel für Messpunkte auf einem ESD-gerecht verlegten Fußboden
a) Messung gegen den Erdungsanschlusspunkt, b) Messung gegen Schutzleiteranschluss
Positionen 1 und 2: Abstand von der Wand etwa 20 cm, Position 3: Mittelpunkt der Fläche

Weiterhin hängen Anzahl und Anordnung der Messpunkte von den verlegten Kupferbändern, den Fußbodenbahnen, den Potentialausgleichsanschlusspunkten usw. ab. Das angegebene Beispiel zeigt Messpunkte in der Nähe von Kupferbändern und an Erdungspunkten. Meist ist es aber so, dass man nicht nachvollziehen kann, wo z. B. die einzelnen Kupferbänder liegen oder wie der Fußboden verlegt wurde. Hier hilft ganz einfach nur eine größere Anzahl von Messpunkten. Alle Messpunkte sind auf dem Grundriss des Raums zu markieren. Je nach Abweichung der Messwerte sind weitere Messpunkte notwendig, d. h., unterscheiden sich die Messwerte zwischen den einzelnen festgelegten Messpunkten sehr stark, ist die Anzahl der Messpunkte zu erhöhen. Sind keine Abweichungen zwischen den Messpunkten festzustellen, kann die Anzahl reduziert werden. Von Abweichungen spricht man, wenn sich die Messwerte um Zehnerpotenzen unterscheiden. Die weiter vorn angegebene Anzahl von etwa 5 bis 10 Messpunkten je 500 m^2 sollte man aber nicht unterschreiten. Als Messpunkte empfehlen sich zum einen Punkte in der Nähe des Potentialausgleichs und zum anderen Punkte in der Nähe von Stützpfeilern oder Schweißnähte von Fußbodenbelagsbahnen, also kritische Stellen des Fußbodens.

9.4.1.2 Oberflächenwiderstand von Fußböden und Materialien für Fußböden

Für verlegte Fußböden ist der Oberflächenwiderstand nicht interessant. Wie bereits im vorigen Abschnitt festgestellt wurde, soll der Fußboden elektrostatische Ladungen ableiten. Das Messen des Oberflächenwiderstands hat also den Sinn, die elektrischen Eigenschaften eines Materials für Fußböden zu bewerten.

Bei Materialproben können grundsätzlich nur der Oberflächenwiderstand und der Durchgangs- bzw. Volumenwiderstand geprüft werden, da die Proben nicht verlegt sind. Das Messen von Materialproben für Fußböden ist genau definiert und in den zwei Normen [55, 56] vorgeschrieben. Gemessen wird immer unter genau definierten klimatischen Bedingungen. Wichtig sind die Anweisungen des Materialherstellers. Er gibt in den meisten Fällen das Verlegen vor, damit der Fußboden die geforderten Eigenschaften erreicht. Messanordnung, Messspannung und Messdauer sind durch die Normen festgelegt. Die Verfahren müssen es erlauben, verschiedene Materialien nach gleichen Kriterien zu überprüfen.

Für die beschriebenen Messverfahren (vgl. Abschnitte 9.3.2 und 9.3.4) sind Materialproben mindestens in den Abmessungen 500 mm ± 50 mm × 500 mm ± 50 mm oder 1200 mm ± 50 mm × 500 mm ± 50 mm notwendig. Die Proben werden entsprechend der Norm vorbereitet und dann mit der in **Bild 9.30** angegebenen Messanordnung geprüft. Beim Messen muss man davon ausgehen, dass die Proben entweder nach den Herstellerangaben vorbereitet werden oder dass die Prüfung nur ein Messergebnis liefert, das nicht unbedingt mit dem wahren Widerstandswert ver-

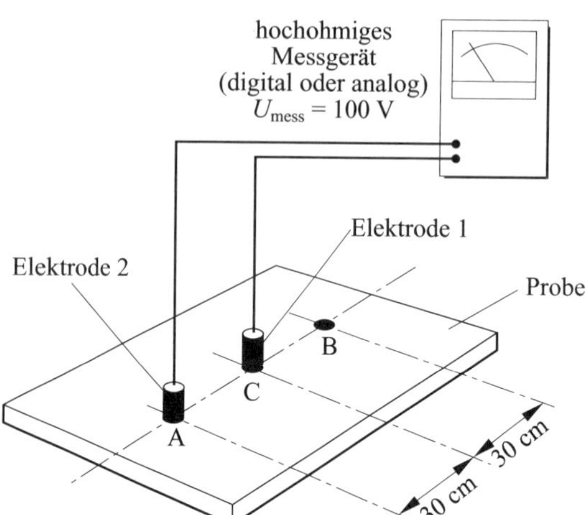

Bild 9.30 Messen des Oberflächenwiderstands an Materialproben. Zylindrische Elektroden (1, 2). Messpunkte: A–C und B–C, Abstand zwischen den Elektroden 30 cm, gemessen vom Mittelpunkt der Elektroden. C Mittelpunkt der Probe. Probengröße: minimal 500 mm × 500 mm, maximal 500 mm × 1200 mm. Die Probe muss nach Herstellerangaben vorbereitet und verlegt werden

gleichbar ist. Das heißt, ein Fußbodenmaterial kann z. B. erst die gewünschten Widerstandswerte erzielen, wenn es verlegt ist. Die Oberflächenwiderstandsmessungen können aber auch einen völlig anderen Wert liefern.

In die Volumenwiderstandsmessung geht zusätzlich die Dicke des Materials ein. Der Volumenwiderstand wird nach Bild 9.23 gemessen. Der Messwert setzt sich aus dem Oberflächenwiderstand und dem Widerstand des Volumens zusammen. Der Volumenwiderstand kann zur Materialbewertung herangezogen werden.

9.4.2 ESD-gerechte Arbeitsoberflächen

Gestalten und Überprüfen der ESD-gerechten Arbeitsoberflächen sind wichtige Kriterien für das Gewährleisten des ESD-Schutzes von elektronischen Bauelementen und Baugruppen. Durch eine gezielte und bewusste Handhabung von elektrostatisch empfindlichen Bauelementen und Baugruppen (ESDS) auf ESD-Arbeitsplätzen können ESD-gerechte Fußböden ersetzt werden. ESD-gerechte Arbeitsoberflächen sind in jedem Fall unumgänglich.

Die ESD-gerechten Arbeitsoberflächen sind nach den Prüfvorschriften, die in DIN EN 61340-5-1 (**VDE 0300-5-1**) und DIN EN 61340-2-3 (**VDE 0300-2-3**) vorgegeben sind, zu überprüfen.

9.4.2.1 Ableitwiderstand von Arbeitsoberflächen

ESD-gerechte Arbeitsoberflächen bestehen aus einem volumenleitfähigen Belag oder einer volumenleitfähigen Tischplatte.

Die (zylindrische) Elektrode wird auf die Arbeitsoberfläche gestellt (**Bild 9.31**). Vorher wird die Oberfläche trocken gereinigt. Gemessen wird zwischen der Elektrode und dem Potentialausgleichsanschluss am Arbeitsplatz oder dem Schutzleiteranschluss. Es ist sinnvoll, einige Messpunkte festzulegen. **Bild 9.32** ist ein Bei-

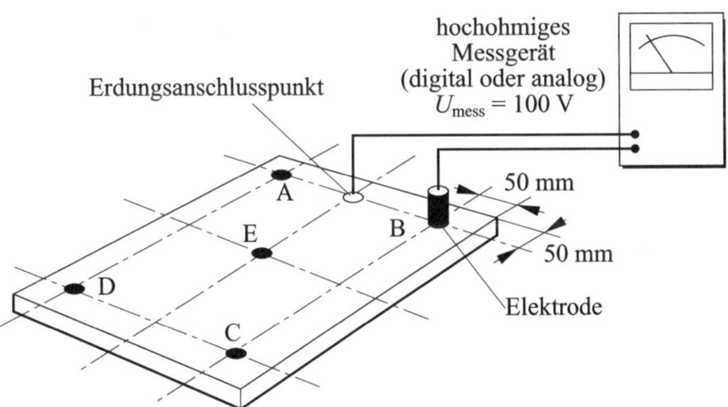

Bild 9.31 Messen des Ableitwiderstands von Arbeitsoberflächen (zylindrische Elektrode)

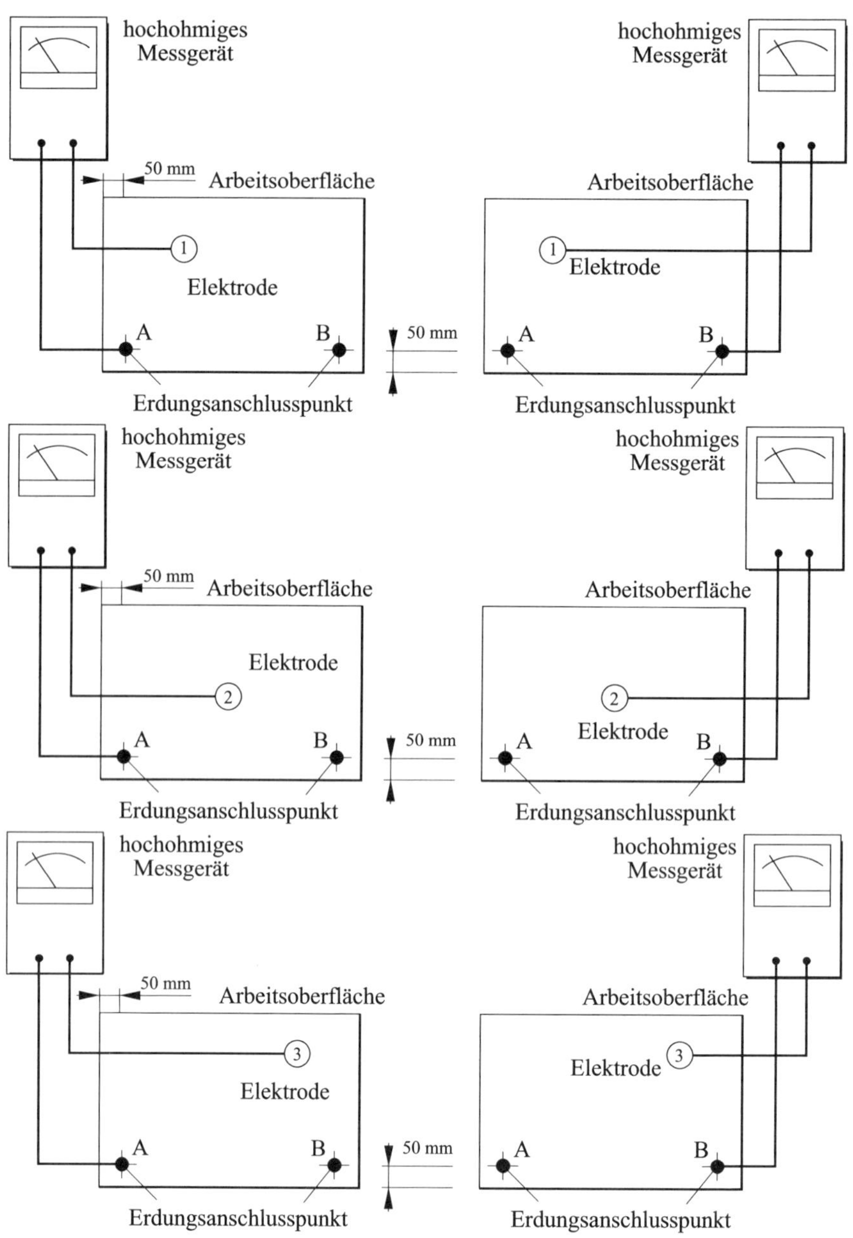

Bild 9.32 Anordnung der Messpunkte auf einer Arbeitsoberfläche [69]

spiel für das Anordnen der Messpunkte auf einer Arbeitsplatzoberfläche. Wichtig ist hier, genauso wie bei allen anderen Messungen, die Lage der Messpunkte in das Messprotokoll aufzunehmen. Die Umgebungsbedingungen, Luftfeuchtigkeit und Temperatur sind im Messprotokoll zu erfassen.

9.4.2.2 Oberflächenwiderstand von Arbeitsoberflächen und Materialien für Arbeitsoberflächen

Für die Auswahl oder Qualifizierung von geeigneten Materialien für Arbeitsoberflächen ist das Ermitteln des Oberflächenwiderstands sinnvoll. An installierten Arbeitsoberflächen ist der Oberflächenwiderstand nicht unbedingt von Bedeutung, da hier wieder gilt: die Ableitung von elektrostatischen Ladungen, d. h. die Ableitfunktion, muss erfüllt werden.

Die Proben für die Oberflächenwiderstandsmessungen sind entsprechend der Norm (vgl. Kapitel 10) vorzubereiten. Sie werden auf die Messanordnung gelegt und mit der vorgeschriebenen Messspannung und in der vorgegebenen Messzeit gemessen (**Bild 9.33** und **Bild 9.34**). Zu beachten ist, dass wiederum Material oder Volumenanteile mit erfasst werden. Für Vergleichsmessungen zwischen verschiedenen Materialien sind immer dieselben Voraussetzungen gegeben, sodass man annehmen kann, es wird immer derselbe Fehlbetrag mitgemessen.

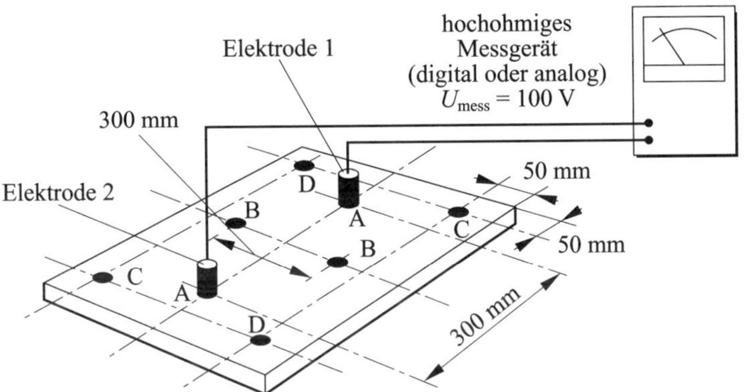

Bild 9.33 Messen des Oberflächenwiderstands an Materialproben (zylindrische Elektroden 1, 2)

9.4.2.3 Regaloberflächen

Regaloberflächen erfüllen dieselbe Funktion wie Arbeitsoberflächen. Ableit- und Oberflächenwiderstand werden nach den Richtlinien der Abschnitte 9.4.2.1 und 9.4.2.2 gemessen.

Für die Ermittlung des Oberflächenwiderstands ist es ebenfalls sinnvoll, die Messmethode mit der Ringelektrode zu verwenden, vgl. Abschnitt 9.3.2 Variante 2.

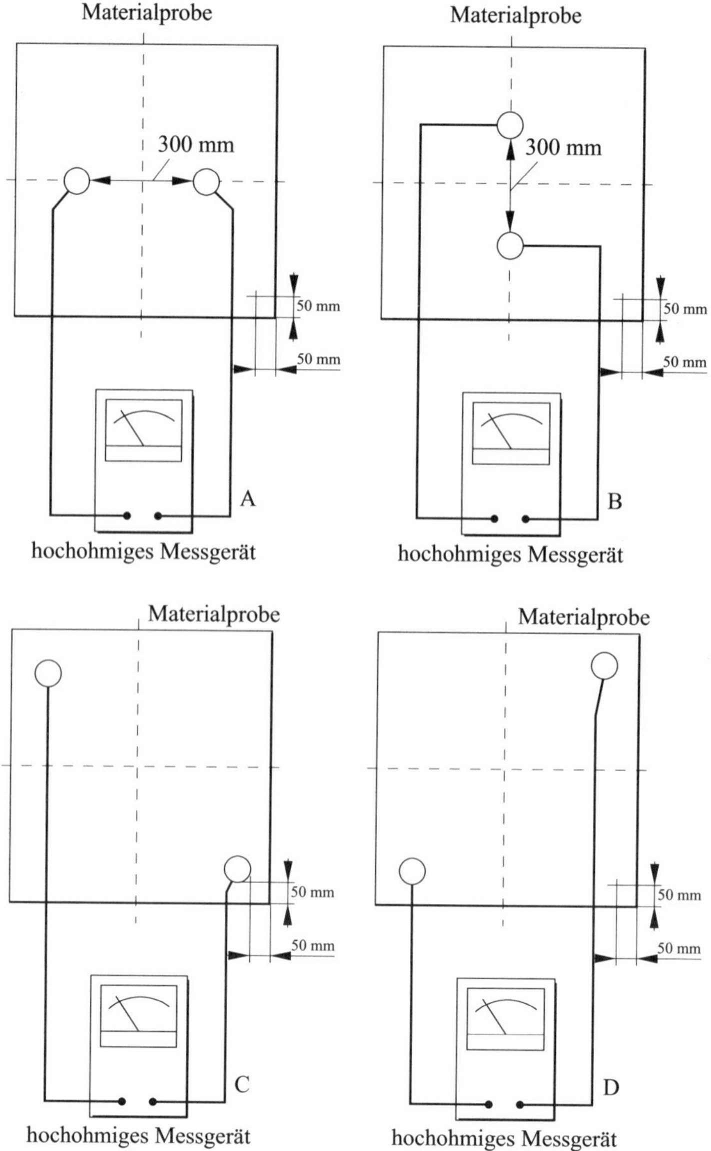

Bild 9.34 Lage der Messpunkte auf einer Arbeitsoberfläche [69]

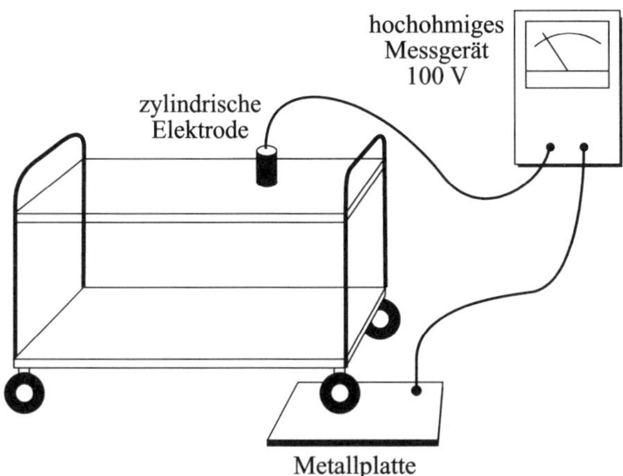

Bild 9.35 Messanordnung für das Überprüfen von Transportwagen

9.4.3 Prüfen von Transportwagen

Transportwagen müssen ESD-gerecht ausgestattet sein, wenn sie in ESD-gerechten Bereichen eingesetzt werden. Beim Prüfen wird ähnlich verfahren wie beim Messen des Ableitwiderstands von Arbeitsplatzoberflächen. Die Elektrode wird auf die Oberseite des Transportwagens gestellt. Gegenelektrode ist eine entsprechende Auflage für die leitfähigen Räder. Das kann eine Metallplatte oder ein Stück leitfähiger Fußbodenbelag sein (**Bild 9.35**). Zwischen diesen Elektroden wird die Messspannung von 100 V angelegt und der Messwert nach der vorgeschriebenen Messzeit am Messgerät abgelesen. Es muss in jedem Einlageboden des Transportwagens gemessen werden. Auch hier ist es sinnvoll, mehrere Messungen pro Boden durchzuführen und die Lage der Messpunkte zu definieren, vgl. Bild 9.32.

Hat der Transportwagen keine ableitfähigen Räder, muss er nach der Norm mit einem Potentialausgleichspunkt ausgestattet sein. Dann wird der Ableitwiderstand zwischen der Elektrode, die auf den Einlageboden gestellt wird, und dem Potentialausgleichspunkt gemessen. Das Gleiche gilt auch, wenn der Wagen mit einem Ableitband oder einer ähnlichen Ableitvorrichtung (z. B. Metallkette) versehen ist. Die Gegenelektrode ist dann die entsprechende Ableitvorrichtung. Gemessen werden muss immer so, wie der Transportwagen ständig benutzt wird.

9.4.4 Prüfen von ESD-gerechten Stühlen

Alle in der Fertigung verwendeten Stühle müssen ESD-gerecht ausgestattet sein. In der Regel sind die Stühle mit einem leitfähigen Stoff oder einem leitfähigen Kunstleder bezogen. Die Ableitung verläuft über Sitz- oder Rückenlehne, Gasfeder und

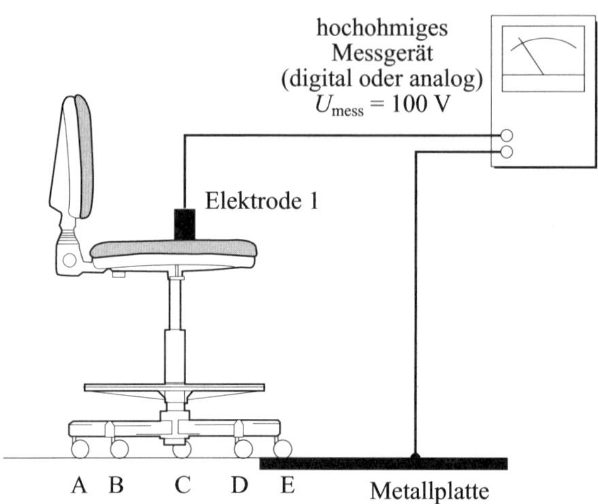

Bild 9.36 Messanordnung für den Ableitwiderstand von Stühlen: zylindrische Elektrode; Messpunkte A bis E: ableitfähige Rollen; gemessen wird zwischen Sitzoberfläche und jeder Rolle

leitfähige Rollen. Für das Messen der ESD-gerechten Ausstattung von Stühlen gibt es bisher noch kein normgerechtes Messverfahren. Grundprinzip ist wiederum, die Ableitwirkung des Stuhls zu überprüfen, d. h., eine Elektrode wird auf die Sitzoberfläche gestellt. Der andere Anschluss liegt unter den Rollen. Elektrode kann eine Metallelektrode oder ein ableitfähiger Belag sein (**Bild 9.36**).

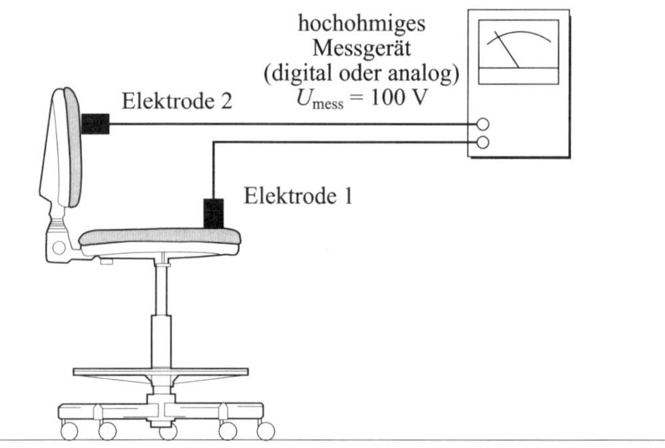

Bild 9.37 Messanordnung für den Widerstand zwischen Rückenlehne und Sitzfläche; zylindrische Elektroden (1, 2)

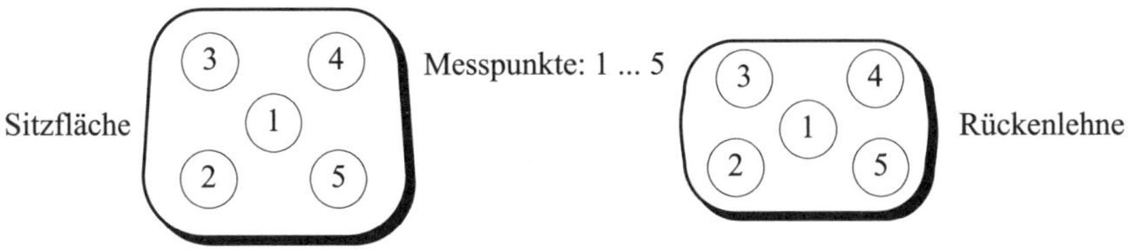

Bild 9.38 Messpunkte auf einzelnen Stuhlteilen [52]; zylindrische Elektroden; Messpunkte 1 bis 5; gemessen wird jeweils zwischen zwei Messpunkten

Probleme treten durch Verschmutzungen an den Rollen auf. Weiterhin wird in verschiedenen Veröffentlichungen für die Elektrode auf der Sitzoberfläche die normale 5-kg-Elektrode aus der DIN EN 61340-5-1 (**VDE 0300-5-1**) und DIN EN 61340-4-1 (**VDE 0300-4-1**) empfohlen. Praktisch ist die Funktion des Stuhls aber erst wirksam, wenn die Person darauf sitzt, d. h., die Belastung des Stuhls und der Rollen ist größer bzw. die Elektrode müsste schwerer sein. Damit würden dann aber auch keine Probleme mit der Verschmutzung der Rollen entstehen.

Der Widerstand zwischen Rückenlehne und Sitzfläche ist nach der vorgegebenen Messanordnung (vgl. **Bild 9.37**) schwer zu bestimmen.

Nach dieser Messanordnung muss die Elektrode an der Rückenlehne mit einer Anpresskraft von etwa 50 N belastet werden. Dies ist so nicht möglich. Andere Messanordnungen liegen derzeit nicht vor. In die Prüfung müssen weiterhin einbezogen werden die Rückseite der Rückenlehne (**Bild 9.38**) und die Armlehnen.

9.4.5 Prüfen ESD-gerechter Bekleidung

Die Norm verlangt den Einsatz ESD-gerechter Arbeitsbekleidung, d. h., die Bekleidung selbst muss elektrostatische Ladungen ableiten und die elektrostatischen Aufladungen und Felder der normalen Bekleidung „abdecken“ oder „abschirmen“ können. Früher war der Einsatz von Materialien zulässig, die sich lediglich nicht elektrostatisch aufladen können, z. B. Baumwolle. Der Einsatz von ableitfähigem Schuhwerk ist inzwischen selbstverständlich.

9.4.5.1 Schuhwerk

Ableitfähiges Schuhwerk besteht aus einer ableitfähigen Sohle und einem Ableitsystem im Schuh (Metallniete, Einlage aus leitfähigem Band oder leitfähige Einlagesohle). Der Aufbau ist für die Prüfung uninteressant, auf jeden Fall müssen die elektrostatischen Ladungen der Person über die Schuhe abgeleitet werden. Die zweite Funktion des Schuhs besteht darin, elektrostatische Ladungen, die durch das Laufen entstehen, sofort wieder an den ableitfähigen Fußboden abfließen zu lassen.

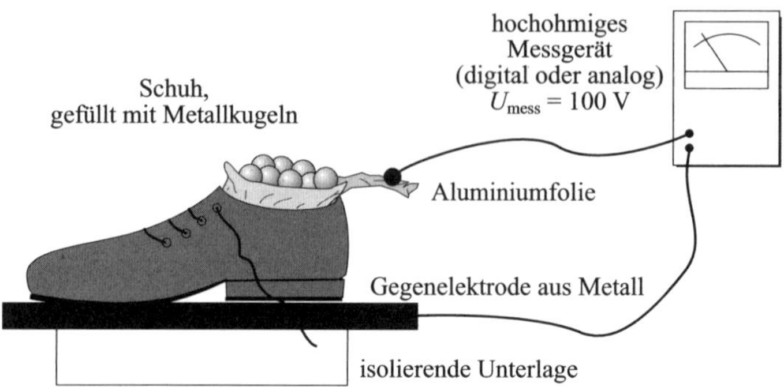

Bild 9.39 Messanordnung für die Messung des ESD-gerechten Schuhwerks (DIN EN 61340-4-3 (**VDE 0300-4-3**):2002-09, Bild 1 [66])

Das nach DIN EN 61340-4-3 (**VDE 0300-4-3**) genormte Messverfahren für ESD-gerechtes Schuhwerk benutzt die Messmethode mit Stahlkugeln in dem Schuh und einer Stahlplatte. Im **Bild 9.39** ist die Messanordnung dargestellt. In die Schuhe wird eine Aluminiumfolie als Kontaktmaterial eingelegt. Danach wird der Schuh mit 12,5 kg Stahlkugeln (Metallschrot ∅ ≤ 3 mm) gefüllt. Als „Behälter" für die Stahlkugeln kann ein ausreichend flexibler Beutel (z. B. Baumwollsocken) verwendet werden. Danach wird er auf eine Edelstahlplatte (Mindestgröße 150 mm × 300 mm) gestellt.

Klimaklasse zur Vorbehandlung, zur Konditionierung und zur Messung	Vorbehandlung[a]	Konditionierung[a]	Messung[a]
1	96_{0}^{+10} h (40 ± 3) °C RH < 15 %	96_{0}^{+10} h (23 ± 2) °C (12 ± 3) % RH	– (23 ± 2) °C (12 ± 3) % RH
2		96_{0}^{+10} h (23 ± 2) °C (25 ± 3) % RH	(23 ± 2) °C (25 ± 3) % RH
3		48_{0}^{+10} h (23 ± 2) °C (50 ± 5) % RH	(23 ± 2) °C (50 ± 5) % RH
Anmerkung: Die in dieser Tabelle festgelegten Konditionierungszeiten brauchen nicht unbedingt auszureichen, um die Probekörper mit der Umgebung ins völlige Gleichgewicht zu bringen. Sie wurden als Kompromiss zwischen den Versuchskosten und der Genauigkeit ausgewählt. Wenn es gewünscht wird, das Verhalten in der Nähe des Gleichgewichtszustands zu bewerten, dann sollte eine Reihe von Messungen nach einer Reihe von Konditionierungszeiten durchgeführt werden.			
[a] h = Dauer, °C = Temperatur, % RH = relative Luftfeuchte			

Tabelle 9.1 Geregelte Bedingungen für elektrische Messungen an Schuhwerk (DIN EN 61340-4-3 (**VDE 0300-4-3**):2002-09, Tabelle 1 [66])

Die Messspannung beträgt normalerweise 100 V Gleichspannung, bei Widerständen kleiner $10^6\ \Omega$ sind 10 V zu verwenden. Die Messzeit beträgt üblicherweise 15 s. Während der gesamten Messzeit muss die Messspannung anliegen. Die Messung ist bei 10 V zu beginnen, bei einem Widerstand größer $10^6\ \Omega$ ist auf 100 V umzuschalten. Für Abnahmeprüfungen sind mindestens drei Probepaare zu verwenden. Für die Konditionierung gibt es geregelte Bedingungen und Klassen, siehe **Tabelle 9.1**.

Schuhe werden entsprechend dieser Norm und der darin beschriebenen Messvorschrift vom Hersteller geprüft. Für die praktischen Messungen in einer EPA genügt es bei der täglichen Überprüfung der Person, die Schuhe an der Prüfstation zu überprüfen. In Grenz- oder Streitfällen ist die Messung des Schuhwerks nach der vorliegenden Norm unbedingt notwendig.

Die vorgestellte Messanordnung ist nicht für Einwegschuh-Erdungsstreifen und Dauerfersen- sowie Dauerzehenbänder geeignet. Hier liegen noch keine besseren Überprüfungsmethoden als die des täglichen Überprüfens an einer Prüfstation vor.

9.4.5.2 Arbeitsbekleidung

Zur Arbeitsbekleidung zählen Arbeitsmäntel, T-Shirts und Hosen. Einmal müssen die Materialien für diese Bekleidungsteile überprüft, zum anderen die fertigen Bekleidungsstücke auf ihre Funktion getestet werden. Zuerst werden die Widerstandseigenschaften bestimmt.

Das Material wird zwischen die Messanordnung (**Bild 9.40**) gelegt, und der Durchgangswiderstand wird ermittelt.

Nach **Bild 9.41** wird der Oberflächenwiderstand des Materials gemessen. Ein Ableitwiderstand kann nicht festgestellt werden. Die Materialien müssen gereinigt

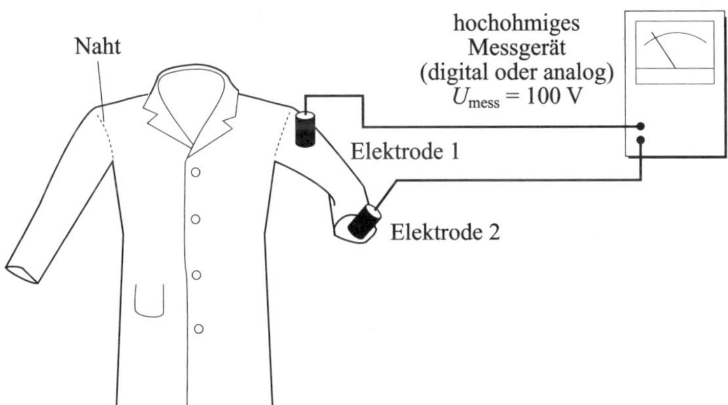

Bild 9.40 Messanordnung zum Bestimmen des Durchgangswiderstands von Textilien; zylindrische Elektroden (1, 2); Anordnung der Messpunkte: eine Elektrode auf der Oberseite des Materials, die andere auf der Innenseite.

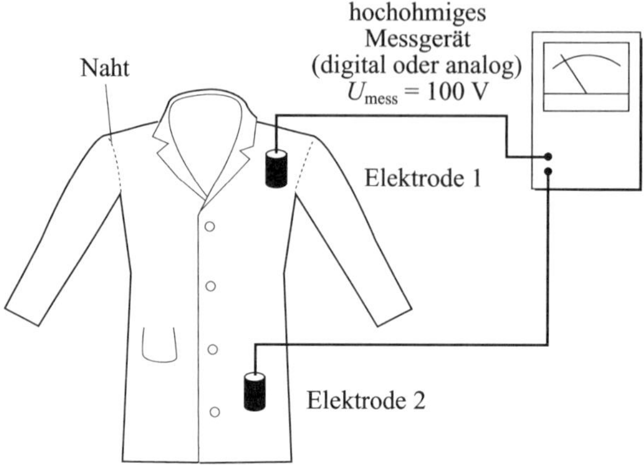

Bild 9.41 Messanordnung zum Bestimmen des Oberflächenwiderstands von Textilien; zylindrische Elektroden (1, 2); Anordnung der Messpunkte: beide Elektroden auf der Oberseite des Materials.

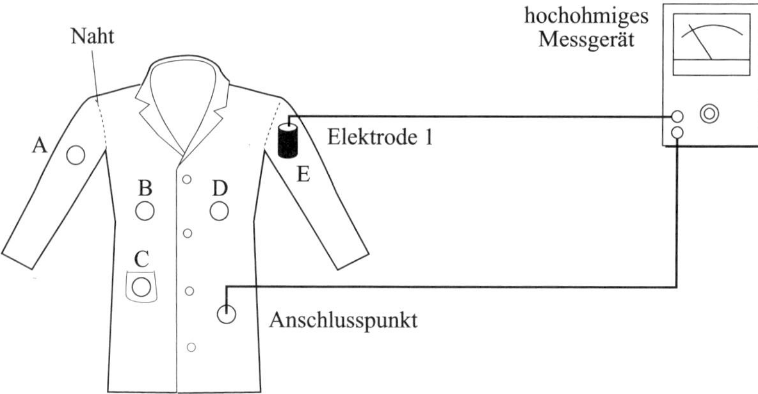

Bild 9.42 Messanordnung zum Bestimmen des Oberflächenwiderstands von Textilien; zylindrische Elektrode (1) gegen Anschlusspunkt.

und nach der Norm [55] konditioniert werden. Problematischer ist das Bestimmen der Widerstandswerte des gesamten Kleidungsstücks. Da bisher keine Norm für die Überprüfung der Bekleidung vorliegt, wurde die dargestellte Anordnung im **Bild 9.42** einem älterem Entwurf entnommen. Grundsätzlich muss überprüft werden, ob alle Kleidungsteile über die Nähte leitfähig miteinander verbunden sind.

Eine Messung gegen einen „Ableitanschluss", wie es in einigen Normungsentwürfen dargestellt wurde, ist nicht sinnvoll, da eine Ableitfunktion nicht unbedingt

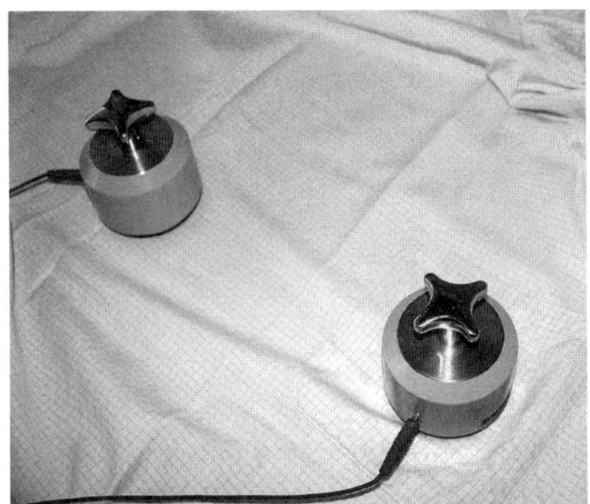

Bild 9.43 Messanordnung zur Ermittlung des Oberflächenwiderstands von Textilien

nachgewiesen werden kann. Die Vorstellung, dass die ESD-gerechte Bekleidung mit der Person elektrisch verbunden ist, konnte bisher nicht nachgewiesen werden. Im **Bild 9.43** ist eine praktische Messanordnung abgebildet.

Ein Neuentwurf sieht vor, die Bekleidung mit sogenannten Klammern, die in der amerikanischen Standard-Testmethode ESD STM2.1 [65] beschrieben wird, zu messen. Der Messaufbau und die praktische Messanordnung sind in **Bild 9.44a** und **Bild 9.44b** dargestellt.

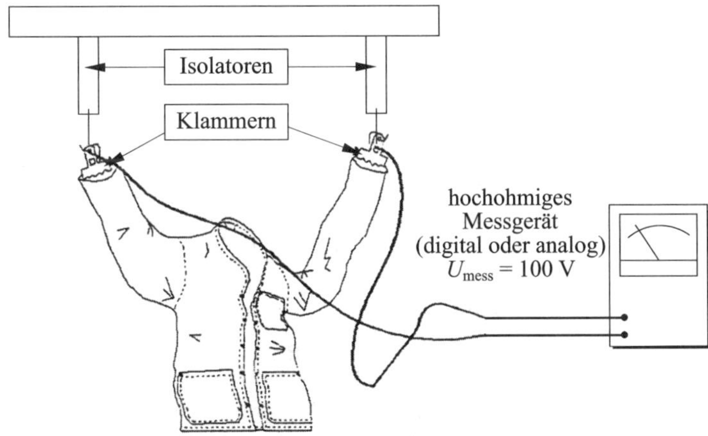

Bild 9.44a Messanordnung für Bekleidung mit Klammern – Messaufbau

Bild 9.44b Messanordnung für Bekleidung mit Klammern – praktische Messanordnung

Weitere Gesichtspunkte sind die Bewertung des Abdeck- oder Abschirmverhaltens der Bekleidung, aber auch die Aufladbarkeit des Materials selbst. Es gibt einige Vorschläge für die Bewertung dieser Materialeigenschaften.

Zuerst zum Abdeck- und Abschirmverhalten des Materials. Eine Person wird auf eine definierte elektrostatische Ladung aufgeladen. Dann wird nach verschiedenen Methoden, im einfachsten Fall mit einem Feldstärkemessgerät, das elektrostatische Feld außerhalb der Person gemessen.

Eine andere Methode verwendet ein Modell eines Körpers, das personenunabhängig ist, da jede Person andere Eigenschaften besitzt. Auch hier wird das Modell aufgeladen und danach das Feld außerhalb der Bekleidung gemessen.

Eine weitere Möglichkeit ist die Prüfung des Materials für die Bekleidung. Hier wird davon ausgegangen, dass die Bestimmung der Materialeigenschaften ausreichend ist.

Die Messung der Aufladbarkeit des Materials ist ebenfalls kritisch. Ist das Material für die Bekleidung elektrisch leitfähig, oder ableitfähig? Lässt sich das Material wirklich elektrostatisch aufladen und entladen? Welche Anforderungen sind wirklich notwendig?

Viele Fragen stehen an, es gibt aber keine ausreichenden Messmethoden, die auch die Materialeigenschaften reproduzierbar beschreiben und definieren.

9.4.5.3 Handschuhe und Fingerlinge

Um Schweiß- und Fettablagerungen an elektronischen Bauelementen und Baugruppen sowie Reaktionen der Haut auf Chemikalien zu vermeiden, werden Handschuhe und Fingerlinge verwendet. Diese müssen ebenfalls die Anforderungen erfüllen, die an Materialien gestellt werden, die in einer EPA verwendet werden. Sie müssen ebenso elektrostatische Ladungen vermeiden oder elektrostatische Ladungen ableiten. Darum muss der Ableitwiderstand gemessen werden. Bisher gibt es kein genormtes Messverfahren für diese Ausrüstungsgegenstände. Vorstellbar ist eine Elektrode, die die Hand oder einen Finger nachbildet. Als Gegenelektrode kann eine normale Metallelektrode verwendet werden. Als Messspannung kommen hier 100 V Gleichspannung in Betracht.

Beim Messen eines Handschuhs kann nach demselben Prinzip verfahren werden, wobei zu überlegen ist, ob ein Finger oder alle Finger die Gegenelektrode berühren müssen (**Bild 9.45a**).

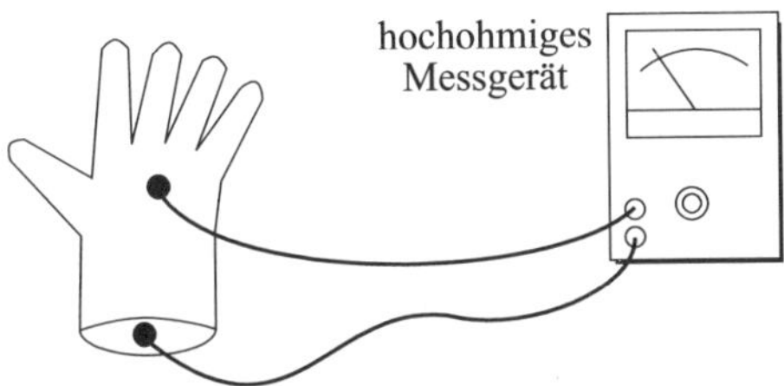

Bild 9.45a Messanordnung zum Überprüfen des Ableitwiderstands von Fingerlingen und Handschuhen [45]

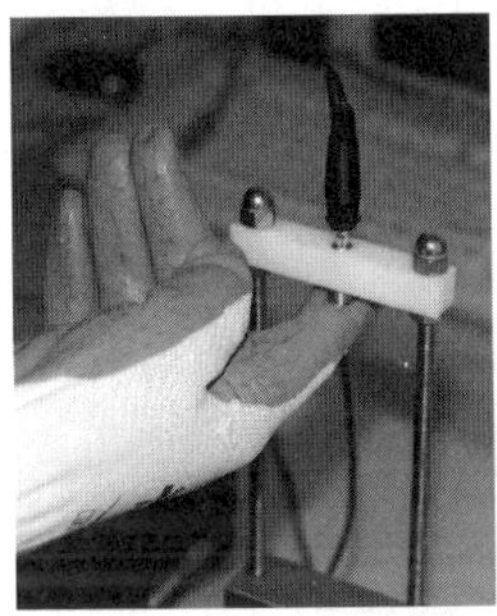

Bild 9.45b Messanordnung – Widerstandsmessung

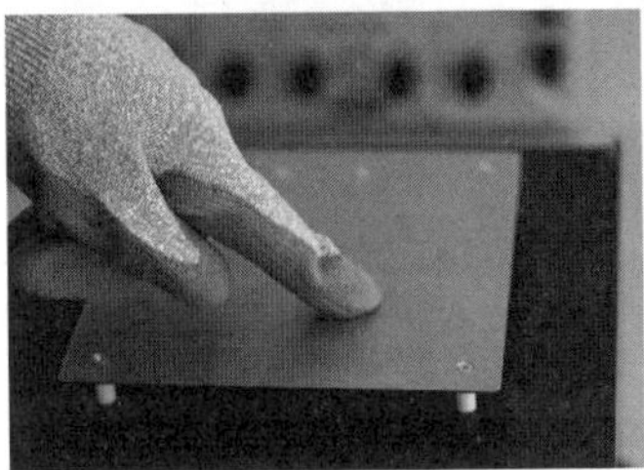

Bild 9.45c Messordnung – Ableitfunktion von Handschuhen

Eine neue Variante ist die Messung mit einer entsprechenden Vorrichtung, vgl. Bild 9.45b. Hier wird der Widerstand zwischen dem Handgelenkband und der Messvorrichtung über den jeweiligen Finger gemessen. Weiterhin kann mit einem Charge Plate Monitor die Ableitfunktion (**Bild 9.45 c**)) der Handschuhe überprüft werden.

Da diese Messmethode sehr schlecht reproduzierbar ist, wird empfohlen, die Handschuhe vor der eigentlichen Benutzung anzuziehen und danach erst die Überprüfung des Handgelenk-Erdungsarmbands an der Prüfstation vorzunehmen. Die Handschuhe dürfen den Entladungsweg nicht unterbrechen, d. h., die Ableitung elektrostatischer Ladungen über die Hand und das Handgelenk-Erdungsarmband muss genauso funktionieren, wenn die Person Handschuhe benutzt.

9.4.6 Werkzeuge

Das in der EPA verwendete Werkzeug muss die Ableitfunktion elektrostatischer Ladungen von der Person gewährleisten. Die Parameter sind Tabelle 10.1 zu entnehmen. Da es auch dafür noch kein genormtes Prüfverfahren gibt, kann prinzipiell nach dem vorher beschriebenen Verfahren für Fingerlinge und Handschuhe gemessen werden, nur dass zwischen Hand und Gegenelektrode das Werkzeug „eingespannt" wird (**Bild 9.46a**). Die Messspannung beträgt ebenfalls 100 V Gleichspannung.

Eine andere Methode ist die Überprüfung des Ladungsabbaus nach DIN EN 61340-5-1 (**VDE 0300-5-1**). Diese Methode ist vorgesehen für Werkzeuge mit einem zu erwartenden Widerstand oberhalb von $10^8\ \Omega$. Dazu wird ein Charge-Plate-Monitor (CPM) verwendet. Die Platte des CPM wird auf 1 000 V aufgeladen. Die Person hält das Werkzeug auf diese Platte. Sie ist selbst mit dem Handgelenk-Erdungsarmband geerdet, sodass die Ladungen der Platte zur Erde abfließen. Die Abfallzeit der Platte

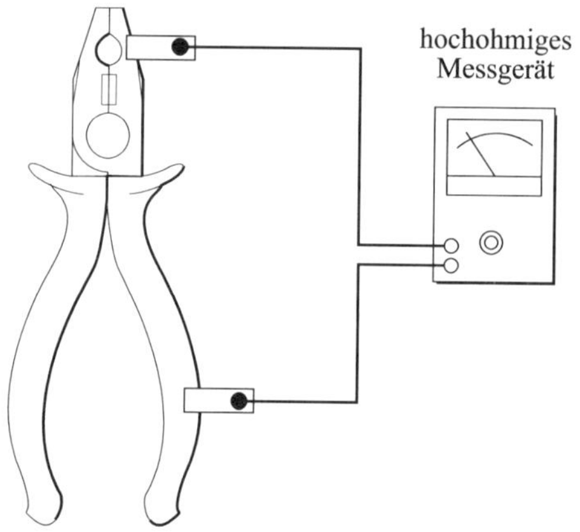

Bild 9.46a Anordnung zum Messen des Ableitwiderstands von Werkzeugen
(Bilder A.9 der Norm DIN EN 61340-5-1 (**VDE 0300-5-1**):2001-08, Bild A.9 (zurückgezogen), gültig ist [7])

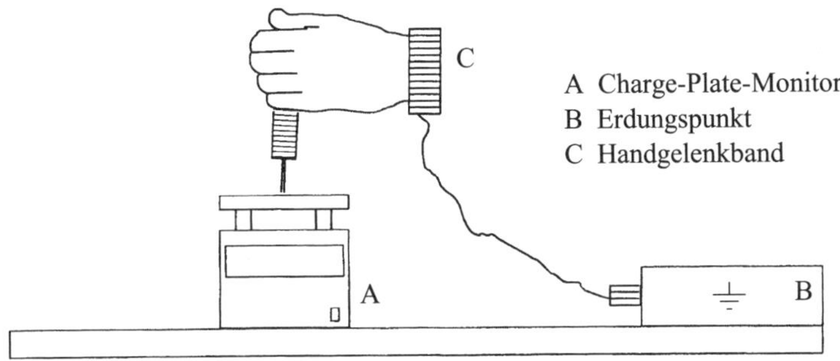

Bild 9.46b Überprüfungsanordnung für den Ladungsabbau des Werkzeugs
(Bild B.3 der Norm DIN EN 61340-5-1 (**VDE 0300-5-1**):2001-08, Bild B.3 (zurückgezogen), gültig ist [7])

auf den Grenzwert von 100 V wird ermittelt und ist das Maß für den Ladungsabbau des Werkzeugs.

Auch diese Überprüfungsmethode ist vom Menschen und dessen Eigenschaften abhängig und damit schwer reproduzierbar.

9.4.7 Verpackungsmaterialien

Die Mess- und Überprüfungsmethoden für Verpackungsmaterialien hängen von sehr vielen Faktoren ab. Handelt es sich um leitfähige Folien, dann genügen Widerstandsmessungen, liegt die leitfähige Schicht, d. h. die Metallfolie, innen, dann genügen einfache Oberflächen- und Durchgangswiderstandsmessungen nach den Abschnitten 9.4.2 und 9.4.3 nicht mehr.

Bei sehr hochohmigen Materialien (Widerstandswerte oberhalb von $1 \cdot 10^9\ \Omega$) sind Ableitzeitmessungen notwendig. Weiterhin ist entscheidend, ob es sich z. B. um Folien, Wellpappe oder Versandstangen handelt. Die Art der Materialbereitstellung ist also von Bedeutung. Folien sind flach, und es können flächenhafte Proben verwendet werden. Dagegen können bei konfektionierten Materialien (z. B. Versandstangen, Tray's) keine flächenhaften Proben eingesetzt werden. Hier gibt es seit einiger Zeit spezielle Mikroproben, die für unregelmäßige Materialien eingesetzt werden können.

Kombinationen von Materialien, z. B. Beutel und Karton oder Beutel und Behälter, können mit den herkömmlichen Messmethoden nicht bewertet werden. Dazu werden einige Vorschläge im Kapitel 11 unterbreitet.

9.4.7.1 ESD-gerechte Folien

Sehr einfach ist die Messung der Parameter einer rußgefüllten, schwarzen leitfähigen Folie. Der Oberflächenwiderstand wird mit einer Ringelektrode nach DIN EN 61340-2-3 (**VDE 0300-2-3**) (vgl. Abschnitt 9.3.2 Bild 9.15) oder mit zwei zylindri-

a)

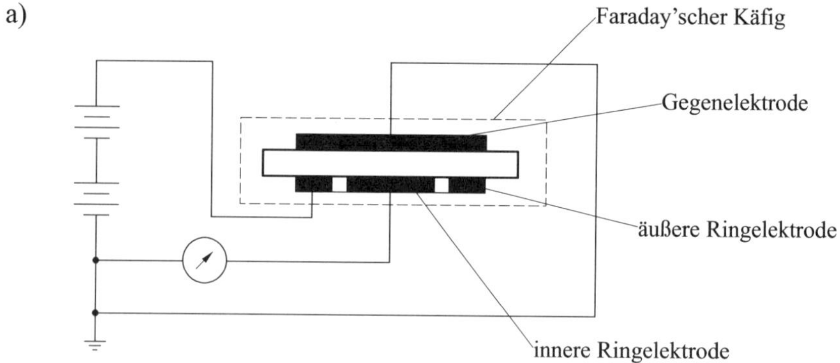

b)

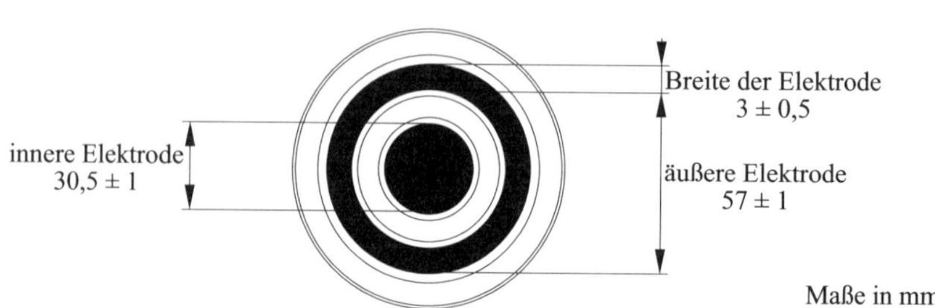

Bild 9.47 Messen des Oberflächenwiderstands metallisierter Folien mit innen liegender Metallschicht
a) Messanordnung, b) Ringelektrode von unten
(DIN EN 61340-2-3 (**VDE 0300-2-3**):2017-05, Bild 1 [57])

schen Elektroden (vgl. Abschnitt 9.3.2, Bild 9.13 und Bild 9.17) gemessen. Da er in der Regel sehr niedrig ist, muss eine kleinere Messspannung gewählt werden.

Folien mit innen liegender Metallschicht lassen sich nicht so einfach messen. Der Oberflächenwiderstand ist sehr hoch. Durch die gewählte Messspannung kann es aber leicht zu Durchschlägen der äußeren Folie kommen, und der gemessene Widerstand geht gegen null.

Es kommt eine Ringelektrode nach DIN EN 61340-2-3 (**VDE 0300-2-3**) zum Einsatz (**Bild 9.47**).

Sinnvoller als das Messen des Oberflächenwiderstands ist es, das Abschirmverhalten nach DIN EN 61340-4-8 (**VDE 0300-4-8**) und ANSI/ESD STM11.31 zu ermitteln.

9.4.7.2 Wellpappe, leitfähig beschichtet

Der Oberflächenwiderstand leitfähig beschichteter Wellpappe mit innerer Abschirmung lässt sich ebenfalls mit der Ringelektrode bestimmen (vgl. Bild 9.47). Nur sollte hier eine Messspannung von weniger als 10 V verwendet werden, weil diese Materialien in der Regel sehr gut elektrisch leiten. Bei hoher Messspannung, z. B. 100 V, kann sich die Messstelle sehr schnell überdurchschnittlich erwärmen und das Messergebnis verfälschen.

9.4.7.3 IC-Versandstangen, Rollen, Gurte usw.

Problematischer ist es, die Eigenschaften, z. B. von IC-Versandstangen oder Rollen für Gurte mit Bauelementen, zu überprüfen. Übliche Messelektroden passen nicht auf das Material, d. h., es gibt keinen ausreichenden elektrischen Kontakt für eine Messung. Für diese speziellen Materialien gibt es Mikroproben. Diese sind so konstruiert, dass sie auf die Materialien passen und einen guten Kontakt herstellen. Erste praktische Ergebnisse werden im Kapitel 11 vorgestellt.

9.5 Messen der Aufladbarkeit von Materialien

Es genügt in vielen Fällen nicht, die verschiedenen Widerstände bestimmter Materialien zu ermitteln. Oft ist es zusätzlich notwendig, ihr Ableitverhalten zu definieren. Materialien können einen ausreichend niedrigen Oberflächenwiderstand aufweisen, dennoch fließen elektrostatische Ladungen aber nicht ab. Die folgenden Mess- und Prüfverfahren wurden verschiedenen Normen und Normentwürfen entnommen. Eine endgültige Aussage über das Ableitverhalten zu treffen, ist derzeit sehr schwierig. Besonders bei hochohmigen Materialien, z. B. Folien und Verpackungsmaterialien, stellt das Ableitverhalten ein wichtiges Unterscheidungskriterium dar.

9.5.1 Aufladbarkeit von Bodenbelägen

Die Aufladbarkeit von Fußbodenmaterialien ist als Abklingzeit definiert. Es wird die Zeit ermittelt, die vergeht, bis nur noch eine ausreichend niedrige elektrostatische Ladungsmenge vorhanden ist.

Die Abklingzeit t_A ist die Zeit, die notwendig ist, eine genau definierte Ladungsmenge abzubauen, ohne dass Schädigungen eintreten können. Sie kann nach FTM 101 C, No. 4046, oder nach NFPA 99 (amerikanische Norm) gemessen werden. Dabei wird die Fähigkeit eines Belags oder einer Tischoberfläche gemessen, sich selbst von einer Aufladung (z. B. 5 000 V) auf „0 V“ zu entladen. Dazu wird ein etwa 8 cm × 15 cm (3 inch × 5 inch) großes Stück Belagmaterial mit zwei Elektroden an beiden Querseiten versehen und auf die entsprechende Spannung aufgeladen. Das von der aufgeladenen Belagsprobe ausgehende elektrische Feld wird durch eine Feldelektrode über der Mitte des Belags nachgewiesen. Um die Belagsprobe zu entladen, werden die Elektroden an den Querseiten geerdet. Das Abklingen der Aufladung wird auf einem Speicheroszilloskop aufgezeichnet. **Bild 9.48** zeigt den geforderten Verlauf für das Entladen eines elekt-

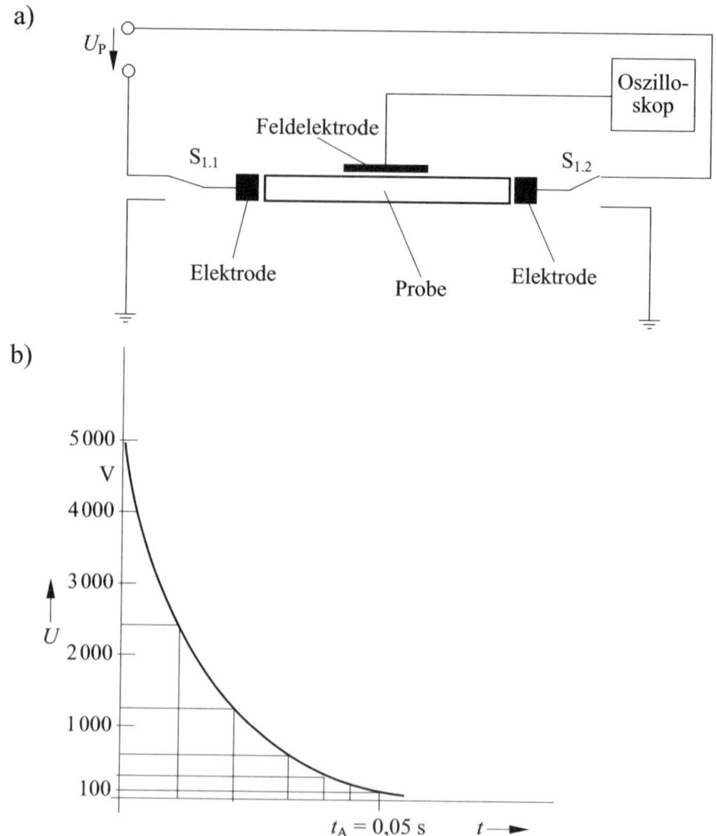

Bild 9.48 Messen der Abklingzeit
a) Messanordnung, b) Verlauf nach Standard NFPA 99

risch leitfähigen Belags. Das Entscheidungskriterium ist dabei die Abklingzeit von 5 000 V auf 10 % des Anfangswerts (500 V) in weniger als 2 s. Diese Messanordnung wird verwendet, um Fußböden für spezielle Anwendungen zu charakterisieren. Fußböden für Elektronik-Fertigungen werden nach der folgenden Methode beurteilt.

9.5.2 Aufladung von Personen beim Gehen über einen Fußboden

Es ist nicht zu vermeiden, dass Personen sich elektrostatisch aufladen, wenn sie über einen Fußboden laufen. Gleichgültig, ob es sich um einen Nicht-ESD-gerechten oder einen ESD-gerechten Belag handelt oder ob die Personen ESD-

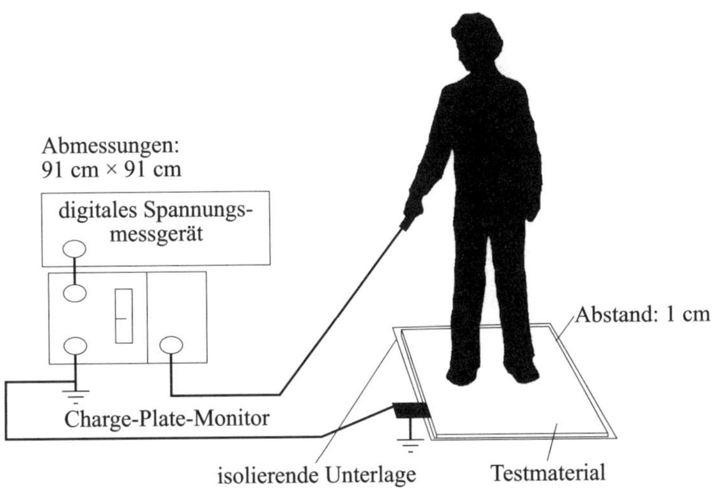

Bild 9.49a Messaufbau für die Ermittlung der Personenaufladung

gerechte Schuhe tragen. Daraus ergibt sich die Messmethode für die Personenaufladung, die Body-Voltage-Methode. Sie ist ein wichtiges Kriterium für die komplette Bewertung eines ableitfähigen Fußbodens für Elektronik-Fertigungen. Bisher schienen Widerstandsmessungen als ausreichend. Inzwischen hat sich gezeigt, dass neben der eigentlichen Widerstandsmessung mit Elektroden sowohl der Systemwiderstand als auch die Personenaufladung von Bedeutung sind – gerade weil immer höher empfindlichere elektronische Bauelemente und Baugruppen verarbeitet werden. Heute sind bereits 100 V elektrostatische Aufladungen für viele ESDS zu viel. Die Messmethode für die Personenaufladung entstammt der amerikanischen Messmethode ANSI/ESD STM 97.2 [89] und liegt ls Norm DIN EN 61340-4-5 (**VDE 0300-4-5**) [87] vor. Diese Norm geht davon aus, dass eine Person mit ESD-gerechten Schuhen über einen Fußboden läuft und sich elektrostatisch auflädt. Die elektrostatische Aufladung wird mit einem Charge-Plate-Monitor (CPM) erfasst und dargestellt. Das **Bild 9.49a** zeigt den Messaufbau. Etwas kompliziert ist der Bewegungsablauf für die Testperson (**Bild 9.49b**). Grundsätzlich muss davon ausgegangen werden, dass diese Messmethode nur eine Ergänzung zur eigentlichen Widerstandsmessung ist, denn jede Person ist sehr verschieden und nicht normierbar. Weiterhin sind die Testschuhe nicht spezifiziert. Damit sind die Ergebnisse mit weiteren Personen sehr schlecht vergleichbar.

Die Messparameter werden von der DIN EN 61340-5-1 (**VDE 0300-5-1**) vorgegeben. Es darf eine maximale elektrostatische Aufladung von 100 V auftreten. Praktische Erfahrungen werden im Kapitel 11 beschrieben.

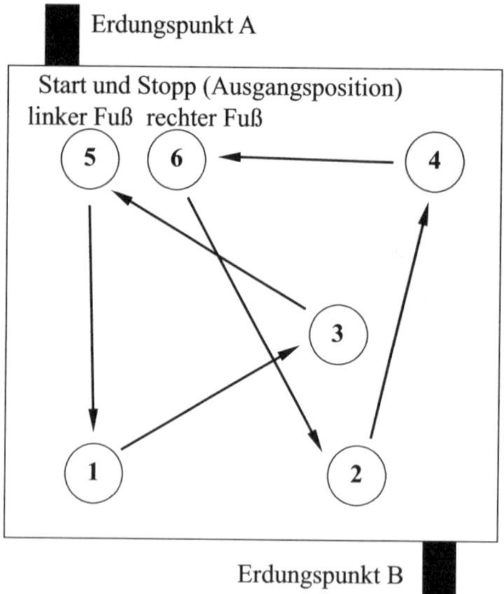

Bild 9.49b Bewegungsablauf für die Testperson beim Laufen über die Materialprobe

9.5.3 Aufladbarkeit von Arbeitsplatzoberflächen

Eine ESD-gerechte Arbeitsplatzoberfläche muss eine eventuell vorhandene elektrostatische Aufladung in einer genau definierten Zeit ableiten können. Die Messung der Aufladbarkeit bzw. Entladezeit von Arbeitsplatzoberflächen ist zwingend notwendig, wenn der Ableitwiderstand von $10^9\ \Omega$ überschritten wird, und zum anderen dient diese Eigenschaft zur kompletten Bewertung der Eigenschaften von Materialien für Arbeitsplatzoberflächen. Im Folgenden wird die genauere Methode nach der amerikanischen Messmethode ANSI/ESD STM 4.2 beschrieben [69].

Die Messung ist sehr aufwendig und von vielen Parametern abhängig. Entscheidend ist, dass die Messung in einem Faraday'schen Käfig durchgeführt wird, damit keine äußeren Felder das Messergebnis gravierend beeinflussen. Außerdem ist nur so die Reproduzierbarkeit gegeben (**Bild 9.50**). Das zu untersuchende Material wird mit einem Charge-Plate-Monitor elektrostatisch aufgeladen. Mit einem Coulombmeter, das über der Materialprobe angeordnet ist, wird die elektrostatische Ladung gemessen. Die Zeit bis zum Abklingen der Anfangsladung auf 10 % ist die Ableitzeit.

Das Messen der Ableitzeit wird vom Messaufbau, von der Durchführung der Messung und von den Umgebungsparametern sehr stark beeinflusst.

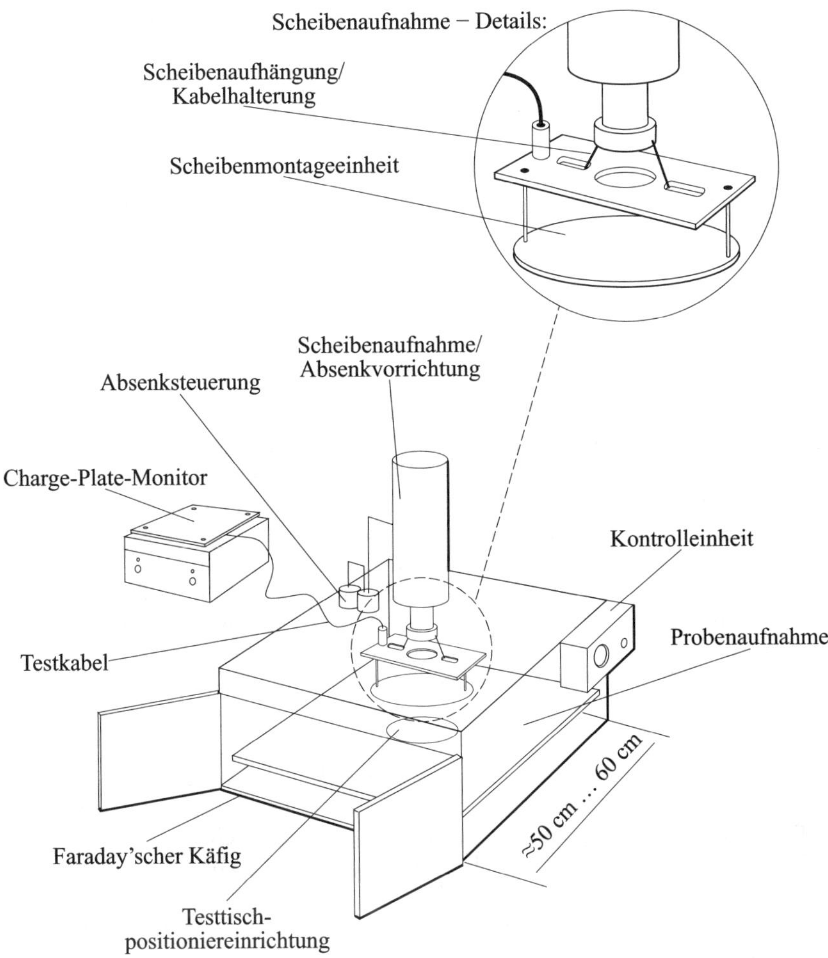

Bild 9.50 Messanordnung für die Aufladbarkeit von Arbeitsplatzoberflächen

9.6 Bestimmen der Materialeigenschaften von Verpackungsmaterialien

Verpackungsmaterialien werden durch drei Eigenschaften klassifiziert: Widerstand (Oberflächen- und Volumenwiderstand) des Materials, Abschirmverhalten des Beutels oder des Behälters gegenüber äußeren elektrostatischen Entladungen und Ableitzeit (static decay time) von elektrostatischen Ladungen, wenn diese über den Beutel oder das Verpackungsmaterial außen abfließen. Je nachdem, ob es sich um ein sehr gut leitfähiges oder um ein dissipatives Material handelt, genügt eine Materialeigenschaft, oder es müssen mehrere zum Bewerten herangezogen werden:

Materialeigenschaft	**Prüfkriterien**			
	Oberflächen-widerstand	Volumen-widerstand	Abschirm-verhalten	Ableitzeit
elektrisch leitfähig	*	*		
elektrostatisch ableitfähig	*	*	*	
elektrostatisch abschirmend	*		*	*

9.6.1 Oberflächenwiderstand

Durch Messen des Oberflächenwiderstands können elektrisch leitfähige und elektrostatisch ableitfähige Materialien charakterisiert werden. Gemessen wird mit einer Ringelektrode, um Einflüsse von äußeren oder anderen Materialien so klein wie möglich zu halten. Soll der Oberflächenwiderstand von leitfähigen, schwarzen Beuteln ermittelt werden, kann die Messung mit zwei Elektroden oder besser mit einer Ringelektrode nach DIN EN 61340-2-3 (**VDE 0300-2-3**) erfolgen. Unterschiede werden sicher kaum feststellbar sein, weil das Material als „hoch“ leitfähig eingestuft werden kann. Der Widerstand liegt in der Regel unter $10^4\ \Omega$. Für diese Messung ist eine Messspannung von 10 V zu wählen, weil sich sonst das Material stark erwärmt, hervorgerufen durch den Messstrom durch das Material.

Zum Messen des Oberflächenwiderstands von elektrostatisch ableitfähigem und elektrostatisch abschirmendem Material muss eine Ringelektrode verwendet werden. Beim Messen wird generell ein undefinierbarer Anteil des Materials mit erfasst, der außerhalb der Messstelle liegt. Die Ringelektrode bietet dazu eine sinnvolle Alternative. Gemessen wird zwischen äußerem und innerem Ring der Elektrode. Die kleinen definierten Elektrodenabstände gewährleisten einen minimalen Anteil undefinierten Materials (**Bild 9.51**).

Als Messspannung wird der bekannte Wert von 100 V gewählt. Der abgelesene Messwert ist der Oberflächenwiderstand mit der Maßeinheit Ω. Ist nach dem spezifischen Widerstand gefragt, wird wie folgt umgerechnet:

$$\rho_s = \left(\frac{2\pi}{\ln(D_2/D_1)}\right)R \qquad (9.10)$$

In den Normen wird nicht mehr von spezifischen Widerständen gesprochen, sondern einfacher von reinen Widerständen. Das setzt allerdings voraus, dass mit einer definierten Elektrode gemessen wird.

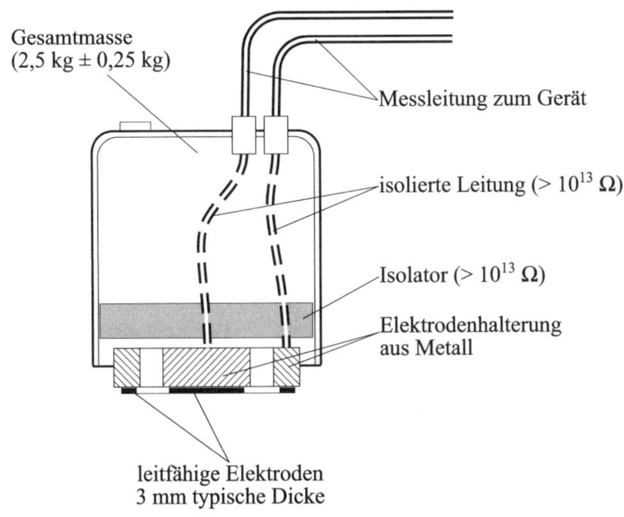

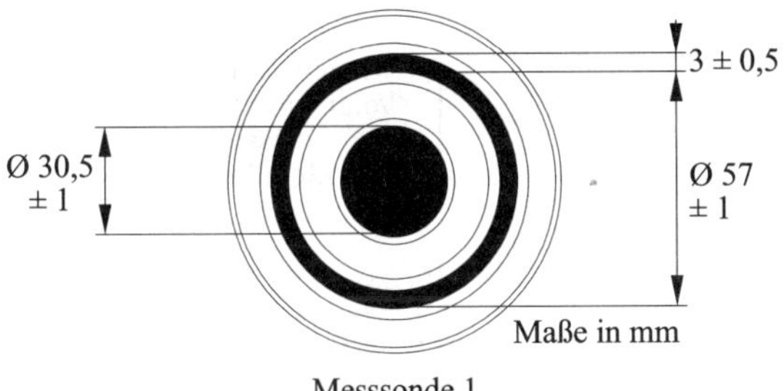

Bild 9.51 Aufbau der Ringelektrode
(DIN EN 61340-2-3 (**VDE 0300-2-3**):2017-05, Bild 1 [68])

9.6.2 Volumenwiderstand

Der Volumenwiderstand von elektrostatisch ableitfähigen Materialien wird mit der Ringelektrode und einer definierten Gegenelektrode ermittelt (**Bild 9.52**).

Die zu untersuchenden Proben müssen eine bestimmte Abmessung aufweisen. Genauso wie bei der Oberflächenwiderstandsmessung sollte die Probe groß sein gegenüber der Messelektrode. In der verwendeten Norm wird von einer Probenabmessung von etwa 75 mm × 125 mm ausgegangen. Die Messspannung beträgt 100 V. Für Materialuntersuchungen müssen alle Proben unter definiertem Klima gemessen werden.

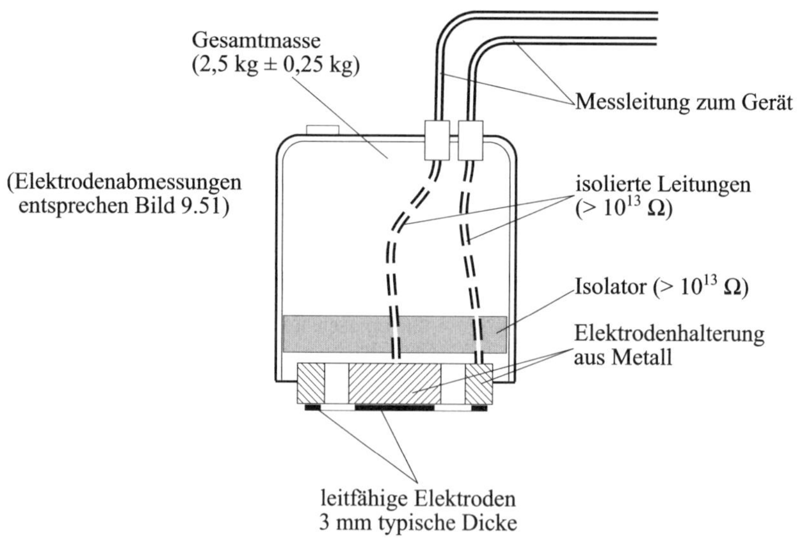

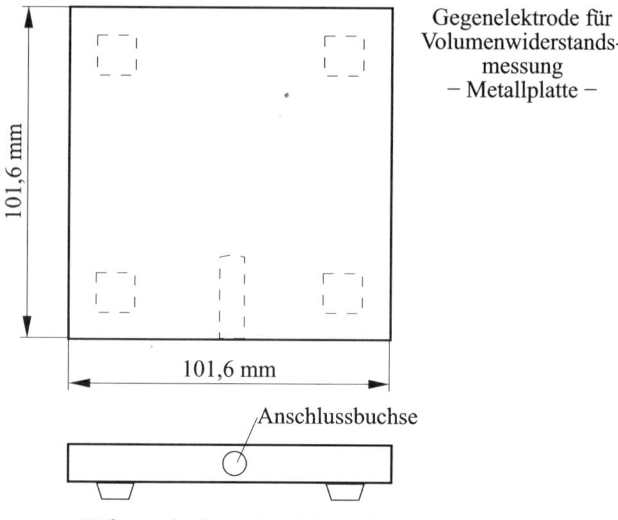

Bild 9.52 Messaufbau für Volumenwiderstand
(DIN EN 61340 (**VDE 0300-2-3**):2017-05, Bild 1 [57])

9.6.3 Abschirmverhalten

Verpackungsmaterialien haben die Aufgabe, ESDS außerhalb einer EPA vor elektrostatischen Entladungen schützen. Dazu müssen sie definiert abschirmen. Das Abschirmverhalten wird nach der Methode geprüft, die in DIN EN 61340-4-8 (**VDE 0300-4-8**) beschrieben wird. In das Verpackungsmaterial wird ein definierter Sensor (**Bild 9.53**) eingebracht. Die Abmessungen entsprechen der Norm.

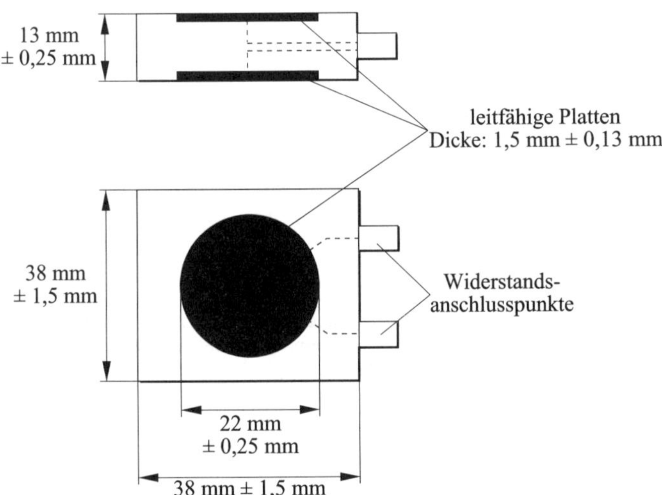

Bild 9.53 Sensor für das Bestimmen des Abschirmverhaltens von Verpackungsmaterialien (DIN EN 61340-4-8 (**VDE 0300-4-8**):2015-08, Bild 2)

Der Sensor wird in die Verpackung eingebracht. Nach komplettem Aufbau der Messanordnung gemäß **Bild 9.54** wird die obere Elektrode mit einer Impulsspannung von 1000 V belastet. Entladen wird nach dem Human-Body-Modell: Mit einem Oszilloskop (Messbandbreite mindestens 200 MHz) wird im Einzelimpulsbetrieb der Spitzenstrom in der Verpackung erfasst. Die resultierende Stromkurve wird mit einem PC ausgewertet. Die Entladeenergie von 1000 V (100 pF) darf den Wert von 50 µJ in einer Verpackung nicht übersteigen.

9.6.4 Ableitzeitmessung – Static decay time

Bei Oberflächenwiderständen von über $1 \cdot 10^9\ \Omega$ reicht diese Messung des Widerstands nicht aus, um die Eigenschaften eines Materials zu charakterisieren. In diesen Fällen fließen elektrostatische Ladungen nicht unbedingt ausreichend schnell ab. Daher muss die Ableitzeit gemessen werden. Zurzeit gibt es drei Methoden, die reproduzierbare Ergebnisse liefern könnten. Sie sind in den Bildern 9.55 bis 9.57 dargestellt.

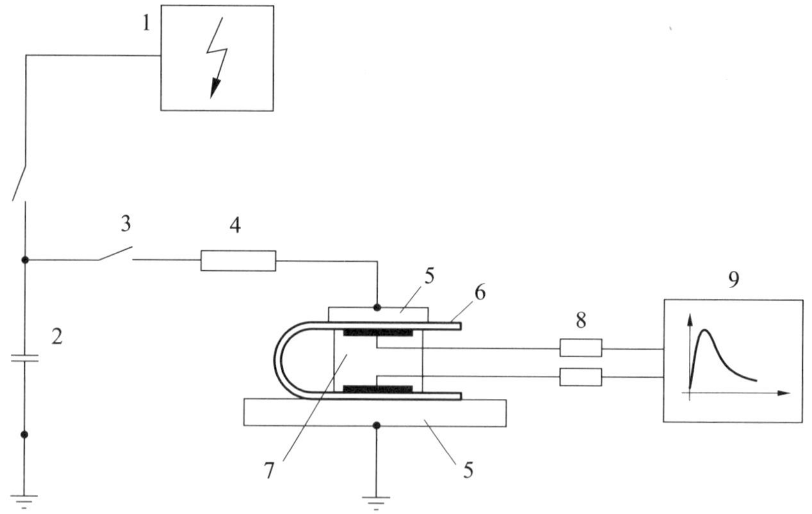

Bild 9.54 Anordnung für die Prüfung: 1 Gleichstrom-Hochspannungsquelle, 2 Kondensator (200 pF), 3 prell- und lichtbogenfreier Schalter, 4 Widerstand 400 kΩ, 5 Einspannvorrichtung, 6 Prüfling, 7 kapazitiver Sensor (vgl. Bild 9.51), 8 Tastköpfe, 9 Speicheroszilloskop

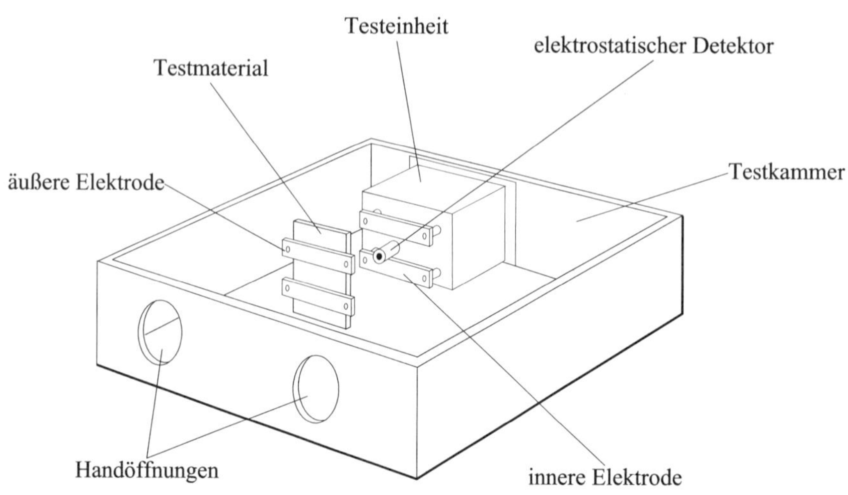

Bild 9.55 Methode nach FTMS-Standard [72]

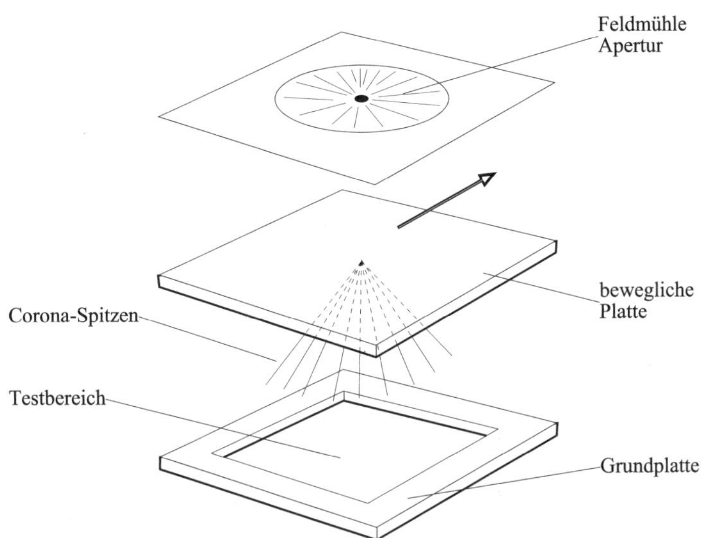

Bild 9.56 Methode nach *J. Chubb* [73]

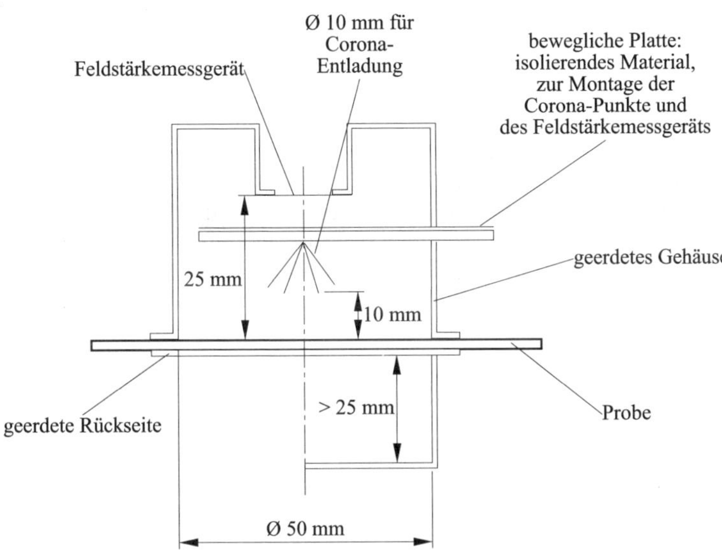

Bild 9.57 Methode nach DIN EN 61340-5-1 (**VDE 0300-5-1**):2001-08, Bild B.1 (zurückgezogen), gültig sind [7, 8]

Das zu untersuchende Material wird in eine Messvorrichtung eingespannt und auf 1000 V aufgeladen. Die Ladungsquelle wird abgeschaltet und die Zeit gemessen, bis 10 % des Ausgangswerts erreicht werden. Diese darf maximal 2 s betragen. Die einzelnen Messmethoden unterscheiden sich wie folgt:

Bei der FTMS-Methode (**Bild 9.55**) wird das zu prüfende Material direkt über die Befestigungseinrichtungen mit einer Spannung verbunden. Es lädt sich dabei auf die vorgegebene Spannung von +5 kV oder –5 kV auf. Bei der Methode nach *John Chubb* (**Bild 9.56**) wird das Probenmaterial über eine Corona-Spitze aufgeladen. Die Norm DIN EN 61340-5-1:2001-08 empfiehlt Aufladen über eine Metallplatte, die direkt auf die Oberfläche aufgesetzt wird (**Bild 9.57**). Die Entladezeit wird bei allen drei Methoden über ein Feldstärkemessgerät ermittelt. Dabei misst man die Dauer der Entladung bis zu einem definierten Spannungsendwert.

Generell muss festgestellt werden, dass die Untersuchungen zum Zeitpunkt der Manuskripterstellung noch nicht abgeschlossen waren. Bisher vorliegende Ergebnisse [74, 75] zeigen, dass die Messwerte sehr schlecht miteinander vergleichbar sind, obwohl gleiche Proben verwendet wurden. Die beiden Verfahren nach *J. Chubb* und die Direkt-Kontakt-Methode nach DIN EN 61340-5-1 (**VDE 0300-5-1**) liefern gleiche Verhaltensweisen der Materialien beim Auf- und Entladen. Von der Handhabung her ist die letzte Methode recht einfach und aus diesem Grund auch in den Normenentwurf aufgenommen worden. Weitere Untersuchungen werden von verschiedenen Institutionen durchgeführt.

9.7 Entladezeit-Ionisatoren

Setzt man Ionisatoren ein, muss die Funktion der Geräte überprüft werden. Messgerät ist ein sogenannter Charge-Plate-Monitor. Eine Metallplatte mit den Abmessungen von etwa 150 mm × 150 mm (6 inch × 6 inch) und einer Mindestkapazität von 15 pF im eingebauten Zustand und ohne elektrische Verbindungen bildet die „Aufnahmeeinheit“ des Charge-Plate-Monitors. Die Kapazität des gesamten Messaufbaus muss unter 20 pF bleiben. Die isoliert aufgebaute Metallplatte darf sich, wenn sie aufgeladen ist, innerhalb von 5 min um nicht mehr als 10 % von der gewählten Messspannung entladen.

Das verwendete Prüfgerät hat eine Spannung von 1000 V (±20 %) an die Metallplatte zu liefern. Der Ausgangsstrom muss begrenzt sein. Die Messungenauigkeit darf höchstens ±2 % betragen. Weiterhin wird ein Coulombmeter mit einer Auflösung von ±0,02 nC benötigt. Die Messskala muss mindestens einen Endausschlag von 3 nC aufweisen [7, 8].

Beim Messen wird unterschieden zwischen der Art des Ionisators und zwischen Raumionisation, vertikaler und horizontaler Luftströmung in einer Laminarhaube. Wird Ionisation an einem Arbeitsplatz als zusätzliche Möglichkeit für den Abbau von elektrostatischen Aufladungen eingesetzt, muss auch hier die Wirksamkeit der Geräte überprüft werden. Als Testparameter gelten folgende Anforderungen: Bei einer Initialspannung von 1 000 V auf dem Charge-Plate-Monitor muss diese nach 20 s auf 10 % des Anfangswerts gesunken sein. Bei der Raumionisation mit einem Anfangswert von 5 000 V muss der Endwert von 500 V in der gleichen Zeit erreicht werden.

Die **Bilder 9.58 bis 9.61** zeigen Mess- und Prüfaufbauten für die Ionisatorprüfung.

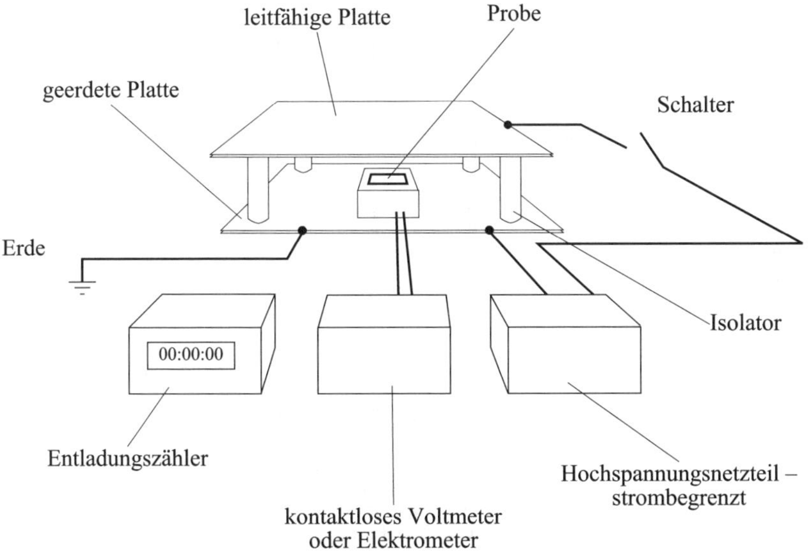

Bild 9.58 Messaufbau des Charge-Plate-Monitors (CPM)

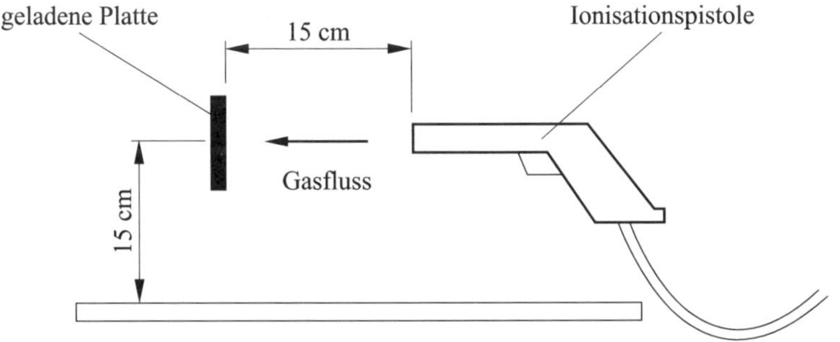

Bild 9.59 Anordnung zum Überprüfen einer Ionisationspistole

Die Werte der einzelnen Messpunkte werden in eine Tabelle aufgenommen. Die ermittelten Werte müssen die Forderung nach 10 % des Anfangswerts nach maximal 20 s erfüllen. Weitere Messaufbauten und Prüfvorschriften für spezielle Anordnungen sind der Norm [70] zu entnehmen.

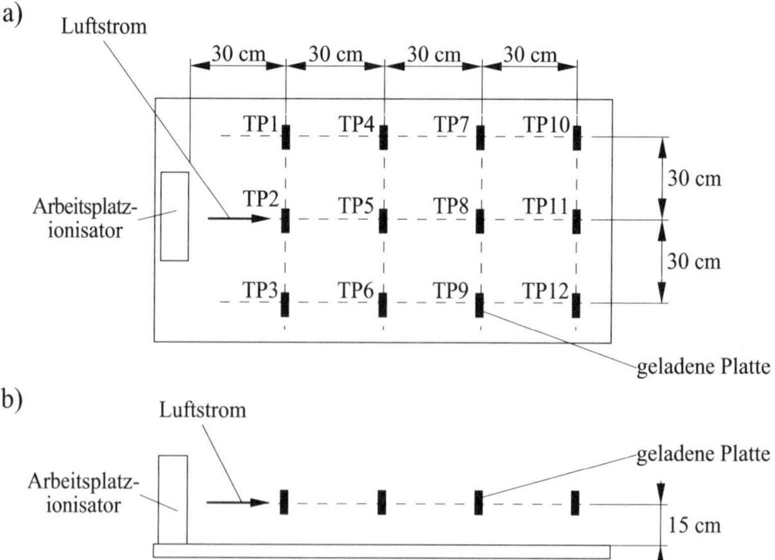

Bild 9.60 Anordnung zum Überprüfen eines Ionisators auf einem Arbeitsplatz
a) Ansicht von oben – Anordnung der Messpunkte des CPM, b) Seitenansicht

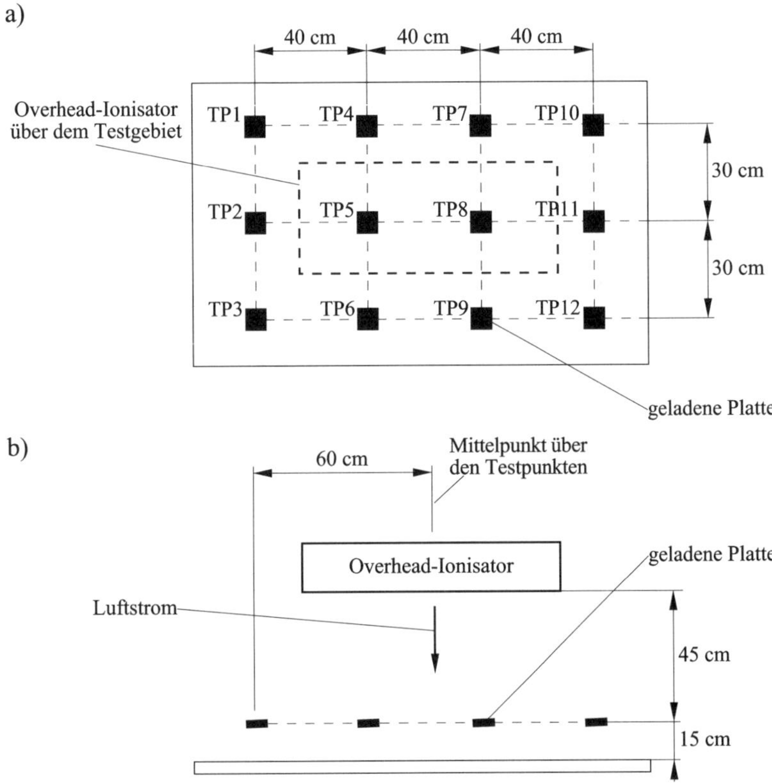

Bild 9.61 Anordnung zum Überprüfen eines Overhead Ionisators
a) Ansicht von oben – Anordnung der Messpunkte des CPM, b) Seitenansicht

9.8 Luftfeuchtigkeit und Temperatur

Alle Messwerte hängen von der relativen Luftfeuchtigkeit und von der Temperatur ab. Aus diesem Grund haben die Messergebnisse nur Bedeutung, wenn diese Parameter im Protokoll angegeben werden. Für die Messung selbst setzt man handelsübliche Messgeräte ein. Für die Luftfeuchtigkeit ist eine Messungenauigkeit von 3 % zulässig.

9.9 Einige Probleme beim Messen elektrostatischer Kenngrößen

Es ist sehr schwierig, reproduzierbare Messergebnisse elektrostatischer Parameter zu erhalten. Meist sind diese Ergebnisse sehr „rätselhaft“. Das liegt aber daran, dass die Umweltbedingungen nicht immer berücksichtigt wurden. Sämtliche Messergebnisse elektrostatischer Parameter hängen sehr stark von Luftfeuchtigkeit und Umgebungstemperatur ab. Deshalb ist es unbedingt notwendig, bei jeder Messung diese Parameter festzuhalten. Unterschiedliche Messergebnisse resultieren auch aus unterschiedlichen Materialeigenschaften oder z. B. aus der Annäherungsgeschwindigkeit der Messsonde und einem nicht genau fixierten Abstand der Messsonde zur Probe.

10 ESD-Normung

10.1 Stand und Tendenzen bei der ESD-Normung

Im Jahr 1991 gab CENELEC die erste europäische Richtlinie für den Aufbau ESD-gerechter Arbeitsplätze und Arbeitsbereiche, CECC 00015, heraus. Diese gibt Hinweise für eine ESD-gerechte Handhabung elektronischer Bauelemente und Baugruppen nach dem eigentlichen Herstellungsprozess der Bauelemente. Die daran beteiligten Länder brachten ihre Erkenntnisse aus bisherigen nationalen und firmeninternen Richtlinien ein.

Die erste weltweite Norm, die sich mit dem Schutz elektronischer Bauelemente vor elektrostatischen Entladungen befasste, war die NASA-Vorschrift MSC 16642 Anti-static-specification-NASA – Safe Handling Practices for Electrostatic Sensitive Devices in der Ausführung von 1978 für die Raumfahrt in den USA. Inzwischen wurde dieser Military Standard mehrfach erneuert und liegt in der Fassung vom 12/92 als MIL-STD 1686 B [77] vor. Komplettiert wird diese Vorschrift durch das ESD-Kontroll-Handbuch DOD-HDBK-263 B [78].

Im Jahr 1999 entstand daraus die neue ESD-Vorschrift der amerikanischen ESD-Association: ANSI/ESD S20.20 [81]. Diese enthält ein sogenanntes „ESD-Kontrollprogramm" für die Einführung von ESD-Kontrollmaßnahmen.

Der europäische Standard CECC 00015 war jahrelang die verbindliche Vorschrift für alle ESD-Kontrollmaßnahmen für die Handhabung von ESD-empfindlichen Bauelementen und Baugruppen mit diesen. Das verbindliche deutsche Konformitätspapier erschien 1993-06 als DIN EN 100015. Bei der täglichen Arbeit mit dieser Vorschrift ergaben sich ständig neue Erkenntnisse. Zum anderen wurde festgestellt, dass viele Punkte bzw. die vorhandenen Handhabungsvorschriften, Richtlinien, Anforderungen an Materialien und Ausrüstungen sowie die Messverfahren verbesserungsbedürftig sind. Im Rahmen der Richtlinien des internationalen Normungskomitees IEC (International Electrotechnical Commission) wurde die Originalvorschrift überarbeitet, und es entstand die IEC 61340-5-1 (**VDE 0300-5-1**). Dadurch konnten die vorhandenen Mängel und Differenzen beseitigt werden. Erkenntnisse aus der Anwendung der vorliegenden Vorschrift sowie neue Verfahren konnten somit sehr gut integriert werden. Die erarbeiteten deutschen Fassungen der DIN EN 61340-5-1 (**VDE 0300-5-1**):2001 und DIN EN 61340-5-2 (**VDE 0300-5-1**):2002 waren ein großer Fortschritt in der ESD-Normung.

Durch Umstrukturierungsmaßnahmen im IEC entstand gleichzeitig ein neues internationales Normungsgremien, das TC (Technical Committee) 101, das sich ausschließlich mit Elektrostatik und den Anforderungen aus der Elektronikindustrie beschäftigt. Dieses Komitee ist zuständig für eine ganze Gruppe von Normungsprojekten zu Elektrostatik. Diese Projekte laufen alle unter der Gruppe von Normen IEC 61340 „Electrostatics".

Internationaler Standard	Projekt	Erschienen	Deutscher Standard	VDE-Klassifikation	Anmerkungen	Erschienen als deutsche Norm
IEC/TR 61340-1	Elektrostatik – Teil 1: Elektrostatische Vorgänge – Grundlagen und Messungen	2012	DIN IEC/TR 61340-1	VDE 0300-1	+ Corrigendum 2013	Juli 2014
IEC 61340-2-1	Elektrostatik – Teil 2-1: Messverfahren – Fähigkeit von Materialien und Erzeugnissen, elektrostatische Ladungen abzuleiten	2015	DIN EN 61340-2-1	VDE 0300-2-1		Juli 2016
IEC/TR 61340-2-2 Ed.1	Electrostatics – Part 2-2: Measurement methods – Measurement of chargeability	2000				–
IEC 61340-2-3	Elektrostatik – Teil 2-3: Prüfverfahren zur Bestimmung des Widerstands und des spezifischen Widerstands von festen planen Werkstoffen, die zur Vermeidung elektrostatischer Aufladungen verwendet werden.	2016	DIN EN 61340-2-3	VDE 0300-2-3		Mai 2017
IEC 61340-3-1	Elektrostatik – Teil 3-1: Verfahren zur Simulation elektrostatischer Entladung – Human Body Model (HBM) – Bauelementeprüfung	2006	DIN EN 61340-3-1	VDE 0300-3-1		März 2008
IEC 61340-3-2	Elektrostatik – Teil 3-2: Verfahren zur Simulation elektrostatischer Entladung – Machine Model (MM) – Bauelementeprüfung	2006	DIN EN 61340-3-2	VDE 0300-3-2		November 2007
IEC 61340-4-1 Ed. 2	Elektrostatik – Teil 4-1: Standard-Prüfverfahren für spezielle Anwendungen – Elektrischer Widerstand von Bodenbelägen und verlegten Fußböden	2015	DIN EN 61340-4-1	VDE 0300-4-1	+ Corrigendum 2015	April 2016

Tabelle 10.1 Normen und Normungsprojekte

Internationaler Standard	Projekt	Erschienen	Deutscher Standard	VDE-Klassifikation	Anmerkungen	Erschienen als deutsche Norm
IEC/TS 61340-4-2	Elektrostatik – Teil 4-2: Standard-Prüfverfahren für spezielle Anwendungen – Elektrostatische Eigenschaften von Textilien	2013	DIN IEC/TS 61340-4-2	VDE 0300-4-2		April 2016
IEC 61340-4-3	Elektrostatik, Teil 4-3: Standard-Prüfverfahren für spezielle Anwendungen – Schuhwerk	2001	DIN EN 61340-4-3	VDE 0300-4-3		September 2002
IEC 61340-4-4 Ed. 1	Elektrostatik – Teil 4-4: Normprüfverfahren für spezielle Anwendungen – Einordnung flexibler Schüttgutbehälter (FIBC) in elektrostatischer Hinsicht	2012	DIN EN 61340-4-4	VDE 0300-4-4	+ Corrigendum 2014	November 2015
IEC 61340-4-5	Elektrostatik – Teil 4-5: Standard-Prüfverfahren für spezielle Anwendungen – Verfahren zur Charakterisierung der elektrostatischen Schutzwirkung von Schuhwerk und Boden in Kombination mit einer Person	2004	DIN EN 61340-4-5	VDE 0300-4-5		März 2005
IEC 61340-4-6	Elektrostatik – Teil 4-6: Standard-Prüfverfahren für spezielle Anwendungen – Handgelenkerdungsbänder	2015	DIN EN 61340-4-6	VDE 0300-4-6		April 2016
IEC 61340-4-7	Elektrostatik – Teil 4-7: Standard-Prüfverfahren für spezielle Anwendungen – Ionisation	2017	DIN EN 61340-4-7	VDE 0300-4-7		Entwurf November 2011
IEC 61340-4-8	Elektrostatik – Teil 4-8: Standard-Prüfverfahren für spezielle Anwendungen – Schirmwirkung gegen elektrostatische Entladung – Beutel	2014	DIN EN 61340-4-8	VDE 0300-4-8		August 2015

Tabelle 10.1 (Fortsetzung) Normen und Normungsprojekte

Internationaler Standard	Projekt	Erschienen	Deutscher Standard	VDE-Klassifikation	Anmerkungen	Erschienen als deutsche Norm
IEC 61340-4-9	Elektrostatik – Teil 4-9: Standard-Prüfverfahren für spezielle Anwendungen – Bekleidung	2016	DIN EN 61340-4-9	VDE 0300-4-9		März 2017
IEC 61340-4-10	Elektrostatik – Teil 4-10: Prüfverfahren für den Schutz von elektrostatisch empfindlichen Bauelementen – Zweipunkt-Widerstandsmessungen	2012		VDE 0300-4-10	zurückgezogen, wurde in IEC 61340-2-3 integriert	Entwurf 2011-07
IEC 61340-5-1	Elektrostatik, Teil 5-1: Schutz von elektronischen Bauelementen gegen elektrostatische Phänomene – Allgemeine Anforderungen	2016	DIN EN 61340-5-1	VDE 0300-5-1		Juli 2017
IEC 61340-5-2	Elektrostatik, Teil 5-2: Schutz von elektronischen Bauelementen gegen elektrostatische Phänomene – Benutzerhandbuch	2007	DIN EN 61340-5-2		+ Corrigendum 2009	
IEC 61340-5-3	Elektrostatik – Teil 5-3: Schutz von elektronischen Bauelementen gegen elektrostatische Phänomene – Eigenschaften und Anforderungen für die Klassifizierung von Verpackungen, die für Bauelemente verwendet werden, die gegen elektrostatische Entladungen empfindlich sind	2015	DIN EN 61340-5-3	VDE 0300-5-3		April 2016
IEC 61340-6-1 (IEC 101/528/CD)	Elektrostatik – Teil 6-1: Überwachung der Elektrostatik im Gesundheitswesen – Allgemeine Anforderungen für die Infrastruktur	2017	E DIN EN 61340-6-1	E VDE 0300-6-1	Entwurf	2017-07
Anmerkung: Alle noch nicht als DIN EN veröffentlichten Normen und Arbeitsdokumente werden mit dem englischen Titel angegeben.						

Tabelle 10.1 (Fortsetzung) Normen und Normungsprojekte

Sonstige Normen und Standards						
Internationaler Standard	**Projekt**	**Erschienen**	**Deutscher Standard**	**VDE-Klassifikation**	**Anmerkungen**	**Erschienen als deutsche Norm**
EN 1081	Elastische Bodenbeläge Bestimmung des elektrischen Widerstands	1998	DIN EN 1081	–	Ersatz für DIN 51953, 1960-12 und 1975-08	April 1998
EN 388	Schutzhandschuhe gegen mechanische Risiken	2016	DIN EN 388	–	Herausgeber: AG 8 „Schutz-handschuhe“ des europäischen Komitees CEN/TC 162 „Schutzkleidung“	Januar 2017
EN 1149-1	Schutzkleidung – Elektrostatische Eigenschaften – Teil 1: Prüfverfahren für die Messung des Oberflächenwiderstands	2006	DIN EN 1149-1	–	diese europäische Norm wurde vom Technischen Komitee CEN/TC 162 erarbeitet	September 2006
EN 1149-2	Schutzkleidung – Elektrostatische Eigenschaften – Teil 2: Prüfverfahren für die Messung des elektrischen Widerstands durch ein Material (Durchgangswiderstand)	1997	DIN EN 1149-2			November 1997
EN 1149-3	Schutzkleidung – Elektrostatische Eigenschaften – Teil 3: Prüfverfahren für die Messung des Ladungsabbaus	2004	DIN EN 1149-3			Juli 2004

Tabelle 10.1 (Fortsetzung) Normen und Normungsprojekte

Die Überarbeitung der Projekte lief weiter. Sogenannte Maintenance-Zyklen aus den Richtlinien des IEC verlangen eine Überarbeitung nach spätestens fünf Jahren. Zum anderen kam hinzu, dass eine weltweite amerikanische Richtlinie, der Standard ANSI/ESD S20.20 [81], vorliegt. Dieser Standard, eigentlich nur für Nordamerika ausgelegt, beschreibt einen sogenannten ESD-Kontrollplan. Dieser sieht vor, dass nach einem bestimmten Schema bei der Einführung für ESD-Kontrollmaßnahmen vorgegangen wird. Das Programm enthält administrative und technische Maßnahmen. Der Mangel ist, dass auf die eigentlichen Anforderungen an die ESD-Kontrollmaßnahmen nur sehr wenig eingegangen wird. Die Experten des Technischen Komitees 101 Electrostatics beim IEC haben aus den beiden Richtlinien, der IEC 61340-5-1 (**VDE 0300-5-1**) und der ANSI/ESD S20.20, eine neue, weltweit verbindliche Norm geschaffen. Schwerpunkt ist jetzt die Erarbeitung eines ESD-Kontrollprogramms und des Plans zur Umsetzung der ESD-Kontrollmaßnahmen. Inzwischen liegen auch die neuen Fassungen der ANSI/ESD S20.20-2014 und der IEC 61340-5-1 (2016) und der DIN EN 61340-5-1 (**VDE 0300-5-1**) (2017) vor. Die folgenden Abschnitte beinhalten die aktuellen Änderungen.

Weg zu einer neuen Norm

Zur Erklärung soll kurz der Weg zu einer neuen Norm beschrieben werden. Der erste Schritt ist neben der eigentlichen Idee bzw. dem Thema der NP (New Project). Dieser beschreibt das neue Vorhaben. Daraus entsteht ein NWIP (New Work Item Proposal). Dieser wird allen Interessenten vorgelegt. Danach wird über dieses Projekt abgestimmt. Ist eine Mehrheit aller Experten der beteiligten Länder vorhanden, wird eine Arbeitsgruppe oder Working Group (WG) gebildet. Diese erarbeitet den ersten Normentwurf, das sogenannte erste CD (Committee Draft). Nach einer oder mehreren Diskussionen und Abstimmungen entsteht daraus das CDV (Committee Draft Voted). Alle Experten sind weitestgehend für das neue Projekt und haben einen annehmbaren Vorschlag erarbeitet, der auch von allen Beteiligten angenommen wurde. Jetzt erfolgt die offizielle Arbeit des IEC oder CENELEC, es entsteht die „Vornorm“ FDIS (Final Draft International Standard). Stimmen alle Länder dieser zu, kann der eigentliche Internationale Standard (IS) erarbeitet werden. Durch Abstimmungen oder weitere Bearbeitungen entsteht daraus dann die EN-Norm und schließlich die deutsche Fassung, die DIN EN. Zwischen Idee und fertigem Standard können bis zu sechs Jahre vergehen. Europäische Standards können auch im CENELEC erarbeitet werden. Die Bearbeitungszeit kann sich verkürzen. Es hängt grundsätzlich davon ab, wie oft der CD neu erarbeitet wird.

10.2 ESD-Normung DIN EN 61340-5-1 (VDE 0300-5-1) [7] und DIN EN 61340-5-1 Beiblatt 1 (VDE 0300-5-1 Beiblatt 1) [8]

10.2.1 Anwendungsbereich

In den vorhergehenden Normen und der jetzigen Fassung wird keine bestimmte Bauelemente-Gruppe als elektrostatisch besonders gefährdet genannt. Grundsätzlich sind *alle* elektronischen Bauelemente und Baugruppen (ESDS), die diese enthalten, als elektrostatisch empfindlich zu betrachten.

Vor einigen Jahren ging man davon aus, dass nur MOS- oder CMOS-Bauelemente besonders empfindlich gegenüber elektrostatischen Ladungen sind. Die Anzahl der internen elektronischen Schaltungselemente in integrierten Schaltungen wächst ständig. Der vorhandene Platz auf einem Chip wird immer geringer. Um diese hohe Anzahl elektronischer Schaltungselemente zu integrieren, werden die Strukturabmessungen laufend weiter verkleinert. Die Schaltungselemente sind außerdem so gestaltet, dass sie mit immer weniger Energie auskommen müssen.

„Fremdenergien" oder parasitäre Einflüsse von außen (hohe Ströme) oder gerade elektrostatische Entladungen können diese Schaltungselemente beeinflussen. Die Bauelemente-Technologie spielt keine Rolle mehr, früher waren nur MOS-Bauelemente gegenüber elektrostatischen Entladungen empfindlich, heute fallen außerdem alle anderen Bauelemente, z. B. auch bipolare Bauelemente, unter diese Rubrik. Sind die Entladungsenergien ausreichend groß, können nachweislich auch SMD-Kondensatoren und sogar SMD-Widerstände in ihrer Funktion beeinträchtigt werden.

Außerdem sind komplexe elektronische Bauelemente meistens in Mischstrukturen aufgebaut, sowohl in MOS- als auch in bipolaren Technologien. Die Strukturabmessungen werden immer kleiner, vgl. Bild 0.1.

Die vorhergehenden Normen gliederten sich in vier Teile:

- Teil 1 Allgemeine Anforderungen
- Teil 2 Anforderungen an Bereiche mit geringer Luftfeuchtigkeit
- Teil 3 Anforderungen an Reinraumbereiche
- Teil 4 Anforderungen an Hochspannungsbereiche

In der jetzt gültigen Norm sind alle Besonderheiten, z. B. Anforderungen bei geringer Luftfeuchtigkeit, für Reinraumbereiche und für Hochspannungsbereiche integriert. In den jeweiligen Abschnitten, wo es notwendig ist, wird auf diese Besonderheiten näher eingegangen.

10.2.2 Grundspezifikation – Allgemeine Anforderungen – Allgemeines

Die gültigen Normen beschreiben die allgemeinen Anforderungen für den Schutz von ESD-empfindlichen Bauelementen und Baugruppen (ESDS) vor elektrostatischen Entladungen und Feldern. Im Scope wird der Anwendungsbereich der Normen genauer definiert. Die vorliegenden Normen gehen davon aus, dass alle beschriebenen ESD-Kontrollmaßnahmen gewährleisten, dass keine elektrostatischen Ladungen und Spannungen größer 100 V entstehen können.

Bereits hier wird darauf hingewiesen, dass nicht nur elektrostatische Entladungen gefährlich sein können, sondern dass auch elektrostatische Felder allgemein elektronische Bauelemente beeinflussen können. Ausgehend von der Definition für ESDS, bezieht sich diese Norm auf alle elektronischen Bauelemente und Baugruppen. Dabei sind alle elektronischen Bauelemente und Baugruppen gemeint, mit einer Festigkeitsschwelle von 100 V nach Personenentladungsmodell (HBM, vgl. Kapitel 4). Wie bereits mehrfach betont wurde, sind nicht nur alle aktiven elektronischen Bauelemente und Baugruppen mit diesen Bauelementen gefährdet, sondern immer mehr auch andere elektronische Bauelemente, z. B. Widerstände und Kondensatoren, und hier infolge ihrer kleinen Abmessungen besonders SMD-Bauelemente.

Beispiele für elektrostatisch empfindliche Bauteile und Baugruppen (ESDS) sind „Mikroschaltkreise, Einzelhalbleiter, Dick- und Dünnfilmwiderstände, Hybridelemente, Flachbaugruppen und piezoelektrische Kristalle".

Die Empfindlichkeit der Bauelemente wird durch Testverfahren für simulierte ESD-Ereignisse ermittelt. Sie müssen nicht Alltagssituationen entsprechen, sie dienen aber zur Gewinnung von Erkenntnissen für die ESD-Empfindlichkeit und für den Vergleich mit anderen Herstellern. Neben dem HBM wird auch das CDM verwendet (vgl. Kapitel 4).

Die jetzt vorliegende DIN EN 61340-5-1 (**VDE 0300-5-1**) beschreibt die Anforderungen an ein ESD- Kontrollprogramm. Weitere Beschreibungen oder Hilfsmittel werden in der neuen DIN EN 61340-5-2 (**VDE 0300-5-2**) beschrieben. Das ESD-Kontrollprogramm besteht aus administrativen und technischen Anforderungen.

Neben allen ESD-Anforderungen und ESD-Kontrollmaßnahmen gelten Richtlinien für den Schutz der Person. Da es national unterschiedliche Regeln gibt, wird in der Norm im Kapitel 4 darauf hingewiesen. Personenschutz geht vor ESD-Schutz.

10.2.3 Definitionen

Zum Verständnis werden nochmals auf die Norm bezogene Definitionen beschrieben und erklärt. Basis ist aber nicht mehr ausschließlich die DIN EN 61340-5-1 (**VDE 0300-5-1**), sondern das zurzeit zurückgezogene Dokument IEC 61340-1-2. Dieses fasst alle Definitionen zusammen und wird zu einem späteren Zeitpunkt veröffentlicht werden.

Ausgehend von der klassischen Physik wird der Begriff „ESD" definiert:

ESD oder *elektrostatische Entladung* ist der Ausgleich oder der „Übergang von Ladung zwischen Körpern mit verschiedenen elektrostatischen Potentialen". Es entstehen grundsätzlich Entladungsvorgänge, wenn unterschiedliche Potentiale vorhanden sind. Die Vereinfachung zwischen Potential und Erdpotential hat sich praktischerweise ergeben. Erdpotential ist das definierte „Null"-Potential.

Hervorgerufen wird dieser Ladungsausgleich durch direkten Kontakt oder durch ein elektrostatisches Feld. Beide Vorgänge veranlassen den Ladungsausgleich, vgl. Entladungsmodelle im Kapitel 4.

Die Definition für ein elektrostatisch gefährdetes Bauelement oder *„Bauelement, das gegen elektrostatische Entladungen empfindlich ist (ESDS)"* wurde bereits mehrfach beschrieben. Es handelt sich um ein „diskretes Bauelement, eine integrierte Schaltung oder Baugruppe, die durch elektrostatische Felder oder elektrostatische Entladung während routinemäßiger Handhabung, Prüfung und Transport beschädigt werden kann". Die Norm schließt hier alle elektronischen Bauelemente, aktive und passive, ein. Es hat sich gezeigt, dass Widerstände und Kondensatoren gleichfalls durch elektrostatische Ladungen geschädigt werden können. Verallgemeinert werden soll nicht, dass auch Stecker, Transformatoren usw. gegenüber elektrostatischen Entladungen oder Feldern empfindlich sind. Werden sie aber in eine EPA gebracht, unterliegen diese Bauelemente auch bestimmten Anforderungen, speziell die Art der Verpackungen.

Entscheidend für alle ESDS ist, dass nicht nur der Totalausfall entscheidend ist, sondern jede Form von Minderung oder Fehlfunktion in den Leistungsmerkmalen eines Bauelements.

Ein weiterer Gesichtspunkt ist der Unterschied Einzelbauelement, Baugruppe und Gerät. Wann bzw. wo ist die Grenze zu sehen? Grundsätzlich wird davon ausgegangen, dass alle ESDS empfindlich gegenüber ESD sind. Geräte sind nicht unbedingt als empfindlich gegenüber ESD einzustufen. Für Einzelbauelemente und Baugruppen ist dies erklärbar. Handelt es sich aber noch um eine Baugruppe, wenn Anschlussstecker offen nach außen gehen, oder ist es dann bereits ein Gerät? An diesen Anschlüssen oder Kontakten können empfindliche Eingangssensoren liegen, die damit direkt kontaktiert werden können. Die andere Frage ist: Können elektrostatische Felder auf diese Kontakte bzw. Eingänge einwirken? Grundsätzlich muss hier festgestellt werden: ja, selbstverständlich. Vom physikalischen Gesichtspunkt aus reicht das elektrostatische Feld, z. B. einer Hand, über eine größere Entfernung. Im Allgemeinen wird 1 cm festgelegt, das Feld reicht aber weiter. Es kann also davon ausgegangen werden, dass durch elektrostatische Felder von außen Veränderungen im Gerät oder auf der Baugruppe verursacht werden. Kontaktierungen führen später zum Abfluss der elektrostatischen Ladungen und damit zur Schädigung von ESDS.

Der eigentliche Bereich, in dem man ESDS ungeschützt handhaben und in dem es zu keinem Ausfall kommen darf, ist die ESD-Schutzzone oder die EPA. Das ist „ein Bereich, in dem ESDS mit einem akzeptablen Schädigungsrisiko durch elektrostatische Entladungen oder Felder gehandhabt werden können". ESDS dürfen zu keinem Zeitpunkt höheren elektrostatischen Ladungen als 100 V (vgl. den ersten Anwendungsbereich) ausgesetzt werden. Diese elektrostatische Aufladung entspricht einer Personenaufladung (HBM). Im weiteren Verlauf der Norm wird festgestellt, dass diese Anforderung durch den ESD-Koordinator verschärft werden kann. Das ist dann der Fall, wenn ESDS mit einer höheren ESD-Empfindlichkeit eingesetzt werden.

Die Spannungsempfindlichkeit eines ESDS oder die *ESDS-Spannungsempfindlichkeitsschwelle* wird definiert als „die maximale Spannung, bei der die ESDS keinen ESD-Schaden erleiden". Definiert ist hier die Empfindlichkeit eines ESDS oder eines Einzelbauelements, bezogen auf eine Personenentladung (HBM); sinnvoll wäre die Angabe einer maximalen Spannung. Es wird alles auf die im Vorwort genannten 100 V bezogen. Bei der Definition der ESDS-Spannungsempfindlichkeit einer Baugruppe wird davon ausgegangen, dass „das empfindlichste ESDS auf einer Baugruppe“ die Gesamtempfindlichkeit bestimmt. Prinzipiell könnte davon ausgegangen werden, dass Baugruppen weniger ESD-empfindlich sind als Einzelbauelemente. Praktische Erfahrungen haben aber gezeigt, dass das eine Fehleinschätzung ist. Bis zum heutigen Tag sind Untersuchungen dazu noch nicht abgeschlossen. Aus diesem Grund muss davon ausgegangen werden, dass das kritische Bauelement die Gesamtempfindlichkeit einer Baugruppe bestimmt. Zusammenfassend kann gesagt werden, besser wäre auch hier die Angabe eines Prüfverfahrens; dieses ist aber ebenfalls noch nicht endgültig definiert, z. B. das CBM (Charged Board Model).

Nach der Definition für ESD muss in einer EPA oder an einem ESD-Arbeitsplatz immer gleiches Potential vorhanden sein. Es dürfen keine Potentialunterschiede auftreten. Der Potentialausgleichsanschluss bzw. die *EPA*-Erde wird definiert als „das im Arbeitsbereich eingerichtete einheitliche Potential, das sicherstellt, dass das elektrische Potential der gehandhabten Gegenstände und aller Sachen, mit denen sie in Kontakt kommen könnten, das Gleiche ist“. Alle ESD-Ausrüstungen werden an einem gemeinsamen *Erdungspunkt* angeschlossen. Damit wird gewährleistet, dass keine Entladungen stattfinden können. Der Potentialausgleich bzw. der Erdungsanschluss kann mit dem Schutzleiteranschluss für gleiches Potential verbunden werden.

Der Begriff „low charging“ als Materialeigenschaft wird nicht mehr erwähnt. Der früher eingeführte Begriff, der die Eigenschaft „antistatisch“ ersetzen sollte, hat sich nicht bewährt und ist auch nicht notwendig. Die Aussage „Eigenschaft, die Ladungsgenerierung zu minimieren“ kann messtechnisch nicht ausreichend bewiesen werden. Zum einen fehlen die eigentlichen Grenzwerte (Widerstand, Entladezeit usw.) und zum anderen ist die Durchführung einer Messung oberhalb $1 \cdot 10^{10}\ \Omega$ sehr schwierig und nur im Labor reproduzierbar. Daraus ergaben sich stets Differenzen zwischen Materialhersteller und Endnutzer. Sehr oft wurden alle Materialien mit „low charging“ gekennzeichnet, aber in Wirklichkeit entsprechen sie nicht den ESD-Anforderungen. Verpackungsmaterialien werden ausreichend durch Begriffe elektrostatisch leitfähig, elektrostatisch ableitfähig und elektrostatisch abschirmend definiert.

Im Folgenden werden die Eigenschaften von Materialien definiert, die in einer EPA oder zum Transport von ESDS von einer EPA zu einer anderen benutzt werden dürfen. Man unterscheidet elektrostatisch abschirmende, elektrostatisch leitfähige, elektrostatisch ableitende und isolierende Materialeigenschaften. Getrennt behandelt werden Materialien für Verpackungen. Drei Kategorien sind zu unterscheiden: direkt anliegende, lose umhüllende und äußere Verpackung. Direkt anliegende Verpackungen „sind Materialien, die mit den ESDS direkt in Kontakt“ kommen. Lose umhüllende Materialien sind Materialien, die keinen direkten Kontakt mit den ESDS haben. Die eigentliche äußere Verpackung hat den „vorrangigen Zweck …, einen zusätzlichen physikalischen Schutz zu realisieren“. Verpackungsmaterialien sollten entgegen der Norm sinnvollerweise unterschieden werden nach ihrem Einsatzort: Wird Verpackung in einer EPA verwendet, oder soll die Verpackung ESDS außerhalb der EPA schützen?

Die Lagerzeit von Verpackungsmaterialien wird nicht definiert. Aber alle definierten Eigenschaften der Verpackungen müssen während der gesamten Gebrauchsdauer oder Lagerzeit erhalten bleiben. Problematisch ist die Dauerhaftigkeit von sogenannten „low charging“-, früher auch „Pink Poly“-Materialien. Die Wirkung dieser Materialien lässt mit der Zeit nach. Hier ist es ganz wichtig, dass das Herstellungsdatum mit aufgedruckt wird (DIN EN 61340-5-3 (**VDE 0300-5-3**)). So kann verglichen werden, wie lange das Material im Einsatz war. Im Zweifel sollten die Messungen und die Wirkung der ESD-Eigenschaft überprüft werden. Die bisherigen Lagerzeiten sollten eingehalten werden:

- Kurzzeitlagerung < 6 Monate
- mittlere Lagerung 6 Monate bis < 5 Jahre
- Langzeitlagerung > 5 Jahre

Folgende Definitionen sind für das weitere Verständnis der Normen erforderlich:

Eine „Organisation“ ist eine Firma, eine Gruppe oder eine Körperschaft, die ESDS handhabt. Im weiteren Verlauf der Norm wird immer dieser Begriff anstelle „Firma“ o. Ä. verwendet. Zu den Erdungs- und Anschlusspunkten werden auch die Begriffe „Funktionserde“ und „Schutzerde“ definiert. An die Funktionserde werden alle Teile angeschlossen, um die Sicherheitsanforderungen zu erfüllen. Die „Schutzerde“ dient ebenfalls dem Anschluss aller Teile an Erde aus Sicherheitsgründen.

In der Norm wird der Begriff „ESD-Kontrollelemente“ anstelle von ESD-Schutzausrüstungen verwendet. ESD-Kontrollelemente sind Materialien oder Produkte, die dazu entwickelt wurden, elektrostatische Ladungen zu verhindern und eventuell vorhandene elektrostatische Ladungen abzuleiten, ohne ESDS zu gefährden.

10.2.4 ESD-Kontrollprogramm

10.2.4.1 Anforderungen an ein ESD-Kontrollprogramm

Die Normen IEC 61340-5-1:2001 und die ANSI/ESD S20.20-2007 wurden zusammengefasst. Das heißt, es gibt jetzt eine weltweit einheitliche ESD-Norm, die IEC 61340-5-1. In der deutschen Fassung liegt sie als DIN EN 61340-5-1 (**VDE 0300-5-1**) vor. Leider wurden schwerpunktmäßig die Bestandteile der ANSI/ESD S20.20 fast eins zu eins übernommen. Der Schwerpunkt der einheitlichen Norm ist jetzt die Erarbeitung eines ESD-Kontrollprogramms und des ESD-Kontrollprogrammplans für die Einführung und Umsetzung der ESD-Kontrollmaßnahmen. Viele Anforderungen wurden „aufgeweicht“, bzw. es wird der „Organisation“ überlassen, welche ESD-Kontrollmaßnahmen umgesetzt werden. In jedem Fall muss begründet werden, warum diese ESD-Kontrollmaßnahmen eingeführt wurden und nicht andere. Nachteilig ist jetzt, dass jede „Organisation“ ein eigenes ESD-Kontrollprogramm haben kann. Die Beziehungen z. B. Hersteller und Kunden werden kompliziert, wenn eine „Organisation“ mehrere Kunden hat, die auch noch ein eigenes ESD-

Kontrollprogramm erstellt haben, und der Hersteller muss alle verschiedenen ESD-Kontrollprogramme der einzelnen Kunden berücksichtigen.

Das ESD-Kontrollprogramm wird die ESD-Schäden reduzieren, für ESD-Empfindlichkeiten von 100 V oder größer (vgl. Abschnitt 10.2.3). Bestimmt wird diese Empfindlichkeit nach dem HBM-Test, der in der Norm IEC 60749-26 (vgl. Abschnitt 4.1) vorgegeben ist. Das ESD-Kontrollprogramm hat zwei Bestandteile:

- administrative Anforderungen
- technische Anforderungen

Das komplette ESD-Kontrollprogramm muss von der „Organisation" dokumentiert, eingeführt und ständig aktualisiert werden. Die Einhaltung muss verifiziert oder auditiert werden, möglichst von einer externen und unabhängigen Stelle (vgl. DIN EN 61340-5-1 Beiblatt 1 (**VDE 0300-5-1 Beiblatt 1**)).

10.2.4.2 ESD-Koordinator

Im Vergleich zur vorhergehenden Norm war es nicht zwingend erforderlich, einen ESD-Beauftragten oder ESD-Koordinator zu benennen. Die Neufassung schreibt hier vor, jede „Organisation" hat einen ESD-Koordinator zu benennen, der verantwortlich ist, dass das ESD-Kontrollprogramm eingeführt wird. Weiterhin ist der ESD-Koordinator für die Erstellung der Dokumentation, die Pflege der Unterlagen (z. B. Prüfprotokolle, Messverfahren), für die Kontrolle der Einhaltung des ESD-Kontrollprogramms und der ESD-Kontrollmaßnahmen verantwortlich.

10.2.4.3 Anpassung

Ein entscheidender Paragraph wurde in der Norm, resultierend aus dem amerikanischen Standard ANSI/ESD S20.20, eingeführt. Dieser Absatz 5.1.3 „Anpassung" ist entscheidend für alle ESD-Kontrollmaßnahmen und das zukünftige ESD-Kontrollprogramm: „Diese Norm oder Teile davon passen möglicherweise nicht auf alle Anwendungen. Eine Anpassung wird vollzogen, indem die Anwendbarkeit jeder Anforderung auf die jeweilige Applikation bewertet wird. Nach Fertigstellung der Untersuchung können Anforderungen hinzugefügt, verändert oder gestrichen werden. Anpassungsentscheidungen, inklusive Begründung, müssen dokumentiert werden [7].

Dieser Abschnitt, der in der englischen Übersetzung als „Tailoring" bezeichnet wird, erlaubt individuelle ESD-Kontrollprogramme und individuelle ESD-Kontrollmaßnahmen. Das Problem ist weiterhin, dass viele Firmen oder normgerecht „Organisationen" nicht die Möglichkeiten und messtechnischen Mittel haben, zu entscheiden, welche ESD-Kontrollmaßnahmen notwendig sind oder welche nicht. Zurückkommend auf die Anforderungen für das ESD-Kontrollprogramm kann jetzt jede Firma ihr eigenes Programm gestalten.

10.2.4.4 ESD-Kontrollprogramm

Das zu erarbeitende ESD-Kontrollprogramm beinhaltet die folgenden administrativen Anforderungen:

- ESD-Kontrollprogrammplan
- Schulungsplan
- Produktqualifikation
- Plan zur Verifizierung der Einhaltung

Zuerst wird der ESD-Kontrollprogrammplan erstellt. Der Plan ist die Basis für alle weiteren Aktivitäten. Dieser beinhaltet wiederum folgende Anforderungen:

- Schulung
- Produktqualifikation
- Verifizierung der Einhaltung
- Erdungs- und Anschlusssysteme
- Personenerdung
- EPA-Anforderungen
- Verpackungssysteme
- Kennzeichnung

Der ESD-Kontrollprogrammplan muss alle notwendigen ESD-Kontrollmaßnahmen enthalten. Die Einführung und das ESD-Kontrollsystem selbst müssen gleichzeitig in das interne Qualitätssystem integriert werden.

Der Schulungsplan legt zuerst die Mitarbeiter fest, die eingewiesen werden müssen. Die Mitarbeiter müssen so geschult werden, dass sie ein gewisses ESD-Verständnis oder ESD-Bewusstsein erlangen. Gleichzeitig müssen sie erkennen, dass die Person die größte Quelle für elektrostatische Aufladungen ist und so ganz bewusst mit den ESD-Kontrollmaßnahmen umgehen muss.

Es müssen Erst- und Wiederholungsschulungen durchgeführt werden. Die Erstschulung muss so durchgeführt werden, dass die entsprechenden Mitarbeiter vor ihrem ersten Kontakt mit ESDS unterwiesen sind. Die Wiederholungsschulung dient einmal der Auffrischung der ESD-Erkenntnisse und zum anderen der Vermittlung neuer Erkenntnisse zum Thema ESD.

Nur geschulte und unterwiesene Mitarbeiter dürfen den ESD-Bereich betreten. Dies gilt auch für Besucher, Handwerker, Reinigungspersonal usw.

Die Art der Schulung legt der ESD-Koordinator fest. Auch die Art und Weise der Schulung sowie die Frequenz der Wiederholungsschulung sind im ESD-Kontrollprogramm festgeschrieben. Auch die Art der Kontrolle, wie die Mitarbeiter den Inhalt der Schulung verstanden haben. In der DIN EN 61340-5-1 Beiblatt 1 (**VDE 0300-5-1 Beiblatt 1**) wird empfohlen, regelmäßige Tests durchzuführen und so zu überprüfen, ob die Mitarbeiter den Inhalt der Schulung verstanden haben.

Der dritte Teil des ESD-Kontrollprogrammplans ist der Plan zur Verifizierung und Überprüfung der ESD-Kontrollmaßnahmen. Dieser Teil des ESD-Kontrollprogrammplans enthält die technischen Anforderungen, die zulässigen Grenzwerte für alle ESD-Ausrüstungen, die Messverfahren, die Zyklen für die Überprüfung sowie die Vorlagen für die Protokolle und Messergebnisse. Das Muster-ESD-Kontrollprogramm enthält eine Tabelle mit möglichen Testmethoden und Zyklen für die Überprüfung. Weiterhin sind enthalten alle Abweichungen zu den Normgrenzwerten, Normverfahren usw. Diese müssen begründet und schriftlich niedergelegt werden. Die Messverfahren müssen so genau wie möglich beschrieben und dokumentiert werden. Wenn andere Messverfahren angewandt werden, müssen diese ebenfalls dokumentiert werden. Abweichungen von der Norm sind zulässig, müssen aber immer begründet werden.

Neben der Beschreibung der Messverfahren müssen auch die Geräte, die dazu verwendet werden, aufgelistet werden. Die ausgewählten Messgeräte müssen es ermöglichen, die geforderten Grenzwerte zu überprüfen. Schwerpunkte dabei sind die eigentlichen Grenzwerte des Messgeräts, z. B. Widerstandsmessgerät, die Messspannung sowie die Genauigkeit. Grundsätzlich muss die Messspannung während der gesamten Messdauer am Messobjekt anliegen, d. h. zwischen 8 s und 15 s. Nicht sehr viele Messgeräte ermöglichen dies. Bricht die Messspannung während der Messung zusammen, ist der Messwert ein anderer, als wenn die Messspannung dauerhaft anliegt. Im Messbereich muss die Genauigkeit bei etwa 5 % liegen, wenn es um die regelmäßige Überprüfung z. B. der Arbeitsplatzoberflächen, Fußböden geht. Werden Abnahmeprüfungen durchgeführt, ist eine Genauigkeit von etwa 2 % empfehlenswert (vgl. praktische Messungen, Abschnitt 10.7).

Der zweite Teil des ESD-Kontrollprogrammplans enthält die technischen Anforderungen. Diese unterteilen sich in:

- Erdungs- und Potentialausgleichssysteme
- Personenerdung
- ESD-Schutzzone
- Verpackung
- Kennzeichnung

Die Grenzwerte und Messmethoden entsprechen den gültigen Normen und werden im ESD-Kontrollprogramm festgelegt. Abweichungen werden ebenfalls im ESD-Kontrollprogramm beschrieben und dokumentiert. Die Tabellen 10.2 bis 10.4 enthalten die festgelegten Messmethoden und unteren bzw. oberen Grenzwerte, die einzuhalten sind.

Die erste und beste Möglichkeit, elektrostatische Ladungen gefahrlos abzuleiten. ist die Personenerdung. Diese setzt voraus, dass alle Personen, ESD-Ausrüstungen und ESDS auf gleichem Potential liegen. Alle ESD-Kontrollmaßnahmen müssen mit dem gleichen Potentialausgleichsanschluss verbunden sein. Dieser Potentialausgleich ist gleichzeitig der Erdungsanschluss oder die ESD-Erde. Sinnvollerweise wird die ESD-Erde mit dem Schutzleiter verbunden. Somit kann gewährleistet werden, dass überall an den ESD-Arbeitsplätzen, Ausrüstungen, Maschinen, Vorrichtungen gleiches Potential vorhanden ist. In der Norm werden drei Varianten für ein Erdungssystem unterschieden:

- Erdung über Schutzerde
- Erdung über Funktionserde
- Potentialausgleichsverbindung

Die Erdung über Schutzerde ist der normale Erdungsanschluss über den vorhandenen Schutzleiter. Alle ESD-Ausrüstungen liegen auf gleichem Potential, vgl. **Bild 10.1**

Ist kein Schutzleiter vorhanden, kann auch der Potentialausgleich über die Funktionserde erfolgen. Als Funktionserde werden üblicherweise ein Staberder oder eine Erdungsstange verwendet. Werden alle ESD-Einrichtungen mit dieser Funktionserde verbunden, ist der Potentialausgleich wieder gewährleistet. Wird eine Funktionserde verwendet und ist zusätzlich ein Schutzleitersystem vorhanden, dann müssen diese beiden Systeme unbedingt miteinander verbunden werden, damit es zu keinen Potentialunterschieden kommen kann. Das Schema der Funktionserde ist im **Bild 10.2** zu sehen.

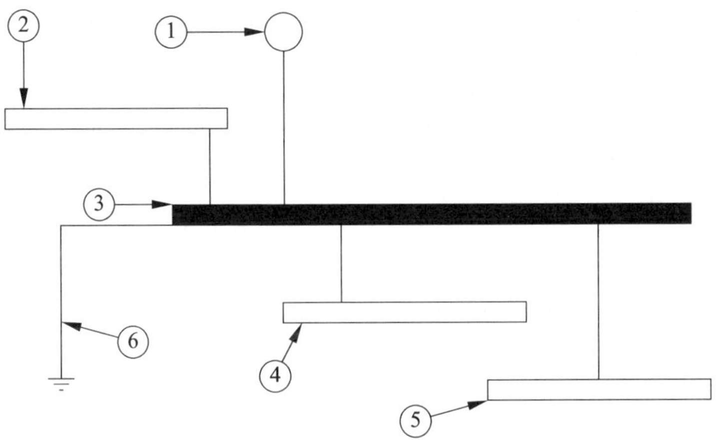

Bild 10.1 Schematische Darstellung eines Erdungssystems mit Schutzleiter (DIN EN 61340-5-1 (**VDE 0300-5-1**):2017-07, Bild 1 [7])

1 Handgelenkband und Spiralkabel
2 ESD-Arbeitsoberfläche
3 Beispiel eines gemeinsamen Anschlusspunkts
4 ESD-Bodenmatte
5 ESD-Fußboden
6 Funktionserde oder Schutzerde, Schutzleiter

Die dritte Variante zur Herstellung eines einheitlichen elektrostatischen Potentials ist ein sogenanntes Potentialausgleichssystem. Das Bild 10.2 zeigt diese Variante. Alle ESD-Einrichtungen werden mit dem gemeinsamen Anschlusspunkt verbunden. Damit ist gewährleistet, dass in diesem Bereich keine Potentialunterschiede auftreten.

Bei den verwendeten Erdungssystemen ist darauf zu achten, dass nationale Anforderungen beachtet werden. Die Norm gilt weltweit, und jedes Land hat andere Sicherheitsanforderungen.

Die Erdung der Person kann über zwei Wege erfolgen, erstens über das Handgelenkband und zweitens über die ESD-Schuhe und den ESD-Fußboden. Die beste und sicherste Möglichkeit für die Herstellung des Potentialausgleichs mit dem ESD-Arbeitsplatz ist das Handgelenkbandsystem. Befindet sich die Person am ESD-Arbeitsplatz, muss sie mit dem Handgelenkbandsystem am Potentialausgleichssystem angeschlossen sein, d. h., in sitzender Tätigkeit muss dass Handgelenkband angelegt werden. Es gibt keine Alternative für die Erdung der Person in sitzender Tätigkeit. Prinzipiell ist das Handgelenkband auch im Stehen notwendig. Hier wird aber eine Ausnahme zugelassen, wenn das System Person – Schuhe – Fußboden die folgenden Anforderungen erfüllt:

- der Gesamtwiderstand des Systems (von der Person über die Schuhe zum ESD-Fußboden und dann zur ESD-Erde) muss kleiner $1 \cdot 10^9\ \Omega$ sein
- die maximale elektrostatische Spannung auf dem Körper muss kleiner 100 V, und der Gesamtwiderstand muss kleiner $1 \cdot 10^9\ \Omega$ sein

Die Person kann dann als ESD-gerecht betrachtet werden. Zusätzlich ist es sinnvoll, einen ESD-Arbeitskittel zu tragen. Die Anforderungen werden unter dem folgenden Punkt „ESD-Schutzzone“ beschrieben.

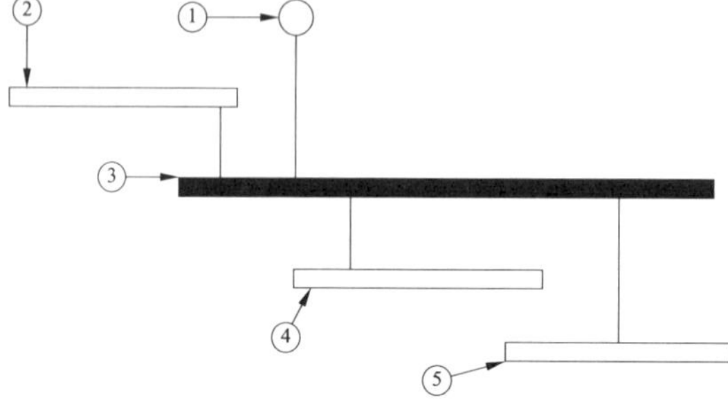

Bild 10.2 Schematische Darstellung eines Potentialausgleichssystems (DIN EN 61340-5-1 (**VDE 0300-5-1**):2017-07, Bild 2 [7])

1 Handgelenkband und Spiralkabel
2 ESD-Arbeitsoberfläche
3 gemeinsamer Anschlusspunkt
4 ESD-Bodenmatte
5 ESD-Fußboden

Tabelle 10.2 fasst alle Anforderungen für die Personenerdung zusammen.

Technische Anforderung	ESD-Kontrollelement	Produktqualifizierung		Verifizierung der Einhaltung	
		Prüfverfahren	Grenzwerte[b]	Prüfverfahren	Grenzwerte[b]
Personenerdung	Handgelenkerdungsbänder (Bänder und Erdungskabel)	IEC 61340-4-6	$R < 5 \cdot 10^6\ \Omega$ oder vom Nutzer festgelegter Grenzwert	siehe Handgelenkerdungsbandsystem	
	Widerstand des Handgelenkerdungsbands	IEC 61340-4-6			
		• Innenseite	$\leq 1 \cdot 10^5\ \Omega$	nicht anwendbar	
		• Außenseite	$> 1 \cdot 10^7\ \Omega$	nicht anwendbar	
	Handgelenkerdungsbandsystem[a]	nicht anwendbar		IEC 61340-4-6 Prüfung auf elektrischen Durchgang des Handgelenkerdungsbands	$R < 3{,}5 \cdot 10^7\ \Omega$
	Schuhwerk	IEC 61340-4-3[c]	$R \leq 1 \cdot 10^8\ \Omega$	siehe System Person/Schuhwerk	
	System Person/ Schuhwerk/ Boden	IEC 61340-4-5	$R_g < 1 \cdot 10^9\ \Omega$ und absoluter Wert der Körperspannung < 100 V (Mittelwert der 5 höchsten Spitzen)	IEC 61340-4-5	$R_g < 1{,}0 \cdot 10^9\ \Omega$[d,f]
	System Person/ Schuhwerk	nicht anwendbar		siehe Anhang A[e]	$R_{gp} < 1{,}0 \cdot 10^8\ \Omega$

[a] In Situationen, in denen EPA-Bekleidung (nach DIN EN 61340-4-9 (**VDE 0300-4-9**)) als Teil des Handgelenkbanderdungspfads verwendet wird, sollte der Widerstand des Gesamtsystems inklusive Person, Schutzbekleidung und Erdungskabel weniger als $3{,}5 \cdot 10^7\ \Omega$ betragen.

[b] In dieser Tabelle verwendete Symbole: R_g bezieht sich auf den Widerstand zu Masse, R_{gp} bezieht sich auf den Widerstand zum erdungsfähigen Punkt.

[c] Für die Produktqualifizierung von Schuhwerk nach DIN EN 61340-4-3 (**VDE 0300-4-3**) sollte die Umgebungsbedingung für die Prüfung bei (12 ± 3) % relative Luftfeuchte und (23 ± 2) °C liegen.

[d] Eine periodische Prüfung der erzeugten Körperspannung sollte durchgeführt werden, um zu verifizieren, dass die Spannung weniger als 100 V beträgt.

[e] Der Grenzwert des Widerstands gilt für die aufeinanderfolgende Messung jeweils eines einzelnen Fußes, nicht beider Füße gleichzeitig.

[f] Der erforderliche Grenzwert von $< 1{,}0 \cdot 10^9\ \Omega$ ist der höchste zulässige Wert.. Der Anwender sollte basierend auf den für die Produktqualifizierung des Systems Schuhwerk und Boden gemessenen Widerstandswerten, die eine maximale erzeugte Körperspannung von 100 V sicherstellen, einen oberen Grenzwert festlegen, und diese Widerstandswerte für die Verifizierung der Einhaltung verwenden.

Tabelle 10.2 Anforderungen an die Personenerdung (DIN EN 61340-5-1 (**VDE 0300-5-1**):2017-07, Tabelle 2)

10.2.4.5 Anforderungen an die ESD-Schutzzone (EPA)

Eine EPA ist so zu planen und zu entwerfen, dass ESDS zu keinem Zeitpunkt gefährdet werden. Elektrostatische Entladungen sind unbedingt zu vermeiden. Falls sie dennoch auftreten, sind sie klein zu halten. Von der Entladung ausgehende elektrische Felder dürfen einen Maximalwert von 100 V bzw. 100 V/cm nicht übersteigen.

Beim Einrichten einer EPA (**Bild 10.4**) müssen die Sicherheitsanforderungen zum Schutz der Personen unbedingt beachtet werden (vgl. DIN VDE 0100 [34]).

Die EPA selbst kann vielfältige Formen haben: Einzelarbeitsplatz, Arbeitsbereich, Lagerbereich, Service, Reparaturarbeitsplatz.

Der Zugang zur EPA muss auf das notwendige Personal begrenzt werden. Voraussetzung zum Betreten der EPA ist eine ESD-Schulung. Besucher oder nicht geschulte Personen dürfen nur in Begleitung von geschultem Personal die EPA betreten.

Besonders hinzuweisen ist auf eine „EPA mit frei liegenden Leitern“, deren Potential größer 250 V Wechsel- oder 500 V Gleichspannung ist. Diese besondere EPA ist mit einem Schild nach **Bild 10.3** zu kennzeichnen.

Für diese sogenannte „Hochspannungs-EPA sind die „Warnhinweise nach den einschlägigen nationalen Gesetzen“ zu beachten (DIN VDE 0100 [34]). An erster Stelle steht hier der Personenschutz. Es dürfen zu keinem Zeitpunkt Personen in Gefahr sein.

Die normale EPA muss von den anderen Bereichen deutlich abgegrenzt werden. Dazu eignen sich die Warnschilder nach Bild 10.5. Prinzipiell darf man nur hier mit ESDS umgehen. Oft wird diskutiert, ob in diesem Bereich auch nicht ESD-gefährdete Bauelemente benutzt werden dürfen. Selbstverständlich ist das zulässig, sofern diese Bauelemente oder Baugruppen oder deren Hilfsmittel vorhandene ESDS nicht gefährden.

Bild 10.3 Kennzeichnungsschild für eine EPA mit frei liegenden Leitern

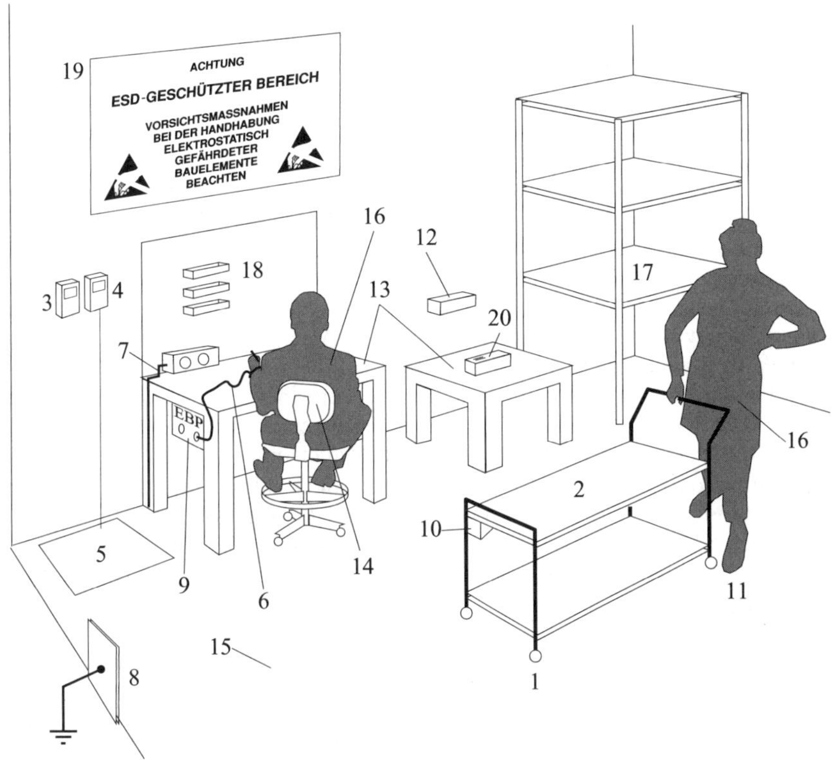

Bild 10.4 EPA-ESD-gerecht eingerichtet

1 ableitfähige Räder
2 ableitfähige Oberfläche
3 Handgelenk-Erdungsarmbandtester
4 Schuhwerktester
5 Schuhwerktester-Fußplatte
6 Spiralkabel und Handgelenk-Erdungsarmband
7 Erdungskabel
8 Erdung/Potentialausgleich
9 Erdungskontaktpunkt (EBP)
10 Erdungspunkt für Transportwagen
11 Schuherdungsstreifen oder ESD-gerechtes Schuhwerk
12 Ionisator
13 ESD-gerechte Arbeitsoberfläche
14 ESD-gerechter Stuhl mit ableitfähigen Gleitern oder Rollen
15 ableitfähiger Fußboden
16 ESD-gerechte Bekleidung
17 Regal mit ESD-gerechten Ablageflächen
18 ESD-gerechte Lagerbehälter
19 EPA-Kennzeichnung
20 Maschinen und Anlagen

Im Abschnitt 5.3.3 der Norm werden die grundsätzlichen Anforderungen der einzelnen Materialien und Ausrüstungen erläutert, die in einem kontrollierten Bereich (EPA) eingesetzt werden dürfen.

Eine Voraussetzung und grundsätzliche Anforderung gilt für alle Materialien:

Alle verwendeten ESD-Materialien müssen die Anforderungen des Abschnitts 5.3.3 der Norm erfüllen. Außerdem müssen die beschriebenen Eigenschaften bei der „höchsten und niedrigsten zu erwartenden oder geschätzten Luftfeuchtigkeit" erfüllt werden. Ein Grenzwert für die Luftfeuchtigkeit wird nicht mehr angegeben. Alle ESD Ausrüstungen und Materialien müssen bei einer Luftfeuchtigkeit von 12 % geprüft werden. Damit ist die Angabe eines unteren Grenzwertes nicht mehr notwendig. Sinnvoll wäre ein Wert von ca. 30 %, aufgrund von anderen prozessbedingten Anforderungen wird oft ein Bereich zwischen 30 % und 40 % angegeben. Ist die zu erwartende Luftfeuchtigkeit geringer, müssen auch bei der geringen Luftfeuchtigkeit die Parameter eingehalten werden. Das zu verwendende Prüfklima wird im Abschnitt 10.7 „Normgerechte Prüfungen" beschrieben. In diesem Abschnitt wird auch auf Besonderheiten bei verschiedenen Materialien eingegangen.

Ein Vorteil ist, dass alle Anforderungen auf die Ableitfunktion und damit auf den Ableitwiderstand reduziert werden. Das Grundanliegen, elektrostatische Entladungen, falls die vorhanden sein sollten, gefahrlos abzuleiten, wird damit erfüllt. Gleichzeitig garantieren ableitfähige Materialien eine geringe elektrostatische Aufladung.

Arbeitsoberflächen

Alle Arbeitsoberflächen, Lagerregale, Transportwagen, auf denen ungeschützte ESDS abgelegt werden können, müssen an EPA-Erde angeschlossen werden und müssen einen Ableitwiderstand zur EPA-Erde aufweisen, der in Tabelle 3 (vgl. **Tabelle 10.3**) festgelegt ist. Die Arbeitsoberfläche darf keine elektrostatischen

EPA-Anforderungen	**ESD-Kontrollelement**	**Produktqualifizierung**[a]		**Verifizierung der Einhaltung**[b]	
		Prüfverfahren	**Grenzwerte**[c]	**Basierend auf Prüfverfahren**	**Grenzwerte**[c]
	Arbeitsoberflächen, Lagerregale und Transportwagen[g]	IEC 61340-2-3	$R_{gp} < 1 \cdot 10^9\ \Omega$ $R_{p\text{-}p} < 1 \cdot 10^9\ \Omega$[f]	IEC 61340-2-3	$R_g < 1 \cdot 10^9\ \Omega$
	Anschlusspunkt des Handgelenkerdungsbands				$R_g < 5 \cdot 10^6\ \Omega$
	Bodenbelag	IEC 61340-4-1[d,e]	$R_{gp} < 1 \cdot 10^9\ \Omega$	IEC 61340-4-1	$R_g < 1 \cdot 10^9\ \Omega$

Tabelle 10.3 EPA-Anforderungen (DIN EN 61340-5-1 (**VDE 0300-5-1**):2017-07, Tabelle 2 [7])

EPA-Anforde-rungen	ESD-Kontroll-element	Produktqualifizierung[a]		Verifizierung der Einhaltung[b]	
		Prüfverfahren	Grenzwerte[c]	Basierend auf Prüfver-fahren	Grenzwerte[c]
	Ionisation	IEC 61340-4-7	Abbau (1 000 V auf 100 V und –1 000 V auf –100 V) < 20 s Offsetspannung < ± 35 V	IEC 61340-4-7	Abbau (1 000 V auf 100 V und –1 000 V auf –100 V) < 20 s oder vom Nutzer festgelegt Offsetspan-nung < ± 35 V
	Sitzgelegenhei-ten	IEC 61340-2-3 (Messung des Widerstands zum erdungsfähigen Punkt)	$R_{gp} < 1 \cdot 10^9\ \Omega$	IEC 61340-2-3 (Messung des Widerstands gegen Erde)	$R_g < 1 \cdot 10^9\ \Omega$
	EPA-Bekleidung	IEC 61340-4-9 oder vom Nutzer festgelegtes Ver-fahren	$R_{p\text{-}p} < 1 \cdot 10^{11}\ \Omega$ oder vom Nutzer festgelegter Grenzwert	IEC 61340-4-9 oder vom Nutzer festge-legtes Verfah-ren	$R_{p\text{-}p} < 1 \cdot 10^{11}\ \Omega$ oder vom Nut-zer festgelegter Grenzwert
	Erdungsfähige EPA-Beklei-dung	IEC 61340-4-9	$R_{gp} < 1 \cdot 10^9\ \Omega$	IEC 61340-4-9	$R_{gp} < 1 \cdot 10^9\ \Omega$

[a] Für die Produktqualifizierung sollten die Umgebungsbedingungen für die Prüfung bei (12 ± 3) % relative Luftfeuchte und (23 ± 2) °C liegen. Wenn nicht in den verwiesenen IEC-Normen festgelegt, sollte die Mindestdauer zur Konditionierung auf Umgebungsbedingungen für die Produktqualifizierung 48 h betragen.

[b] Die Prüfverfahren in der Spalte für die Verifizierung der Einhaltung beziehen sich nur auf das grundlegende Prüfverfahren. Es wird nicht erwartet, dass die Prüfverfahren vollständig befolgt werden.

[c] In dieser Tabelle verwendete Symbole: $R_{p\text{-}p}$ bezieht sich auf den Punkt-zu-Punkt-Widerstand, R_g bezieht sich auf den Widerstand zu Masse und R_{gp} bezieht auf den Widerstand zum erdungsfähigen Punkt.

[d] Die maximal zulässige Prüfspannung für die Messung von ESD-Bodenbelägen, die für ein mit dieser Norm übereinstimmendes ESD-Programm verwendet werden sollte, beträgt 100 V.

[e] Wenn ein Bodenbelag verwendet wird, um das Personal zu erden, das ESDS handhabt, wird auf die Systemanforderungen nach Tabelle 2 der DIN EN 61340-5-1 (**VDE 0300-5-1**):2017-07 verwiesen.

[f] In Situationen, bei denen eine Schädigung durch das Charged Device Model (CDM) in Betracht gezogen werden muss, wird ein unterer Grenzwert des Punkt-zu-Punkt-Widerstands von $1 \cdot 10^4\ \Omega$ empfohlen.

[g] Arbeitsflächen sind festgelegt als jede Oberfläche, auf der ein ESD-empfindliches Element abgelegt wird.

Tabelle 10.3 (Fortsetzung) EPA-Anforderungen (DIN EN 61340-5-1 (**VDE 0300-5-1**):2017-07, Tabelle 2 [7])

Ladungen aufbauen. Falls solche Ladungen durch Materialien, Transportmittel usw. auf die Arbeitsoberfläche gebracht werden, müssen sie gefahrlos abfließen können. Als Ableitwiderstand wird nur ein maximaler Wert von $< 1 \cdot 10^9\ \Omega$ gefordert. Der untere Grenzwert wird nur dann erforderlich, wenn eine schlagartige Entladung (oder eine Entladung nach CDM) zu erwarten wäre. Die Arbeitsoberfläche muss zusätzlich mit dem Erdungssystem verbunden werden. Metalloberflächen sind ungeeignet. Sie gewährleisten keinen ausreichenden Schutz der ESDS, weil vorhandene elektrostatische Ladungen schlagartig abfließen. Dieses schlagartige Entladen führt zu sehr hohen elektrostatischen Feldern. Diese beeinflussen wiederum die ESDS. Ein eingebauter Schutzwiderstand zwischen Metallplatte und Erdungsanschlusspunkt verhindert dieses schnelle Entladen nicht, da die Metallplatte einen großen Kondensator darstellt, der eine umfangreiche Ladungsmenge sehr schnell aufnehmen kann.

Fußboden

Alle Fußbodenoberflächen müssen einen Ableitwiderstand nach Tabelle 3 (vgl. Tabelle 10.3) aufweisen. Der Ableitwiderstand darf den Wert von $1 \cdot 10^9\ \Omega$ nicht überschreiten. Der Fußboden muss an den Erdungsanschlusspunkt bzw. an den Potentialausgleich angeschlossen werden.

Ein unterer Grenzwert wird nicht mehr angegeben. Der erste Grund ist, dass keine ESDS auf dieser „Fläche" bearbeitet werden. Zum anderen, wenn ESDS über einen ESD-gerechten Fußboden transportiert werden, dann in ESD-Behältern oder von Personen, die die ESD-Anforderungen erfüllen. Für die Ableitung von Personen werden grundsätzlich Handgelenk-Erdungsarmbänder benutzt, nur wenn diese nicht einsetzbar sind, können Personen über ESD-Schuhe und ESD-Fußboden entladen werden. Dann gelten aber folgende Grenzwerte für das System: Person – Schuhe – Fußboden: $3{,}5 \cdot 10^7\ \Omega$. Diese Einschränkung ist notwendig, weil Personen ansonsten sich auf bis zu 1 000 V aufladen könnten. Diese Einschränkung des Widerstands garantiert maximale elektrostatische Aufladung von Personen unterhalb von 100 V (vgl. Abschnitt 10.2.4.4). Zukünftig wird für den Systemwiderstand der Grenzwert auf $1 \cdot 10^9\ \Omega$ angehoben, dafür muss aber regelmäßig die Personenaufladung (Walking Test) überprüft werden.

Für den unteren Grenzwert für Fußböden gelten aber nationale Sicherheitsanforderungen, vgl. DIN VDE 0100, wenn diese gefordert werden.

Sitzgelegenheiten

Stühle oder besser Sitzgelegenheiten sind definiert über den Ableitwiderstand. Der „Widerstand aller Bereiche der Sitzgelegenheit, die bei normaler Benutzung mit dem menschlichen Körper in Kontakt kommen können, muss zu einem Fußbodenkontaktpunkt" einen Ableitwiderstand gemäß Tabelle 3 (vgl. Tabelle 10.3) aufweisen. Grundsätzlich müssen Stühle und sonstige Sitzgelegenheiten elektrostatische Ladungen ableiten. Elektrostatische Ladungen entstehen durch den Kontakt der Bekleidung des Personals mit dem Bezugsstoff. Diese Ladungen werden über das Stuhlmaterial zum Fußboden abgeleitet. Elektrostatische Ladungen von der Person können nicht direkt abgeleitet werden, da die Bekleidung in der Regel isoliert. Der Stuhl ist kein Ersatz für ein Handgelenk-Erdungsarmband. Für den Bezugsstoff wird ein Oberflächenwiderstand zwischen $1 \cdot 10^4\ \Omega$ und $1 \cdot 10^9\ \Omega$ gefordert. Zwischen den einzelnen Stuhlteilen muss eine elektrische Verbindung bestehen. Der Ableitwiderstand zum Fußboden (leitfähige Rollen – Metallplatte) muss kleiner als $1 \cdot 10^9\ \Omega$ sein. Die Rückseite der Rückenlehne sowie alle anderen Teile dürfen sich nicht elektrostatisch aufladen. Es sind also elektrostatisch ableitfähige Materialien einzusetzen.

Kleidung

Grundsätzlich muss die verwendete Bekleidung die gesamte nicht-ESD-gerechte Bekleidung abdecken, mindestens im Bereiche der Arme und des Oberkörpers. Der Oberflächenwiderstand muss kleiner als $1 \cdot 10^{11}\ \Omega$ sein. Ein Ableitwiderstand kann nicht angegeben werden, weil die ESD-Kleidung normalerweise keinen ESD-Erdungspunkt aufweist. Die Kleidung muss direkten oder indirekten Kontakt mit der Haut des Mitarbeiters haben. Zwischen den einzelnen Teilen der Bekleidung muss eine elektrische Verbindung bestehen. Der untere Grenzwert darf nicht kleiner als $7{,}5 \cdot 10^5\ \Omega$ sein, sonst würden Probleme beim Personenschutz entstehen.

In der Vergangenheit hatte sich Baumwolle als Bekleidung bewährt. Inzwischen gibt es Erkenntnisse, dass sich dieses Material elektrostatisch aufladen kann. Bei Aufladungen, die in der Größenordnung zwischen 300 V und 800 V liegen, gab es früher keine Probleme mit ESDS. Inzwischen sind ESDS jedoch derart empfindlich, dass elektrostatische Aufladungen in dieser Größenordnung ESDS schädigen können.

ESD-Bekleidung ist selbstverständlich mit den entsprechenden Aufklebern, Logos usw. gegenüber anderer Bekleidung zu kennzeichnen.

Handschuhe und Fingerlinge

Inzwischen werden immer mehr Fingerlinge und Handschuhe benutzt. Auch diese müssen die Anforderungen für den Einsatz in einer EPA erfüllen. Das Material selbst muss die Widerstandsanforderungen erfüllen. Widerstandsgrenzwerte sind nicht festgelegt, ein neues Prüfverfahren wurde unter Abschnitt 9.4.5.3 beschrieben. Sinnvoll ist die Überprüfung des Systemwiderstands; die Handschuhe und Fingerlinge werden mit den Handgelenk-Erdungsarmbändern und Schuhen überprüft.

Zur Verbesserung der Kontaktierung von Personen können Handcremes verwendet werden. Es gibt immer Personen mit sehr trockener Haut. Daraus entstehen Probleme mit der Kontaktierung von Handgelenk-Erdungsarmbändern. Ob die leitfähige Handcreme dann die richtige Lösung ist, bleibt fragwürdig. Werden Handcremes generell zum Arbeitsschutz eingesetzt, dann sind ESD-gerechte Cremes zu wählen.

Handgelenkerdung, Handgelenk-Erdungsarmband, Erdungskabel

Die beste Möglichkeit, elektrostatische Aufladungen von Personen gefahrlos abzuleiten, ist die Handgelenkerdung. Es gibt kein anderes System, das so sicher ist. ESD-gerechte Schuhe z. B. verursachen immer wieder Probleme.

Die Handgelenkerdung besteht aus einem Handgelenk-Erdungsarmband, das das Handgelenk fest umschließt, und einem Verbindungskabel, das das Handgelenk-Erdungsarmband mit dem Erdungskontaktpunkt verbindet.

1. Handgelenk-Erdungsarmband

Das Material, aus dem das Handgelenk-Erdungsarmband hergestellt wird, muss auf der Innenseite gut leitfähig sein. Der Oberflächenwiderstand darf nicht größer als $1 \cdot 10^7\ \Omega$ sein. Das Handgelenk-Erdungsarmband muss das Handgelenk eng umschließen und mit einer Leitung, das die Verbindung zum EBP herstellt, versehen sein. Der Widerstand zwischen Innenseite und dem Erdungspunkt muss dem angegebenen Wert in Tabelle 10.3 entsprechen. Üblicherweise werden Handgelenk-Erdungsarmbänder mit einer leitfähigen Carbonfaser hergestellt, es gibt auch Ausführungen mit Silberdrähten u. Ä. Die Innenseite des Bands muss sich mit dem Verbindungskabel direkt kontaktieren lassen. Für die äußere Seite und die seitlichen Kanten ist Isolieren vorgeschrieben, weiterhin müssen alle blanken Teile einschließlich Verbindung zum Kabel isoliert ausgeführt sein. Die Isolierung soll die Personensicherheit gewährleisten.

Ein Problem sind Allergien bzw. entsprechende Erscheinungen beim Tragen der Armbänder. Hervorgerufen werden diese meist durch Nickelbestandteile in den Armbändern und hier besonders bei Metallgliederbändern. Bei vielen Armbändern wird darauf geachtet, dass kein Nickel eingesetzt wird. Metallgliederbänder sind in der Regel nicht ganz frei von Nickel. Inzwischen gibt es weit mehr Allergiearten, sodass diese sogar von Kunststoff und Kunststoffverbindungen hervorgerufen werden. In speziellen Problemfällen kann man nur die Verträglichkeit der Materialien mit der Haut der Einzelperson testen.

2. Verbindungskabel, Erdungskabel

Folgende Anforderungen bestehen für das Verbindungs- bzw. Erdungskabel: Es muss aus einem isolierten Draht hergestellt sein. Im Kabel muss mindestens ein isolierter Strombegrenzungswiderstand eingebaut sein. Üblich sind Werte von $1 \cdot 10^6\ \Omega$ (mindestens $9 \cdot 10^5\ \Omega$, höchstens $5 \cdot 10^6\ \Omega$) an dem für das Handgelenk bestimmten Ende. Der Gesamtwiderstand des Kabels zwischen den Enden darf nicht größer sein als $5 \cdot 10^6\ \Omega$ (Belastbarkeit: 0,25 W pro $1 \cdot 10^6\ \Omega$). Die Kabel sind einem Spannungstest zu unterziehen. Das Kabel muss diesen ohne Schäden überstehen.

Generell dürfen keine Kabel eingesetzt werden, die nur mittels ihrer Länge den minimal notwendigen Widerstand erzeugen.

3. Gesamtwiderstand zwischen Handgelenk-Erdungsarmband und Erdungsanschluss

Der Widerstand zwischen der Handfläche und dem Erdungsanschluss darf aus Personenschutzgründen einen Mindestwiderstand von $9 \cdot 10^5\ \Omega$ nicht unterschreiten und einen Maximalwert von $3{,}5 \cdot 10^7\ \Omega$ nicht überschreiten. Verbindungsleitungen, die an Arbeitsplätzen eingesetzt werden, an denen das Potential größer als 250 V Wechsel- oder 500 V Gleichspannung ist, müssen entsprechend diesen Anforderungen ausgeführt und geprüft sein.

Es hat sich gezeigt, dass in normalen Standard-Spiralkabeln in jedem Anschluss ein strombegrenzender Widerstand von $1 \cdot 10^6\ \Omega$ integriert ist. Das vereinfacht auch die folgende Regelung:

Sind die Anschlüsse am Handgelenk-Erdungsarmband und am Erdungsanschluss gleich, dann ist das Ende des Kabels mit dem Schutzwiderstand zu kennzeichnen und stets mit dem Handgelenk-Erdungsarmband zu verbinden.

Sollen Spiralkabel an Arbeitsplätzen eingesetzt werden, an denen mit Wechselspannung zwischen 250 V und 1000 V gearbeitet wird, sind nach der Richtlinie der Berufsgenossenschaft Kabel mit Widerständen von mindestens $3 \cdot 10^6\ \Omega$ einzusetzen.

Schuhwerk, Fußerdungsbänder, Schuhspitzen- und Absatzableiter

Das ESD-gerechte Schuhwerk, die Fußerdungsbänder usw. müssen stets einen guten Kontakt der Person zum leitfähigen Fußboden garantieren. Das Schuhwerk ersetzt nicht die Handgelenkerdung. In sitzender Tätigkeit ist die Handgelenkerdung die einzige und beste Möglichkeit, elektrostatische Ladungen abzubauen. Müssen die Personen sehr viel laufen, ist Ableiten über die Schuhe und den ESD-gerechten Fußboden sinnvoll.

Der Widerstand zwischen Handfläche und Fußboden (in der Prüfeinrichtung durch eine Metallplatte realisiert, auf der beide Füße stehen) muss kleiner $1 \cdot 10^8\ \Omega$ sein.

Ionisierung

Ionisatoren müssen Ladungen beider Polaritäten erzeugen. Ionisierung ist eine zusätzliche Methode, elektrostatische Ladungsansammlungen zu neutralisieren. Sie muss angewandt werden, wenn Materialien, Ausrüstungen, Geräte usw. nicht mehr geerdet werden können. Das bezieht sich vor allem auf Gehäusematerialien. Für Geräte, die zur Ionisation eingesetzt werden, gelten folgende Anforderungen:

Die Ionisierungsgeräte müssen einen konstanten und gleich bleibenden Strom von negativen und positiven Ionen erzeugen. Sinnvoll ist der Einsatz von Ionisatoren mit automatischen Feedbacksteuerungen, die Polarität und die Intensität der Ionisation überwachen. Die Stärke der erzeugten Ionen wird durch die Überwachung der zu entladenden Teile oder des zu überwachenden Arbeitsplatzes gesteuert.

Entscheidend ist, dass die Funktion des Ionisators ständig überwacht werden muss. Werden z. B. zu viele Ladungen einer Polarität erzeugt, kann es anstelle der gewünschten Entladung leicht zum Aufladen der Oberfläche kommen.

Ionisation ersetzt auf keinem Fall die Handgelenkerdung, leitfähige Arbeitsplatzauflagen oder ableitfähige Fußböden.

In den folgenden Punkten wird auf die Sicherheit und die Ozonfreiheit der verwendeten Geräte hingewiesen. Früher wurden oft radioaktive Ionisatoren eingesetzt, diese erfordern besondere Voraussetzungen.

Die Ionisierungsgeräte müssen innerhalb einer EPA garantieren, dass elektrostatische Aufladungen jeder Polarität auf der Arbeitsoberfläche in weniger als 20 s auf einen Wert unterhalb von 100 V abgebaut werden.

Die Ionisierungsgeräte müssen die Raumladungskonzentration von positiven und negativen Ladungen ausgeglichen aufrechterhalten. Gleichzeitig muss nach einer Einlaufphase des Geräts (20 s) das Oberflächenpotential ständig unter 100 V (besser 35 V oder 10 V) gehalten werden. Zusäzlich dürfen die Geräte natürlich keine elektrostatischen Felder innerhalb einer EPA erzeugen.

Zusammenfassend kann festgestellt werden, Ionisation ist eine Methode zur Neutralisierung von Ladungen überall dort, wo eine Erdung nicht durchgeführt werden kann. „In vielen modernen Montage-, Prüf- und Reparaturbereichen ist die Automatisierung nun ein Hauptfaktor geworden, und die Erdung einiger Geräte oder Geräteteile ist nicht durchführbar. In diesen Bereichen ist der Einsatz von geeigneten Ionisationsgeräten besonders zu empfehlen.“

Relative Luftfeuchtigkeit

Die relative Luftfeuchtigkeit spielt bei elektrostatischen Auf- und Entladevorgängen eine entscheidende Rolle. Erhöhen der relativen Luftfeuchtigkeit ist keine Maßnahme, um elektrostatische Ladungen zu minimieren. Eine zu hohe Luftfeuchtigkeit erhöht das Risiko von anderen Fehlern (z. B. Korrosion).
Die relative Luftfeuchtigkeit ist ständig über 20 % zu halten. Wird eine Luftfeuchtigkeit unter 20 % erreicht oder sollen ESD-Kontrollmaßnahmen in Bereichen realisiert werden, in denen die relative Luftfeuchtigkeit ständig unter 20 % liegt, dann müssen auch die Materialeigenschaften bei diesem Wert gewährleistet werden.

Aufbau einer ESD-Schutzzone

Die bisher genannten Anforderungen an die einzelnen Materialien und Ausrüstungen gelten für jedes einzelne Objekt (vgl. Bild 10.4). Welche ESD-Kontrollmaßnahmen sind in einer EPA notwendig, und vor allem, wie sollen diese realisiert werden?

1. ESD-Erdungseinrichtung

Jede EPA muss eine deutlich markierte ESD-Erdungseinrichtung aufweisen (**Bild 10.5**). Die ESD-Erdungseinrichtung muss so ausgeführt werden, dass keine „plötzlichen“ Potentialdifferenzen innerhalb der EPA auftreten.

Als ESD-Erdungseinrichtung kann die Haupterde verwendet werden. An sie ist die Einrichtung direkt anzuschließen. Danach kann die ESD-Erdungseinrichtung verzweigt werden, sodass sie an allen Punkten innerhalb einer EPA gut zugänglich ist. Das EBP-Verbindungssystem darf nicht kompatibel zu einem anderen Verbindungssystem (Netzgeräte) sein. Die elektrisch leitenden Teile müssen gut isoliert sein. Die Ausführung der EPA-Erdungseinrichtung muss gemäß Bild 10.1 oder

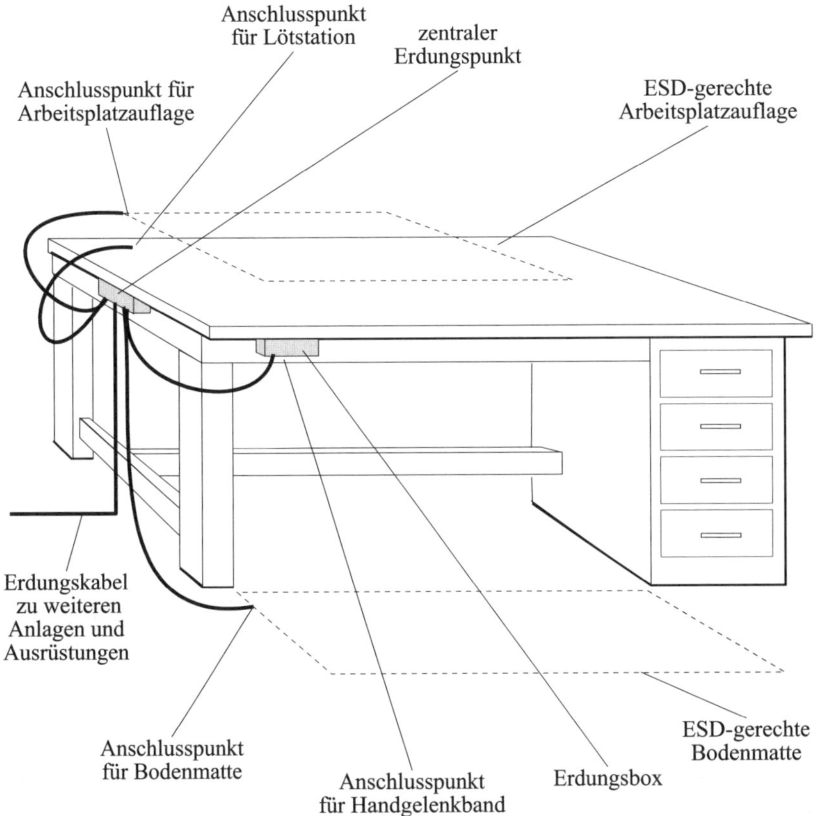

Bild 10.5 Erdungssystem mit Anschlusspunkten für die einzelnen Ausrüstungen am Arbeitsplatz [75]

Bild 10.2 erfolgen. Alle Kontaktpunkte der ESD-Erdungseinrichtung müssen mit den entsprechenden Schildern deutlich gekennzeichnet werden.

2. Personenschutz in einer EPA

Die EPA und alle verwendeten Materialien und Ausrüstungen müssen so ausgelegt werden, dass im Fehlerfall Personen nicht gefährdet werden. Die Anforderungen von DIN VDE 0100 sind unbedingt zu erfüllen. Die eingebauten Widerstände oder die Widerstände der Arbeitsplatzoberflächen und Fußböden müssen so ausgelegt werden, dass es im Fall einer Parallelschaltung zu keinen gefährlichen Strömen für die Person kommt.

3. Ableitwiderstände zur Strombegrenzung, Ableitwiderstände

Beim Realisieren der Ableitwiderstände muss darauf geachtet werden, dass die Anforderungen für den Personenschutz ständig eingehalten werden. Wie bereits angemerkt wurde, darf es durch parallele Stromkreise nicht zum Unterschreiten des Mindestwerts kommen.

Die für die einzelnen Materialien und Ausrüstungen vorgegebenen Widerstandswerte müssen durch das Material selbst erreicht werden. Ein zusätzlicher Serienwiderstand ist aus physikalischer Sicht nicht sinnvoll. Würde man z. B. als Arbeitsplatzauflage eine Metallplatte mit einem zusätzlichen Serienwiderstand von $1 \cdot 10^6\ \Omega$ einsetzen, würde die ESD-Anforderung formell erfüllt. Die ESDS kann man aber damit nicht schützen. Ist das Bauelement elektrostatisch geladen, kommt es beim Berühren der Metallplatte zum sofortigen und vor allem schlagartigen Abfluss aller Ladungen an die Metallplatte, weil diese eine sehr viel größere Kapazität gegenüber dem Bauelement darstellt und die gesamte Ladung übernehmen kann. Das Bauelement wäre mindestens vorgeschädigt. Der Aspekt des Personenschutzes käme noch hinzu, denn die Metallplatte müsste aus sicherheitstechnischen Gründen mit dem Schutzleiter direkt verbunden werden. Der Serienwiderstand wäre damit überbrückt und unwirksam.

4. Stühle

Die in einer EPA vorhandenen Stühle müssen die Anforderungen nach Tabelle 10.3 erfüllen. Die Stühle dienen aber nicht als „primäres Mittel zur Erdung des Personals“, d. h., elektrostatische Ladungen können von der Person nicht über den Stuhl zum ESD-gerechten Fußboden abfließen.

5. Bekleidung

Die in einer EPA verwendete Bekleidung muss Tabelle 10.3 entsprechen. Für das gesamte Personal, auch für Besucher, muss ausreichend ESD-gerechte Bekleidung zur Verfügung stehen.

6. Schuhe

Werden Schuhe, Schuh-Erdungsbänder usw. als primäres Mittel zum Vermeiden elektrostatischer Aufladungen und zum Ableiten vorhandener Aufladungen von der Person benutzt, muss der Fußboden die Anforderungen nach Tabelle 10.2 der Norm erfüllen.

7. Erdung der Arbeitsoberfläche

Jede Arbeitsoberfläche muss einzeln an einen Erdungspunkt angeschlossen werden. Eine Serienschaltung mehrerer Arbeitsoberflächen ist nicht zulässig.

8. Erdungsanschlüsse

Folgende Punkte müssen bei der Ausführung der Erdungsanschlüsse oder des EPA-Erdungsanschlusspunkts (EBP) beachtet werden:

- An jedem Arbeitsplatz muss ein gut zugänglicher Erdungsanschluss für ein Handgelenk-Erdungsarmband vorhanden sein. Dieser Anschluss muss so angebracht werden, dass die eigentliche Arbeit nicht behindert werden kann. Wird der Ableitwiderstand von $3{,}5 \cdot 10^7\ \Omega$ nicht überschritten, kann über die Arbeitsplatzoberfläche geerdet werden. Der Erdungsanschluss kann mit dem Erdungspunkt der Arbeitsplatzoberfläche verbunden werden (vgl. Bild 10.5).
- Für mögliche Besucher am Arbeitsplatz sind geeignete Anschlüsse vorzusehen. Es sind mindestens zwei Anschlüsse für Handgelenk-Erdungsbänder vorzusehen.
- Der Erdungsanschluss für das Handgelenk-Erdungsarmband muss einen „ständigen elektrischen Strompfad zur ESD-Erdungseinrichtung“ garantieren.
- Das Steckverbindungssystem zwischen dem Handgelenk-Erdungskabel und dem nachfolgenden Strompfad zur ESD-Erdungseinrichtung muss so gestaltet sein, dass die Steckerteile der Handgelenk-Erdungskabelverbindung und die Erdungskontaktverbindung … vollständig mechanisch passend sind. Speziell bedeutet dies, dass Krokodilklemmen und Ähnliches für den Anschluss des Handgelenk-Erdungsarmbands an die Erdungseinrichtung ungeeignet sind. Eine ähnlich schlechte Kontaktierungsmöglichkeit bieten Magnetkontakte. Diese gewährleisten eventuell einen gewissen mechanischen Kontakt, aber nicht unbedingt eine elektrische Verbindung. Magnete halten auch auf lackierten Metallflächen!
- Das Erdungsanschlusssystem darf auf keinen Fall mit einem Stecker der Stromversorgung/Netzspannung/Laborstromversorgung oder einem anderen Steckverbindungssystem in der EPA kompatibel sein, die einen Kontakt mit der Netzspannung ermöglichen.
- Alle elektrisch leitenden Teile des Verbindungssystems müssen außen isolierend ausgeführt sein. Ein eventueller Kontakt mit Strom führenden Leitungen und eventuell defekten Geräten muss so ausgeschlossen werden.
- Um die Möglichkeit einer unbeabsichtigen Kontaktunterbrechung zu vermeiden, muss das Verbindungssystem eine ausreichende mechanische Zugkraft aufweisen. Es werden Druckknopfsysteme oder ähnliche Stecksysteme empfohlen.
- Die Erdungsanschlüsse sind mit den entsprechenden Schildern gut sichtbar zu kennzeichnen.

9. EPA-Erdungskabel

„EPA-Erdungskabel müssen für elektrische Verbindungen zwischen Erdungspunkten und der EPA-Erdungseinrichtung verwendet werden“. Im Zusammenhang mit ESD-Kontrollmaßnahmen ist der Begriff des „Potentialausgleichs“ oder vereinfacht der „Erdung“ zu verwenden. Folgende Anforderungen sind für EPA-Erdungskabel oder Erdungsanschlussleitungen zu erfüllen:

- Zwischen der ESD-Erdungseinrichtung, dem Erdungspunkt und dem Potentialausgleich ist eine elektrische Verbindung notwendig.

- Die Verbindung zwischen der Arbeitsoberfläche, dem Fußboden und der ESD-Erdungseinrichtung muss ständig vorhanden sein. Die Verbindung kann Widerstände enthalten, sie kann „dauerhaft“ oder „abtrennbar“ sein, d. h., sie kann fest angeschlossen sein, was beim Fußboden sinnvoll ist, oder sie kann steckbar sein.
- Wie schon bei den Erdungsanschlüssen festgestellt wurde, müssen auch alle leitenden Teile des Verbindungssystems isolierend ausgeführt sein, um eine mögliche Kontaktierung mit fehlerhaften Geräten zu vermeiden.
- Ebenfalls gilt bei den Erdungsleitungen auch die Forderung, dass die Verbindungen eine ausreichende Zugkraft aufweisen müssen, um unbeabsichtigte Unterbrechungen zu vermeiden.

10. EPA-Erdungsanschlusspunkte (EBP)

Erdungsanschlüsse bzw. Erdungspunkte müssen folgende Anforderungen erfüllen:

- An allen Arbeitsplatzoberflächen, Arbeitsplätzen, Fußbodenbelägen für nicht dauerhaften Einsatz sind Erdungspunkte vorzusehen.
- Der Erdungspunkt ist wiederum deutlich sichtbar zu kennzeichnen.
- Besonders wird darauf hingewiesen, dass bei mehrschichtigen Belägen, Tisch- und Fußbodenbelägen immer die hochleitfähige Schicht kontaktiert wird. Homogene und dauerhafte oder fest verlegte Fußbodenbeläge sind fest mit dem Potentialausgleich zu verbinden.
- Die hochleitfähigen Schichten bei mehrschichtigen Belägen und Materialien müssen so eingesetzt werden, dass ein direkter Kontakt mit Strom führenden Leitungen, defekten Geräten oder direkten Schutzleiteranschlüssen vermieden wird. Beim Kontakt mit diesen Einrichtungen könnte es sonst zur Überbrückung von Widerständen kommen, und die ESD-Kontrollmaßnahmen wären wirkungslos.

11. Nicht stationäre Arbeitsplätze

Werden vorübergehende Arbeitsplätze (**Bild 10.6**) eingerichtet, sind folgende Punkte besonders zu beachten:

Die oben beschriebenen Anforderungen für Erdungspunkt, Erdungskabel und Kontaktpunkt sind unbedingt einzuhalten. Der Fußbodenbelag oder die Fußbodenmatte muss mit der Arbeitsplatzoberfläche oder der Arbeitsplatzauflage verbunden sein. Zusätzlich muss gewährleistet sein, dass keine blanken oder hochleitfähigen Teile der Arbeitsplatzoberfläche oder des Fußbodenbelags direkten Kontakt zu anderen Erdungssystemen haben, d. h., dass keine Schutzwiderstände überbrückt werden. Für die Ableitwiderstände gelten die Anforderungen für Arbeitsplatzoberflächen.

12. Elektrostatische Felder

Elektrostatische Felder beeinflussen elektronische Bauelemente und Baugruppen bzw. ESDS. Elektrostatisch empfindliche Bauelemente und Baugruppen (ESDS)

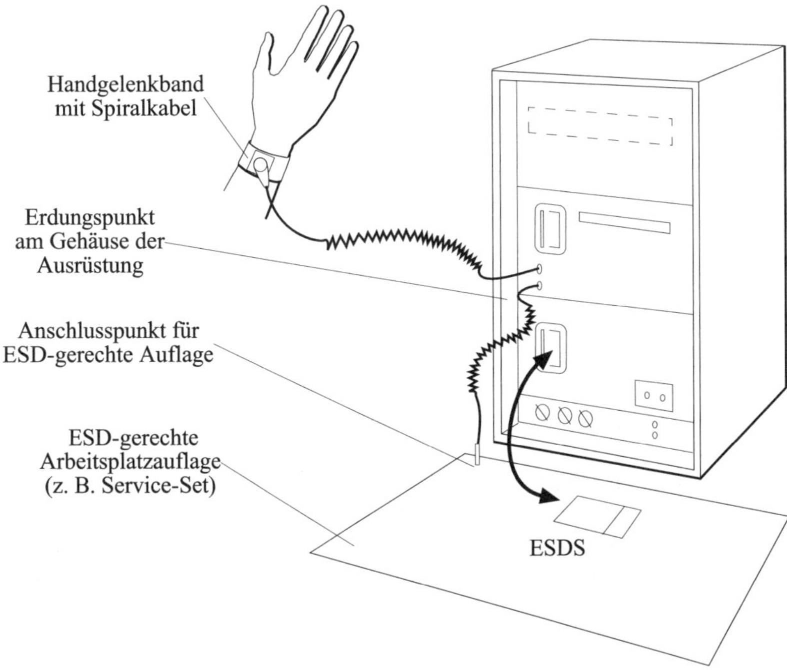

Bild 10.6 Bestandteile eines transportablen Arbeitsplatzes – Handlungen [7]
Herstellen des ESD-gerechten Arbeitsplatzes:

- Auslegen der ESD-gerechten Arbeitsplatzauflage,
- Herstellen der Verbindung Auflage – Erdungspunkt,
- Anlegen des Handgelenk-Erdungsarmbands,
- Herstellen der Verbindung Handgelenk – Gehäuse,
- Entnahme der defekten oder zu prüfenden Baugruppe und Ablage auf der ESD-gerechten Arbeitsplatzauflage

dürfen keinen elektrostatischen Feldern größer 5 kV/m (entspricht 50 V/cm) ausgesetzt werden. Elektronische Bauelemente werden immer empfindlicher. Aus diesem Grund ist zu überlegen, ob der Grenzwert für die elektrostatische Feldstärke nicht zu groß ist. Andererseits gibt es so viele Quellen für elektrostatische Aufladungen, dass sehr oft größere elektrostatische Feldstärken vorhanden sind.

Da es oft sehr schwierig ist, die elektrostatische Feldstärke zu bewerten, kann es sinnvoll sein, die elektrostatische Aufladung oder Spannung zu bewerten. Der Grenzwert liegt bei maximal 100 V.

Ist es unbedingt notwendig, Geräte in einer EPA zuzulassen, deren elektrisches Feld oder elektrisches Potential höher als 5 kV/cm ist, dann sind unbedingt Maßnahmen gegen diese elektrostatischen Felder oder Aufladungen zu unternehmen. Im Zweifel ist der Bereich auszunehmen und als Nicht-ESD-Bereich zu kennzeichnen. ESDS dürfen in diesen Bereich nicht gehandhabt werden.

Die neue Norm definiert folgende Anforderungen an elektrostatische Felder in einer EPA:

Alle nicht notwendigen Isoliermaterialien (Kunststoffe und Papier) wie Kaffeetassen, Behälter für Lebensmittel und Esswaren sowie persönliche Gegenstände müssen vom Arbeitsplatz oder anderen Arbeitsgängen, an denen ESDS gehandhabt werden, entfernt werden.

Die von prozessrelevanten Isolatoren ausgehende Bedrohung muss analysiert werden, um sicherzustellen, dass:

- das elektrostatische Feld am Ort, an dem die ESDS gehandhabt werden, 5 000 V/m nicht übersteigt
- wenn das elektrostatische Potential an der Oberfläche des prozessrelevanten Isolators 2 000 V übersteigt, muss der Gegenstand mindestens 30 cm vom ESDS entfernt sein
- wenn das an der Oberfläche des prozessrelevanten Isolators gemessene elektrostatische Potential 125 V übersteigt, der Gegenstand mindestens 2,5 cm vom ESDS entfernt sein muss

Wenn das gemessene elektrostatische Feld oder die Oberflächenspannung die genannten Grenzwerte übersteigt, müssen Ionisatoren oder andere ladungsreduzierende Techniken angewandt werden.

13. Zertifizierung

Ist die EPA ESD-gerecht ausgerüstet, muss der ESD-Koordinator die EPA kontrollieren und ein Zertifikat ausstellen. Zertifzieren kann z. B. der eigene ESD-Koordinator. Zur Sicherheit können auch unabhängige Institutionen mit der Überprüfung beauftragt werden.

- interne Auditierung
- externe Auditierung
- Lieferantenauditierung
- Kundenauditierung

Transportable Arbeitsplätze – Arbeiten im Feld

Bei einigen Arbeiten ist keine stationäre EPA verfügbar, z. B. im Service, bei der Installation von Anlagen, beim Austausch von defekten Baugruppen und vereinzelt in Lager- und Versandbereichen. In diesen Fällen ist es notwendig, bei der Handhabung ungeschützter ESDS besondere ESD-Kontrollmaßnahmen zu treffen. In der Norm spricht man von „Arbeiten im Feld“. Besonders hervorgehoben werden Tätigkeiten bei der „Auftragszusammenstellung von Bauelementen und Baugruppen“. Diese werden im Wareneingang und im Versand ausgeführt. In diesen Bereichen sind ESDS ungeschützt, wenn sie zwecks Überprüfen von Identität und Anzahl aus den Verpackungen herausgenommen werden. Zusätzlich werden in diesen Bereichen Materialien (Verpackungsmaterialien) und Ausrüstungen gehandhabt, die sehr hohe elektrostatische Aufladungen erzeugen können. Sehr wichtig sind hier „persönliche Verantwortlichkeit“ und Schulung des Personals. Das Personal muss die notwendigen ESD-Kontrollmaßnahmen hundertprozentig ausführen. Als Anforderungen gelten bei allen Arbeiten im Feld die gleichen wie in einer stationären EPA. Im Einzelnen sind das folgende Maßnahmen und Anforderungen:

- Für den nicht-stationären Arbeitsplatz müssen ESD-gerechte Arbeitsplatzoberflächen und Bodenbeläge vorhanden sein. Beide müssen einen Anschluss für den Potentialausgleich aufweisen. Zusätzlich muss sich das Personal an der Arbeitsplatzoberfläche kontaktieren können. Das gesamte System, bestehend aus Arbeitsplatzauflage, Bodenmatte und Handgelenkerdung, muss mit einem geeigneten und vorhandenen Erdungsanschluss verbunden werden. Es kann auch am Gerät angeschlossen werden, z. B. beim Service an einer Anlage. Auch die Anlage muss am vorhandenen Erdungsanschluss kontaktiert werden.
- Daraus leitet sich eine spezielle Forderung ab: An jedem beweglichen Gerät, an dem Serviceleistungen erforderlich sein können, muss ein Anschluss für den Potantialausgleich vorhanden sein.
- Der Servicetechniker muss die Arbeiten so ausführen, dass eine sichtbare Abtrennung zu den übrigen Geräten entsteht. Als Mindestmaß wird in der Norm ein Abstand von 1 m angegeben. Die ungeschützten ESDS dürfen zu keinem Zeitpunkt einer Gefährdung ausgesetzt werden. Sinnvollerweise sollten bei einem längeren Zeitraum Schilder nach Bild 10.7 aufgestellt werden.
- Das Personal muss in diesem vorübergehend benutzten Arbeitsbereich mindestens einen ESD-gerechten Arbeitskittel tragen.
- Handelt es sich bei dem vorübergehend eingerichteten Arbeitsplatz um einen großen Bereich, in dem das Personal ständig hin- und herlaufen muss, dann müssen die Anforderungen für einen ESD-gerechten Fußboden erfüllt werden.
- Wie **Bild 10.7** zeigt, müssen die ESDS, wenn sie von einer Anlage zu einem ESD-gerechten Arbeitsplatz transportiert werden und der Fußboden die ESD-Anforderungen nicht erfüllt, in einer ESD-abschirmenden Verpackung transportiert werden. Am ESD-gerechten Arbeitsplatz muss dann das Personal zuerst den Potentialausgleich über das Handgelenk-Erdungsarmband herstellen. Erst dann kann das ESDS aus der Verpackung herausgenommen werden.
- Wichtigste Forderung ist, dass das Personal ständig über das Handgelenk-Erdungsarmband mit dem Potentialausgleich verbunden ist, wenn ESDS gehandhabt werden. Werden ESDS ausgetauscht, müssen die neuen ESDS so lange in der Verpackung bleiben, bis sie benötigt werden.

Zu Bild 10.7, spezielle Handlungen:

- Anlegen des Handgelenk-Erdungsarmbands und Herstellen der Verbindung zur Ausrüstung mit dem Spiralkabel
- Entnahme der defekten Baugruppe (ESDS)

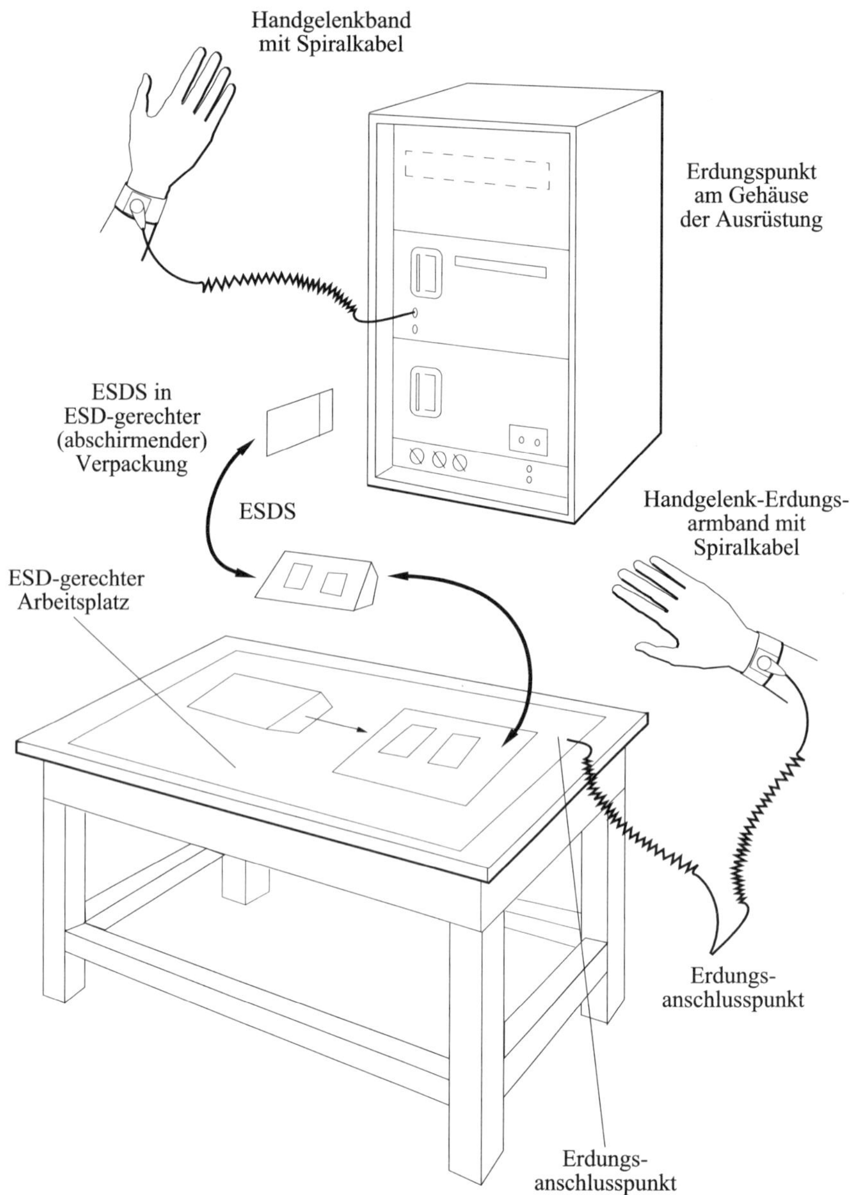

Bild 10.7 Spezielle Handlungen an einem nicht stationären Arbeitsplatz

- Verpacken in eine ESD-gerechte (abschirmende) Verpackung
- Transport zum ESD-gerechten Arbeitsplatz
- Anlegen des Handgelenk-Erdungsarmbands und Herstellen der Verbindung mit ESD-Arbeitsplatz
- Reparatur der Baugruppe (ESDS)

danach umgekehrte Reihenfolge

Werkzeuge, Maschinen, Materialverteiler und Prüfgeräte

1. Werkzeuge

„Werkzeuge für den Gebrauch innerhalb der EPA müssen, soweit es zweckmäßig ist, derart konstruiert sein, dass sie elektrostatische Ladung weder generieren noch halten."

Grundsätzlich muss festgestellt werden, dass Werkzeuge zum einen in der Lage sind, elektrostatische Aufladungen hervorzurufen. Zum anderen können vor allem Metallwerkzeuge zu schlagartigen Entladungen an ESDS führen. Die damit verbundenen hohen elektrostatischen Felder beeinflussen u. U. ESDS. Daraus ergibt sich, dass alle in einer EPA verwendeten Werkzeuge und Hilfsmittel so ausgeführt sein müssen, dass keine elektrostatischen Aufladungen erzeugt werden. Von der Norm wird gefordert, dass von den Handgriffen keine elektrostatischen Ladungen erzeugt werden können. Dafür sind ableitfähige Griffe einzusetzen oder die Griffe mit einem Antistatikmittel zu behandeln. Beim Einsatz von ableitfähigen Griffen gibt es das Problem, dass die Sicherheitsanforderungen für den Personenschutz unbedingt eingehalten werden müssen. Praktische Untersuchungen haben gezeigt, dass elektrostatische Aufladungen bei kleinen Werkzeugen mit (nicht leitfähigen) Standardgriffen sehr gering sind. Außerdem umschließt der Bediener den Griff in der Regel komplett, sodass eventuell vorhandene elektrostatische Aufladungen sofort über die Person abgeleitet werden, vorausgesetzt, die Person ist über ein Handgelenk-Erdungsarmband mit Potentialausgleich verbunden. Früher wurden kleine Werkzeuge in Metallausführung zugelassen. Diese müssen jedoch generell abgelehnt werden, denn ESDS können sich selbst elektrostatisch aufladen. Die Metallwerkzeuge würden dann zu einer schlagartigen Entladung führen. ESDS wären mit Sicherheit vorgeschädigt.

2. Maschinen

„Alle Werkzeuge und Maschinen, z. B. elektrische, mechanische oder pneumatische, müssen so konstruiert sein, dass jedes nicht-isolierte Teil des Werkzeugs oder der Maschine, das in Berührung mit einem ESDS kommen kann, auf EPA-Erdpotential liegt." Das heißt, größere Werkzeuge, Hilfsmittel, Vorrichtungen, elektrische und pneumatische Maschinen und Arbeitsmittel usw. sind mit dem Potentialausgleich zu verbinden.

Dies genügt nicht mehr. Obwohl die Maschinen und Anlagen ESD-gerecht geerdet sind, nach Norm, treten trotzdem elektrostatische Aufladungen und Entladungen in diesen auf. Diese elektrostatischen Entladevorgänge werden durch die ESDS und die vorhandenen Leiterplatten hervorgerufen. Beide werden durch verschiedene Systeme zugeführt und können aber durch die Anlage selbst nicht entladen werden, da sie nicht aus leitfähigem Material bestehen, sondern selbst Isolator sind. Beide, ESDS und Leiterplatte, besitzen unterschiedliches Potential, das bei der Berührung (Montage von ESDS auf der Leiterplatte) ausgeglichen wird. Es genügt nicht, ableitfähige Träger für ESDS und Leiterplatte einzusetzen, denn diese entladen diese Bauteile nicht. Im Moment ist die einzige Möglichkeit, diese Potentialdifferenzen abzubauen, die gezielte Ionisation. Aus diesem Grund müssen entsprechende Ionisationssysteme in die Maschinen und Anlagen eingebaut werden.

3. Lötkolben, Lötanlagen

Alle Lötkolben, die innerhalb einer EPA verwendet werden, müssen mit einer geerdeten Spitze ausgerüstet sein (vgl. Abschnitt 7.3.2 und Bild 7.10).

Lötkolben und Lötstationen müssen getrennt betrachtet werden, weil diese Arbeitsmittel ständig mit den ESDS in Berührung kommen können. Alle in einer EPA eingesetzten Lötkolben müssen geerdete Spitzen aufweisen. Da hier das gleiche Phänomen auftritt wie bei einer großen Metallplatte für einen Arbeitstisch, muss darauf geachtet werden, dass die ESDS immer elektrostatisch entladen sind, d. h., wäre ein elektronisches Bauelement elektrostatisch aufgeladen, würde die komplette Ladung zur Lötspitze schlagartig abgeführt, weil die Kapazität der Lötspitze viel größer ist als die des ESDS. Das wäre auch der Fall, wenn im Entladungsweg von Lötspitze zum EPA-Erdungspunkt ein Widerstand von $1 \cdot 10^6\ \Omega$ eingebaut wäre. Dieser verhindert die schlagartige Entladung des ESDS nicht. Die Erdung der Lötkolbenspitze ist regelmäßig zu überprüfen.

Möbel, Regale und andere Einrichtungen

1. Möbel, Regale usw.

Alle Einrichtungen, die in einer EPA verwendet werden, müssen die ESD-Anforderungen erfüllen, d. h., alle Oberflächen müssen ESD-gerecht sein und die Werte für Arbeitsoberflächen erreichen (vgl. Kapitel 7). Außerdem müssen alle Einrichtungen nach den vorher genannten Richtlinien an den Potentialausgleich angeschlossen werden oder mit dem Erdungsanschluss verbunden sein.

2. Wagen, Transport- und Rollwagen usw.

Für Wagen gelten besondere Anforderungen, weil sie in der Regel nicht nur in der EPA verwendet, sondern auch zum Transport von ESDS außerhalb einer EPA eingesetzt werden.

Alle Wagen oder transportable Arbeitsoberflächen für den Transport von ESDS müssen dieselben Anforderungen erfüllen wie die Anforderungen für Arbeitsplatzoberflächen, denn hier können ungeschützte ESDS gehandhabt werden.

Alle Ablageflächen müssen aus einem Material hergestellt werden, damit ein Ableitwiderstand von der Oberfläche bis zum Erdungskontaktpunkt zwischen $7{,}5 \cdot 10^5\ \Omega$ und $1 \cdot 10^9\ \Omega$ gewährleistet wird. Der Rahmen selbst muss ebenfalls ableitfähig ausgeführt sein. Mindestens zwei Kontaktpunkte (zwei leitfähige Rollen) müssen vorhanden sein, um die Wagen mit dem ESD-gerechten Fußboden zu kontaktieren. An den Wagen dürfen keine Teile vorhanden sein, die sich elektrostatisch aufladen können. Werden die Wagen auf nicht-ESD-gerechten Fußböden eingesetzt, müssen zusätzlich Erdungspunkte am Wagengestell vorhanden sein. Der Wagen muss, wenn er mit ESDS beladen ist, zuerst mit einem Verbindungskabel an den Erdungskontaktpunkt des ESD-Arbeitsplatzes angeschlossen werden. Erst nach dem Potentialausgleich können die ESDS vom Wagen genommen bzw. kann beladen werden. Wird der Wagen als mobiler Arbeitsplatz eingesetzt, muss ebenfalls zuerst die Verbindung zwischen dem Erdungspunkt des Wagens und einem Erdungskontaktpunkt hergestellt werden. Die Person schließt ihr Handgelenk-Erdungsarmband sinnvollerweise an den Wagen an. Ein geeigneter Anschluss ist vorzusehen.

Prüf- und Fertigungsgeräte

Alle Prüf- und Fertigungsgeräte, die in einer EPA eingesetzt werden, müssen so ausgeführt sein, dass keine elektrostatischen Aufladungen entstehen und dass bei ihrem Betrieb keine elektrostatischen Felder auftreten, die ESDS beeinflussen können.

EPA-Arbeitspraktiken

In diesem Abschnitt werden Handlungen und Vorgänge beschrieben, die in einer EPA unbedingt notwendig oder die nicht zulässig sind. In der neuen Norm werden keine Handhabungstechniken empfohlen. Einige stehen nicht im Zusammenhang mit den Anforderungen an eine EPA:

- Grundprinzip oder „Hauptmaßnahme zur Personenerdung ist immer das an den EBP angeschlossene Handgelenk-Erdungsarmband“. Nur wenn dieses System nicht anwendbar ist, z. B. bei Steharbeitsplätzen, dann müssen Personen über den ableitfähigen Fußboden und das ableitfähige Schuhwerk geerdet werden.
- Es ist selbstverständlich, dass in einer Elektronik-Fertigung nicht geraucht, gegessen und getrunken wird. Prinzipiell erzeugen diese Vorgänge allerdings keine gefährlichen elektrostatischen Aufladungen – im Gegensatz zum „Kleidungsstücke wechseln“!
- Das verwendete Schreibpapier darf nicht in normalen Folieheftern, Dokumentenhüllen usw. aufbewahrt werden. Diese Materialien sind zu vermeiden. Sind Hefter und Ordner unumgänglich, dann sind die Anforderungen zu erfüllen, die in einer EPA gelten. Gewöhnliches Papier erzeugt elektrostatische Aufladungen. Ablagebehälter, Karteikästen usw. sind zu vermeiden oder müssen aus ESD-gerechtem Material bestehen.
- Ein weiteres Problem sind Reinigungsmittel für Arbeitsplatzoberflächen und Fußböden. Die meisten üblichen Reinigungsmittel enthalten Wachsanteile. Diese versiegeln die Oberfläche. Danach sind die damit gereinigten Oberflächen isolierend und somit sehr hoch elektrostatisch aufladbar. Derzeit gibt es sehr

wenige geeignete Reinigungsmittel. Außerdem sind die vorhandenen Prüfmethoden nicht unbedingt für Reinigungsmittel ausgelegt. Der Ableitwiderstand kann nur zusammen mit dem Belag sinnvoll geprüft werden.

- Ungeschützte ESDS dürfen nur gehandhabt werden, wenn ein Handgelenk-Erdungsarmband angelegt und über eine Verbindungsleitung an den Erdungsanschluss angeschlossen ist. Das Handgelenk-Erdungsarmband muss dabei direkten Kontakt mit der Haut des Trägers haben. Werden Schuhe getragen, müssen die Anforderungen für ESD-gerechtes Schuhwerk erfüllt werden. Der Fußboden muss selbstverständlich elektrostatisch ableitfähig sein.
- Wenn spezielle ESD-Kleidung benutzt wird, dann ist diese grundsätzlich geschlossen zu tragen. Alle nicht-ESD-gerechten Kleidungsstücke müssen abgedeckt werden.
- Werden fehlerhafte ESDS gefunden, müssen sie wie ESDS behandelt werden, um zu gewährleisten, dass keine zusätzliche Schädigung durch elektrostatische Entladungen oder Felder eintreten kann – nur so ist eine sichere Fehleranalyse möglich.

10.2.4.6 Kennzeichnung von ESDS-, ESD-gerechten Materialien und Ausrüstungen sowie ESD-Arbeitsplätzen und -Bereichen

Die Norm DIN EN 61340-5-1 (**VDE 0300-5-1**) beschreibt dies im Abschnitt 5.3.6 so: „ESDS-, System- oder die Verpackungskennzeichnung müssen in Übereinstimmung mit den Kundenverträgen, der Bestellung, den Zeichnungen oder anderen Dokumentationen sein.“ Ist dies nicht der Fall, dann müssen entsprechende Regelungen im ESD-Kontrollprogrammplan festgelegt werden. Neben den Festlegungen ist auch die Notwendigkeit zu begründen. Dieser Absatz lässt auf der einen Seite alles offen, auf der anderen Seite ist es unbedingt notwendig, ESDS zu kennzeichnen und damit die ESD-gerechte Handhabung festzulegen. Nicht jede Firma, in der neuen Norm als „Organisation“ bezeichnet, ist in der Lage, die Empfindlichkeit der ESDS selbst herauszufinden. Die Firma muss sich auf die Angaben der Hersteller und Lieferanten verlassen können. Demnach kann es keine Einschränkung bei der Kennzeichnungspflicht von ESDS geben.

Grundprinzip beim Kennzeichnen ist, dass „alle Verpackungen, die ESDS enthalten, … , mit den geeigneten und vorgeschriebenen Warnhinweisen etikettiert oder gekennzeichnet“ sein müssen. **Bild 10.8** und **Bild 10.9** zeigen das Grundsymbol und ein Beispiel für ein Etikett. Falls möglich, sollten „alle ESDS gekennzeichnet“ werden. „Die Kennzeichnung muss für die erwartete Lebensdauer der ESDS gewährleistet sein.“ In der folgenden Anmerkung wird darauf hingewiesen, dass bestückte Bauelemente nicht einzeln gekennzeichnet werden müssen, es genügt, wenn Leiterplatten (PCB), Behälter, Gehäuse, Träger, Verpackungen usw. gekennzeichnet sind. Die Etiketten sollten wenigstens das ESD-Symbol enthalten. Etiketten für Verpackungen sind so zu gestalten, dass neben dem ESD-Symbol Warnhinweise gegeben werden. Zusätz-

Bild 10.8 Grundsymbol für ESDS-Kennzeichnung (IEC 60417, Symbol 5134)

liche Informationen sind möglich, sollten aber vom eigentlichen Zweck nicht ablenken. Die Verpackungskennzeichnung muss folgende Angaben zusätzlich enthalten:

- Name des Herstellers oder Firmenzeichen
- Identifizierungsnummer des Herstellungsloses, Herstellungsdatum o. Ä.

damit Rückverfolgungen möglich sind.

Bei der Kennzeichnung von ESD-Verpackungen muss darauf geachtet werden, dass selbstklebende Etiketten, Aufkleber und Kennzeichnungen nur dann verwendet werden, wenn keine ESDS in der Nähe sind und gefährdet werden können. Werden selbstklebende Etiketten von ihren Trägermaterialien abgezogen, entstehen elektrostatische Aufladungen, die sehr groß sein können, > 10 kV. Eine Alternative sind Papierträgermaterialien, diese laden sich nicht so hoch auf. sogenannte „ESD-gerechte" Etiketten sind im Regelfall Papieretiketten. Kleine Etiketten (etwa 5 mm × 5 mm) können durchaus verwendet werden – zur Kennzeichnung von Leiterplatten oder anderen Baugruppen. Die Erfahrungen zeigen, dass diese sich nicht wesentlich elektrostatisch aufladen.

Beim Entfernen der Etiketten von Verpackungen muss darauf geachtet werden, dass entweder keine ESDS in der Nähe sind oder die Etiketten durchtrennt werden

Bild 10.9 Etikett (Beispiel)

Bild 10.10 ESD-Symbol für Verpackungen (*)
S elektrostatisch abschirmend
D elektrostatisch ableitfähig
L low charging
C elektrostatisch leitfähig

anstelle von Abziehen. Durch das Abziehen können gefährliche elektrostatische Aufladungen entstehen.

Befinden sich auf einer Baugruppe oder in einem Gehäuse mehrere ESDS, muss so gekennzeichnet werden, dass der Warnhinweis deutlich sichtbar ist, vor allem auch beim „Erstzugriff". Die auffälligste Kennzeichnung muss die äußere Verpackung tragen, die ein ESDS enthält bzw. seine direkt anliegende Verpackung. Man kann nicht von irgendeiner Wahrscheinlichkeit ausgehen, wann welches ESDS berührt wird, sondern die äußeren Verpackungen und die Gehäuse müssen deutlich gekennzeichnet werden, dass sie ESDS enthalten. Ein wesentlicher Hinweis ist, dass auf allen Lagerbehältern, Ablagekästen, Bauelementebehältern und anderen besonderen Verpackungsmaterialien (z. B. IC-Schienen, Reels) Warnhinweise und Kennzeichnungen anzubringen sind (**Bild 10.10** und **Bild 10.11**).

Bevor die eigentliche ESD-Schutzzone (EPA) beschrieben wird, zunächst der Hinweis auf die deutlich sichtbare Kennzeichnung für das Personal. Die EPA muss

Bild 10.11 ESD-Symbol für ESD-gerechte Ausrüstungen

ACHTUNG

ESD GESCHÜTZTER BEREICH

VORSICHTSMASSNAHMEN
BEI DER HANDHABUNG
ELEKTROSTATISCH
GEFÄHRDETER
BAUELEMENTE
BEACHTEN

Bild 10.12 Bereichsschild

abgegrenzt und mit Hinweisschildern gekennzeichnet werden. Die Schilder müssen von allen Seiten sichtbar sein. Ein Beispielschild zeigt **Bild 10.12**. Alle angegebenen Bestandteile müssen im Schild enthalten sein, dessen Mindestgröße 300 mm × 150 mm beträgt.

Erdungsanschlüsse, Erdungspunkte und ESD-Erdungseinrichtungen müssen deutlich gekennzeichnet werden. **Bild 10.13**. Die Schilder können ergänzt oder vereinfacht werden, es muss jedoch gewährleistet werden, dass die zusätzlichen Angaben nicht vom allgemeinen Warnhinweis ablenken.

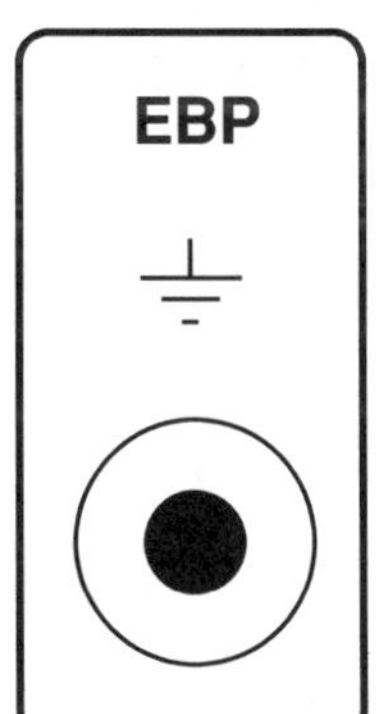

Bild 10.13 Beispiele für das Kennzeichnen eines EBP

Wie bereits im vorigen Abschnitt erwähnt, sind auch die entsprechenden Unterlagen zu kennzeichnen. Besonders ist darauf zu achten, dass bereits bei den Bestellunterlagen darauf hingewiesen wird, dass der Lieferant eine entsprechende Kennzeichnung anbringt.

10.3 Anforderungen an ESD-gerechte Transportmittel und Verpackungen

Dem Verpackungsmaterial wird besondere Aufmerksamkeit geschenkt. Es muss ESDS ausreichend gegen elektrostatische Felder schützen und darf selbst keine Ladungen erzeugen.

Je nach Einzelfall dürfen nur bestimmte ESD-Verpackungsmaterialien eingesetzt werden.

- Werden ESDS außerhalb einer EPA transportiert, dürfen nur abschirmende Verpackungsmaterialien eingesetzt werden.
- In einer EPA dürfen elektrostatisch leitfähige, elektrostatisch ableitfähige und abschirmende Verpackungsmaterialien eingesetzt werden.

In einer EPA muss immer gewährleistet werden, dass sich die Verpackungsmaterialien nicht elektrostatisch aufladen. Außerhalb einer EPA muss das Verpackungsmaterial gewährleisten, dass keine elektrostatischen Ladungen oder Felder die ESDS beschädigen. Da es sich hier um einen sogenannten unkontrollierten Bereich handelt, darf nur abschirmendes Verpackungsmaterial eingesetzt werden.

Verpackungsmaterial, das in direktem Kontakt zu ESDS steht, muss elektrostatisch ableitfähig sein. Es darf außerdem keine elektrostatischen Ladungen erzeugen. In unkontrollierten Bereichen muss die Verpackung zusätzlich gegen äußere elektrostatische Felder abschirmen.

Die lose umhüllende Verpackung muss in der Lage sein, vorhandene elektrostatische Ladungen abzuleiten. Verpackungsmaterialien können aus einem Verbund oder aus Einzelteilen bestehen.

Elemente, die zu verpacken sind	**Innerhalb einer EPA**		**Außerhalb einer EPA**	
	direkt anliegend	umhüllend	direkt anliegend	umhüllend
ESDS	elektrostatisch leitfähig oder ableitfähig[1]	elektrostatisch leitfähig oder ableitfähig	wie für innerhalb einer EPA[2] **und „elektrostatisch abschirmend“**	„elektrostatisch abschirmend“

Anmerkung 1: Für batteriebetriebene ESDS dürfen nur elektrostatisch ableitfähige Materialien benutzt werden. Der Gebrauch von elektrostatisch leitfähigem Material entlädt möglicherweise Batterien.

Anmerkung 2: Außerhalb einer EPA müssen beide Anforderungen erfüllt werden: elektrostatisch ableitfähig oder elektrostatisch leitfähig und elektrostatisch abschirmend

Tabelle 10.4 Verpackungscharakteristik

Ein wesentlicher Hinweis ist folgender: „Die elektrischen Eigenschaften" in **Tabelle 10.4** für Verpackungen „müssen während Gebrauch, Lagerung, Transport, Verteilung oder Anwendung bis zum Zeitpunkt der Wiederverwendung aufrechterhalten werden" (Abschnitt 6 [7]), d. h., behandeltes Material, eingesprüht oder in Antistatikmittel getaucht, ist nicht zulässig. Materialien, deren Eigenschaften von der Luftfeuchtigkeit abhängen, dürfen als Verpackungsmaterial nicht eingesetzt werden. Die Norm lässt ihre Verwendung zwar zu, wenn die geforderten Eigenschaften über die Gebrauchsdauer gewährleistet wird. Die Kontrolle dieser Eigenschaften ist jedoch in den meisten Fällen nicht möglich, sodass es bei einem Verbot dieser Materialien bleiben muss.

Prinzipiell muss für die Verwendung in einer EPA gelten: Alle Materialien, die elektrostatische Aufladungen erzeugen können, z. B. normale Plastfolien, Schaumstoffe (u. a. Styropor), synthetische Fasern, Klebstreifen usw., dürfen nicht verwendet werden. Genauso dürfen Materialien aus Metall, Metallfolien sowie Materialien, deren Oberflächenwiderstand kleiner als $1 \cdot 10^3\ \Omega$ ist, nicht benutzt werden. Kommen diese Materialien mit den ESDS in Berührung, kann es zu einer schlagartigen Entladung kommen, bzw. die Entladung verläuft direkt durch das ESDS. Werden diese niederohmigen Materialien eingesetzt, muss gewährleistet werden, dass die ESDS entladen sind. Das kann z.B. durch einen Ionisator erfolgen.

Technische Anforderungen	**ESD-Eigenschaft**	**Prüfverfahren (siehe Anmerkung 2)**	**Geforderter Grenzwert**
Verpackung	elektrostatisch ableitfähig	DIN EN 61340-2-3 (**VDE 0300-2-3**)	$1 \cdot 10^4\ \Omega \leq R_s < 1 \cdot 10^{11}\ \Omega$ (siehe Anmerkung 1)
	elektrostatisch leitfähig	DIN EN 61340-2-3 (**VDE 0300-2-3**)	$1 \cdot 10^2\ \Omega \leq R_s < 1 \cdot 10^4\ \Omega$
	abschirmend (Beutel)	DIN EN 61340-4-8 (**VDE 0300-4-8**)	< 50 nJ

Anmerkung 1: Auf die Norm DIN EN 61340-2-3 (**VDE 0300-2-3**) ist Bezug zu nehmen, und das Messverfahren für den Oberflächenwiderstand ist anzuwenden.

Anmerkung 2: Für die Produktqualifikation von Verpackungsmaterialien muss die Umgehungsbedingung für die Messung bei 12 % relative Feuchte und 23 °C liegen.

Anmerkung 3: „Low charging"-Material ist nicht mehr definiert und nicht mehr erlaubt.

Anmerkung 4: Die ESD-Schutzverpackung und die Kennzeichnung müssen in Übereinstimmung mit den Kundenverträgen, Einkaufsbestellungen, Zeichnungen oder anderen Dokumentationen erfolgen. Wenn in diesen Dokumenten keine Definitionen erfolgt sind, dann muss die Firma die Anforderungen für die ESD-Verpackungen in dem ESD-Kontrollprogrammplan festlegen. Wenn notwendig, muss die Verpackung für alle Materialbewegungen und Transporte innerhalb einer EPA, zwischen EPAs, zwischen Arbeitsstätten, zu Serviceaktivitäten außerhalb der Firma und zum Kunden definiert werden.

Tabelle 10.5 Eigenschaften von Verpackungsmaterialien

Eine Forderung, die in den meisten Fällen in einer EPA sehr schwer umsetzbar ist, die aber die meisten Probleme mit elektrostatischen Aufladungen hervorruft, ist die Verpackung aller nicht gefährdeten ESDS und Materialien in ESD-gerechtem Verpackungsmaterial. Es ist sehr schwierig, die Forderung umzusetzen, dass z. B. alle Schrauben in einer ESD-gerechten Verpackung in die EPA transportiert und dort gelagert werden. Würden diese Materialien in nicht ESD-gerechter Verpackung in eine EPA transportiert, wer sollte dann kontrollieren, dass Nicht-ESDS in dieser nicht-ESD-gerechten Verpackung transportiert werden? Also muss die generelle Anforderung gelten: Nicht-ESD-gerechtes Verpackungsmaterial ist von diesen Materialien zu entfernen und gegen ESD-gerechtes auszutauschen, wenn sie in die EPA gebracht werden.

In der Norm [7] und DIN EN 61340-5-3 (**VDE 0300-5-3**) [90] werden direkt anliegende und lose umhüllende Verpackungsmaterialien genannt. Die Definition des direkt anliegenden Verpackungsmaterials unterscheidet zwischen spannungslosen und unter Spannung stehenden ESDS. Mit ESD-Anforderungen hat dies nichts zu tun. Stehen ESDS unter Spannung, d. h., befinden sich Batterien auf einer Leiterplatte oder sind Kondensatoren noch geladen, kann es selbstverständlich zur Entladung kommen, wenn das direkt anliegende Verpackungsmaterial zu stark leitfähig ist. Aus diesem Grund muss es einen bestimmten Mindestwiderstand haben, muss aber auch noch ausreichend schnell elektrostatische Ladungen ableiten können.

Lose umhüllende Verpackung darf sich, wenn sie in einer EPA verwendet wird, nicht elektrostatisch aufladen. Wird sie für den Transport von ESDS außerhalb einer EPA benutzt, muss sie zusätzlich elektrostatische Felder abschirmen, d. h., das Material muss elektrostatisch abschirmend sein.

Das äußere Verpackungsmaterial muss also, wenn es in einer EPA transportiert wird, elektrostatisch abschirmend sein, ansonsten bestehen jedoch keine Anforderungen, vorausgesetzt, die ESDS sind beim Transport in der äußeren Verpackung durch ESD-abschirmendes Material umschlossen. Die äußere Verpackung kann auch als Abschirmung gegen elektrostatische Felder wirken. Dafür ist allerdings geeignetes Material einzusetzen.

Das Verpackungsmaterial muss entsprechend der Funktion gekennzeichnet und etikettiert werden. Etikett oder Aufdruck müssen folgende Bestandteile enthalten:

- Funktion (elektrostatisch abschirmend, elektrostatisch leitfähig, elektrostatisch ableitend)
- Herstellername, Kennzeichen oder Logo
- Herstellungsdatum, Herstellungskennzeichen

Können nicht alle Informationen aufdruckt werden, sind entsprechende Zertifikate dem Material beizulegen. Zusätzlich zur ESD-Anforderung muss der Lieferant garantieren, dass die Verpackung das ESDS nicht beschädigt. Neben allen ESD-Kontrollmaßnahmen darf aber die eigentliche Funktion des ESDS nicht übersehen werden.

10.4 ESD-Kontrollmaßnahmen bei Einkauf, Wareneingang, Lagerung

Es gilt der bekannte Grundsatz: ESD-Kontrollmaßnahmen sind vom Wareneingang bis zum Versand umzusetzen, d. h., ESDS dürfen zu keinem Zeitpunkt gefährdet sein. Die Lagerung gehört ebenso dazu. ESDS werden meist in Bereichen gelagert, die nicht hundertprozentig ESD-gerecht eingerichtet sind.

Bereits vom Einkauf muss gefordert werden, dass ESDS entsprechend den Anforderungen angeliefert werden. In den Beschaffungsunterlagen muss verankert werden, dass ESDS zu kennzeichnen sind, Informationen zur Handhabung gegeben und die richtigen Verpackungsmaterialien eingesetzt werden. Die Personen des Einkaufs müssen in regelmäßige Schulungen einbezogen werden.

Der Wareneingang ist der erste Bereich, in dem ESDS gefährdet werden können. Darum muss er die ESD-Anforderungen erfüllen. Einschränkungen sind zulässig, wenn ESDS nicht ausgepackt werden. Dies lässt sich aber nicht umfassend erfüllen, weil zum einen Einzel-ESDS angeliefert werden und zum anderen z. B. eine Identifikation des Typs notwendig ist.

In diesen Fällen sind ESD-Arbeitsplätze einzurichten. Nur an diesen Arbeitsplätzen dürfen ESDS aus ihrer Verpackung ausgepackt und geprüft werden.

Werden ESDS nicht ESD-gerecht verpackt angeliefert, sollte die Annahme verweigert bzw. die Feststellung dem Lieferanten/Hersteller mitgeteilt werden. Alle ESDS sind weiterhin den Anforderungen der Norm entsprechend zu behandeln, um Folgeschäden zu vermeiden.

Zuerst muss die gesamte äußere, nicht ESD-gerechte Verpackung entfernt werden. Dabei ist zu vermeiden, dass diese Verpackung mit den ESDS in Berührung kommt. Die „innere“ ESD-gerechte Verpackung darf nicht entfernt werden. Die äußere Verpackung darf nicht mit in die EPA genommen werden. Die innere Verpackung ist darauf zu überprüfen, ob die ESD-Anforderungen erfüllt werden. Bevor die ESDS weiter ausgepackt werden, müssen sie in eine EPA gebracht werden. Beim weiteren Auspacken in der EPA ist darauf zu achten, dass keine Klebestreifen abgerissen werden. Aufschneiden ist wesentlich weniger gefährlich. Werden ESD-Warn-Etiketten beschädigt, müssen sie für den Weitertransport ersetzt werden. Das Personal muss mit den Handhabungstechniken in Schulungen vertraut gemacht worden sein.

Als nächstes folgt in der Regel die Wareneingangskontrolle. Sie muss sich in einer EPA befinden. Erst hier darf die ESD-gerechte Originalverpackung geöffnet werden.

Werden ESDS nach der Wareneingangskontrolle zu Losen, Posten usw. zusammengestellt, muss darauf geachtet werden, dass die ESDS auch weiterhin geschützt sind.

Eine Besonderheit stellen IC-Versandstangen dar (vgl. Abschnitt 7.6.3). Die Gebrauchsdauer von sogenannten antistatischen Versandstangen ist begrenzt. Sie werden vom Hersteller mit Antistatikmittel beschichtet und sind für den einmaligen Gebrauch bestimmt. Eine reproduzierbare Methode zum Überprüfen der Wirksamkeit existiert zurzeit noch nicht. Vom Hersteller werden die Versandstangen nicht gekennzeichnet, sodass keine Gebrauchsdauer ermittelt werden kann. Zur ESD-gerechten Verpackung von integrierten Schaltkreisen dürfen in Elektronik-Fertigungen nur schwarze, elektrostatisch leitfähige Versandstangen eingesetzt werden.

Werden ESDS länger gelagert, dann sind nur Verpackungen zulässig, die elektrostatisch abschirmen. ESDS dürfen nur in elektrostatisch ableitenden oder abschirmenden Behältern gelagert werden. Denn nur diese gewährleisten den Schutz gegen äußere elektrostatische Felder. Es muss selbstverständlich sein, wenn einzelne ESDS auf eine Arbeitsplatzoberfläche gelegt werden, dass alle Anschlüsse mit der ableitfähigen Oberfläche kontaktiert sind. Haben Leiterplatten freie Anschlusskontakte, sind diese mit entsprechenden Kurzschlusssteckern zu verbinden, wenn sie außerhalb einer EPA transportiert oder gelagert werden.

Für den Transport zwischen den einzelnen ESD-geschützten Bereichen (EPAs) gilt der Grundsatz: Transport nur in elektrostatisch ableitfähigen Behältern und elektrostatisch abschirmenden Verpackungen. Die Transportbehälter und -verpackungen müssen mit den entsprechenden Etiketten gekennzeichnet sein. Erst in der EPA dürfen die ESDS aus den Behältern oder Verpackungen herausgenommen werden. Der Hinweis, dass das Verpackungsmaterial auch mechanischen Schutz bieten soll, ist richtig, hat aber mit den ESD-Anforderungen nichts zu tun.

Werden ESDS nicht benötigt, dann müssen sie wieder in ihre Originalverpackungen oder Transportverpackungen gelegt werden. Die Beutel und Behälter sind zu verschließen. Somit ist der korrekte und ständige ESD-Schutz gewährleistet.

10.5 Schulung des Personals

„Selbst die am besten eingerichtete und teuerste EPA, die Abschirmung oder die dokumentierten Prozessvorschriften haben keine Wirkung, wenn das Bedienungspersonal in ihrem korrekten Gebrauch nicht entsprechend geschult ist.“

Der Wissensstand der einzelnen zu schulenden Mitarbeiter ist unterschiedlich. Es muss deshalb getrennt werden zwischen Schulungen für den technischen Ingenieurbereich/Entwicklungsbereich, dem Fertigungsbereich und dem Management. Für den Ingenieurbereich müssen mehr theoretische Grundlagen und für den Managementbereich mehr Zuverlässigkeit, Kosten und Risikomanagement einbezogen werden. Im Fertigungsbereich ist es wichtig, Handhabungstechniken zu schulen.

Das Schulungsprogramm für das Fertigungs- bzw. Bedienungspersonal muss folgende Punkte umfassen: Entstehen und Auswirkung elektrostatischer Ladungen, Erkennen von ESDS, Handhaben von ESDS, Personenschutzmaßnahmen, Erdungsmaßnahmen, ESD-gerechter Arbeitsplatz bzw. EPA, ESD-gerechtes Verpacken und Transportieren. In diese Schulung muss das Überwachungs- und Führungspersonal für die Fertigung einbezogen werden. In der Fertigung vorkommende und bewährte Handhabungstechniken müssen in die Schulung einbezogen werden. Konkrete

Anwendungen sind ebenfalls zu berücksichtigen. Das Personal muss erkennen, warum ESD-Kontrollmaßnahmen notwendig sind und wie man die ESDS sinnvoll schützen kann.

Der Schulung des Service-Personals muss besondere Aufmerksamkeit geschenkt werden. Gerade beim Austausch einer Leiterplatte in einem Gerät vor Ort können durch Unachtsamkeit ESDS vorgeschädigt oder zerstört werden. Vorbereitung und Aufbau des transportablen Arbeitsplatzes vor Ort sind hier ganz wichtig.

Bereits bei der Einstellung neuer Mitarbeiter muss eine Erstschulung vorgesehen werden. Werden Geräte oder Komponenten weitergegeben, ist es sinnvoll, auch die Kunden speziell zu schulen.

Reinigungspersonal, Handwerker, Servicepersonal für Maschinen und Anlagen, also alle nicht ständig in diesem Bereich arbeitenden Mitarbeiter, sind ebenfalls zu schulen. Belehrungen müssen stets vor Betreten der EPA durchgeführt werden.

Gemäß den Festlegungen im ESD-Kontrollprogramm müssen alle Mitarbeiter eine Erstschulung erhalten. Der Zeitraum für die Wiederholungsschulung ist ebenfalls im ESD-Kontrollprogrammplan festgelegt. Er sollte den Zeitraum von 12 Monaten nicht überschreiten. Die Aufmerksamkeit gegenüber ESD-Kontrollmaßnahmen lässt mit der Zeit nach, außerdem sind die Veränderungen der Vorschriften zum ESD-Schutz zurzeit sehr vielfältig, sodass es immer wieder notwendig ist, den aktuellen Wissensstand zu vermitteln. Durchgeführte Schulungen sind zu dokumentieren, die Teilnehmer sind zu registrieren. Sinnvoll ist es, am Ende der Schulung einen Test zur Wissensüberprüfung durchzuführen. Die Schulungen müssen durch geeignete Unterlagen, Dokumentationen, Videos usw. unterstützt werden.

Die Schulungen und Unterweisungen müssen durch den ESD-Koordinator oder einer von ihm bevollmächtigten Person durchgeführt werden.

10.6 Qualitätsverantwortung

1. Betriebsleitung, Management

Grundsätzlich ist die Betriebsleitung für die Umsetzung der vorliegenden Normen [7, 8] und die notwendige Einführung der ESD-Kontrollmaßnahmen verantwortlich. Die Betriebsleitung setzt dafür einen ESD-Koordinator ein.

Das Management ist gleichfalls zuständig für die Durchführung der Schulungen, der Wiederholungsschulungen und der Pflege der entsprechenden Teilnehmerlisten. Das Management ist letztendlich für die Einführung, Überprüfung, Beaufsichtigung und Pflege der EPA zuständig.

Die neue Norm definiert anstelle von Management, Betriebsleitung „Organisation". Die Organisation ist eine Firma, eine Gruppe oder eine Körperschaft, die ESDS handhabt.

2. Verantwortung der Mitarbeiter

Der Mensch ist die größte Gefahr für ESDS, er erzeugt bei jeder Bewegung elektrostatische Aufladungen. Deshalb müssen die Mitarbeiter an allen Arbeitsplätzen besonders verantwortungsvoll mit den ESD-Kontrollmaßnahmen umgehen. Alle in der Norm vorgegebenen Hinweise und Richtlinien sind einzuhalten. Alle Mitarbeiter sind aus diesen Gründen verantwortlich dafür, Gefahren zu vermeiden.

Der ESD-Koordinator muss alle Mitarbeiter, die mit ESDS in Berührung kommen können, auf die Gefahren, die durch elektrostatische Entladungen für ESDS entstehen, hinweisen. Er muss die Mitarbeiter mit den ESD-gerechten Handhabungstechniken zur Vermeidung elektrostatischer Aufladungen vertraut machen.

Sind Besonderheiten oder Einschränkungen notwendig, dann sind die Mitarbeiter durch den ESD-Koordinator gesondert zu schulen. Einschränkungen sind durch den ESD-Koordinator zu begründen.

Alle Mitarbeiter, die mit ESDS in Berührung kommen können, müssen nach der Belehrung eine Unterlage über die ESD-gerechten Handhabungstechniken erhalten. Im einfachsten Fall kann eine Kopie der Richtlinie sinnvoll sein. Da in der Regel jede Firma spezielle Arbeitstechniken benutzt, sollten firmeninterne Vorschriften erarbeitet werden.

3. ESD-Koordinator

Der ESD-Koordinator wird durch die Betriebsleitung eingesetzt. Je nach Größe der Firma sind örtliche, abteilungsbezogene oder bereichsbezogene ESD-Koordinatoren einzusetzen. In vielen Fällen gibt es verschiedene Arbeitstechniken in verschiedenen Abteilungen und Bereichen. Örtliche ESD-Koordinatoren können dann besser auf spezifische Besonderheiten eingehen.

Der ESD-Koordinator ist zuständig für die Umsetzung der bisher genannten ESD-Kontrollmaßnahmen. Er muss die notwendigen ESD-Kontrollmaßnahmen in eine geeignete Arbeitsanweisung umsetzen. Er muss deren Umsetzung in den einzelnen Bereichen kontrollieren. Voraussetzung ist, dass der ESD-Koordinator das notwendige Verständnis und Fachwissen auf diesem Spezialgebiet besitzt. Er muss gegebenenfalls dafür ausgebildet werden. Letztendlich ist der ESD-Koordinator zuständig für die interne ESD-Auditierung.

Der ESD-Koordinator ist verantwortlich für die Auswahl geeigneter ESD-Materialien.

ESD-Materialien können durch „interne Qualifikation“ oder durch „Qualifikation von dritter Seite“ ausgewählt und qualifiziert werden. Weiterhin zulässig sind Qualitätsprüfung des Lieferanten und Bereitstellen einer Konformitätserklärung. Bei der Lieferung von ESD-Materialien kann der ESD-Koordinator auf den Lieferanten vertrauen, besser ist aber die Einholung eines Lieferzertifikats, Messprotokolls oder technischen Datenblatts. Die Überprüfung der ESD-Materialien muss mindestens folgenden Anforderungen genügen:

- Alle Materialien, die in einer EPA oder als Verpackungsmittel zum Schutz von ESDS verwendet werden, müssen den Anforderungen der vorliegenden Norm entsprechen.
- Alle Materialien, die angeliefert werden, müssen den Anforderungen dieser Norm entsprechen.
- Die Funktion der ESD-Materialien muss während der gesamten Gebrauchsdauer gewährleistet werden.

Alle Materialien, die in einer EPA eingesetzt werden, sind in Übersichten (Registern) zu führen. Darin sind ausgewählte Lieferquellen aufzuführen. Die Materialien sind zuvor nach den Verfahren der Norm zu überprüfen. Die Parameter sind ebenfalls in das Prüfprotokoll aufzunehmen. Alle Materialien müssen die ESD-Anforderungen erfüllen.

Werden neue ESD-Materialien beschafft, muss der ESD-Koordinator diese kontrollieren und gegebenenfalls die Eigenschaften messtechnisch überprüfen.

Bereits beim Beschaffen elektronischer Bauelemente (ESDS) durch die beauftragten Personen, z. B. die Mitarbeiter des Einkaufs, muss sichergestellt werden, dass die in der Norm aufgeführten Anforderungen in alle Lieferpapiere aufgenommen werden. Schon in den Unterlagen sind Hinweise für die ESD-gerechte Handhabung zu notieren.

Werden Subunternehmer beauftragt, müssen auch diese die Anforderungen der Norm erfüllen. Lieferanten müssen ihrer Verantwortung gegenüber ESDS gerecht werden.

Überprüfung der ESD-Kontrollmaßnahmen

Die Überprüfungsmethoden für die realisierten ESD-Kontrollmaßnahmen werden im ESD Kontrollprogramm Plan festgelegt. Dort werden durch den ESD Koordinator Zeitabschnitte für die Wiederholung der Prüfungen definiert. Die Abstände richten sich einmal nach der Konsequenz der durchgesetzten ESD-Kontrollmaßnahmen und zum anderen nach der Qualität der verwendeten Materialien und Ausrüstungen. Weiterhin verändern einige Materialien ihre Materialeigenschaften mit der Zeit. Besonders davon betroffen sind Verpackungsmaterialien.

Für die Überprüfungen ist der ESD-Koordinator zuständig. Er kann einen „geschulten und namentlich benannten Mitarbeiter" mit der Umsetzung der Maßnahmen beauftragen. Die Überprüfung der ESD-Kontrollmaßnahmen muss in geeigneten Protokollen dokumentiert werden. Jede Abweichung ist zu erfassen. Lässt sich der Mangel nicht sofort abstellen, muss der Überprüfende den Fehler unverzüglich beheben, in allen anderen Fällen hat der ESD-Koordinator Maßnahmen für das Abstellen des Mangels einzuleiten.

Die durchzuführenden Überprüfungen und Überprüfungsmethoden werden im ESD-Kontrollprogramm festgelegt. Die Überprüfungszyklen müssen ebenfalls definiert werden. Die **Tabelle 10.6** fasst übliche Zyklen zusammen.

Es wird unterschieden zwischen täglicher, monatlicher, halbjährlicher und jährlicher Überprüfung. Einige Hinweise zu den speziellen Überprüfungen:

Tägliche Überprüfungen

Täglich zu überprüfen sind

- Handgelenk-Erdungsarmbänder,
- Handgelenk-Verbindungskabel,
- Schuhwerk,
- Fußerdungsbänder.

Überprüft werden muss vor Arbeitsbeginn. Dabei muss das Handgelenk-Erdungsarmband ordnungsgemäß um das Handgelenk angelegt sein. Das ESD-gerechte Schuhwerk muss ebenfalls in ordnungsgemäßem Zustand sein. Werden Fußerdungsbänder bzw. Fußerdungsstreifen eingesetzt, sind auch diese sofort nach dem Anlegen, also vor Betreten der Fertigung, zu überprüfen.

Zusätzlich sind folgende Materialien und Ausrüstungen auf Vollständigkeit, ordnungsgemäße Funktion und richtigen Einsatz zu überprüfen:

- Kleidung, Arbeitskittel, Handschuhe, Fingerlinge müssen sich in vorschriftsmäßigem Zustand befinden.
- Arbeitsoberflächen müssen sauber und frei von nicht-ESD-gerechten Verpackungsmaterialien sein.

ESD-Ausrüstungen	Überprüfungs-intervalle	Anmerkungen	Verantwortlich
Personenausrüstungen Handgelenkband-systeme + Schuhe	täglich	vor Betreten der EPA	Mitarbeiter
Bekleidung	halbjährlich	oder nach jedem Waschvorgang, Stichprobenprüfung	ESD-Koordinator
Handschuhe, Fingerlinge	täglich	mit der Überprüfung des Handgelenkbandsystems	Mitarbeiter
Arbeitsplätze	jährlich	jeder Arbeitsplatz	ESD-Koordinator
Fußboden	jährlich	eventuell im Winter und im Sommer, um Abhängigkeiten von der Luftfeuchtigkeit festzustellen	ESD-Koordinator
Ionisatoren	monatlich, jährlich	monatliche Kontrolle, ob Geräte in Betrieb sind und ob die Pins sauber sind; jährlich: Kalibrierung, wenn vom Hersteller nicht anders vorgeschrieben	ESD-Koordinator

Tabelle 10.6 Zyklen für die Überprüfung von ESD-Kontrollmaßnahmen

ESD-Ausrüstungen	Überprüfungs-intervalle	Anmerkungen	Verantwortlich
Verpackungs-materialien	nach Anlieferung Stichprobenprüfung halbjährlich	Nach Anlieferung neuer Verpackungsmaterialien müssen diese auf ordnungsgemäße Funktion/ Eigenschaften stichprobenartig überprüft werden. Halbjährlich muss überprüft werden, ob die Eigenschaften der Verpackungsmaterialien noch erfüllt werden.	ESD-Koordinator
Maschinen, Anlagen	halbjährlich	Während der Überprüfung muss festgestellt werden, ob die Maschine noch ordnungsgemäß geerdet ist und ob alle eingesetzten ESD-Materialien (z. B. Plexiglas) ihre Eigenschaften besitzen.	ESD-Koordinator

Tabelle 10.6 (Fortsetzung) Zyklen für die Überprüfung von ESD-Kontrollmaßnahmen

- Fußböden müssen ordnungsgemäß gereinigt und frei von Verunreinigungen sein.
- Alle Wagen, Transportsysteme und Lagereinrichtungen müssen den Anforderungen der Norm entsprechen.
- Die Prüfeinrichtung für Handgelenk-Erdungsarmbänder und Schuhe muss funktionieren.
- Kennzeichnungen dürfen nicht beschädigt sein, alle Erdungsanschlüsse müssen funktionstüchtig sein.
- Werden Ionisatoren eingesetzt, dann muss die ordnungsgemäße Funktion sichergestellt werden.
- Alle nicht-ESD-gerechten Materialien sind aus der EPA zu entfernen.

Monatliche Überprüfung

Arbeitsplätze und gesamter ESD-Bereich müssen mindestens monatlich auf mögliche elektrostatische Felder überprüft werden, d. h., solche Felder dürfen zu keinem Zeitpunkt in der EPA vorhanden sein.

Bei den folgenden Überprüfungsmaßnahmen genügt ein längerer Zeitraum, sinnvoll sind zwei bis drei Monate:

- Überprüfen des Erdungssystems auf elektrische Verbindung. Die Kabel, Verbindungen und Anschlüsse müssen in technisch einwandfreiem Zustand sein. Bei nicht dauerhaften ESD-Arbeitsplätzen müssen die Verbindungen zwischen Arbeitsplatzauflage, Handgelenk-Erdungsarmband, Fußbodenmatte und Erdungsbaustein in kürzerem Abstand und bei Service-Arbeitsplätzen vor der Inbetriebnahme überprüft werden.

- Besondere Aufmerksamkeit hat Stühlen und Transportwagen zu gelten. Die leitfähigen Räder verschmutzen sehr schnell, sicheres Ableiten der elektrostatischen Ladungen ist dann nicht mehr möglich. Wöchentliches Reinigen der Rollen ist hier sinnvoll.

Für die empfohlenen monatlichen Überprüfungen genügt ein zwei- bis dreimonatiger Zeitraum:

- Alle Kennzeichnungen, Abgrenzungen, Schilder und Aufkleber müssen in der richtigen Ausführung und an den richtigen Stellen angebracht sein.

Alle Überprüfungen und Überprüfungsmethoden müssen so ausgeführt werden, dass sie den gültigen Normen und Vorschriften entsprechen und gewährleisten, dass alle verwendeten ESD-Materialien und Einrichtungen die Anforderungen erfüllen. Im ESD-Kontrollprogramm der jeweiligen Firma (Organisation) sind alle notwendigen Festlegungen getroffen worden. Wurden abweichende Prüfungen festgelegt, dann sind sie dort beschrieben.

10.7 Normgerechte Mess- und Prüfverfahren für ESD-Kontrollmaßnahmen und Materialien, die in einer EPA eingesetzt werden sollen

10.7.1 Widerstandsmessungen

Die Widerstandsmessungen werden in der Praxis unter unkontrollierten Umgebungsbedingungen durchgeführt. Die Messwerte müssen in ein Messprotokoll eingetragen werden. Neben dem Messwert und den Angaben zu Temperatur und Luftfeuchtigkeit gehören auch der Typ des Messgeräts, die Messspannung (üblicherweise 100 V) und die Elektrodenabmessungen dazu.

Für Laboruntersuchungen sind bestimmte Probenabmessungen und klimatische Voraussetzungen notwendig. Sie sind in **Tabelle 10.7** wiedergegeben.

Relative Luftfeuchtigkeit	Temperatur	Vorbehandlung	Anmerkung/Norm
12 % ± 3 %	23 °C ± 2 °C	48 h	DIN EN 61340-2-1 (**VDE 0300-2-1**) DIN EN 61340-2-3 (**VDE 0300-2-3**)
12 % ± 3 %	23 °C ± 2 °C	48 h	DIN EN 61340-4-1 (**VDE 0300-4-1**)
65 % ± 3 %	20 °C ± 2 °C	24 h	DIN EN 61340-4-1 (**VDE 0300-4-1**) Textile Beläge
12 % ± 3 %	23 °C ± 2 °C	48 h	DIN EN 61340-4-5 (**VDE 0300-4-5**)

Tabelle 10.7 Klimatische Anforderungen für das Messen von Proben, Labormessungen

Relative Luftfeuchtigkeit	Temperatur	Vorbehandlung	Anmerkung/Norm
65 % ± 3 %	20 °C ± 2 °C	24 h	DIN EN 61340-4-5 (**VDE 0300-4-5**) Textile Beläge
unterer Grenzwert: 12 % ± 3 %	23 °C ± 2 °C	48 h	DIN EN 61340-5-1 (**VDE 0300-5-1**), Anhänge A7 und B
oberer Grenzwert: 50 % ± 3 %	23 °C ± 2 °C	48 h	

Tabelle 10.7 (Fortsetzung) Klimatische Anforderungen für das Messen von Proben, Labormessungen

Die Tabelle verdeutlicht den Aufwand für das Messen von Materialproben. Diese Anforderungen gelten nur für Laboruntersuchungen. Der Aufwand ist allerdings notwendig, weil bei vielen Materialien eine Abhängigkeit des Widerstands von der Luftfeuchtigkeit besteht. Weniger problematisch ist der obere Grenzwert. Bei einer niedrigen Luftfeuchtigkeit erfüllen einige Materialien nicht die Anforderungen, d. h., der geforderte Widerstand liegt außerhalb des Bereichs.

Für die Anforderung an die Messspannung gelten folgende Bedingungen:

zu erwartender Widerstand	Messspannung, Gleichspannung
$< 1 \cdot 10^6\ \Omega$	10 V
$> 1 \cdot 10^6\ \Omega$	100 V

Grundsätzlich wird mit der Messspannung von 10 V begonnen. Ist der Widerstand $> 10^6\ \Omega$, dann wird mit 100 V gemessen. Bei einer umgekehrten Vorgehensweise könnte es bei der höheren Messspannung zu Durchschlägen und damit zur Verfälschung der Messergebnisse kommen. Das Gleiche gilt für eine Messspannung von 500 V. Aus diesem Grund wurden die „500 V“ für Anforderungen in Elektronik-Fertigungen aus allen Standards genommen. Entscheidend ist weiterhin die Messzeit, üblicherweise werden 15 s angenommen, für bestimmte Anforderungen gilt: 8 s. Sehr wichtig ist die Ausführung des Widerstandsmessgeräts, die Messspannung muss während der gesamten Messdauer am Prüfling anliegen.

Alle praktischen Messungen müssen bei normalen Umgebungsbedingungen durchgeführt werden. Die Werte für Luftfeuchtigkeit und Temperatur sind zu registrieren.

10.7.1.1 Oberflächenwiderstand

Der Oberflächenwiderstand wird benötigt, wenn Materialien und Ausrüstungen darauf überprüft werden, ob sie sich für einen EPA-Einsatz eignen. Die Messverfahren wurden bereits in Abschnitt 9.3.2 beschrieben. Gemessen wird nach den Varianten 1 und 2. Das Messverfahren wird auch für Materialprüfungen benötigt, z. B. für die Bekleidung. Diese hat keinen Erdungsanschluss, demzufolge ist ein Ableitwiderstand nicht definierbar.

10.7.1.2 Ableitwiderstand

Der Ableitwiderstand charakterisiert die Ableitfunktion der Ausrüstungen in einer EPA. Das Messverfahren des Ableitwiderstands wird zum Überprüfen von Fußböden, Arbeitsoberflächen, Wagen, Stühlen usw. eingesetzt. Der Ableitwiderstand ist der wichtigste Messwert für die Kontrolle der EPA.

Die Messung des Ableitwiderstands erfolgt nach den Messverfahren, die im Abschnitt 9.3.3 beschrieben wurden.

10.7.1.3 Vergleich und Beurteilung der Messverfahren für Ableit- und Oberflächenwiderstände

Der Ableitwiderstand ist das wichtigste Kriterium zum Beurteilen der Ableitfähigkeit der Tischoberfläche und des Fußbodens. Für die Messungen gibt es zurzeit mehrere gültige Messverfahren. Verglichen werden sollen DIN EN 61340-5-1 (**VDE 0300-5-1**) [7], DIN EN 61340-4-1 (**VDE 0300-4-1**) [56] und die amerikanischen ESD-Normen [64]. Einige Ergebnisse werden im Kapitel 11 beschrieben.

Für die praktischen Messungen ist es gleichgültig, welche Elektrode zum Messen verwendet wird. Man kann davon ausgehen, dass alle zwei bzw. drei Elektroden ähnliche Messwerte liefern. Unter unkontrollierten Bedingungen gibt es kaum Unterschiede.

Werden Materialien überprüft (also bei Materialqualifikationen), müssen die gültige Norm und die dazugehörige Elektrode eingesetzt werden. Derzeit gültig ist für alle Anwendungen in Elektronik-Fertigungen die Norm DIN EN 61340-5-1 (**VDE 0300-5-1**). Alle Messverfahren und deren Bezug auf weitere Messverfahren der Normenfamilie 61340 sind in dieser festgelegt. Für Ableitwiderstandsmessungen wird die DIN EN 61340-4-1 (**VDE 0300-4-1**) und für Oberflächenwiderstandsmessungen die DIN EN 61340-2-3 (**VDE 0300-2-3**) herangezogen.

10.7.2 Tägliche Kontrolle von Handgelenk-Erdungsarmbändern und Schuhen

Für das Überprüfen der Handgelenk-Erdungsarmbänder und der Spiralkabel sowie des Schuhwerks gelten dieselben Messvorschriften wie für das normgerechte Messen. Normalerweise bedeutet dies eine Messspannung von 100 V. In der Praxis hat sich gezeigt, dass bereits bei einer Messspannung zwischen 10 V und 30 V ein ausreichender Test der Parameter möglich ist. Eine Messspannung von 100 V bringt zusätzliche Sicherheitsprobleme. **Bild 10.14** zeigt eine einfache und sichere Methode für das tägliche Überprüfen eines Handgelenk-Erdungsarmbands. Das

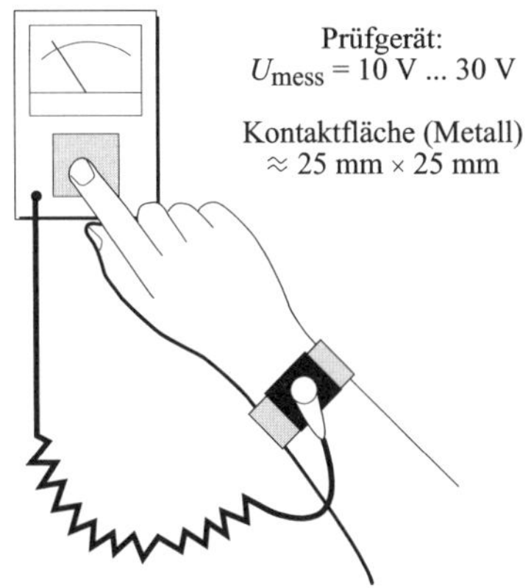

Bild 10.14 Messanordnung für die Kontrolle eines Handgelenk-Erdungsarmbands

Band wird ganz normal mit den passenden Anschlüssen der Messstation verbunden. Danach legt man die Messspannung an. Über Leuchtelemente wird eine Gut-Schlecht-Aussage gemacht.

Das Spiral- oder Anschlusskabel wird prinzipiell gleichzeitig mit dem Handgelenk-Erdungsarmband überprüft. Das Kabel kann auch ohne das Handgelenk-Erdungsarmband an der Messstation getestet werden (**Bild 10.15**). Defekte Handgelenk-Erdungsarmbänder oder Kabel sind auszutauschen.

Werden permanente Monitorsysteme eingesetzt, d. h., wird das Handgelenk-Erdungsarmband direkt am Arbeitsplatz mit einem Handgelenk-Erdungsarmband-Monitor überwacht, kann das tägliche Überprüfen entfallen.

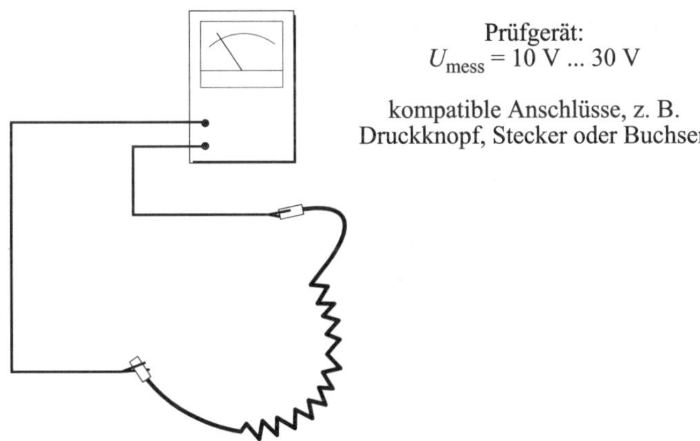

Bild 10.15 Messanordnung für das Überprüfen der Funktion eines Spiralkabels

Bild 10.16 Messanordnung für das Überprüfen des Schuhwerks

Problematischer ist die Kontrolle des Schuhwerks (**Bild 10.16**). Mit einer „relativ niedrigen" Messspannung sind Ableitwiderstände im Bereich bis zu $1 \cdot 10^8\ \Omega$ zu messen. Die sehr kleinen Messströme werden mit einer verhältnismäßig einfachen Messanordnung ausgewertet. Schmutzeffekte spielen hier eine sehr große Rolle. Es soll möglichst praxisnah überprüft werden.

Schmutzeffekte lassen sich nur dadurch beseitigen, dass man die Schuhe, besonders die Schuhsohlen, regelmäßig reinigt.

10.7.3 Normgerechtes Prüfen von Materialien und Ausrüstungen

Die Mess- und Prüfverfahren wurden bereits ausführlich in Kapitel 9 beschrieben.

10.8 Besondere Anforderungen

In der früher gültigen Norm DIN EN 100015 wurden einige spezielle Anforderungen in den Anlagen 2 bis 4 betrachtet. Diese Anforderungen werden jetzt unter der kompletten Norm DIN EN 61340-5-1 (**VDE 0300-5-1**) berücksichtigt. In den folgenden Abschnitten sollen diese besonderen Anforderungen nochmals erklärt werden.

10.8.1 Anforderungen bei niedriger Luftfeuchtigkeit

Besondere Maßnahmen und Anforderungen sind notwendig, wenn die relative Luftfeuchtigkeit unter 20 % sinkt. Grundsätzlich gelten auch bei niedriger Luftfeuchtigkeit, also unter einem Wert von 20 %, dieselben physikalischen Voraussetzungen für das Ableiten elektrostatischer Ladungen. Die Materialien müssen ausreichend elektrostatisch ableitfähig sein, damit die Ladungen in der definierten Zeit abfließen. Die Materialien, die in der EPA unter diesen speziellen Bedingungen eingesetzt werden, müssen also einen Oberflächen- bzw. einen Ableitwiderstand wie unter normalen Umgebungsbedingungen gewährleisten.

Materialien, die die Anforderungen einer normalen EPA erfüllen, sind nicht unbedingt für den Einsatz unter extrem geringer Luftfeuchtigkeit geeignet. ESD-gerechte Materialien müssen zusätzliche Anforderungen erfüllen, d. h. ihre elektrostatischen Eigenschaften müssen auch bei geringer Luftfeuchtigkeit bzw. bei der „Arbeits"-Luftfeuchtigkeit einer EPA entsprechen.

Verschiedene Materialien erfüllen bei niedriger Luftfeuchtigkeit nicht mehr die Anforderungen an eine EPA. Hier kann Ionisieren der Luft helfen. Dies ist im Wesentlichen unabhängig von der Luftfeuchtigkeit.

10.8.2 Anforderungen an ESD-gerechte Reinraumbereiche

Besondere Anforderungen an Materialien und Ausrüstungen gelten unter Reinraumbedingungen. Gemeint sind Reinraumräume der ISO 5 (oder „alt" Klasse 100) oder besser. Auch unter Reinraumbedingungen muss sichergestellt sein, dass keine elektrostatischen Auf- und Entladevorgänge die elektronischen Bauelemente und Baugruppen (ESDS) zerstören. Zusätzlich spielen hier die Reinraumanforderungen eine wesentlich größere Rolle. Dennoch muss beachtet werden, dass keine elektrostatischen Aufladungen entstehen bzw. dass Entladungen keine ESDS beschädigen. Ansonsten gelten auch hier die normalen Anforderungen an die festgelegten Materialeigenschaften.

10.8.3 Anforderungen an Bereiche, in denen mit offenen Spannungen gearbeitet wird

Ganz besondere Maßnahmen sind notwendig bei Arbeiten unter offenen Spannungen, die größer sind als 250 V Wechselspannung und 500 V Gleichspannung. Die folgenden Maßnahmen gelten vorrangig dem Personenschutz.

Der ESD-Schutz muss grundsätzlich gewährleistet werden: Die EPA muss so entworfen werden, dass sichergestellt ist, dass ESDS mit einem Minimum an Schadensrisiko gehandhabt werden, unter Beibehaltung des Personenschutzes. Zugängliche Hochspannungen sind üblicherweise in den meisten Elektronik-Fertigungen nicht vorhanden. [8]

Für die Ausführung der Erdungsanschlüsse, Potentialausgleichsleitungen usw. gilt folgende Regel:

- minimaler Widerstand = $7{,}5 \cdot 10^5\ \Omega$ pro 250 V Wechselspannung
bzw. 500 V Gleichspannung

Das heißt, der Widerstand für die Person zwischen Erdungsanschlusspunkt und Handgelenk-Erdungsarmband muss größer als $1 \cdot 10^6\ \Omega$ sein, z. B. bis 1000 V muss dieser Gesamtwiderstand dann $4 \cdot 10^6\ \Omega$ betragen. Im Einzelnen bedeutet das, dass der Widerstand in der Erdungsbox mindestens $2 \cdot 10^6\ \Omega$ aufweisen muss, da im Spiralkabel in der Regel bereits Widerstände mit einem Gesamtwert von $2 \cdot 10^6\ \Omega$ vorhanden sind.

Für jeden speziellen Arbeitsplatz, an dem mit offener Netzspannung gearbeitet wird, ist eine Arbeitsplatzrichtlinie zu schaffen. In dieser wird genau festgelegt, welche Handlungen durchgeführt werden. Das Handgelenk-Erdungsarmband zum Personenschutz z. B. kann abgelegt werden, wenn die Prüfspannung an das Messobjekt angeschlossen wird. Da man mit Messobjekt oder ESDS immer bei abgeschaltener Spannung hantiert, stellt das Handgelenk-Erdungsarmband keine Gefährdung für die Person dar.

10.9 Muster für ein ESD-Kontrollprogramm

Die DIN EN 61340-5-1 (**VDE 0300-5-1**) verlangt die Erstellung eines ESD-Kontrollprogramms. Dieses ESD-Kontrollprogramm oder auch ESD-Kontrollsystem legt alle ESD-Kontrollmaßnahmen einer Firma fest. Das aufgeführte Beispiel eines ESD-Kontrollsystems entspricht diesen Anforderungen.

ESD-Kontrollsystem

Inhaltsverzeichnis

1 Scope/Einleitung
1.1 Anwendungsbreich
1.2 Verantwortung
1.3 Definitionen
1.4 Normative Verweise
1.5 Grundprinzipien

2 ESD-Kontrollprogramm
2.1 Administrative Anforderungen
2.2. Technische Anforderungen
2.2.1 Personenerdungsmaßnahmen
2.2.2 ESD-Schutzzone (EPA)
2.3 Anforderungen an einzelne Bereiche
2.4 ESD-Kontrollmaßnahmen für Personen, Handhabungsrichtlinie
2.5 Schulung, Unterweisung der Mitarbeiter

2.6 Prüfungen

2.7 Audits

2.8 ESD-Verpackungen

Anlagen

- Messmethoden,
- Liste der zugelassenen ESD-Materialien/Ausrüstungen,
- Schulungsinhalte,
- Prüfplan,
- Auditplan.

1 Scope/Einleitung

In den vergangenen Jahren wurden sehr große Fortschritte in der Halbleiterindustrie erzielt. Die elektronischen Bauelemente wurden immer kleiner und schneller, für die Steuerung ist immer weniger Energie notwendig. Die einzelnen Strukturabmessungen erreichen Werte von weniger als 10 Micron ($1 \cdot 10^{-6}$ m). Ein menschliches Haar ist größer (etwa 70 Micron oder $7 \cdot 10^{-6}$ m). Allerdings werden die elektronischen Bauelemente auch immer empfindlicher gegenüber elektrostatischen Ladungen und Feldern. Heute werden elektronische Bauelemente bereits bei weniger als 10 V elektrostatischer Aufladungen geschädigt.

Aus der Literatur und den Erfahrungen ist bekannt, dass elektrostatische Entladungen über 3000 V spürbar und > 10000 V sichtbar sind. Elektrostatische Aufladungen und deren Entladung unter 1000 V oder 100 V sind also nicht mehr sicht- oder spürbar für den Menschen.

In der normalen Umgebung im täglichen Leben entstehen elektrostatische Aufladungen viel größer als 10000 V. Die elektrostatischen Ladungen werden hauptsächlich durch den Menschen hervorgerufen, durch Bewegung, Reibung usw., aber auch alle anderen Vorgänge, bei denen Teile sich bewegen, führen zu hohen elektrostatischen Ladungen. Inzwischen ist auch bekannt, dass gleichfalls alle Vorgänge elektrostatische Felder erzeugen. Elektronische Bauelemente und Baugruppen werden in unkontrollierter Umgebung durch diese Auf- und Entladungsvorgänge oder elektrostatische Felder beeinflusst. Elektronische Bauelemente werden zerstört; ein viel größeres Problem ist, dass sogenannte Vorschädigungen auftreten können, die weder kontrollierbar noch feststellbar sind. Elektronische Bauelemente werden erst viel später, zu unbekanntem Zeitpunkt, zerstört.

1.1 Anwendungsbereich

In allen Bereichen, an allen Arbeitsplätzen, an denen elektronische Bauelemente und Baugruppen gehandhabt werden, sind die folgenden Maßnahmen umzusetzen:

1.2 Verantwortung

Firmenleitung/Geschäftsleitung/Management (Organisation) ist verantwortlich für die Einführung eines ESD-Kontrollsystems.

Die Firmenleitung setzt einen ESD-Koordinator ein, der vor Ort für die Umsetzung der Vorschrift verantwortlich ist. Gegebenenfalls werden in einzelnen Bereichen/ Abteilungen „Stellvertreter“ des ESD-Koordinators benannt.

1.3 Definitionen

ESD (electrostatic discharge)

Elektrostatische Entladung (ESD) ist der Übergang von Ladungen zwischen Körpern mit unterschiedlichen elektrostatischen Potentialen, verursacht durch direkten Kontakt oder influenziert durch ein elektrostatisches Feld.

ESDS (electrostatic sensitive devices)

Ein Bauelement, das gegen elektrostatische Entladungen empfindlich ist (ESDS). Es kann ein diskretes Bauelement, eine integrierte Schaltung oder eine Baugruppe sein, die durch elektrostatische Felder oder elektrostatische Entladung während der routinemäßigen Handhabung, der Prüfung und des Transports beschädigt werden kann.

Anmerkung: Normalerweise sind alle aktiven elektronischen Bauelemente und Baugruppen mit diesen Bauelementen empfindlich gegenüber elektrostatischen Entladungen und Feldern. Inzwischen ist bekannt, dass aber auch Filmwiderstände, Kondensatoren durch ESD beeinflusst werden können.

EPA (ESD protected area)

Das ist der Bereich, in dem ESDS mit einem akzeptablen Schädigungsrisiko durch elektrostatische Entladungen oder Felder gehandhabt werden können.

Anmerkung: Der besonders eingerichtete Arbeitsplatz, Arbeitsbereich, Feldservicebereich ist so ausgelegt, dass keine elektrostatischen Aufladungen > 100 V und keine elektrostatischen Felder > 100 V/cm entstehen können. Durch den ESD-Koordinator können höhere Anforderungen bzw. niedrigere Schädigungspegel festgelegt werden.

EBP (earth bonding point)

Der EPA-Erdungspunkt (EBP) ist der festgelegte Punkt, an dem die EPA-Ausrüstungen angeschlossen werden.

Anmerkung: Der EBP ist gleichzeitig das einheitliche Potential in einer EPA, das verhindert, dass elektrostatische Auf- oder Entladevorgänge erfolgen – sinnvollerweise auch als EPA-Erde bezeichnet.

Schirmwirkung gegen elektrostatische Aufladungen (abschirmend)

Ein Verpackungsmaterial, das verhindert, dass elektrostatische Aufladungen und Felder auf ESDS einwirken können. Definiert ist die Abschirmwirkung durch die maximale Energie, die in das Innere des Materials gelangen kann, bei einer Personenentladung (Human Body Model) von 1000 V mit höchstens 50 nJ.

Elektrostatisch leitfähig

Ein Verpackungsmaterial mit einem Oberflächenwiderstand gemessen mit einer Ringelektrode nach DIN EN 61340-2-3 (**VDE 0300-2-3**):

$\geq 1 \cdot 10^2\ \Omega$ und $< 1 \cdot 10^4\ \Omega$

Elektrostatisch ableitend

Ein Verpackungsmaterial mit einem Oberflächenwiderstand gemessen mit einer Ringelektrode nach DIN EN 61340-2-3 (**VDE 0300-2-3**):

$\geq 1 \cdot 10^4\ \Omega$ und $< 1 \cdot 10^{11}\ \Omega$

Isolierend

Ein Verpackungsmaterial mit einem Oberflächenwiderstand gemessen mit einer Ringelektrode nach DIN EN 61340-2-3 (**VDE 0300-2-3**):

$\geq 1 \cdot 10^{11}\ \Omega$

1.4 Normative Verweise (Beispiele)

[1] DIN EN 61340-5-1 (**VDE 0300-5-1**):2017-07 Elektrostatik – Teil 5-1: Schutz von elektronischen Bauelementen gegen elektrostatische Phänomene – Allgemeine Anforderungen. Berlin · Offenbach: VDE VERLAG

[2] DIN EN 61340-5-1 Beiblatt 1 (**VDE 0300-5-1 Beiblatt 1**):2009-09 Elektrostatik – Teil 5-2: Schutz von elektronischen Bauelementen gegen elektrostatische Phänomene – Benutzerhandbuch. Berlin · Offenbach: VDE VERLAG

[3] DIN EN 61340-4-1 (**VDE 0300-4-1**):2016-04 Elektrostatik – Teil 4-1: Standard-Prüfverfahren für spezielle Anwendungen – Elektrischer Widerstand von Bodenbelägen und verlegten Fußböden. Berlin · Offenbach: VDE VERLAG

[4] DIN EN 61340-4-3 (**VDE 0300-4-3**):2002-09 Elektrostatik – Teil 4-3: Standard-Prüfverfahren für spezielle Anwendungen – Schuhwerk. Berlin · Offenbach: VDE VERLAG

[5] DIN EN 61340-4-5 (**VDE 0300-4-5**):2005-03 Elektrostatik – Teil 4-5: Standard-Prüfverfahren für spezielle Anwendungen – Verfahren zur Charakterisierung der elektrostatischen Sicherheit von Schuhwerk und Boden in Kombination mit einer Person. Berlin · Offenbach: VDE VERLAG

[6] DIN VDE 0100 Errichten von Niederspannungsanlagen. Berlin · Offenbach: VDE VERLAG

[7] DIN EN 61340-2-1 (**VDE 0300-2-1**):2016-07 Elektrostatik – Teil 2-1: Messverfahren – Fähigkeit von Materialien und Erzeugnissen, elektrostatische Ladungen abzuleiten. Berlin · Offenbach: VDE VERLAG

[8] DIN EN 61340-2-3 (**VDE 0300-2-3**):2017-05 Elektrostatik – Teil 2-3: Prüfverfahren zur Bestimmung des Widerstands und des spezifischen Widerstands von

festen Werkstoffen, die zur Vermeidung elektrostatischer Aufladung verwendet werden. Berlin · Offenbach: VDE VERLAG

1.5 Grundprinzipien

1. Nur ein durchgängiges ESD-Kontrollsystem vom Wareneingang bis zum Versand gewährleistet einen ausreichenden Schutz der elektrostatisch empfindlichen Bauelemente und Baugruppen (ESDS) vor elektrostatischen Entladungen und Feldern.
2. Das Handgelenk-Erdungsarmband ist die beste Möglichkeit, Personen zu entladen und mit dem Potentialausgleich zu verbinden.

2 ESD-Kontrollprogramm

Das ESD-Kontrollprogramm besteht aus den administrativen und den technischen Anforderungen. Alle ESD-Kontrollmaßnahmen sind im ESD-Kontrollprogrammplan, der zu den administrativen Maßnahmen gehört, festgelegt.

2.1 Administrative Anforderungen

Alle administrativen Anforderungen bestehen aus:

- ESD-Kontrollprogrammplan
- Produktqualifikation
- Trainingsplan
- Plan zur Überprüfung der ESD-Kontrollmaßnahmen

Der ESD-Kontrollprogrammplan enthält wiederum alle Festlegungen der Organisation (Firma), um den ESD-Schutz der elektrostatisch empfindlichen Bauelemente und Baugruppen (ESDS) zu gewährleisten.

Der Trainingsplan setzt sich aus dem Erstschulungsplan und der Wiederholungsschulung zusammen. In beiden sind Prüfungsmethoden festgelegt.

Der Plan zur Überprüfung enthält:

- zu überprüfende Ausrüstungen
- Grenzwerte
- Messverfahren
- Überprüfungsintervalle

Wenn Abweichungen definiert wurden, dann müssen sie hier beschrieben werden.

2.2 Technische Anforderungen

2.2.1 Personenerdungsmaßnahmen

Handgelenkarmband-Erdung

Das Handgelenk-Erdungsarmband ist die beste Möglichkeit, elektrostatische Ladungen von Personen abzuführen. An jedem Arbeitsplatz müssen mindestens ein, besser zwei Anschlüsse für Handgelenk-Erdungsarmbänder vorhanden sein. Die Handgelenk-Erdungsarmbänder werden täglich an z. B. einer Personal-Test-Station geprüft.

Arbeitsbekleidung

Die Personen tragen zum Schutz gegen elektrostatische Felder, die durch die normale Bekleidung erzeugt werden können, ableitfähige Arbeitsbekleidung. Die Bekleidung muss mindestens die gesamte normale Bekleidung im Bereich des Oberkörpers (Torsos) abdecken. Weiterhin muss die ableitfähige Bekleidung verhindern, dass die normale Bekleidung mit den ESDS in Berührung kommt.

Schuhe

In stehender Tätigkeit ist manchmal das Handgelenk-Erdungsarmband hinderlich, dann können elektrostatische Ladungen von der Person über die Schuhe und dem ESD-gerechten Fußboden abgeleitet werden. Dann müssen die Schuhe die ESD-Anforderungen erfüllen. Die Schuhe werden ebenfalls täglich an z. B. einer Personal-Test-Station geprüft.

Anforderungen	Oberflächenwiderstand R_S oder Punkt-zu-Punkt-Widerstand R_e oder End-zu-End-Widerstand R_p in Ω	Widerstand zu EPA-Erde oder zu einem Erdungspunkt R_g oder Ableitwiderstand R_A in Ω	Ladungsabbau oder Entladezeit in s
Handgelenk-Erdungsarmbänder (nicht getragen)	$\leq R_p \leq 1 \cdot 10^5$		
Systemanforderungen			
Handgelenk-Erdungsarmband im getragenen Zustand		$7{,}5 \cdot 10^5 \leq R_A \leq 3{,}5 \cdot 10^7$	
Schuhwerk im getragenen Zustand		$5 \cdot 10^4$ ($1 \cdot 10^5$ pro Schuh) $\leq R_A \leq 1 \cdot 10^8$	
Handschuhe und Fingerlinge im getragenen Zustand		$7{,}5 \cdot 10^5 \leq R_A \leq 1 \cdot 10^{12}$	

Es muss jeder Schuh einzeln geprüft werden. Werden Schuherdungsbänder o. Ä. getragen, sind immer zwei anzulegen.

Handschuhe, Fingerlinge

Handschuhe und Fingerlinge müssen gleichfalls die ESD-Anforderungen erfüllen. Derzeit wird eine Prüfung (Systemprüfung) an einer Test-Station empfohlen. Andere Prüfverfahren gibt es im Moment noch nicht.

2.2.2 ESD-Schutzzone (EPA)

ESD-Arbeitsplatz, Aufbau, Bestandteile

- Ableitfähige Arbeitsplatzoberfläche, ESD-gerechter Tisch
- Handgelenk-Erdungsarmband + Erdungsbaustein + Erdungssystem
- Ableitfähige Fußbodenmatte (optional)
- Erdungs-/Potentialanschluss
- Abgrenzung, Kennzeichnung

EPA-ESD-geschützter Bereich, Aufbau, Bestandteile

- Ableitfähige Arbeitsplatzoberfläche, ESD-gerechter Tisch
- Handgelenk-Erdungsarmband + Erdungsbaustein + Erdungssystem
- Ableitfähiger Fußboden
- ESD-gerechte Arbeitsbekleidung, ESD-gerechte Schuhe
- ESD-gerechte Transportwagen
- ESD-gerechte Lagerbehälter
- ESD-gerechte Stühle
- ESD-gerechte Ausrüstung von Maschinen, Anlagen usw.
- Erdungs-/Potentialanschluss
- Abgrenzung, Kennzeichnung

Arbeitsplatzoberflächen

Arbeitsoberflächen, Ablageflächen von Wagen, Lagerflächen müssen so ausgelegt werden, dass keine schlagartigen Entladungen auftreten. Sind elektrostatische Ladungen vorhanden, dann muss gewährleistet werden, dass diese gefahrlos abgeleitet werden.

Anforderungen	Oberflächenwiderstand R_S oder Punkt-zu-Punkt-Widerstand R_e oder End-zu-End-Widerstand R_p in Ω	Widerstand zu EPA-Erde oder zu einem Erdungspunkt R_g oder Ableitwiderstand R_A in Ω	Ladungsabbau oder Entladezeit in s
Arbeitsoberflächen, Lagerregale, Transportwagen	$1 \cdot 10^4 \leq R_S \leq 1 \cdot 10^9$	$R_A \leq 1 \cdot 10^9$	

Fußböden

Der Fußboden muss so ausgelegt sein, dass Personen über Schuhe und Fußboden entladen werden, wenn Personen laufen oder stehen. In sitzender Tätigkeit ist unbedingt das Handgelenk-Erdungsarmband zu tragen.

Anforderungen	Oberflächenwiderstand R_S oder Punkt-zu-Punkt-Widerstand R_e oder End-zu-End-Widerstand R_p in Ω	Widerstand zu EPA-Erde oder zu einem Erdungspunkt R_g oder Ableitwiderstand R_A in Ω	Ladungsabbau oder Entladezeit in s
Fußboden		$R_A \leq 1 \cdot 10^9$	

Anmerkungen: Wird der Fußboden zur primären Ableitung der elektrostatischen Aufladungen von Personen benutzt, dann muss der Systemwiderstand: Person–Schuhe–Fußboden im Bereich von $7{,}5 \cdot 10^5\ \Omega \leq R_A \leq 1 \cdot 10^9\ \Omega$ liegen. Abweichungen werden vom ESD-Koordinator festgelegt.
Sind Sicherheitsanforderungen nach DIN VDE 0100 notwendig, dann muss der Mindestwiderstand dieser Vorschrift entsprechen.

Stühle

Stühle sind sekundäre ESD-Kontrollmaßnahmen, d. h., eine Person kann über einen Stuhl nicht entladen werden, aber in einer EPA dürfen keine elektrostatischen Aufladungen und Felder entstehen, d. h., die Stühle, Bezüge usw. dürfen sich nicht elektrostatisch aufladen.

Anforderungen	Oberflächenwiderstand R_S oder Punkt-zu-Punkt-Widerstand R_e oder End-zu-End-Widerstand R_p in Ω	Widerstand zu EPA-Erde oder zu einem Erdungspunkt R_g oder Ableitwiderstand R_A in Ω	Ladungsabbau oder Entladezeit in s
Stühle (Sitzgelegenheiten)		$\leq R_A \leq 1 \cdot 10^9$	

Werkzeuge

Es dürfen nur Werkzeuge eingesetzt werden, die keine oder nur wenig (low charging) elektrostatische Ladungen erzeugen. Eventuell vorhandene Ladungen müssen über das Werkzeug gefahrlos abgeleitet werden.

Anforderungen	Oberflächenwiderstand R_S oder Punkt-zu-Punkt-Widerstand R_e oder End-zu-End-Widerstand R_p in Ω	Widerstand zu EPA-Erde oder zu einem Erdungspunkt R_g oder Ableitwiderstand R_A in Ω	Ladungsabbau oder Entladezeit in s
Werkzeuge		$\leq R_A \leq 1 \cdot 10^{11}$	Entladung von 1 000 V auf 10 % des Anfangswerts (100 V) in weniger als 2 s

Werden die Werkzeuge auf den ESD-gerechten Arbeitsoberflächen abgelegt, ist die Wahrscheinlichkeit einer elektrostatischen Aufladung ebenfalls gering.

Ionisatoren

Werden Ionisatoren zur Entladung von Kunststoffteilen oder anderen Materialien eingesetzt, dann müssen sie gewährleisten, dass keine weiteren elektrostatischen Aufladungen entstehen. Die Ionisatoren müssen „selbst abgleichend" ausgeführt sein.

Anforderungen	**Oberflächenwiderstand R_S oder Punkt-zu-Punkt-Widerstand R_e oder End-zu-End-Widerstand R_p in Ω**	**Widerstand zu EPA-Erde oder zu einem Erdungspunkt R_g oder Ableitwiderstand R_A in Ω**	**Ladungsabbau oder Entladezeit in s**
Ionisatoren			Entladung von 1 000 V auf 100 V in weniger als 2 s

Kennzeichnung und Abgrenzung

Die ESD-Arbeitsplätze und ESD-Bereiche sind nach der Fertigstellung zu kennzeichnen und abzugrenzen. Die Abgrenzung muss sichtbar sein für alle Mitarbeiter, Besucher usw.

2.3 Anforderungen an die einzelnen Bereiche

Wareneingang

Alle Materialien, die mit einem ESD-Kennzeichen angeliefert werden, müssen gesondert behandelt werden. Sie dürfen nur am ESD-Arbeitsplatz geöffnet werden. Nach der Kontrolle ist die Verpackung zu schließen und wieder mit einem ESD-Symbol zu kennzeichnen.

Werden ESDS in falscher Verpackung angeliefert, dann ist dies durch den Mitarbeiter zu dokumentieren und an den „Vorgesetzten, Einkauf usw." zu melden.

Der Einkauf fordert den Lieferanten auf, die ESD-Kontrollmaßnahmen einzuhalten.

ESD-gerechte Verpackung ist eine abschirmende Verpackung (z. B. metallischer Beutel [Shielding Material], leitfähige Kiste, leitfähige Wellpappverpackung). sogenannte antistatische IC-Stangen oder antistatische Beutel (z. B. rosa-farbig) gewährleisten keinen Schutz vor elektrostatischen Aufladungen und Feldern.

Wareneingangsprüfung

Die Wareneingangsprüfung aller ESDS erfolgt an den vorgesehenen ESD-Arbeitsplätzen. Erst dort dürfen die Verpackungen geöffnet werden.

Nach der Prüfung sind die Verpackungen wieder zu schließen und mit einem ESD-Symbol zu kennzeichnen.

Für den innerbetrieblichen Transport, d. h. außerhalb der EPA, ist nur abschirmendes Verpackungsmaterial ausreichend.

Lager, Lagerregale

Die ESDS werden in der ESD-gerechten Verpackung eingelagert. Ein Öffnen der Verpackung ist nur an den ESD-Arbeitsplätzen erlaubt. Bei der Entnahme einzelner ESDS ist darauf zu achten, dass diese an einem ESD-Arbeitsplatz entnommen werden. Nach der Entnahme ist die Verpackung wieder zu schließen und mit einem neuen ESD-Aufkleber zu versehen.

Werden ESDS einzeln eingelagert, dann müssen sie in ESD-gerechten Behältern eingelagert werden.

Die Plätze, an denen sich ESDS befinden, sind zu kennzeichnen.

Innerbetrieblicher Transport

ESDS dürfen außerhalb einer EPA oder eines ESD-Arbeitsplatzes nur in abschirmender Verpackung transportiert werden. Ein Öffnen der Verpackung außerhalb einer EPA ist nicht zulässig.

Bauteile-Vorbereitung

Die Anlieferung muss in ESD-gerechter Verpackung erfolgen. Die Bearbeitung erfolgt an den ESD-Arbeitsplätzen.

Nach der Bearbeitung sind die ESDS wieder in den ESD-gerechten Behältern zu lagern.

Montagelinien/Leiterplattenfertigung/Bestückung/SMD

Dieser Bereich ist ein kompletter ESD-Bereich (EPA), d. h., alle Arbeitsplätze, Personen usw. sind ESD-gerecht ausgerüstet. Die Anforderungen nach Punkt 9 werden erfüllt.

In diesem Bereich dürfen sich keine Materialien befinden, die sich elektrostatisch aufladen. Es dürfen nur low charging, leitfähige oder abschirmende Verpackungsmaterialien benutzt werden.

Besonderheiten: (müssen für die jeweilige Fertigung ergänzt werden)

Versand

Variante 1: Versand von Geräten

Werden nur komplette Geräte verschickt, dann bestehen keine weiteren Anforderungen an ESD-Verpackungen.

Es wird grundsätzlich davon ausgegangen, dass komplette Geräte nicht mehr ESD-empfindlich sind.

Variante 2: Versand von Baugruppen oder offenen Geräten

Baugruppen oder offene Geräte sind als ESD-empfindlich zu betrachten. Die Verpackung darf nur an einem ESD-Arbeitsplatz erfolgen. Als Verpackungsmaterial dürfen nur Materialien eingesetzt werden, die sich nicht elektrostatisch aufladen. Die Baugruppen selbst müssen außerhalb der EPA in abschirmendes Material verpackt werden. Nur dieses gewährleistet den Schutz gegenüber elektrostatischen Entladungen und Feldern.

2.4 ESD-Kontrollmaßnahmen für Personen, Handhabungsrichtlinie

Personenausrüstungen

Die Person ist die größte Gefahr für elektrostatische Aufladungen. Alle Personen tragen einen ESD-Arbeitskittel/T-Shirt, Handgelenk-Erdungsarmbänder und ESD-gerechte Schuhe.

- Der Arbeitskittel ist immer geschlossen zu tragen.
- Sind keine ESD-gerechten Schuhe verfügbar, dann können zwei Schuherdungsbänder genutzt werden.
- In sitzender Tätigkeit ist immer das Handgelenk-Erdungsarmband mit dem Spiralkabel an die entsprechenden Anschlüsse am Arbeitsplatz anzuschließen.
- Die Handgelenk-Erdungsarmbänder und das Schuhwerk sind einmal am Tag (oder entsprechend den Anweisungen des ESD-Koordinators) oder vor Arbeitsaufnahme an den entsprechenden Testgeräten zu prüfen.
- Besucher, Handwerker, Reinigungskräfte müssen ebenfalls ESD-gerechte Arbeitsbekleidung tragen.

Materialien an den Arbeitsplätzen

- An allen ESD-Arbeitsplätzen sind Materialien zu vermeiden, die sich elektrostatisch aufladen, d. h. alle Kunststoffteile (z. B. Kaffeetassen, Trinkflaschen, Kofferradios, CD-Player, Smartphones, Kosmetikartikel, Dokumentenhüllen).
- Materialien, die notwendig sind, z. B. Dokumente, sind in Low-charging-Materialien zu verpacken. Papier ist zulässig, darf aber nicht die Verbindung zwischen Baugruppe und ESD-gerechter Arbeitsplatzoberfläche unterbrechen.

2.5 Schulung, Unterweisung der Mitarbeiter

Durch den ESD-Koordinator oder einer bevollmächtigten Person wird das Personal einmal Jahr entsprechend der Schulungsrichtlinie unterwiesen.

Neue Mitarbeiter werden bei der Einstellung in einer sogenannten Erstunterweisung geschult.

Die Schulungsteilnahme wird dokumentiert.

2.6 Prüfungen

Handgelenk-Erdungsarmbänder, Schuhe

Vor Arbeitsaufnahme (einmal am Tag) sind die Handgelenk-Erdungsarmbänder und die Schuhe zu prüfen. Die Prüfung erfolgt in den entsprechenden Test-Stationen. Die Prüfung ist in den ausliegenden Listen zu dokumentieren.

Arbeitsplätze, Fußböden

Durch den ESD-Koordinator werden Zyklen festgelegt, in denen die Ableitwiderstände von Arbeitsplätzen, Wagen, Stühlen, Fußböden durchgeführt werden. Üblicherweise erfolgt die Prüfung einmal im Jahr. Die Prüfungen werden dokumentiert.

2.7 Audits

Durch den ESD-Koordinator wird einmal im Jahr entsprechend dem Auditplan eine Kontrolle der ESD-Kontrollmaßnahmen durchgeführt. Der Audit kann auch durch eine/n externe/n Firma/Koordinator durchgeführt werden.

2.8 ESD-Verpackungen

Die Art der Verpackung richtet sich nach dem Einsatzort und dem Verwendungszweck. Grundsätzlich dürfen innerhalb der EPA nur Verpackungsmaterialien verwendet werden, die sich nicht elektrostatisch aufladen. Außerhalb der EPA und für den Transport von einer EPA zu einer anderen oder von der EPA zum Kunden usw. muss eine elektrostatisch abschirmende Verpackung eingesetzt werden. Dafür werden vorgeschrieben: Abschirmverpackungsbeutel oder leitfähige schwarze Behälter, die mit einem Deckel geschlossen sind. ESD-Verpackungen sind mit dem ESD-Symbol zu kennzeichnen.

Anlagen (im Muster nicht enthalten)

- Messmethoden,
- Liste der zugelassenen ESD-Materialien/Ausrüstungen,
- Schulungsinhalte,
- Prüfplan,
- Auditplan.

11 Praktische Messungen und Erfahrungen

11.1 Erfahrungen bei der Messung von Fußböden sowie Arbeitsplatzoberflächen nach der aktuellen ESD-Norm DIN EN 61340-5-1 (VDE 0300-5-1)

Die folgenden Abschnitte beschreiben, ausgehend von normgerechten Messverfahren, die aufgetretenen Probleme und Erfahrungen bei der Durchführung und Auswertung der Messungen. Es wird auf die Unterschiede beim Andruck und den Kontaktübergangswiderstand zwischen Elektrode und Material bei planaren Unterlagen eingegangen. Für die Durchführung der Messungen für den Ableit- und Oberflächenwiderstand wurden verschiedene Elektroden mit unterschiedlichen Kontaktmaterialien und Varianten benutzt.

Zunächst werden die Widerstandsmessungen mit Elektroden für die Bewertung des Fußbodenmaterials verwendet. Für bestimmte Materialien ist dies nicht ausreichend. Dafür werden die Messverfahren für den Systemwiderstand „Person – Schuhe – Fußboden" und die Personenaufladung oder „Body Voltage" genutzt. Die Erfahrungen mit diesen Messmethoden in der Praxis werden mit den theoretischen Erfahrungen verglichen. Zusätzlich werden Analysen des Materials mittels mikroskopischer Untersuchungen durchgeführt und mit den Ergebnissen verglichen.

Für den Schutz von elektronischen Bauelementen und Baugruppen (ESDS) ist es notwendig, dass alle Personen entladen werden; die beste Möglichkeit ist der Abfluss der elektrostatischen Ladungen über das Handgelenk-Erdungsarmband. Aber die Realisierung dieser Personenentladung ist nicht immer realisierbar. Für bestimmte Aktivitäten können Personen nur über die Schuhe und den Fußboden ausreichend entladen werden. Diese stehenden Tätigkeiten sind eine Abweichung für den normalen Entladungsweg über das Handgelenk-Erdungsarmband. Zur Überprüfung dieser Funktion ist der Systemwiderstand „Person – Schuhe – Fußboden" zu ermitteln; dieser ist sehr anfällig bzw. kritisch. Der Systemwiderstand hängt sehr stark vom eigentlichen Kontaktwiderstand zwischen Schuhen und Fußboden ab. Weiterhin spielt die „Person" als Messelektrode eine sehr große Rolle. Personen sind nicht normierbar. Jede Messung des Systemwiderstands fällt anders aus.

Ferner wurde der frühere Begehtest bzw. die Messung der Personenaufladung als weiteres Kriterium für die Bewertung von Fußbodenmaterialien herangezogen. Das Messverfahren nach [89] wurde näher untersucht. Dazu wurden verschiedene Messaufbauten benutzt, um die Sensibilität dieser Messmethode darzustellen. Der Aufbau und die Auswahl der Messtechnik sind neben der eigentlichen Person sehr entscheidend.

Zum Schluss wurden mikroskopische Aufnahmen zur Bewertung der Messergebnisse herangezogen.

Anforderungen an ESD-gerechte Materialien

Die technischen Parameter der Materialien werden in der Norm DIN EN 61340-5-1 (**VDE 0300-5-1**) festgelegt (vgl. Abschnitt 10, Tabelle 10.2). **Tabelle 11.1** gibt die Widerstandsparameter von ausgewählten Materialien wieder. Schwerpunkt sind Materialien für Arbeitsplatzoberflächen, Fußböden und Verpackungsmaterialien.

Ausrüstung/Schutzmaßnahme	**DIN EN 61340-5-1 (VDE 0330-5-1)**	
	R_A **in Ω**	R_O **in Ω**
Arbeitsplatzoberfläche	$< 1 \cdot 10^9$	$1 \cdot 10^4 \ldots 1 \cdot 10^9$
Fußboden	$\leq 1 \cdot 10^9$ siehe Anmerkungen 1 und 2	$\leq 1 \cdot 10^9$ siehe Anmerkungen 1 und 2
Anmerkung 1: Schuhwerk, gemessen zwischen Person und einer Schuhelektrode **Anmerkung 2:** Für den unteren Grenzwert gelten die nationalen Festlegungen des Personenschutzes, d. h. Mindestwiderstand nach DINVDE 0100: $5 \cdot 10^4$ Ω.		

Tabelle 11.1 Parameter/Anforderungen – Ableit- bzw. Oberflächenwiderstand

In diesem Zusammenhang muss darauf verwiesen werden, dass Metall oder ähnlich gut leitende Materialien für Arbeitsplätze, Regale, Wagen ungeeignet sind. Denn hier kann es zu schnellen, schlagartigen Entladungen kommen, die die ESDS schädigen können.

Messverfahren – Ableitwiderstand und Oberflächenwiderstand

Der Ableitwiderstand ist der Widerstand, der zwischen einer Elektrode auf der Oberfläche einer Probe und z. B. dem Erdungsanschluss oder an einer Kupferleitbahn eines leitfähig verlegten Fußbodens gemessen wird. Der Widerstand, der zwischen der Oberfläche und dem Erdpotential gemessen wird, kann auch als Erdableitwiderstand bezeichnet werden. Zwischen Elektrode und Material werden verschiedene Kontaktmaterialien eingesetzt, die Messspannung ist grundsätzlich 100 V.

Es gibt grundsätzlich zwei verschiedene Kontaktmaterialien für die Elektroden, die für die Messung sowohl des Oberflächen- als auch des Ableitwiderstands eingesetzt werden. Grundsätzlich entsprechen beide Kontaktmaterialien den vorgeschriebenen Normen (vgl. **Tabellen 11.2** und **11.3**). Der amerikanische Standard definiert eine Elektrode mit einem Gewicht von 2,27 kg und einem leitfähigen Gummi. Eine Elektrode mit einem höheren Gewicht, 5 kg, und einem leitfähigen Gummi wird ebenfalls in den internationalen Standards IEC 61340-5-1 und IEC 61340-4-1 definiert. Seit vielen Jahren wird ein schwarzer, mit Kohlenstoff gefüllter Leitgummi verwendet. Nun kommt gleichzeitig ein grauer, mit Metall gefüllter Leitgummi zum Einsatz. Beide erfüllen die Anforderungen der Standards, aber sie führen bei bestimmten, zu untersuchenden Materialien zu völlig anderen Ergebnissen.

Standard	Gewicht	Andruckfläche	Kontaktmaterial Shore-A
ANSI/ESD-S7.1 (ANSI/ESD-S4.1)	2,27 kg	63,5 mm	leitfähiger Gummi 50 … 70
IEC 61340-4-1 (IEC 61340-5-1)	5 kg (1)	50 mm	leitfähiger Gummi 50 ± 10
IEC 61340-4-1	5 kg (2)	50 mm	leitfähiger Gummi 47 ± 5

Tabelle 11.2 Elektroden nach verschiedenen internationalen Standards
(1) Leitgummi mit Metall, Shore-A-Härte: 50
(2) Leitgummi mit Metall, Shore-A-Härte: 47

Standard	Spannung, gefordert	Widerstand, gefordert	Widerstand, gemessen
ANSI/ESD-S7.1 (ANSI/ESD-S4.1)	10 V oder weniger	< 1 kΩ	57 Ω (bei 10 V)
IEC 61340-4-1 (IEC 61340-5-1)	10 V oder weniger	< 500 Ω	5,4 Ω (bei 10 V)

Tabelle 11.3 Widerstand zwischen Elektrode und einer Metallgegenelektrode, Anforderungen

Kontaktverhalten zwischen Elektrode – leitfähigem Gummi – Materialprobe [84]

Zur Erklärung wird zuerst theoretisch der Kontaktwiderstand betrachtet. Der leitfähige Gummi soll den Kontakt zwischen Elektrodenfläche und Materialoberfläche verbessern. Bei einem idealen Kontakt ist der Widerstand zwischen beiden Flächen null. Am realen Kontakt tritt zusätzlich zum elektrischen Widerstand des Materials der sogenannte Engewiderstand R_E auf. Für undefinierte Flächen steht nicht die ideale Kontaktfläche zur Verfügung. Die Kontaktfläche ist nicht gleich der wahren Elektrodenfläche. Für den eigentlichen Stromfluss steht also wesentlich weniger Fläche zur Verfügung. Die Kontaktfläche ist abhängig von der

- Rauigkeit der Kontaktoberfläche
- Kontaktkraft
- mechanischen Eigenschaft der Kontaktwerkstoffe

Beim Aufsetzen der Elektrode auf die Oberfläche kommt es zur elastischen Deformation. Damit ist die sich bildende Berührungsfläche die entscheidende Werkstoffkenngröße. Bei gleicher Kontaktkraft F_K bedeutet ein hoher Wert für E geringere elastische Verformung und damit einen größeren Engewiderstand R_E und umgekehrt. Durch Bildung von Fremdstoffschichten auf der Kontaktoberfläche entsteht zusätzlich zum Engewiderstand R_E der Fremdschichtwiderstand R_F. Der Fremdschichtwiderstand wird bestimmt durch den spezifischen elektrischen Widerstand der Schicht, den Hautwiderstand ρ_H und die Schichtdicke der Fremdschicht auf der

Kontaktfläche. Fremdschichten entstehen durch Adsorption und/oder chemische Reaktionen. Staubpartikel, Gasmoleküle (N_2, O_2) und H_2O-Moleküle können sich adsorptiv auf der Oberfläche anlagern. In Abhängigkeit von der chemischen Stabilität können sich durch chemische Reaktionen mit der Umgebung Oxide, Sulfide u. a. bilden.

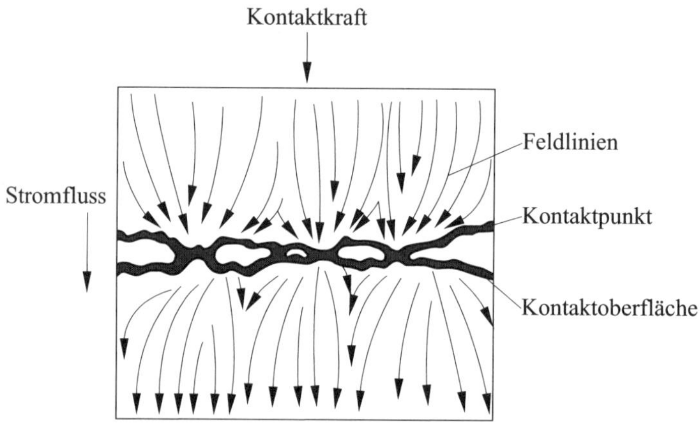

Bild 11.1 Realer Kontakt

Messergebnisse für die Widerstandsmessung mit Elektroden

Alle Elektroden wurden unter denselben Einsatzbedingungen und Anforderungen der Standards verwendet. Die verschiedenen Gummimaterialien wurden unter denselben Messanordnungen eingesetzt. Trotzdem waren die Messergebnisse zum größten Teil sehr unterschiedlich.

Die durchgeführten Messungen zeigen, wie erwartet, dass das Gewicht der Elektroden eine Rolle spielt. Mit zunehmendem Gewicht wird der Andruck größer und damit der Widerstand kleiner, vgl. **Tabelle 11.4**. Diese Ergebnisse wurden auch erwartet und sind weitestgehend bei „weichen“ und homogenen Materialien zu reproduzieren.

Material	Elektrode 2,5 kg DIN EN 100015	Elektrode 2,27 kg ANSI/ESD S7.1	Elektrode 5 kg IEC 61340-4-1	Elektrode 5 kg schwarz spezial
Tischmatte 1	$2{,}1 \cdot 10^8\ \Omega$	$1{,}7 \cdot 10^8\ \Omega$	$1{,}2 \cdot 10^8\ \Omega$	$7{,}8 \cdot 10^8\ \Omega$
Tischmatte 2	$4{,}5 \cdot 10^7$	$3{,}2 \cdot 10^7\ \Omega$	$2{,}5 \cdot 10^7\ \Omega$	$1{,}2 \cdot 10^7\ \Omega$

Tabelle 11.4 Messergebnisse für den Ableitwiderstand von Tischmatten, Gummi

Im Ergebnis kann festgestellt werden, dass bei größer werdendem Gewicht der gemessene Widerstand kleiner wird. Dies ist logisch und erklärbar. Unerklärlich sind bei Tischplatte 1 die folgenden Messergebnisse für Beschichtungen von Metall. Die **Tabelle 11.6** zeigt Messergebnisse von sogenannten wasserlöslichen Beschichtungen (3W und 4W) und Pulverlack-Beschichtungen (1P und 2P) . Hier zeigt sich bereits der Einfluss der verschiedenen Leitgummi-Kontaktmaterialien.

Material	Elektrode 2,5 kg DIN EN 100015	Elektrode 2,27 kg ANSI/ESD S7.1	Elektrode 5 kg IEC 61340-4-1	Elektrode 5 kg schwarz spezial
Tischplatte 1	$3{,}3 \cdot 10^7\,\Omega$	$3{,}4 \cdot 10^7\,\Omega$	$2{,}1 \cdot 10^7\,\Omega$	$1{,}0 \cdot 10^7\,\Omega$
Tischplatte 2	$1{,}8 \cdot 10^7\,\Omega$	$2{,}8 \cdot 10^6\,\Omega$	$1{,}0 \cdot 10^7\,\Omega$	$2{,}3 \cdot 10^6\,\Omega$
Tischplatte 3	$2{,}0 \cdot 10^7\,\Omega$	$1{,}7 \cdot 10^6\,\Omega$	$7{,}0 \cdot 10^6\,\Omega$	$1{,}5 \cdot 10^6\,\Omega$

Tabelle 11.5 Messergebnisse für den Ableitwiderstand von Tischplatten, Laminat

Material	Elektrode 2,5 kg DIN EN 100015	Elektrode 2,27 kg ANSI/ESD S7.1	Elektrode 5 kg IEC 61340-4-1	Elektrode 5 kg schwarz spezial
Beschichtung 1P	$3{,}5 \cdot 10^9\,\Omega$	$6{,}2 \cdot 10^9\,\Omega$	$8{,}1 \cdot 10^9\,\Omega$	$3{,}3 \cdot 10^7\,\Omega$
Beschichtung 2P	$3{,}5 \cdot 10^9\,\Omega$	$2{,}2 \cdot 10^8\,\Omega$	$0\,\Omega$	$6{,}6 \cdot 10^6\,\Omega$
Beschichtung 3W	$4{,}9 \cdot 10^5\,\Omega$	$2{,}0 \cdot 10^5\,\Omega$	$4{,}0 \cdot 10^4\,\Omega$	$9{,}5 \cdot 10^4\,\Omega$
Beschichtung 4W	$3{,}0 \cdot 10^5\,\Omega$	$1{,}8 \cdot 10^5\,\Omega$	$1{,}7 \cdot 10^5\,\Omega$	$2{,}7 \cdot 10^5\,\Omega$

Tabelle 11.6 Messergebnisse für den Ableitwiderstand von leitfähigen Beschichtungen

Anmerkungen zu den Tabellen 11.4, 11.5, 11.6 und 11.7: Alle Messungen wurden unter normalen klimatischen Bedingungen durchgeführt. Das Klima war grundsätzlich gleich.

Bei Pulverlack-Beschichtungen kann nur ein Widerstandswert gemessen werden, wenn Leitpartikel kontaktiert werden. Ein Einfluss der verschiedenen Leitgummimaterialien ist hier bereits deutlich zu sehen. Die Härte des Leitgummimaterials hat keinen wesentlichen Einfluss auf das Messergebnis. Besonders bei Fußbodenbeschichtungen wurden weitere Untersuchungen durchgeführt. Eine Erklärung ist, dass Leit- bzw. Kohlenstoffpartikel aus dem Elektrodenmaterial austreten und den Kontaktwiderstand zwischen Probenmaterial und Elektrode vergrößern (vgl. mikroskopische Aufnahmen.

Die Messergebnisse in der Tabelle 11.4 zeigen die Prüfungen von verschiedenen Fußbodenmaterialien (Epoxidharzböden). Um den Einfluss des Leitgummis an den Elektroden weiter zu untersuchen, wurde auch eine Elektrode mit einem zusätzlichen weichen Schaumstoff als Zwischenlage versehen, Elektrode 2,27 kg spezial. Außerdem wurde eine zweite 5-kg-Elektrode mit einem etwas weicheren Leitgummi verwendet (vgl. Tabelle 11.2).

Material	Elektrode 2,27 kg	Elektrode 5 kg (1)	Elektrode 5 kg (2)	Elektrode 5 kg schwarz	Elektrode 2,27 kg spezial
Muster 1	$2{,}6 \cdot 10^4\ \Omega$	$8{,}6 \cdot 10^9\ \Omega$	$5{,}5 \cdot 10^9\ \Omega$	$4{,}4 \cdot 10^4\ \Omega$	$2{,}1 \cdot 10^9\ \Omega$
Muster 2	$3{,}7 \cdot 10^4\ \Omega$	$6{,}1 \cdot 10^9\ \Omega$	$1{,}4 \cdot 10^7\ \Omega$	$5{,}1 \cdot 10^4\ \Omega$	$2{,}7 \cdot 10^9\ \Omega$
Muster 3	$6{,}0 \cdot 10^4\ \Omega$	$9{,}5 \cdot 10^9\ \Omega$	$1{,}1 \cdot 10^9\ \Omega$	$3{,}8 \cdot 10^9\ \Omega$	$9{,}3 \cdot 10^9\ \Omega$

Tabelle 11.7 Fußbodenbeschichtungen, Epoxidharzböden [84]

Die Messergebnisse in **Tabelle 11.7** zeigen, dass das Kontaktmaterial an den Elektroden einen entscheidenden Einfluss auf das Messergebnis hat. Welche Ergebnisse sind aber richtig? Grundsätzlich wird der Leitgummi mit Metallkugeln bevorzugt, weil dieser dem Gummi an den Schuhsohlen eher entspricht. Früher wurde als Sohlenmaterial ein leitfähiger, mit Kohlenstoff gefüllter Gummi für Schuhsohlen verwendet. Dieser hatte nachteilige Eigenschaften beim Abrieb. Die Elektroden mit schwarzem Leitgummi zeigen auch Abrieb auf den Berührungsflächen. Die Frage ist: Dringen diese Partikel in die Oberfläche ein und stellen so den Kontakt zu den Leitpartikeln im Boden her? Grundsätzlich kann das nicht ausgeschlossen werden. Das ergibt einen ähnlichen Effekt, wie bei einer feuchten (mit Wasser angefeuchteten) Oberfläche. In der Literatur und bei Diskussionen wird immer wieder die Härte des Leitgummis diskutiert. Für die Experimente wurde eine Elektrode (2,27 kg spezial) zusätzlich mit einem leitfähigen Schaumgummi ausgerüstet. Mit diesem Schaumstoff wird die Kontaktfläche sehr weich und müsste sich der Oberfläche besser anpassen. Der Kontaktwiderstand sollte damit geringer werden, weil die Kontaktfläche größer werden sollte. Der Übergangswiderstand sollte kleiner werden. Die Messergebnisse in Tabelle 11.7 zeigen aber keine besseren Widerstandswerte. Weiterhin wurde eine spezielle 5-kg-Elektrode mit einem weicheren Leitgummi verwendet, auch hier wurden keine gravierenden Verbesserungen erreicht. Somit kann es nicht an der Härte des Kontaktmaterials an der Elektrode liegen. **Bild 11.2** und **Bild 11.3** als mikroskopische Aufnahmen zeigen eindeutig den schwarzen Abrieb vom Leitgummi Kontaktmaterial.

Messverfahren – Personenaufladung bzw. Body Voltage

Die verschiedenen und zum Teil unerklärbaren Messergebnisse führten dazu, dass die bekannte Messmethode zur Personenaufladung, die US-amerikanische Standardmessmethode ESD STM 97.2 [89], stärker publiziert wurde. Inzwischen liegt auch die endgültige Fassung der internationalen Norm IEC 61340-4-5 [87] vor. Problematisch ist sowohl bei dieser Messmethode als auch bei der Ermittlung des Systemwiderstands, dass ein nicht normierbarer Teil, die Person, vorhanden ist. Jede Person hat andere elektrische Eigenschaften, und damit ist das Messergebnis nicht unbedingt verallgemeinerbar bzw. reproduzierbar. Eine genormte Person kann es nicht geben, aber auch die verwendeten Schuhe sind ebenfalls nicht genormt.

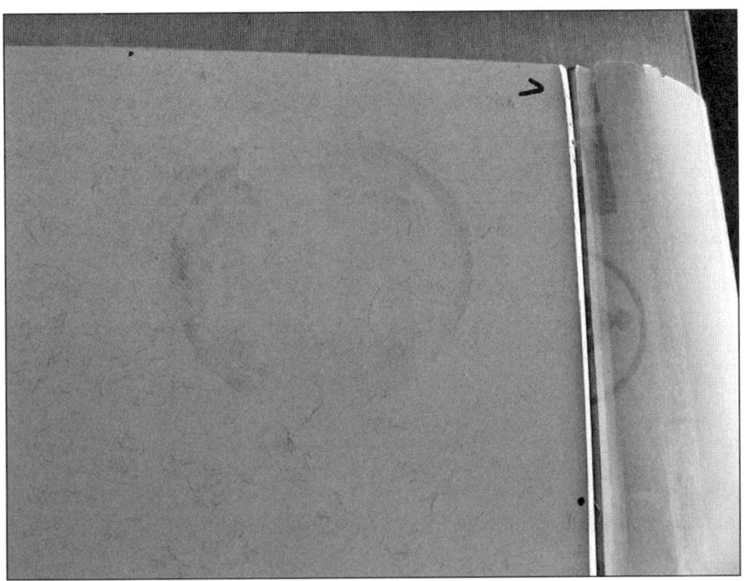

Bild 11.2 Aufnahme von der Oberfläche eines harten Materials nach dem Entfernen der Elektrode

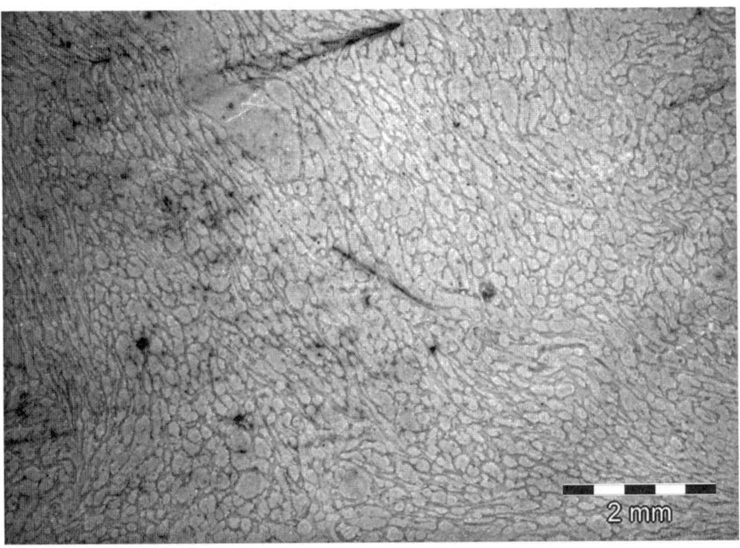

Bild 11.3 Mikroskopische Aufnahme eines Fußbodenmaterials nach der Messung und Entfernen der Elektrode (schwarze Streifen auf der Oberfläche)

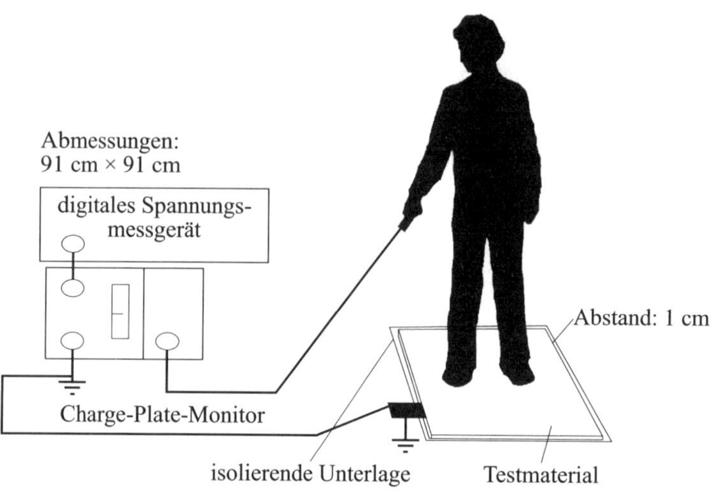

Bild 11.4 Messaufbau für die Personenaufladung nach ESD-STM 97.2 [89]

Die maximale elektrostatische Aufladung, welche in einer Elektronikfertigung erlaubt ist, beträgt zurzeit 100 V (nach DIN EN 61340-5-1 (**VDE 0300-5-1**)). Zukünftig wird dieser Wert sicher auf 10 V gesenkt werden, weil die ESDS gegenüber elektrostatischen Entladungen immer empfindlicher werden. Typisch wären dann Grenzwerte zwischen 5 V und 10 V. Diese müssen auch genau und reproduzierbar gemessen werden. **Bild 11.4** zeigt den Messaufbau für die Ermittlung der Personenaufladung.

Der Messaufbau ist identisch mit dem in der zukünftigen internationalen Norm IEC 61340-4-5 wiedergegebenen. Die elektrostatische Spannung auf der Person wird mit einem CPM (Charge-Plate-Monitor) erfasst. Der CPM besitzt eine hohe Eingangskapazität (etwa 20 pF) und ein empfindliches Ladungsmessgerät. Die Spannung selbst wird auf einem Oszilloskop oder Digitalvoltmeter angezeigt. Zur Demonstration der Abhängigkeit des Messaufbaus wurden zwei Varianten getestet. Die Personen, die Schuhe, die klimatischen Bedingungen und das Digitalvoltmeter waren gleich. Beim Digitalvoltmeter wurde die Abtastrate geändert. Variiert wurde zwischen einem CPM mit einer hohen Eingangskapazität und einem Elektrostatik-Voltmeter ohne oder sehr kleiner Eingangskapazität. Hintergrund war, neben der Messung der Personenaufladung, auch die Notwendigkeit einer entsprechenden Eingangskapazität zu beweisen. Gleichzeitig wird gezeigt, wie empfindlich ein derartiges Messsystem ist.

MS 1 CPM (Charge Plate Monitor),
Eingangskapazität: 20 pF, Abtastrate des Digitalvoltmeters: 100 kHz

MS 2 Elektrostatik-Voltmeter
Eingangskapazität: klein, Abtastrate des Digitalvoltmeters: 1 kHz

Die Modifikation der Parameter zeigt, wie sensibel das Messverfahren insgesamt ist. Neben den Parametern ist auch das Gehen genau beschrieben: Der Operator muss zwei Schritte pro Sekunde gehen, nach Möglichkeit vorwärts und rückwärts, dabei dürfen die Schuhe zwischen 50 mm und 80 mm angehoben werden, die Schritte aber nicht größer sein als 0,5 m. Die gesamte Dauer des Vorgangs darf 60 s nicht überschreiten (vgl. [87]).

Das Messsystem MS2 weicht von dem der inzwischen gültigen Norm ab. Diese verlangt unbedingt eine Eingangskapazität bis maximal 30 pF und/oder einen Eingangswiderstand größer 10^{14} Ω. Nur wenn beide Parameter erfüllt werden, ist der ermittelte Wert für die Body Voltage realistisch. Dass die Kapazität notwendig ist, zeigt das Coulomb'sche Gesetz:

$$Q = C \cdot U \qquad (11.1)$$

Wenn die Kapazität gegen null geht, dann wäre die Spannung auch „0". Die Messergebnisse des Systems MS2 demonstriert diese Aussage, bei kleiner Kapazität oder keiner Kapazität ist auch die gemessene Spannung sehr klein oder „0". Dies führt dazu, dass diese Messergebnisse grundsätzlich falsch interpretiert werden. Ohne normgerechte Eingangskapazität kann die Messung der Body Voltage oder Personenaufladung nicht erfolgen. Die Kapazität von 20 pF ist eine gute Basis, ein größerer Wert wäre empfehlenswert. Die Personenkapazität liegt normalerweise im Bereich von 100 pF bis 150 pF.

Für die Messungen wurden verschiedene Fußbodenmaterialien verwendet. Neben PVC, Linoleum und Epoxidharz kam auch ein normaler Betonboden zum Einsatz. Alle Messungen wurden in diesem Fall in einer Klimakammer mit konstanten Parametern und einer Person sowie verschiedenen Schuhen durchgeführt.

Die Ergebnisse sind in **Tabelle 11.8** und **Tabelle 11.9** dargestellt. Da diese Messungen unter gleichen klimatischen Bedingungen in einer Klimakammer, also bei konstanter Luftfeuchtigkeit und Temperatur, durchgeführt wurden, können die Mess-Systeme verglichen werden. Besonders in der Tabelle 11.8 wird deutlich, dass ein Messsystem unbedingt eine Eingangskapazität benötigt. Das MS2, fast ohne Ein-

Material	**Body Voltage MS1**	**Body Voltage MS2**
Epoxidharzboden 1 Schuhe 1	+ 220 V … + 10 V	– 32 V … – 460 V
Epoxidharzboden 1 Schuhe 2	– 158 V … – 398 V	– 7 V … – 39 V
Epoxidharzboden 1 Schuhe 3	– 945 V … – 1013 V	– 131 V … – 265 V

Tabelle 11.8 Messergebnisse – Vergleich der Messsysteme

Material	Body Voltage Schuhe 1 (leitfähig)	Body Voltage Schuhe 2 (nicht leitfähig)
Epoxidharzboden 1	+ 220 V ... + 10 V	– 158 V ... – 398 V
Epoxidharzboden 2	+ 240 V ... + 440 V	– 555 V ... – 1055 V
Epoxidharzboden 3	– 97,5 V ... – 20 V	– 675 V ... – 727 V
Linoleum, leitfähig	+ 20 V ... – 25 V	–
Linoleum, low charging	– 642,5 V ... – 652 V	– 900 V ... – 892 V

Tabelle 11.9 Messergebnisse – Vergleich verschiedener Fußbodensysteme

gangskapazität, zeigt wesentlich kleinere elektrostatische Aufladungen. Für die weitere Beurteilung von Fußböden wäre das eine falsche Aussage, denn der Boden wird fälschlicherweise als in Ordnung eingestuft, weil keine elektrostatischen Aufladungen gemessen werden können. Das Messsystem MS1 ist sehr empfindlich und lieferte bei allen durchgeführten Messungen sehr gute Ergebnisse. Dies verdeutlichen auch **Bild 11.5** und **Bild 11.6**.

Zusammenfassend kann hier festgestellt werden, dass, obwohl die Messungen mit derselben Person durchgeführt wurden, die Messergebnisse sehr unterschiedlich sind. Sehr schnelle Entladungen können nur registriert werden, wenn eine ausreichend große Eingangskapazität zur Speicherung der elektrostatischen Ladungen

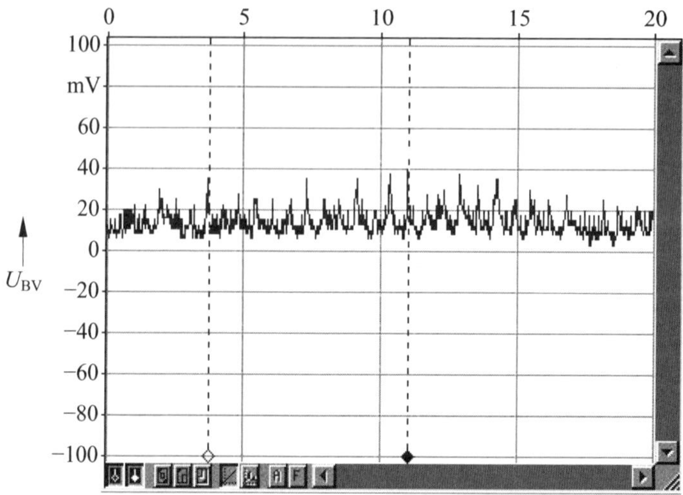

Bild 11.5 Messung der Body Voltage mit dem Messsystem MS1

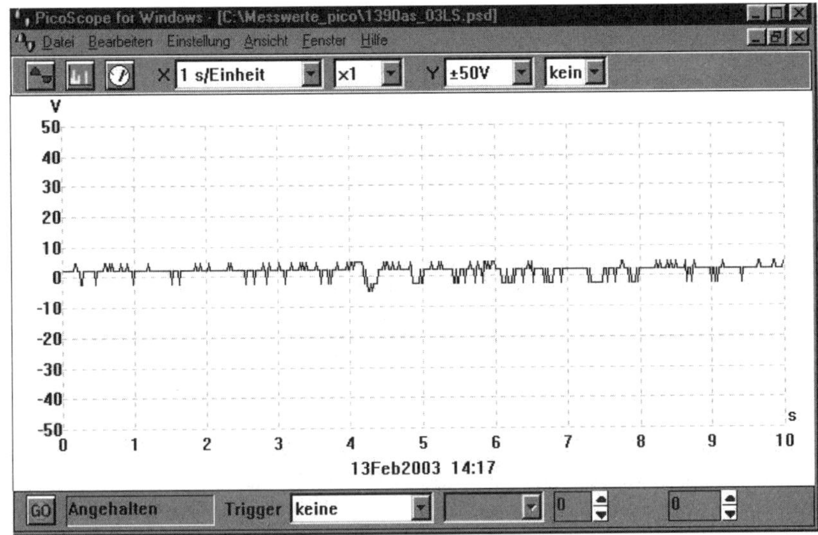

Bild 11.6 Messung der Body Voltage mit dem Messsystem MS2

vorhanden ist. Ein Voltmeter mit einem hohen Eingangswiderstand allein reicht nicht aus. Die Kapazität des CPM (Charge-Plate-Monitors) ist unbedingt notwendig.

Die Messmethoden mit den Mess-Systemen MS1 und MS 2 demonstrieren, dass alle Messungen, sowohl die Elektrodenmessungen des Ableitwiderstands als auch die folgenden Messungen des Systemwiderstands, unbedingt notwendig sind, um ein Fußbodenmaterial ausreichend zu qualifizieren.

Messverfahren – Systemwiderstand

Als letztes Messverfahren wird die Messung des Systemwiderstands „Person – Schuhe – Fußboden" beschrieben. **Bild 11.7** zeigt den prinzipiellen Messaufbau. Eine Person steht mit beiden Füßen auf dem Fußbodenmaterial. Dabei hält sie eine Handelektrode, die mit dem Messsystem verbunden ist. Durchgeführt wird eine normale Widerstandsmessung über die Person mit einer Messspannung von 100 V.

Material	Ableitwiderstand R_A ANSI/ESD S7.1	Ableitwiderstand R_A IEC 61340-5-1	Systemwiderstand STM97.1	Body Voltage STM97.2
Epoxidharzboden	$1{,}8 \cdot 10^5\ \Omega$	$1{,}1 \cdot 10^{12}\ \Omega$	$8{,}9 \cdot 10^5\ \Omega$	+ 90 V … – 210 V
Betonboden	$2{,}1 \cdot 10^3\ \Omega$	$3{,}7 \cdot 10^4\ \Omega$	$1{,}7 \cdot 10^7\ \Omega$	+ 35 V … – 11 V

Tabelle 11.10 Messergebnisse, Widerstand, Body Voltage und Systemwiderstand

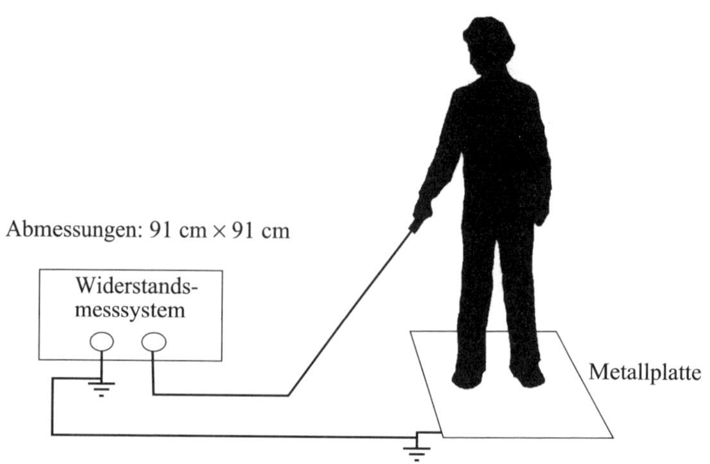

Bild 11.7 Messaufbau für den Systemwiderstand nach ESD-STM 97.1 [88]

Zusammenfassung

Die durchgeführten Messungen zeigen, dass es sehr schwierig ist, ein Fußbodenmaterial ausschließlich mit Widerstandsmessungen zu beschreiben. Es ist wichtig, dass alle Parameter zur Beschreibung herangezogen werden, um eine exakte Interpretation zu erhalten. Die Klassifizierung eines Fußbodens durch ausschließlich einen Parameter, z. B. der Body Voltage, ist nicht ausreichend. Die Messung mit Elektroden ist nicht leicht, weil die Anforderungen an den leitfähigen Kontaktgummi nicht ausreichend definiert sind. Außerdem ist die Person als Bestandteil der Messverfahren sowohl für die Body Voltage als auch für den Systemwiderstand nicht normierbar.

Die Messergebnisse zeigen weiter, dass das Kontaktmaterial einen entscheidenden Einfluss auf die Messergebnisse hat. Die **Bild 11.8** zeigt alle Messwerte, besonders aber die Tatsache, dass der graue Leitgummi mit Metallteilen eher den ESD-gerechten Schuhen entspricht, die verwendet werden. Der schwarze Leitgummi liefert grundsätzlich sehr niedrige Widerstandswerte.

Die **Bilder 11.9**, **11.10** und **11.11** sind erste mikroskopische Aufnahmen, die der Erklärung des Aufbaus eines leitfähigen Fußbodens dienen sollen. Sehr eindeutig ist die Verteilung der leitfähigen Partikel im Material zu erkennen. Nur wenn sich ausreichend leitfähige Partikel an der Oberfläche befinden, kann es eine elektrische Leitfähigkeit bzw. einen Kontakt geben. Die Leitpartikel haben die Eigenschaft, beim Aushärten nach unten zu sinken.

Diese Untersuchungen zeigen weiterhin, dass der Aufbau eines ableitfähigen Fußbodens sehr kritisch ist. Die Konstruktion, der Aufbau und die Verteilung der Leitpartikel sind nicht so einfach zu beherrschen. Weitere mikroskopische Untersuchungen werden zeigen, wie wichtig der reale Kontakt zwischen Schuhe und Fußboden ist.

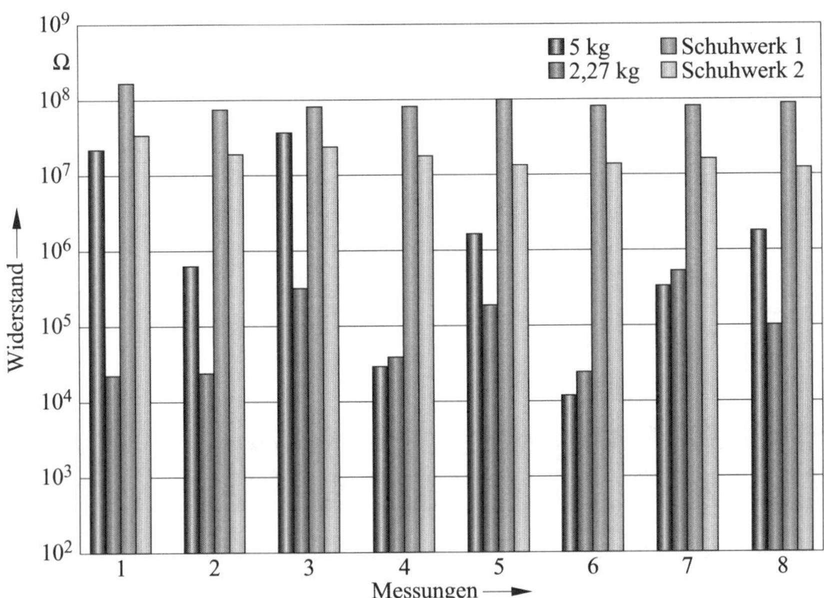

Bild 11.8 Vergleich aller Messmethoden

Bild 11.9 Verteilung der Leitpartikel in einem gegossenen Fußbodenmaterial 1

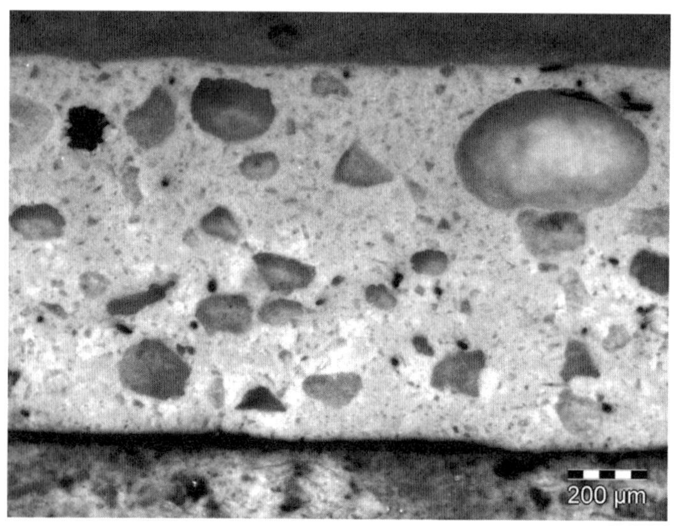

Bild 11.10 Verteilung der Leitpartikel in einem gegossenen Fußbodenmaterial 2

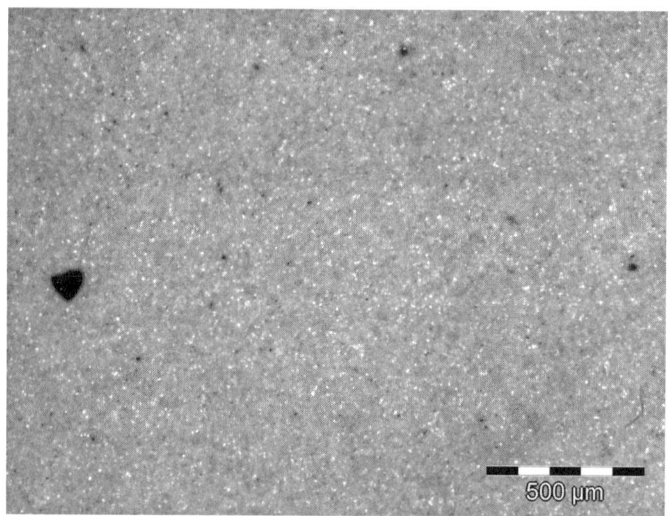

Bild 11.11 Verteilung der Leitpartikel an der Oberfläche des Fußbodenmaterials 1

11.2 Erfahrungen bei der Messung von Verpackungsmaterialien für elektronische Bauelemente und Baugruppen nach der aktuellen ESD-Norm DIN EN 61340-5-1 (VDE 0300-5-1) und der DIN EN 61340-5-3 (VDE 0300-5-3)

Der folgende Bericht zeigt Probleme und Erfahrungen bei der Realisierung und Durchführung von Messungen von Verpackungsmaterialien. Verpackungsmaterialien sind aber komplex zu betrachten; die bisher vorhandenen Messmethoden sind teilweise nicht einsetzbar oder sehr aufwendig. Neben den „normalen" Messmethoden mit den üblichen 2,5-kg- oder 5-kg-Elektroden werden zwei Miniaturelektroden vorgestellt. Anhand von Messaufbauten wird gezeigt, dass nur mit diesen Elektroden eine sinnvolle Messung möglich ist.

In der **Tabelle 11.11** werden die Anforderungen an Verpackungsmaterialien definiert. Die Werte und Beschreibungen sind der gültigen Norm [90] entnommen.

Material	Parameter
low charging	Minimierung der Ladungsgeneration
conductive/leitfähig	$> 1 \cdot 10^2\ \Omega \ldots < 1 \cdot 10^4\ \Omega$
dissipative/ableitfähig	$> 1 \cdot 10^4\ \Omega \ldots < 1 \cdot 10^{11}\ \Omega$
shielding/abschirmend	max. Energie: 50 nJ bei einer HBM-Entladung von 1 000 V

Tabelle 11.11 Anforderungen an ESD-Verpackungsmaterialien

Die Messaufbauten entsprechen den festgelegten Messmethoden für Ableitwiderstand, Durchgangs- und Volumenwiderstand (vgl. Kapitel 9). Der Widerstand wird immer gemessen zwischen der Elektrode und einer definierten Gegenelektrode. Für Oberflächenwiderstandsmessungen wird die Ringelektrode nach DIN EN 61340-2-3 (**VDE 0300-2-3**) eingesetzt.

Auch hier spielt der reale Kontakt eine entscheidende Rolle. Die Verpackungsmaterialien sind entweder „weich" oder haben die verschiedensten Formen. Sie sind in den seltensten Fällen flach oder planar, außer bei Verpackungsbeuteln.

Praktische Messungen und Messergebnisse

Es wurden Messungen an typischen Verpackungen und Verpackungsmaterialien für elektronische Bauelemente und Baugruppen durchgeführt. Zum Nachweis der Schwierigkeiten wurden große und kleine Verpackungen mit großen und kleinen Elektroden gemessen. In der Praxis werden bisher grundsätzlich die Standardelektroden verwendet. Welche Schwierigkeiten die Messungen verursachen, zeigen

Bild 11.12 Typische Messung einer IC-Versandstange mit einer 5-kg-Elektrode

Bild 11.12 und **Bild 11.13**. Bild 11.12 zeigt die Messung einer IC-Versandstange mit einer normalen 5-kg-Elektrode. Die zu messende Fläche wird nur zum Teil von der Elektrodenfläche bedeckt. Damit wird auch nur ein Teil des eigentlichen Widerstands gemessen. Die abgedeckte Fläche ist nicht bekannt, kann aber sicher berechnet werden. In der Praxis wird das in der Regel nicht erfolgen. Da ständig verschiedene Materialien gemessen werden, müsste ständig die Fläche errechnet werden.

Die in Bild 11.13 gezeigte Elektrode ist wesentlich besser geeignet, um sehr kleine Verpackungsmaterialien zu beurteilen.

Die kleine Elektrode mit einem Durchmesser von 12 mm liefert sehr gleichmäßige und reproduzierbare Messergebnisse. Es sind keine weiteren Berechnungen der Fläche notwendig. Die Messergebnisse in **Tabelle 11.12** zeigen, dass die Messergebnisse sehr gut reproduzierbar sind. Alle Messungen wurden unter gleichen klimatischen Bedingungen durchgeführt.

Bild 11.13 Miniatur-Ringelektrode zur Messung des Oberflächenwiderstands von IC-Versandstangen

Material	1	2	3	4
„Antistatic"-IC-Versandstange	$5{,}91 \cdot 10^{12}\,\Omega$	$5{,}00 \cdot 10^{12}\,\Omega$	$5{,}52 \cdot 10^{12}\,\Omega$	$4{,}58 \cdot 10^{12}\,\Omega$
Leitfähige IC-Versandstange	$1{,}03 \cdot 10^{6}\,\Omega$	$1{,}03 \cdot 10^{6}\,\Omega$	$1{,}34 \cdot 10^{6}\,\Omega$	$1{,}17 \cdot 10^{6}\,\Omega$
Fenster einer leitfähigen IC-Versandstange (low charging)	$4{,}31 \cdot 10^{12}\,\Omega$	$4{,}32 \cdot 10^{12}\,\Omega$	$4{,}05 \cdot 10^{12}\,\Omega$	$4{,}21 \cdot 10^{12}\,\Omega$
Tray für ICs	$2{,}94 \cdot 10^{12}\,\Omega$	$3{,}29 \cdot 10^{12}\,\Omega$	$2{,}73 \cdot 10^{12}\,\Omega$	$3{,}48 \cdot 10^{12}\,\Omega$

Tabelle 11.12 Messergebnisse an verschiedenen Verpackungsmaterialien mit einer Miniatur-Ringelektrode

Die Messwerte in Tabelle 11.12 bestätigen, dass die Miniatur Ringelektrode reproduzierbare Messwerte liefert und in der Praxis für die Messung derartiger Verpackungsmaterialien eingesetzt werden kann. Sie liefert sehr gute Ergebnisse. Die **Bilder 11.14, 11.15, 11.16** und **11.17** ergänzen die Aussagen.

Probe	1	2	3	4
2,27-kg-Elektrode	$1{,}25 \cdot 10^{7}\,\Omega$	$5{,}71 \cdot 10^{6}\,\Omega$	$1{,}25 \cdot 10^{7}\,\Omega$	$1{,}53 \cdot 10^{7}\,\Omega$
Zweipunkt-Miniatur-Elektrode	$1{,}68 \cdot 10^{9}\,\Omega$	$1{,}31 \cdot 10^{9}\,\Omega$	$8{,}01 \cdot 10^{8}\,\Omega$	$2{,}58 \cdot 10^{9}\,\Omega$
Miniatur-Ringel-Ektrode	$5{,}29 \cdot 10^{8}\,\Omega$	$6{,}82 \cdot 10^{8}\,\Omega$	$2{,}85 \cdot 10^{9}\,\Omega$	$1{,}68 \cdot 10^{9}\,\Omega$

Tabelle 11.13 Vergleich der Messelektroden

Leider lassen sich die Messwerte untereinander schwer vergleichen. Die Messwerte bestätigen die eben beschriebenen Probleme der unterschiedlichen Formen der Verpackungsmaterialien. Die **Tabelle 11.13** enthält Messwerte, die an gleichen Verpackungsmaterialien (Blistergurt) durchgeführt wurden. Auch hier ist das Grundprinzip, dass alle Messungen bei gleichen klimatischen Bedingungen durchzuführen sind. Bisher wurden Widerstandswerte für die Beurteilung von Verpa-

Bild 11.14 Messung eines Blistergurts mit einer 5-kg-Elektrode

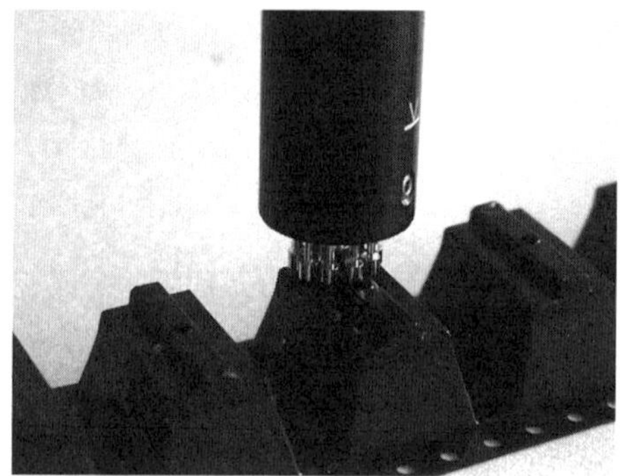

Bild 11.15 Messung eines Blistergurts mit einer Miniatur-Ringelektrode

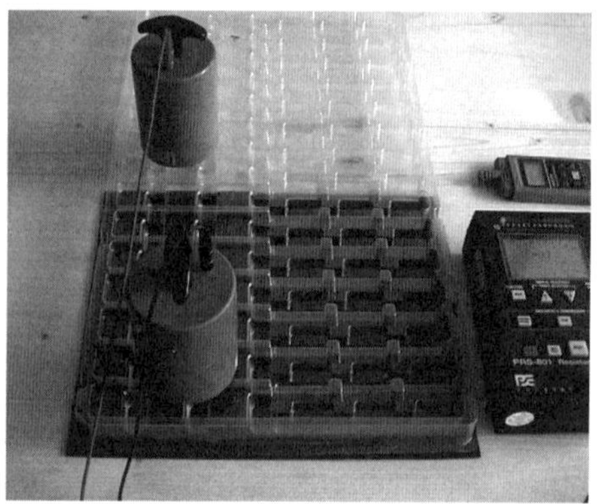

Bild 11.16 Messung eines Trays mit einer normalen Elektrode

Bild 11.17 Messung eines Trays mit einer Miniatur-Ringelektrode

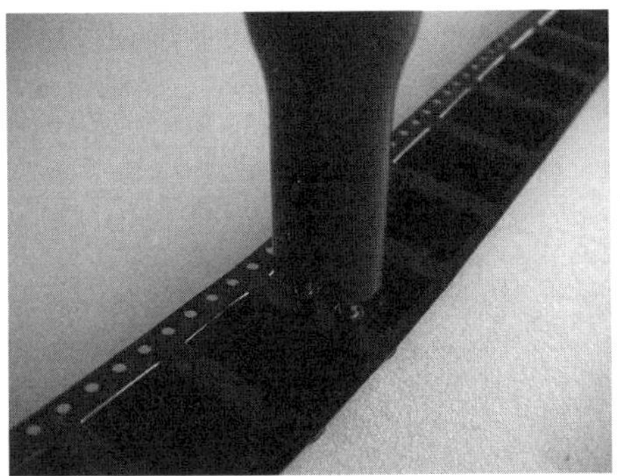

Bild 11.18 Messung eines Blistergurts mit einer Zweipunkt-Miniaturelektrode

Bild 11.19 Einfache Messmethode für die Entladungszeit

Bild 11.20 Einfache Messmethode für die Ermittlung der Abschirmeigenschaften von Verpackungsbeuteln

Material	Low-charging-Beutel		Shielding-Beutel	
	+ 1 000 V ⇒ + 100 V	– 1 000 V⇒ – 100 V	+ 1 000 V ⇒ + 100 V	– 1 000 V ⇒ – 100 V
	2,9 s	5,6 s	0,6 s	4,8 s
	2,3 s	7,8 s	0,7 s	11,5 s
	5,3 s	12,1 s	0,9 s	8,8 s
	7,3 s	15,5 s	1,0 s	11,2 s
	7,0 s	14,9 s	1,2 s	17,7 s
Oberflächenwiderstand	$5{,}78 \cdot 10^{10}\ \Omega$		$2{,}07 \cdot 10^{10}\ \Omega$	

Tabelle 11. 14 Messergebnisse an zwei verschiedenen Verpackungsbeuteln, Entladezeitmessung

ckungsmaterialien herangezogen. Andere Verpackungseigenschaften: Low charging, Abschirmung, Entladezeit (Static Decay) usw. erfordern weitere Messmethoden. Diese sind in der Regel sehr aufwendig. Grundsätzlich muss es das Ziel sein, ein einfaches Messverfahren für die Beurteilung eines Verpackungsmaterials zu nutzen. Die Messung des Abschirmverhaltens bzw. der Entladezeit ist sehr kostenintensiv. Im Folgenden werden zwei einfache Messverfahren vorgestellt, die relativ kostengünstig sind und reproduzierbare Messergebnisse für die Praxis liefern. Die Ergebnisse werden in den **Tabellen 11.14** und **11.15** zusammengefasst.

Diese einfache Methode benutzt ein Digitales Feldmeter, einen passenden Charge-Plate-Aufsatz, einen Timer und eine Ladungsquelle (Charger). Die definierte Kapazität des Charge-Plate-Aufsatzes wird auf 1 000 V aufgeladen. Danach erfolgt die Entladung auf einen Endwert von 100 V. Der Timer zeigt die Entladezeit an. Die Messungen wurden jeweils von +1 000 V und von –1 000 V auf 10 % des Endwerts durchgeführt, entsprechend der gültigen Norm. Gemessen wurde bei normalen Umgebungsbedingungen. Das Messverfahren soll möglichst praxisgerecht realisiert werden. Es ergaben sich Unterschiede bei den Polaritäten. Abschließend wurde der Oberflächenwiderstand mit der definierten Ringelektrode gemessen.

Auch hier wird das Digitale Feldmeter mit einem Charge-Plate-Aufsatz genutzt. Eine Miniaturelektrode ist mit einer Ladungsquelle (Charger) verbunden. Die

Material	Low-charging-Beutel	Shielding-Beutel
Ladung: 1 000 V	innerhalb	innerhalb
	860 V	20 V
	870 V	30 V
	950 V	80 V

Tabelle 11.15 Messergebnisse für das Abschirmverhalten

Ladungsquelle erzeugt 1000 V, und die „ankommende" Ladung im Innern des Beutels wird am Feldmeter abgelesen. Die Tabelle 11.15 zeigt die Messergebnisse von sogenannten Low-charging- und Abschirmbeuteln.

Die Messergebnisse in den Tabellen 11.14 und 11.15 zeigen, dass der Weg zur Ermittlung der Entladezeit und des Abschirmverhaltens richtig ist, um einfache Messverfahren für eine schnelle praktische Überprüfung der Eigenschaften zu erhalten. Gegenüber Labormessungen ergeben sich sicherlich Unterschiede. Einige Unstimmigkeiten ergeben sich, weil das „low charging"-Material ein „undefiniertes" Material aus einer praktischen Umgebung war. Das Abschirmverhalten ist aber schon eine einfache Methode, die auch vergleichbare Werte lieferte.

Zusammenfassung

Die verwendeten Messmethoden und die zwei neuen Miniatur-Elektroden für die Überprüfung von ESD-Verpackungsmaterial zeigen die Probleme bei der Beurteilung des Materials. Für Widerstandsmessungen wurden Vergleichsmessungen durchgeführt. Die Grenzen der herkömmlichen Elektroden konnten aufgezeigt werden. Die Kontaktfläche ist nicht identisch mit der eigentlichen Messfläche. Damit ergeben sich sehr große Unterschiede in den Messergebnissen.

Die Versuche zur Entladungszeit und zum Abschirmverhalten sollen dazu beitragen, einfache Messmethoden für die Praxis zu finden und zu standardisieren. Bisher wurden grundsätzlich nur Laborversuche unter gleichen klimatischen Bedingungen durchgeführt. Eine einfache und vor allem kostengünstige Möglichkeit für eine Überprüfung der Verpackungsmaterialien wurde noch nicht gefunden. In der täglichen Arbeit müssen selbstverständlich auch Verpackungsmaterialien überprüft werden. Zum Einsatz kamen zwei einfache Anordnungen mit einem Feldstärkemessgerät und praxisnahen Zubehör. Dabei kam es auch zu universell einsetzbaren Messgeräten.

Neben der Messung von flachen oder planaren Verpackungsmaterialien, Trays, IC-Versandstangen, Blistergurten usw. kommen noch die eigentlichen Verpackungssysteme aus äußerer und innerer Verpackung zum Einsatz. Für diese Kombination gibt es im Moment wenige oder überhaupt keine Messmethoden. Das Ziel ist hier, sogenannte Systemtests einzuführen. In der Praxis wird oft der Aufbau von Verpackungskombinationen falsch verstanden.

12 Literatur

[1] *Berndt, H.*: Verhalten von elektronischen Bauelementen bei ESD – Grundlagen, Wirkungen, Schutzmaßnahmen. Schriftenreihe Mikroelektronik – Information/Applikation, Heft 36. Frankfurt (Oder): Kammer der Technik, Bezirksvorstand, 1986

[2] DIN EN 100015-1:1993-06 (zurückgezogen) Schutz von elektrostatisch gefährdeten Bauelementen – Teil 1: Allgemeine Anforderungen. Berlin: Beuth

[3] ESD ADV1.0-2017 ESD Association Advisory for Electrostatic Discharge Terminology – Glossary. Rome, New York/USA: ESD Association, 2017

[4] Leitfaden für ESD-Schutz – Schutz elektrostatisch gefährdeter Bauteile und Geräte in der Praxis. Fachausschuss Elektrostatik – VDE/VDI-Gesellschaft Mikroelektronik (GME). Berlin · Offenbach: VDE VERLAG, 1994. – ISBN 978-3-8007-2057-6

[5] ESD TR 20.20-2016 ESD Handbook (Companion to ANSI/ESD S20.20). Rome, New York/USA: EOS/ESD Association, 2016

[6] TRGS 727 Technische Regeln für Gefahrstoffe – Vermeidung von Zündgefahren infolge elektrostatischer Aufladungen. GMBl. 67 (2016) H. 12–17, S. 256–314. – ISSN 0939-4729

[7] DIN EN 61340-5-1 (**VDE 0300-5-1**):2017-07 Elektrostatik – Teil 5-1: Schutz von elektronischen Bauelementen gegen elektrostatische Phänomene – Allgemeine Anforderungen. Berlin · Offenbach: VDE VERLAG

[8] DIN EN 61340-5-1 Beiblatt 1 (**VDE 0300-5-1 Beiblatt 1**):2009-09 Elektrostatik – Teil 5-2: Schutz von elektronischen Bauelementen gegen elektrostatische Phänomene – Benutzerhandbuch. Berlin · Offenbach: VDE VERLAG

[9] *Zupac, D.*; *Pote, D.*; *Schrimpf, R. D.*; *Galloway, K. F.*: Annealing of ESD-induced damage in power MOSFETs. S. 121–128 in: Electrical Overstress/Electrostatic Discharge Symposium Proceedings 1992 (EOS-14), Dallas, Texas/USA, 16.9. – 18.9.1992. Rome, New York/USA: EOS/ESD Association, Inc., 1992. – ISBN 1-87830-334-1

[10] *Habiger, E.* (Hrsg.): Handbuch Elektromagnetische Verträglichkeit. Berlin · München: Verlag Technik, 1992. – ISBN 978-3-341-00993-2

[11] IEC 61340-1-2 (IEC 101/189/CD):2004 (Entwurf, zurückgezogen) Electrostatics – Part 1-2: Definitions of all parts of the electrostatics-series 61340-x-y. Genf/Schweiz: Bureau Central de la Commission Electrotechnique Internationale

[12] *Claussnitzer, H.*: Einführung in die Elektrotechnik. 8. Aufl. Berlin: Verlag Technik, 1982

[13] *Lunze, K.*: Einführung in die Elektrotechnik. 13. Aufl. Berlin: Verlag Technik, 1991. – ISBN 978-3-341-00980-2

[14] *Wunsch, G.*; *Schulz, H.-G.*: Elektromagnetische Felder. 2. Aufl. Berlin: Verlag Technik, 1996. – ISBN 978-3-341-01155-3

[15] *Rumpf, K.-H.*: Bauelemente der Elektronik. 13. Aufl. Berlin: Verlag Technik, 1988. – ISBN 978-3-341-00513-2

[16] *Moehr, E. C.*: A new ESD test method and its impact. S. 367–369 in: Proceedings of the 8th International Zurich Symposium and Technical Exhibition on Electromagnetic Compatibility. ETH Zürich/Schweiz, 7.3. – 9.3.1989. Zürich/Schweiz: ETH Zentrum, 1989

[17] *Richman, P.*: Progress report on a different kind of ESD standard. S. 349–354 in: Proceedings of the 8th International Zurich Symposium and Technical Exhibition on Electromagnetic Compatibility. ETH Zürich/Schweiz, 7.3. – 9.3.1989. Zürich/Schweiz: ETH Zentrum, 1989

[18] *Weil, G.*: Making accurate and repeatable measurements of the ESD current waveform at 1 GHz and above. S. 355–360 in: Proceedings of the 8th International Zurich Symposium and Technical Exhibition on Electromagnetic Compatibility. ETH Zürich/Schweiz, 7.3. – 9.3.1989. Zürich/Schweiz: ETH Zentrum, 1989

[19] *Mardiguian, M.*: Electrostatic discharge – Understand, simulate and fix ESD-Problems. 3. Aufl. Hoboken, New Jersey/USA: Wiley, 2009. – ISBN 978-0-470-39704-6

[20] *Unger, B. A.*: Electrostatic discharge failures of semiconductor devices. S. 193–199 in: Proceedings of the 19th IEEE International Reliability Physics Symposium in Orlando/Florida/USA, 7.4. – 9.4.1981. New York/USA: IEEE, 1981. – ISSN 0735-0791

[21] *Wunsch, D.*; *Bell, R. R.*: Determination of threshold failure levels of semiconductor diodes and transistors due to pulse voltages. IEEE Transactions on Nuclear Science NS-15 (1968) H. 6, S. 244–259. – ISSN 0018-9499

[22] *Olney, A.*: A combined socketed and non-socketed CDM Test approach for eliminating real-world CDM failures. S. 62–75 in: Proceedings of the Electrical Overstress/Electrostatic Discharge Symposium 1996 (EOS-18), Orlando, Florida/USA, 10.9. – 12.9.1996. Rome/New York/USA: ESD Association, 1996. – ISBN 978-1-87830-36-9

[23] DIN EN 61340-3-1 (**VDE 0300-3-1**):2008-03 Elektrostatik – Teil 3-1: Verfahren zur Simulation elektrostatischer Effekte – Prüfpulsformen der elektrostatischen Entladung für das Human Body Model (HBM). Berlin · Offenbach: VDE VERLAG

[24] DIN EN 61340-3-2 (**VDE 0300-3-2**):2007-11 Elektrostatik – Teil 3-2: Verfahren zur Simulation elektrostatischer Effekte – Prüfpulsformen der elektrostatischen Entladung für das Machine Model (MM). Berlin · Offenbach: VDE VERLAG

[25] IEC 61340-3-3 (101/6/RVN):1996-01 (zurückgezogen) Electrostatics – Part 3-3: Methods for simulation of electrostatic effects – Charged device model (CDM) – Component testing. Genf/Schweiz: Bureau Central de la Commission Electrotechnique Internationale

[26] ANSI/ESDA/JEDEC JS-001-2017: ESDA/JEDEC Joint Standard for Electrostatic Discharge Sensitivity Testing – Human Body Model (HBM) – Component Level. Arlington, Virginia/USA: JEDEC Solid State Technology Association (JEDEC)

[27] ANSI/ESD STM5.2-2012: Machine Model (MM) Component Level. Rome, New York/USA: EOS/ESD Association, 2013. – ISBN 1-5853-7239-0

[28] ANSI/ESD SP5.3.2-2013: Sensitivity Testing – Socketed Device Model (SDM) Component Level. Rome, New York/USA: EOS/ESD Association, 2013. – ISBN 1-5853-7245-5

[29] ANSI/ESD STM5.5.1-2016: Electrostatic Discharge Sensitivity Testing – Transmission Line Pulse (TLP) – Device Level. Rome, New York/USA: EOS/ESD Association, 2016. – ISBN 1-5853-7290-0

[30] IEC 60749-26:2013-04 Semiconductor devices – Mechanical and climatic test methods – Part 26: Electrostatic discharge (ESD) sensitivity testing – Human body model (HBM). Genf/Schweiz: Bureau Central de la Commission Electrotechnique Internationale. – ISBN 978-2-83220-746-8

[31] IEC 60749-27:2006-07 Semiconductor devices – Mechanical and climatic test methods – Part 27: Electrostatic discharge (ESD) sensitivity testing – Machine model (MM). Genf/Schweiz: Bureau Central de la Commission Electrotechnique Internationale. – ISBN 978-2-8322-0407-8

[32] IEC 60749-28:2017-03 Semiconductor devices – Mechanical and climatic test methods – Part 28: Electrostatic discharge (ESD) sensitivity testing – Charged device model (CDM) – device level. Genf/Schweiz: Bureau Central de la Commission Electrotechnique Internationale. – ISBN 978-2-8322-4139-4

[33] IEC 61000-4-2:2008-12 Electromagnetic compatibility (EMC) – Part 4-2: Testing and measurement techniques – Electrostatic discharge immunity test. Genf/Schweiz: Bureau Central de la Commission Electrotechnique Internationale. – ISBN 2-8318-1019-7

[34] *Greason, W. D.*; *Chum, K.*: The integrity of gate oxide related to latent failures under EOS/ESD conditions. S. 106–111 in: Proceedings of the Electrical Overstress/Electrostatic Discharge Symposium (EOS-14), Dallas/Texas/USA, 16.9. – 18.9.1992. Rome, New York/USA: EOS/ESD Association, 1992. – ISBN 978-1-87-830334-9

[35] *Baumgärtner, H.*; *Knabel, L.*; *Eisele, I.*: Modell für die Degradation eines CMOS-Bauelementes durch ESD-Mehrfachentladungen. S. 150–159 in: Tagungsband 3. ESD-Forum 1993/1994, Grainau, 2.12. – 3.12.1993. Herrenberg: VP Verlagsgesellschaft, 1994. – ISBN 3-9802845-2-2

[36] *Ishizuka, H.*; *Okuyama, K.*; *Kubota, K.*; *Komuro, M.*; *Hara, Y.*: A study of ESD protection devices for input pins – Discharge Characteristics of Diode, Lateral Bipolar Transistor and Thyristor under MM and HBM Tests. S. 255–262 in: Proceedings of the Electrical Overstress/Electrostatic Discharge Symposium (EOS-19). Santa Clara/Kalifornien/USA, 23.9. – 25.9.1997. Rome, New York/USA: EOS/ESD Association, 1997. – ISBN 1-87830-379-1

[37] *Speakman, T. S.*: A model for the failure of bipolar silicon integrated circuits subjected to electrostatic discharge. S. 60–69 in: Proceedings of the 12th Annual Reliability Physics Symposium, Las Vegas, Nevada/USA, 2.4. – 4.4.1974. New York/USA: IEEE, 1974. – ISSN 0735-0791

[38] *Wunsch, D.*: The application of electrical overstress models to gate protective Networks. S. 47–55 in: Proceedings of the 16th Annual Reliability Physics Symposium. San Diego, Kalifornien/USA, 18.4. – 20.4.1978. New York/USA: IEEE, 1978. – ISSN 0735-0791

[39] *Bhar, T. N.*; *McMahon, E. J.*: Electrostatic Discharge Control. Rochelle Park, New Jersey/USA: Hayden, 1983. – ISBN 0-8104-5689-3

[40] *Daout, B.*; *Ryser, H.*; *Germond, A.*; *Zweiacker, P.*: The correlation of rising slope and speed of approach in ESD tests. S. 461–466 in: Proceedings of the 7th International Zurich Symposium and Technical Exhibition on Electromagnetic Compatibility. ETH Zürich/Schweiz, 3.3. – 5.3.1987. Zürich/Schweiz: ETH Zentrum – IKT, 1987

[41] *Sze, S.*: Physics of semiconductor devices. 3. Aufl. New York/USA: Wiley, 2007. – ISBN 978-0-471-14323-9

[42] *Keller, J. K.*: Protection of MOS integrated circuits from destruction by electrostatic discharge. S. 73–80 in: Proceedings of the 2nd Electrical Overstress/Electrostatic Discharge Symposium (EOS-2). San Diego/Kalifornien/USA, 9.9. – 11.9.1980. Griffiss Air Force Base Rome, New York/USA: Reliability Analysis Center, 1981

[43] *Cock, C.*; *Sabbas, D.*: Characterization and failure analysis of advanced CMOS submicron ESD protection structures. S. 149–157 in: Electrical Overstress/Electrostatic Discharge Symposium Proceedings 1992 (EOS-14), Dallas, Texas/USA, 16.9. – 18.9.1992. Rome, New York/USA: EOS/ESD Association, Inc., 1992. – ISBN 1-87830-334-1

[44] *Guggenmos, X.*: ESD-Optimierung von hochintegrierten CMOS-Schaltungen – Design- und/oder Prozessmaßnahmen. S. 9–18 in: Tagungsband 3. ESD-Forum 1993/1994, Grainau, 2.12. – 3.12.1993. Herrenberg: VP Verlagsgesellschaft, 1994. – ISBN 3-9802845-2-2

[45] *Freemann, S. P.*; *Moss, R. Y.*: Sources of error in resistance measurements on conductive floors. S. 216–223 in: Electrical Overstress/Electrostatic Discharge Symposium Proceedings 1991 (EOS-13), Las Vegas, Nevada/USA, 24.9. – 26.9.1991. Rome, New York/USA: EOS/ESD Association, Inc., 1991. – ISBN 1-87830-327-9

[46] DIN VDE 0100 (Normenreihe) Errichten von Niederspannungsanlagen. Berlin · Offenbach: VDE VERLAG

[47] DGUV-Information 203-024:2001-09 (vormals BGI 818) Sicherheitstechnische Anforderungen an Handgelenkerdung. Berufsgenossenschaft Energie Textil Elektro Medienerzeugnisse (BG ETEM). Köln: Heymanns, 2001

[48] *Haase, J.*; *Löbel, W.*: Elektrostatische Sicherheit von Schutzkleidung und ihre Prüfung. International Textile Bulletin – Vliesstoffe, Technische Textilien 41 (1995) H. 3, S. 6–12

[49] *Löbel, W.*: Wirkung permanenter antistatischer Applikationen bei Textilien und deren komplexe Prüfung. Meilliand Textilberichte 76 (1995) H. 10, S. 916–919. – ISSN 0341-0781

[50] *Numaguchi, T.*: Control of static charge on personnel, impact of socks on resistance to ground through footwear. S. 333–337 in: Electrical Overstress/Electrostatic Discharge Symposium Proceedings 1996 (EOS-18), Orlando, Florida/USA, 10.9. – 12.9.1996. Rome, New York/USA: EOS/ESD Association, Inc., 1996. – ISBN 1-87830-369-4

[51] *Schumacher, K.*: Untersuchung verschiedener Konzepte (HBM) zur Prüfung der ESD-Schutzwirkung von „Transparent Static Shielding Bags", in Anlehnung an den Standard ANSI EIA-541. S. 17–33 in: Tagungsband 2. ESD-Forum 1991, Düsseldorf, 29.10. – 30.10.1991. Herrenberg: VP Verlagsgesellschaft, 1991. – ISBN 3-9802845-0-6

[52] *Gärtner, R.*; *Schmeer, H.*: Bestimmung der Schutzwirkung von Verpackungsbeuteln verschiedener Konstruktionsprinzipien mit einem Aufbau gemäß EIA-541. S. 34–47 in: Tagungsband 2. ESD-Forum 1991, Düsseldorf, 29.10. – 30.10.1991. Herrenberg: VP Verlagsgesellschaft, 1991. – ISBN 3-9802845-0-6

[53] EIA-541:1988 (zurückgezogen) Packaging material standards for ESD sensitive items. Washington D. C./USA: Electronic Industries Association (Ersetzt durch ANSI/ESD S541-2003)

[54] *Ewler, T.*: Auf- und Entladung von ICs beim Transport in Vibrationsfedern. S. 171–178 in: Tagungsband Elektromagnetische Verträglichkeit/EMV '96, 5. Internationale Fachmesse und Kongress für Elektromagnetische Verträglichkeit, Karlsruhe, 20.2. – 22.2.1996. Berlin · Offenbach: VDE VERLAG, 1996. – ISBN 978-3-8007-2164-1

[55] IEC 61340-4-1:2015-04 Electrostatics – Part 4-1: Standard test methods for specific applications – Electrical resistance of floor coverings and installed floors. Genf/ Schweiz: Bureau Central de la Commission Electrotechnique Internationale. – ISBN 978-2-8322-2657-5

[56] DIN EN 61340-4-1 (**VDE 0300-4-1**):2016-04 Elektrostatik – Teil 4-1: Standard-Prüfverfahren für spezielle Anwendungen – Elektrischer Widerstand von Bodenbelägen und verlegten Fußböden. Berlin · Offenbach: VDE VERLAG

[57] DIN EN 61340-2-3 (**VDE 0300-2-3**):2017-05 Elektrostatik – Teil 2-3: Prüfverfahren zur Bestimmung des Widerstandes und des spezifischen Widerstandes von festen Werkstoffen, die zur Vermeidung elektrostatischer Aufladung verwendet werden. Berlin · Offenbach: VDE VERLAG

[58] DIN EN 62631-3-2 (**VDE 0307-3-2**):2016-10 Dielektrische und resistive Eigenschaften fester Isolierstoffe – Teil 3-2: Bestimmung resistiver Eigenschaften (Gleichspannungsverfahren) – Oberflächenwiderstand und spezifischer Oberflächenwiderstand. Berlin · Offenbach: VDE VERLAG

[59] DIN EN 1081:1998-04 Elastische Bodenbeläge – Bestimmung des elektrischen Widerstands. Berlin: Beuth

[60] DIN 51953:1975-08 (1998-04 zurückgezogen) Prüfung von organischen Belägen – Prüfung der Ableitfähigkeit für elektrostatische Ladungen für Bodenbeläge in explosionsgefährdeten Räumen. Berlin: Beuth

[61] DIN 54346:1993-10 (zurückgezogen) Klassifikation des elektrischen und elektrostatischen Verhaltens von Bodenbelägen und Bodenbeschichtungen. Berlin: Beuth

[62] NFPA 99 Health Care Facilities Code. Quincy, Massachusetts/USA: NFPA National Fire Protection Association, 2015. – ISBN 978-1-45590-900-1

[63] ANSI/ASTM D257-14 Standard test method for DC resistance or conductance of insulating material. Conshohocken, Pennsylvania/USA: ASTM International, 2014

[64] ANSI/ESD STM7.1-2013 Resistive Characterization of Materials – Floor Materials. Rome, New York/USA: EOS/ESD Association, 2014. – ISBN 1-5853-7262-5

[65] ANSI/ESD STM12.1-2013 Seating – Resistive Measurement. Rome, New York/USA: EOS/ESD Association, 2014. – ISBN 1-5853-7256-0

[66] DIN EN 61340-4-3 (**VDE 0300-4-3**) 2002-09 Elektrostatik – Teil 4-3: Standard-Prüfverfahren für spezielle Anwendungen – Schuhwerk. Berlin · Offenbach: VDE VERLAG

[67] ANSI/ESD STM9.1-2014 Footwear – Resistive Characterization (excluding foot grounders). Rome, New York/USA: EOS/ESD Association, 2014. – ISBN 1-5853-7277-7

[68] ANSI/ESD STM11.11-2015 ESD Association Standard for Protection of Electrostatic Discharge Susceptible Items – Surface Resistance Measurement of Static Dissipative Planar Materials. Rome, New York/USA: EOS/ESD Association, 2015. – ISBN 1-5853-7280-3

[69] ANSI/ESD STM4.2-2012 ESD Protective Worksurfaces Charge Dissipation Characteristics. Rome, New York/USA: EOS/ESD Association, 2012. – ISBN 1-5853-7208-0

[70] ANSI/ESD STM3.1-2015 Ionization. Rome, New York/USA: EOS/ESD Association, 2015

[71] ANSI/ESD STM11.12-2015 ESD Association Standard Test Method for Protection of Electrostatic Discharge Susceptible Items – Volume Resistance Measurement of Static Dissipative Planar Materials. Rome, New York/USA: EOS/ESD Association, 2015. – ISBN 1-5853-7278-1

[72] FTMS 101-4046 (Federal Test Method Standard 101, Method 4046) FED-STD-101 – Test Procedure for Packaging. Washington D. C./USA: U. S. General Services Administration (GSA), 1982

[73] *Chubb, J. N.*: Experimental comparison of methods of charge decay measurement for a variety of materials. S. 5A.5.1 – 5A.6.9 in: Electrical Overstress/Electrostatic Discharge Symposium Proceedings 1992 (EOS-14), Dallas, Texas/USA, 16.9. – 18.9.1992. Rome, New York/USA: EOS/ESD Association, Inc., 1992. – ISBN 1-87830-334-1

[74] *Ehrmaier, B.*; *Schmeer, H.*: Some results in measuring static decay. S. 259–264 in: Proceedings of the Electrical Overstress/Electrostatic Discharge Symposium 1996 (EOS-18), Orlando, Florida/USA, 10.9. – 12.9.1996. Rome/New York/USA: ESD Association, 1996. – ISBN 978-1-87830-36-9

[75] *Ehrmaier, B.*; *Kraus, R.*: Analyse und Simulation von Testmethoden zur Bestimmung des Ladungsabbauverhaltens (Static decay). in: Tagungsband 5. ESD-Forum, Berlin, 23.10. – 24.10.1997. Nördlingen: Interessengemeinschaft Electro Static Discharge ESD, 1997. – ISBN 3-9802845-2-2

[76] *Herring, L. L.*: MSC-16642 (Anti-static-specification-NASA, NASA Tech Brief) Safe handling practices for electrostatic-sensitive devices. Houston, Texas/USA: NASA Johnson Space Center, 1977. – ISSN 0145-319X

[77] MIL-STD 1686C:1995 (Military Standard) Electrostatic Discharge Control Program for Protection of Electrical and Electronic Parts, Assemblies and Equipment (Excluding Electrically Initiated Explosive Devices). Arlington County, Virginia (Pentagon)/USA: U. S. Department of Defense, 1995

[78] MIL-HDBK-263B Electrostatic Discharge Control Handbook for Protection of Electrical and Electronic Parts, Assemblies and Equipment (Excluding Electrically Initiated Explosive Devices) (Metric). Arlington County, Virginia (Pentagon)/USA: U. S. Department of Defense, 1994

[79] ANSI/ESD S6.1-2014: Grounding. Rome, New York/USA: EOS/ESD Association, 2014. – ISBN 1-5853-7268-4

[80] *Yan, K. P.*; *Wong, C. Y.*; *Ong, C. T.*; *Gaertner, R.*: Grounding Personnel via the Floor/Footwear System. S. 158–167 in: Proceedings of the 30th, Electrical overstress/electrostatic discharge Symposium (EOS-30), Tucson, Arizona/USA, 7.9. – 12.9.2008. Rome, New York/USA: EOS/ESD Association, 2008. – ISBN 978-1-58537-146-4

[81] ANSI/ESD S20.20-2014: Protection of Electrical and Electronic Parts, Assemblies and Equipment (Excluding Electrically Initiated Explosive Devices). Rome, New York/USA: EOS/ESD Association, 2014. – ISBN 1-5853-7263-3

[82] ANSI/ESD S541-2008: Packaging Materials for ESD Sensitive Items. Rome, New York/USA: EOS/ESD Association, 2008. – ISBN 1-5853-7050-9

[83] *Berndt, H.*: ESD and ESD control – Steps against electrostatic discharge – prevention of electronic devices and assemblies. In: Proceedings of the technical conference/IPC Printed Circuits Expo, APEX and Designers Summit 2004 (APEX 2004), Anaheim, Kalifornien/USA, 24.2. – 26.2.2004. Northbrook, Illinois/USA: IPC, 2004

[84] *Berndt, H.*: A study of the Variables of Electrodes used in the Measurement of Table and Floor Materials and How They Affect the Test Results. S. 267–271 in: Proceedings of the 23rd Electrical overstress/electrostatic discharge Symposium (EOS-23), Portland, Oregon/USA, 11.9. – 13.9.2001. Rome, New York/USA: EOS/ESD Association, 2001. – ISBN 1-585-37026-6

[85] *Berndt, H.*: Experience at the measurements of packaging material for electronic devices according to the standard IEC 61340-5-1. S. 263–270 in: Proceedings of the ESA Annual Meeting 2004, Rochester, New York/USA, 23.6. – 25.6.2004. Morgan Hill, Kalifornien/USA: Laplacian Press, 2004. – ISBN 1-885-54016-7

[86] *Berndt, H.*: Studies on ESD – flooring material, especially the comparison of the measurement methods – walking test and system test with normal resistance methods, microscopically explorations. S. 271–279 in: Proceedings of the ESA Annual Meeting 2004, Rochester, New York/USA, 23.6. – 25.6.2004. Morgan Hill, Kalifornien/USA: Laplacian Press, 2004. – ISBN 1-885-54016-7

[87] IEC 61340-4-5:2004-07 Electrostatics – Part 4-5: Standard test methods for specific applications – Methods for characterizing the electrostatic protection of footwear and flooring in combination with a person. Genf/Schweiz: Bureau Central de la Commission Electrotechnique Internationale. – ISBN 978-2-8322-7572-2

[88] ANSI/ESD STM97.1-2015: ESD Association Standard Test Method for the Protection of Electrostatic Discharge Susceptible Items - Floor Materials and Footwear - Resistance Measurement in Combination with a Person. Rome, New York/USA: EOS/ESD Association, 2015. – ISBN 1-5853-7281-1

[89] ANSI/ESD STM97.2-2016: Footwear/Flooring System – Voltage Measurement in Combination with a Person. Rome, New York/USA: EOS/ESD Association, 2016. – ISBN 1-5853-7288-9

[90] DIN EN 61340-5-3 (**VDE 0300-5-3**):2016-04 Elektrostatik – Teil 5-3: Schutz von elektronischen Bauelementen gegen elektrostatische Phänomene – Eigenschaften und Anforderungen für die Klassifizierung von Verpackungen, welche für Bauelemente verwendet werden, die gegen elektrostatische Entladungen empfindlich sind. Berlin · Offenbach: VDE VERLAG

Stichwortverzeichnis

A

Abblaspistole 192
Abgrenzung 146
Abklingzeit 249
Ableitanschluss 242
ableitfähig
– Arbeitsstuhl 134–135
– Arbeitstisch 133
– Beschichtungssystem 135
– Bodenmatte 132
– fest verlegter Belag 178
– Fußboden 132, 135
– lose verlegte Bodenmatte 178
– Schuhwerk 144
Ableitfunktion 218
Ableitverhalten 249
Ableitwiderstand 22, 25, 208, 218–219, 233, 318, 336
– zur Strombegrenzung 292
Ableitzeit 24, 253, 257
Ableitzeitmessung – Static decay time 257
Abmessung
– , geometrische 195
Abschirmeigenschaft 160, 353
abschirmende Folie 161
Abschirmung 161, 354
Abschirmverhalten 248, 253, 355
– von Verpackungsmaterialien 257
absolute Dielektrizitätskonstante 39
administrative Anforderungen 276, 322, 326
Alpha-Teilchen 149
Anforderungen
– , administrative 276, 322, 326
– , sicherheitstechnische 141
– , technische 276, 322, 326
– bei niedriger Luftfeuchtigkeit 320
Anlagen 155
Annäherungsgeschwindigkeit 60
Anpassung 276
Anstieg 19
Antistatikum 164
antistatisch 274
Anwendungsbereich 270–271
Anzahl der Messpunkte 231
Äquipotentialfläche 40
Äquipotentiallinie 33
Arbeiten im Feld 131, 296
Arbeitsbekleidung
– , ESD-gerechte 157, 239
Arbeitsbereich, ESD-gerechter 132
Arbeitsmantel 241
Arbeitsoberfläche 176, 284
– , transportable 300
Arbeitsplatz
– , ESD-gerechter 130–131
– , nicht stationärer 294
Arbeitsplatzausrüstung, ESD-gerechte 131
Arbeitsplatzgestaltung 130
Arbeitsplatzionisator 192
Arbeitsstuhl
– , ableitfähiger 134–135
Arbeitstisch
– , ableitfähiger 133

Armlehne 134
Art des verlegten Fußbodens 230
Auditierung
–, externe 296
–, interne 296
Audits 323, 333
aufladbar 23
Aufladbarkeit 249
– von Materialien 249
Aufladevorgang 54
Aufladung
–, elektrostatische 21, 53, 128, 146
– einer Person 54
Aufschmelzen 113
– der Metallisierung 116
– von Silizium 69
Austrittsarbeit 51
äußere Verpackung 25
äußeres Verpackungsmaterial 308

B

Bändermodell 95
Bauelement, das gegen elektrostatische Entladungen empfindlich ist (ESDS) 272
Bauelemente-Fertigungstechnologie 119
Bauelementetechnologie 119, 128
Bauelementetemperatur 116
Baugruppenfertigung 129
Baumwolle 185
Baumwollkleidung 143
Baumwollsocke 240
Bekleidung
–, ESD-gerecht 143, 185, 287
Belag
–, ableitfähiger fest verlegter 178
–, volumenleitfähiger 233
Bell 75
Beschichtungssystem
– aus Epoxidharz 137
–, ableitfähiges 135
Bestückungssystem
–, vollautomatisches 163
Besucher 157, 292
bipolares Bauelement 67, 74
Blistergurt 351, 355
Bodenbelag 136, 210
–, elastischer 210
–, organischer 210
–, textiler 213
Bodenmatte
–, ableitfähige 132
–, ableitfähige lose verlegte 178
Body Voltage 145, 335, 340, 346
Body-Voltage-Methode 251
Bonddrähte 116
Büschelentladung 62

C

Charge-Device-Modell (CDM) 76
Charge-Plate-Aufsatz 193
Charge-Plate-Monitor (CPM) 251–252, 261
CMOS-Bauelement 67
CMOS-Transistor 100
Corefiber 143
Coulomb'sches Gesetz 29
Coulombmeter 260

D

Dauerfersenband 241
Dauerzehenband 241
Deckschicht 136
Degradation 104–105
Dick- und Dünnfilmwiderstände 272
dielektrischer Durchbruch 113
Dielektrizitätskonstante 30, 38, 45, 53, 55
–, absolute 39
–, relative 198

Dielektrizitätszahl 208
Diode 96
Diodenanordnung 121
Diodenkombination 121
Dioden-Widerstand-Anordnung 122
direkt anliegende Verpackung 25, 158
direktes ESD-Ereignis 18
dissipativer Behälter 145
dissipatives Material 254
Doppelschicht 50
Dotierung 94
Dreifußelektrode 217, 221
Dreipunktelektrode 211
Druckknopfsystem 293
Duanten-Elektrometer 197
Durchbruch
–, dielektrischer 113
–, thermischer 113
Durchbruchanordnung
–, feldunterstützende 122
Durchbruchfestigkeit 126
Durchbruchspannung 121–122, 125
durchgängiges ESD-Schutzsystem 131
Durchgangswiderstand 25, 208
–, spezifischer 25, 208

E

EBP 133, 135
EGB 17
Eigenleitung des Halbleiters 93
Einflussbereich elektrostatischer Ladungen 130
Eingangsempfindlichkeit 67, 119
Eingangskapazität 121, 344
Eingangsschaltung 67
Eingangswiderstand 345
Einkauf 309
Einlageboden 237
Einwegschuh-Erdungsstreifen 241
elastischer Bodenbelag 210
electrostatic
– discharge 17
– protected area 19
– sensitive device 17
elektrisch leitfähiges und elektrostatisch ableitfähiges Material 254
elektrische
– Energie 36, 75
– Feldstärke 38–39
– Ionisation 150
– Ladung 27, 199
– Leistung 37
– Leitfähigkeit 22
– Spannung 34
elektrischer
– Strom 31
– Widerstand 35, 37
elektrisches Feld 92
Elektrode 209, 219, 224
Elektrodenanordnung 201
Elektrodenkombination 216
Elektrodenmessung 345
Elektrometer 49, 195–197
Elektron 27
Elektronenladung 27
Elektroskop 49, 195–196
elektrostatisch
– ableitfähig 24
– abschirmend 24, 146, 306
– leitfähig 24
elektrostatische
– Aufladung 21, 53, 128, 146, 344
– Entladung 272
– Erdung 23
– Feldstärke 39
– Ladung 119, 131, 195
– Spannung 114, 128
elektrostatischer Entladungsvorgang 27
elektrostatisches Feld 17, 38, 46, 145, 195, 199, 294

– Potential 17
Emitter-Kapazität 107
Empfindlichkeitsklasse 84
Energie 30, 37, 47
– im elektrostatischen Feld 47
– , elektrische 36, 75
Energieband 92
Energieniveau 92
Energiezustand der Elektronen 92
Entladeenergie 257
Entladeimpuls 68
Entladekurve 61
Entladestrom 79, 199
Entladezeit 24, 354
Entladung 102, 153
Entladungsmodell 86, 88
Entladungsstrom 20
Entladungsvorgang
– , elektrostatischer 27
Entladungsweg 109, 133, 246
Entladungszeit 353, 355
Entstehungsmechanismus 21
EPA 19, 273
– Arbeitspraktiken 301
– Erde 274
– Erdungsanschlusspunkt 294
– Erdungskabel 293
Epitaxie-Planar-Transistor 97
Epoxidharz 137
Erdableitwiderstand 219
Erdpotential 19–20, 64, 219
Erdung
– , elektrostatische 23
– über Funktionserde 279
– über Schutzerde 279
Erdungsanschluss 136, 293
Erdungsanschlusspunkt 231, 286
Erdungsbaustein 142
Erdungseinrichtung 132, 141–142
Erdungskabel 24, 288
Erdungskontaktpunkt 133, 135, 141
Erdungspunkt 23
ESD 17
– abschirmendes Material 159
– Abschirmverhalten 159
– Auditierung 312
– bezogenes elektromagnetisches Feld 18
– empfindliche Bauelemente und Baugruppen 265
– empfindliches Bauelement (ESDS) 271
– Entladung 113
– Erdungseinrichtung 23, 290, 305
– Ereignis 17–18
  ▪, direktes 18
  ▪, indirektes 19
  ▪, mehrfaches 19
– Fehlerschwelle 108
– Generator 89
– gerechte Arbeitsbekleidung 157, 239
– gerechte Arbeitsoberfläche 233
– gerechte Arbeitsplatzausrüstung 131
– gerechte Bekleidung 143, 185, 287
– gerechte Handhabungstechnik 312
– gerechter Arbeitsbereich 132
– gerechter Arbeitsplatz 130–131
– gerechter Fußboden 230
– gerechtes Material 336
– gerechtes Schuhwerk 188
– geschützter Bereich 157
– Impuls 113
– Impulsbelastung 126
– Impulsdauer 108
– Kontrollmaßnahme 157, 166, 169, 265, 270
– Kontrollplan 270
– Kontrollprogramm 169
– Kontrollprogrammplan 277
– Kontrollsystem 169, 322
– Koordinator 166, 311
– Materialien, Überprüfung 312

- Normung 265
- protected Area (EPA) 132
- Schutzsystem
  ▪, durchgängiges 131
- Schutzzone (EPA) 273, 282, 290, 304
- Spannungsfestigkeitsbereich 72
- Spannungsschwelle 108
- Stromimpuls 114
- Stromkurve 18–19
- Transient 113
- Verpackungsmaterial 167, 355
- Vorschrift 166

ESDS 17, 273, 304
–, ungeschützte 131
- Spannungsempfindlichkeit einer Baugruppe 273
- Spannungsempfindlichkeitsschwelle 273

Estrich 140
externe Auditierung 296

F

Faraday'scher Becher 197–198
- Käfig 40, 145, 252

Fehlerleistung 112
Fehlermechanismus 113
Fehlerquelle 119
Feld
–, elektrisches 92
–, elektrostatisches 17, 38, 46, 145, 195, 199, 294
–, inhomogenes 31

Feldeffekttransistor 97–98
Feldelektrode 200
feldfrei 43
Feldlinie 201
Feldlinienverlauf 32–33, 201
Feldmeter, Schwingkopfprinzip 202
Feldmühle 202
–, Prinzip der 203

Feldplattenelektrode 122–123
Feldstärke 30
–, elektrische 38–39
–, elektrostatische 39

Feldstärkefeld einer Ladung 38
Feldstärkelinie 33, 40
Feldstärkemessgerät 260
feldunterstützende Durchbruchanordnung 122
Fertigungsgerät 301
feuchtes Fließpapier 223
Field Induced Model 85
Fingerling 244, 287
firmeninterne Vorschriften 312
Flächenelektrode 211
Fließpapier
–, feucht 223

Folie
– mit innen liegender Metallschicht 162
–, abschirmende 161
–, leitfähige 161
–, rußgefüllte, schwarze leitfähige 247

FTMS-Methode 260
Funken-Entladung 62
Funktionserde 275
Fußboden 178–179, 286
–, ableitfähiger 132, 135
–, Art des verlegten 230
–, ESD-gerechter 230

Fußbodenmaterial 335
Fußerdungsbänder 289
Fußstütze 144

G

Gasfeder 237
Gate
- Kapazität 107
- Oxid 100, 115, 123
- Oxid-punch-through 115
- Potential 121
- Spannung 120

Gauß'scher Satz 47
gefährliche Aufladung 22
Gegenelektrode 209, 226
Gegenladung 43
geladene Kugel 42
Generatorschaltung 70
geometrische Abmessung 195
– der Entladungsgegenstände 60
Geräte 88
Gleichspannungs-Feldstärke 208
Gleichstromionisatoren 150–151
Gleiter, ableitfähiger 183
Gleitstiel-Büschelentladung 63
Gummi
–, leitfähiger 138, 213
Gurt 164
– (Reel) 155

H

Halbleiter 91
Halbleiterkristalle 94
Handcreme 287
Handgelenkerdung 140
Handgelenk-Erdungsarmband 132, 135, 140, 190, 287, 318
Handhabungsrichtlinie 322
Handhabungstechnik
–, ESD-gerechte 312
Handschuh 244, 287
Hauptentladungsstromkurve 18
HBM 68
– ESD-Empfindlichkeitsklasse 73
– ESD-Generator 70
Hilfsmaterialien 158
Hinweisschild 146
hochleitfähiger Unterzug 136
Hochspannung 149–150
Hochspannungsionisator 152–153
Hose 241
Hüllenintegral 43
Human-Body-Modell 68
Hybridelemente 272

I

IC-Versandstange 163, 249, 355
Impedanzverhältniss 64
indirektes ESD-Ereignis 19
Induktion 149
Influenz 21, 40, 53, 55, 198
inhomogenes Feld 31
Initialstromimpuls 18
Integration von Schutzschaltungen 119
interne Auditierung 296
Ionisation 148
– durch radioaktives Material 149
Ionisator 192, 260
–, radioaktiver 149
Ionisatorprüfung 261
Ionisierung 289
Ionisierungseinrichtung 24
Ionisierungsgerät 290
Ionsationsvorgang 149
Isolator 51
isolierend 24
Isoliermaterial 152
Isolierung 23

K

Kapazität 44–45
– der Lötkolbenspitze 134
– der Person 68
– eines Bauelements 76
Kennzeichnung 146, 302
– von ESD-Verpackung 303
Kennzeichnungsschild 132, 147
klimatische Bedingung 25
Kohlenstoffpartikel 339
Kollektor-Kapazität 107
Kompensationsmethode 204
Kondensator 44, 64, 200
Kondensatoranordnung 58

Kondensatorplatten 56
Kontakt
–, realer 338
Kontaktelektrode 207
Kontaktkraft 337
Kontaktmaterial 216, 221, 335
Kontaktspannung 48–49, 51, 58
Kontaktsystem Schuhsohle – Fußboden 145
Kontaktverhalten 337
Kontaktwerkstoff 337
Kontrolle
–, permanente 141
Korona-Entladung 64
Körperentladung 64
Körper-Entladungsmodell 68
Körperkapazität 69
Körperwiderstand 69
Kraft auf eine Punktladung 28
Kraftwirkung im elektrostatischen Feld 48
Kristalle
–, piezoelektrische 272
Kugel
–, geladene 42
Kugelladung 29
Kundenauditierung 296
Kupferband 137, 231
Kupfernetz 135

L

Laborbedingung 226
Ladung 38, 44
–, elektrische 27, 199
–, elektrostatische 119, 195
–, negative 28
–, positive 28
Ladungsabbau 246
Ladungsableitung 137
Ladungsausgleich 60
Ladungsdichte 29, 41, 44
Ladungsgleichgewicht 152
Ladungs-Integrationsverfahren 199
Ladungsmenge 57, 202
Ladungsspannung 18
Lage 309
Lager- und Transportbehälter 145
Lagereinrichtung 145
Lagerung 309
Lagerzeit 25, 275
latente Fehler 104
Leistung, elektrische 37
Leiter
–, neutraler 31
Leiter im elektrostatischen Feld 40
Leiterplatte 156, 300
leitfähige
– Folie 161
– Partikel 346
– Rolle 238, 301
– Stoffe 22
– Verklebung 135
leitfähiger
– Gummi 138, 213
– Unterzug 136
leitfähiges
– Beschichtungssystem 135
– Gummimaterial 213
– Material 19
Leitfähigkeit 35, 59
–, elektrische 22
Leitgummimaterial 224, 339
Leitpartikel 138, 339
Leitungsband 92–93
Leitwert 35
Lieferantenauditierung 296
Linoleumbelag 137
lose umhüllende Verpackung 25, 159
Lötanlage 300
Lötkolben 134, 300

Luftfeuchtigkeit 60, 148, 263, 284
–, Anforderungen bei niedriger 320
–, relative 290

M

Manipulation 157
Manipulationshilfe 155, 157
Maschine 155–156, 299
Maschinen-Modell (MM) 77, 81
Material
–, dissipatives 254
–, elektrisch leitfähiges und elektrostatisch ableitfähiges 254
–, permament ableitfähiges 165
Materialeigenschaft 274
Materialoberfläche 185
Materialprobe 232
Mehrfachentladung 82
mehrfaches ESD-Ereignis 19
Messelektrode 138, 209, 255
Messmethode 144, 166
Messpunkte
–, Anzahl 231
Messspannung 213, 216
Messverfahren 138, 209
Metalloberfläche 176
Metallschicht 248
Metallspitze 61
Mikroprobe 247, 249
Miniatur-Ringelektrode 350–351
Mischgewebe 143
MM-ESD-Generator 81
Möbel 300
monatliche Überprüfung 315
MOS
– Transistor 100
– typisches Bauelement 74–75

N

neutraler Leiter 31
nicht aufladbar 23
nicht leitfähige Stoffe 22
nicht stationärer Arbeitsplatz 294
normierter
– Anstieg 19
– ESD-Spitzenstrom 19
NPN-Transistor 96–97

O

Oberflächenbeschaffenheit 51, 59, 64
Oberflächeneigenschaften 55
Oberflächenleitfähigkeit 58
Oberflächenrauigkeit 59
Oberflächenwiderstand 22, 24, 133, 207, 232, 235, 317, 336
–, spezifischer 25, 207
Oberflächenwiderstandsmessung 218
Organisation 275, 324
organisatorische Schutzmaßnahme 119, 128
organischer Bodenbelag 210
Originalverpackung 310
Overhead-Gerät 154

P

partiell leitfähig 19
Partikel
–, leitfähige 346
permament ableitfähiges Material 165
permanente Kontrolle 141
Personal 292
Personenaufladung 182, 251, 340, 342
Personenentladung 60, 160
Personenerdungsmaßnahmen 326
Personenschutz 175, 291
piezoelektrische Kristalle 272
Pink-Poly-Beutel 160, 164
planarer Werkstoff 220
Plattenkondensator 39, 196–197
PNP-Transistor 96–97
PN-Übergang 67, 91, 95, 114

PN-Übergang – Diode 95
Polarisationserscheinung 207
Polarität 54
Potential 20, 24, 33
– , elektrostatisches 17
Potentialausgleich 135, 141, 143, 230–231
Potentialausgleichsanschluss 219
Potentialausgleichspunkt 141
Potentialausgleichssysteme 278
Potentialausgleichsverbindung 279
Potentialdifferenz 24, 152
Potentialunterschied 34
potenzielle Energie 34
Prinzip der Feldmühle 203
Probekörper 209
Prüfgerät 301
Punch-through-Transistor 123
Punktladung 28
PVC-Belag 137

R

radioaktive Sonde 204
radioaktiver Ionisator 149
Raumladung 47
Raumladungskonzentration 290
realer Kontakt 338
Reel 155–156, 163
Regal 300
Regaloberfläche 235
Reibpartner 49
Reibung 53
Reibungsaufladung 54
Reibungselektrizität 48–49
Reinigungsmittel 166, 301
Reinraumbereich 321
Rekombination 24
Rekombinationszeit 150
relative Dielektrizitätskonstante 198
relative Luftfeuchtigkeit 290
Reparatur 131
Richtlinie BGR 132 21
Ringelektrode 211, 213, 218, 254
Rolle 249
– , leitfähige 238, 301
Rückenlehne 134, 183, 237
rußgefüllte, schwarze leitfähige Folie 247
Rußpartikel 145

S

Schädigungsschwelle 104
Schaltgeschwindigkeit 121
Schmelztemperatur 112
Schuhe 318
Schuhelektrode 189
Schuh-Erdungsband 292
Schuh-Erdungsstreifen 188
Schuhwerk 179, 240
– , ableitfähiges 144
– , ESD-gerechtes 188
Schulung 310
Schulungsprogramm 310
Schutzerde 275
Schutzleiter 141, 231
Schutzmaßnahme
– , organisatorische 119, 128
– , technologische 119, 126
Schutzschaltungselement 126
Schutzschaltungsnetzwerk 120
Schwingkopfelektrode 204
Schwingkopfprinzip 202–203
Service 131
Servicearbeit 157
Shielding-Material 163
Sicherheitsanforderung 144
Sicherheitsgründe 135
Sicherheitsregel der Berufsgenossenschaft 140

sicherheitstechnische Anforderung 141
Sitzfläche 134, 183
Sitzgelegenheit 286
Sitzlehne 237
SMD-Kondensator 67
SMD-Widerstand 67
Socken 145
Socket Device Model (SDM) 76
Sonde
–, radioaktive 204
Spannung
–, elektrostatische 114, 128
Spannung, elektrische 34
Spannungsbereich 20
Spannungsklasse 20
– mit Initialstromimpuls 20
– ohne Initialstromimpuls 20
Sperrschicht
– Feldeffekttransistor 97
– FET 97
Sperrschichtspannung 124
spezifischer
– Durchgangswiderstand 25, 208
– elektrischer Widerstand 22
– Oberflächenwiderstand 25, 207
– Volumenwiderstand 208
– Widerstand 35
Spiralkabel 289
Standortübergangswiderstand 227
static decay time 254
Steckverbindungssystem 293
Stoffe
–, leitfähige 22
–, nicht leitfähige 22
Störstelle 95
Strom, elektrischer 31
Stromdichte 31–32
Stromimpuls 108
Strömungsfeld 32
Strukturabmessung 119
Strümpfe 145
Stuhl 183, 238
Stuhlrolle, ableitfähige 183
Subunternehmer 173, 313
synthetisches Material 143
System
– Fußboden – Schuhwerk 179
– Person – Schuhe – Fußboden 286
Systemwiderstand 145, 181, 251, 346
– Person – Schuhe – Fußboden 335, 345

T

tägliche Überprüfung 314
technische Anforderungen 276, 322, 326
Technische Merkblätter 175
technologische Schutzmaßnahme 119, 126
Teilladung 44
Temperatur 60, 263
Temperaturabhängigkeit 36
Temperaturkoeffizient 35–36
textiler Bodenbelag 213
thermischer Durchbruch 113
Tischplatte
–, volumenleitfähige 233
Totalausfall 273
Transistor 96
transparente Versandstange 164
transportable Arbeitsoberfläche 300
Transporteinrichtung 156
Transportgurt 156
Transportmittel 158
Transportverpackung 158, 310
Transportwagen 237
Tray 155–156, 163, 355
Trennfläche 30
Trenngeschwindigkeit 60
triboelektrische Reihe 56
T-Shirt 241

U
Überprüfung
–, monatliche 315
–, tägliche 314
Überprüfungsintervalle 314
Überprüfungsmethode 313
Umgebungsbedingung 226
umhüllende Verpackung 308
Umweltparameter 55
Unterzug
–, hochleitfähiger 136
–, leitfähiger 136

V
Valenzband 93
Verbindungskabel 288
Verbindungssystem 293
Verbundbelag
–, zweischichtiger 136
Vergleichspunkt 20
Verifizierung 277
Verklebung
–, leitfähige 135
Verpackung 25, 158–159
–, äußere 25
–, direkt anliegende 25, 158
–, lose umhüllende 25, 159
Verpackungsmaterial 158, 247, 275, 306, 349
–, äußeres 308
–, umhüllendes 308
Verpackungsmittel 158
Versand 309
Versandstange 163, 247
–, transparente 164
–, volumenleitfähige 164
Verschiebungsfluss 29, 44
Verschiebungsflussdichte 41, 43
Verschmutzung 139, 144
Versiegeln von Bodenbelägen 139
Versiegelung 138
vollautomatisches Bestückungssystem 163
volumenleitfähige
– Tischplatte 233
– Versandstange 164
volumenleitfähiger Belag 233
Volumenwiderstand 20, 207, 224, 255
–, spezifischer 208

W
Wagen 300
Wareneingang 131, 309
Wechselstromionisatoren 150
Wellpappe 247–248
Wellpappverpackung 159
Werkstoff
–, planar 220
Werkzeug 157, 167, 246, 299
Widerstand
– gegen Erde 209
– von Bodenbelägen 210
–, elektrischer 35, 37
–, spezifischer 35
–, spezifischer elektrischer 22
Widerstands-Dioden-Kombination 121
Widerstands-Messelektrode 209
Widerstandsmessung 251, 335
Widerstandsnetzwerk 120
Wunsch 75
Wunsch-Bell-Modell 107

Z
Zerstörung 104
Zertifikat 296
Zertifizierung 296
Zweikomponenten-Epoxidharzlack 135
Zweipunkt-Miniatur-Elektrode 351
zweischichtiger Verbundbelag 136

VDE
VERLAG
Technik. Wissen.
Weiterwissen.
Herbert Schmolke
Potentialausgleich,
Fundamenterder,
Korrosionsgefährdung
DIN VDE 0100,
DIN 18014
und viele mehr
8., komplett überarbeitete Auflage
35
VDE-Schriftenreihe
Normen verständlich
Mit Technikwissen sichergehen:
Mit Lösungen zu den in der Praxis vorkommenden Problemen!
Alle Interessenten erhalten mit diesem „Klassiker" eine Fülle von Anregungen und Hinweisen zum Potentialausgleich, zu Fundamenterdern sowie zur Korrosionsgefährdung.
8., komplett überarb. Auflage
2013. 303 Seiten
29,00 € (Buch/E-Book)
40,60 € (Kombi)
Preisänderungen und Irrtümer vorbehalten. Das Kombiangebot bestehend aus E-Book und Buch ist ausschließlich auf www.vde-verlag.de erhältlich. Diese Bücher können Sie auch in Ihrem Onlineportal für DIN-VDE-Normen, der Normenbibliothek, erwerben.
Bestellen Sie jetzt: (030) 34 80 01-222 oder www.vde-verlag.de/170791

Seminare im VDE VERLAG:

Wissenstransfer und Networking auf höchstem Niveau!

- Vermittlung neuester Erkenntnisse und Technologien
- Von Techniktrends über Normungs- und Sicherheitsthemen bis zu Management und Recht
- Zukunftsorientierte Weiterbildungskonzepte und -formate: Seminare, Virtuelle Seminare und Inhouse-Seminare
- Mit Referenten aus Normungsgremien, Handwerk, Industrie und Wissenschaft

Aktuelle Seminare im Überblick: www.vde-verlag.de/seminare

VDE
VERLAG
Technik. Wissen.
Weiterwissen.
Test- und Prüfverfahren
in der Elektronikfertigung
Technikwissen anwenden:
Überblick über Test- und Prüfverfahren der Elektronikfertigung!
Das Fachbuch bietet eine fundierte Analyse der umfassenden Fähigkeiten und Möglichkeiten aller heute gebräuchlichen Testverfahren.
2012, 250 Seiten
39,50 €
Preisänderungen und Irrtümer vorbehalten. Das Buch ist für das Studium geeignet.
Bestellen Sie jetzt: (030) 34 80 01-222 oder www.vde-verlag.de/170792

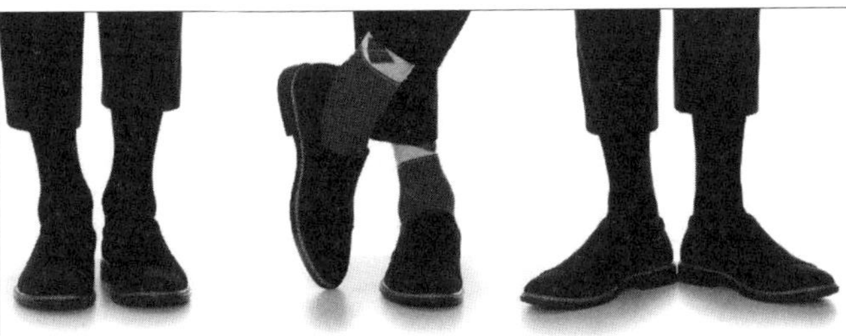

136 Jahre Mediaerfahrung.
Das macht den Unterschied.

Quelle: © Andrey Burmakin - Fotolia.com

Werb-Nr. 150182

Fachinformationen aus der Welt der Elektrotechnik und Automation:

Produktberichte, Fachbeiträge und Branchenmeldungen.
Effektiv und praxisbezogen für Ihre tägliche Arbeit.

www.vde-verlag.de/zeitschriften